高等院校精品课程系列教材

微型计算机原理及接口技术

第2版

主　编　黄　勤

副主编　李　楠　唐　丹

参　编　黄云峰　余　嘉　胡　青

U0394905

机械工业出版社

本版除对第1版部分文字进行修改外，特别注重教材内容和课后习题与实际应用相结合，促使学生通过学习与思考，提升对复杂工程问题的分析和解决能力。

全书共8章，主要内容包括：微型计算机基础、Intel系列微处理器、80486微处理器的指令系统、汇编语言程序设计、存储系统、输入/输出方式及中断系统、可编程接口芯片以及外设接口技术。各章均配有习题，以帮助读者深入学习。

本书可作为高等院校电类、机械类、材料类、能源类、医电类及相关专业的本科和专科教材，也可作为高等教育自学考试、研究生入学专业课考试、成人高等教育培训和有关工程技术人员的参考书。

本书配有授课电子课件等资源，需要的教师可登录 www. cmpedu. com 免费注册、审核通过后下载，或联系编辑索取（微信：13146070618，电话：010-88379739）。

图书在版编目（CIP）数据

微型计算机原理及接口技术/黄勤主编．—2版．—北京：机械工业出版社，2023.1

高等院校精品课程系列教材

ISBN 978-7-111-71981-6

Ⅰ．①微…　Ⅱ．①黄…　Ⅲ．①微型计算机-理论-高等学校-教材 ②微型计算机-接口技术-高等学校-教材　Ⅳ．①TP36

中国版本图书馆 CIP 数据核字（2022）第207919号

机械工业出版社（北京市百万庄大街22号　邮政编码　100037）

策划编辑：汤　枫　　责任编辑：汤　枫　尚　晨

责任校对：郑　婕　梁　静　　责任印制：李　昂

北京捷迅佳彩印刷有限公司印刷

2023年2月第2版·第1次印刷

184mm×260mm·19.5印张·477千字

标准书号：ISBN 978-7-111-71981-6

定价：69.00元

电话服务　　网络服务

客服电话：010-88361066　　机　工　官　网：www. cmpbook. com

010-88379833　　机　工　官　博：weibo. com/cmp1952

010-68326294　　金　书　网：www. golden-book. com

机工教育服务网：www. cmpedu. com

前　　言

本书第1版自2014年1月由机械工业出版社出版以来，被全国许多高等院校理工科专业作为“计算机硬件技术基础（以PC原理及应用为主）”“微型计算机原理及应用”等类似课程的主要教材及主要参考教材。它是学生掌握微型计算机基本知识、应用微型计算机解决相关领域中实际问题的基础。

本书是编者通过20多年的教学实践及教学改革，在对教材的内容和课程体系进行深入研究的基础上，参考国内外大量文献和其他教材精心编写而成的。

本书以80X86系列微型计算机中具有一定代表性、典型性、上下兼容性较好的PC486为背景机，系统地介绍了微型计算机的硬件技术及相关知识。全书共8章，第1章除简述微型计算机系统的相关基本概念、计算机中数的运算方法及典型微型计算机的特点、类型和发展方向外，增加了“计算机的分类”这一小节。第2章介绍了Intel系列8086微处理器到64位微处理器的基本特点及80486微处理器的体系结构。第3章介绍了80486微处理器的指令系统，包括微处理器的寻址方式、指令系统及应用举例。第4章介绍了汇编语言程序设计，包括汇编语言指令、汇编语言程序设计方法。第5章介绍了存储系统，包括存储器的基本概念、微机硬件中内存储器的构成原理及设计方法、内存条、虚拟存储器和高速缓冲存储器的相关知识。第6章介绍了输入/输出方式及中断系统，包括输入/输出接口的基本概念、常用的输入/输出方法、中断的基本概念、中断控制器8259A及其应用。第7章重点介绍了可编程接口芯片8254、8255、8250的主要功能、接口技术、使用方法和应用举例。第8章简述了外设接口技术，包括显示器接口、键盘接口、数/模和模/数接口技术。

本书为帮助读者更好地掌握微型计算机原理及接口技术的整体概念，从第1章起便以提问的形式引出问题，启发读者在学习的过程中带着问题从书中寻找答案；为加深读者对微机原理、汇编语言及接口设计技术的理解和自学，书中给出了相应的设计例子及习题，使读者通过本书的学习，了解并掌握微型计算机原理及接口技术的相关应用常识，为今后利用微型计算机解决实际问题打下一定的基础。

本书由黄勤主编，负责编写第2、6章及7.1、7.2节，李楠任副主编，负责编写第3章；唐丹任副主编，负责编写第4、8章；胡青编写第5章；余嘉编写第1章，并完成第2章和第6章中的图形绘制；黄云峰编写7.3节和拓展阅读资料的整理。

由于编者水平有限，书中难免有疏漏之处，敬请读者批评指正。

编　者

目 录

第1章 微型计算机基础

【本章导学】

计算机是怎么分类的？微型计算机是怎样工作的？本章将围绕微型计算机的基本概念，介绍计算机的分类、微型计算机的组成、硬件结构以及运算基础，阐述微型计算机的基本工作过程，讨论典型微型计算机及其主要技术、应用及发展趋势。

20世纪40年代，计算机技术先驱们设计出了第一台计算机，当时的计算机仅能实现简单的计算，功能很弱；由于构成计算机内部基本电子元件的单元均由电子管实现，故计算机的体积庞大，占地面积也非常大。

随着科学技术的发展，计算机的发展经历了电子管、晶体管和中小规模集成电路时代，大规模集成电路（Large Scale Integrated Circuit，LSI）和超大规模集成电路（Very Large Scale Integrated Circuit，VLSI）的出现，使得计算机微型化成为可能。20世纪80年代，美国国际商务机器公司（IBM）推出以英特尔的X86为硬件架构及微软公司的MS-DOS为操作系统的第一台个人计算机——IBM PC，开创了计算机进入民用的新时代，为以后计算机技术的普及应用起到了非常重要的作用。

1.1 计算机的分类

计算机及相关技术发展到今天，其类型也随之发生了不断的分化，形成了各种不同种类的计算机，就其性能指标和应用领域的不同，很难找到一个精确的标准对其进行分类。若从计算机综合性能指标来分，可将计算机分为超大型计算机、大型计算机、中型计算机、小型计算机和微型计算机；若以其所展现的外部形态来进行分类，则又可分为通用计算机和嵌入式计算机。

1.1.1 通用计算机

通用计算机具有一般计算机的基本标准形态，其典型产品为PC（个人计算机，即微型计算机），其核心部件是中央处理器（Central Processing Unit，CPU），它经总线与存储器、各种接口（连接外部设备）等相连构成计算机的标准形态，具有多种用途的重新配置能力。通过配置不同的应用软件构建的系统，广泛应用在社会的方方面面，是发展最快、应用最为普及的计算机。

常用的微型计算机有台式计算机（见图1-1）、笔记本计算机（见图1-2）、一体化微型计算机（见图1-3、图1-4）等。

图 1-1　台式计算机

图 1-2　笔记本计算机

图 1-3　触摸式一体化微型计算机

图 1-4　非触摸式一体化微型计算机

1.1.2　嵌入式计算机

嵌入式计算机是指以嵌入式系统的形式隐藏在各种装置、产品和系统中，并对其进行智能化控制的专用计算机系统。该系统是特定于任务，以应用为中心，以计算机技术为基础，软件和硬件可增减，针对具体应用系统，对功能、可靠性、成本、体积和功耗都有严格要求的专用计算机系统。

与通用计算机相比，嵌入式计算机在应用数量上遥遥领先，如一台通用计算机的外设中，键盘、鼠标、硬盘、显卡、显示器、声卡、打印机、扫描仪等均是由嵌入式微处理器控制的；其应用领域也涵盖了工业制造、航天航空、军事装备、船舶、智能交通、网络及电子商务、家电产品等方方面面。

1.2　微型计算机的组成

当前典型的计算机体系结构有冯·诺依曼体系结构（又称为普林斯顿体系结构）和哈佛体系结构。二者最大的区别是冯·诺依曼结构是程序指令和数据混合存储在同一个存储器中，而哈佛结构是程序指令和数据分开存储在不同存储器中。前者广泛应用于桌面端，如微型计算机，后者常应用于移动端，如手机。

现在大量个人使用的微型计算机是与 IBM PC 兼容的升级换代产品，这些计算机采用 IBM PC/AT 标准，具有与 IBM PC 相同的主体结构，软件上也完全兼容。尽管微型计算机在技术上有了很大的改进和优化，性能也有了大幅度的提高，其体系结构仍然是冯·诺依曼体系结构。

微型计算机系统是由硬件系统和软件系统两大部分组成，硬件指微型计算机的设备实体，软件指运行、管理和维护微型计算机的程序。两者相互结合、密不可分。

1.2.1　微型计算机的硬件系统组成

微型计算机硬件是实现计算机技术的设备实体，其主要功能是实现运行、计算和控制。虽然计算机的软硬件发展非常迅速，可谓日新月异，但其基本工作原理是相同的，仍为存储程序控制原理，即首先将需要计算机完成的功能编写为程序，然后将编写好的程序存储到计算机中，最后启动计算机逐条取出程序中的指令并执行，以完成规定的任务。

硬件系统由控制器、运算器、存储器和输入/输出设备组成。控制器负责取指令、分析指令并执行指令；运算器完成算术运算和逻辑运算；存储器用于存储程序和数据；输入/输出设备完成程序和数据的输入/输出任务。

微型计算机的硬件基本组成示意图如图 1-5 所示。

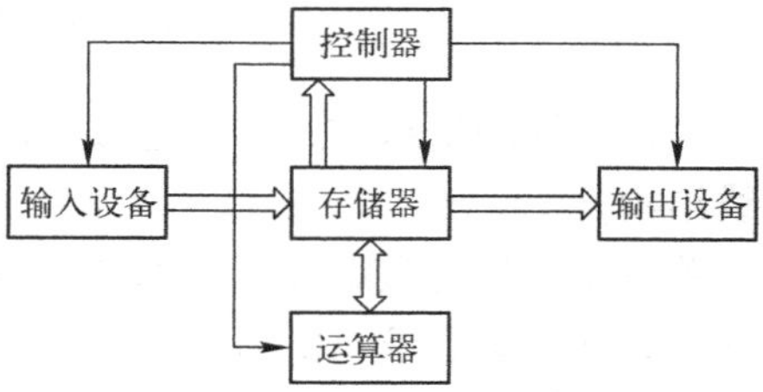

图 1-5　微型计算机的硬件基本组成

1.2.2　微型计算机的软件系统组成

计算机的软件系统是由系统软件和应用软件两大部分组成的。系统软件是使用和管理计算机的软件，如操作系统、数据库管理系统、网络管理系统以及各种语言处理程序、系统维护程序等。应用软件则是用户根据自己的需要，为解决某一实际问题而编制的程序，如企业的财务管理、人事管理，设备状态监测的数据采集与处理等。

常用的语言处理程序有 C 语言、C#语言、VB 语言及 Java 语言等。从理论上说，任何一台微型计算机都可以使用任何一种语言，前提是，该微型计算机的系统软件中必须包含该语言的处理程序（编译或解释程序）。汇编程序是将汇编语言源程序翻译为机器代码程序的系统程序。系统软件中最为典型的是操作系统。它起着管理整个微型计算机、提供人机接口以及充分发挥机器效率的作用。操作系统最重要的部分是常驻监控程序。微型计算机开机后，常驻监控程序保存在内存中，接收并识别用户命令，启动系统执行相应的动作。操作系统还包括驱动程序和文件管理程序。前者用于执行 I/O（Input/Output，输入/输出）操作，后者用于管理外存中的数据或程序。每当用户程序或其他系统程序需要使用外部设备时，就要利用 I/O 驱动程序来执行。文件管理程序与磁盘等 I/O 程序配合，完成文件的存取、复制和其他处理。

1.3　微型计算机的硬件结构及基本工作过程

目前，各种微型计算机的硬件均由微处理器、存储器、输入/输出接口以及输入/输出设备这几部分组成，其硬件结构框图如图 1-6 所示。

图 1-6 中的微处理器包含图 1-5 中的运算器和控制器，RAM 和 ROM 为存储器，外部设备为输入设备、输出设备的总称。各组成部分之间通过数据总线 DB（Data Bus）、地址总线 AB（Address Bus）和控制总线 CB（Control Bus）连接在一起。微型计算机的这种硬件结构称为三总线结构，也称为总线结构。总线结构使得内部系统构成方便，并具有很好的可维护性和可扩展性。

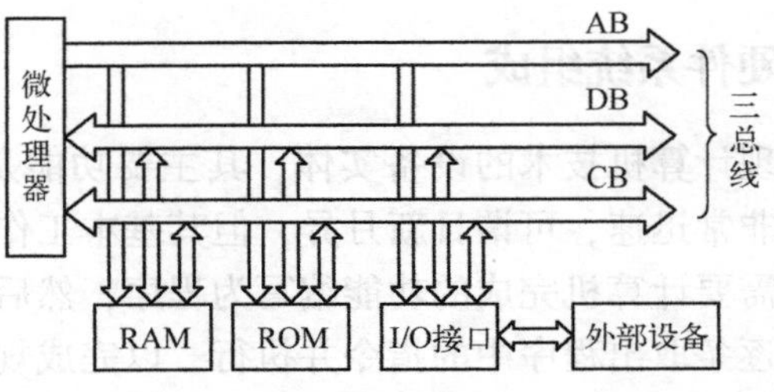

图 1-6　微型计算机的硬件结构框图

根据总线的组织方式，可把微型计算机的硬件结构分为单总线结构、双总线结构和双层总线结构。

单总线结构的微型计算机如图 1-7 所示。存储器和 I/O 接口（接外部设备）使用一组总线（系统总线，含 AB、DB 和 CB）传输信息，微处理器对 I/O 接口和存储器的访问只能分时进行，随着 I/O 接口与微处理器之间信息量增大，可使系统的吞吐量趋于饱和，从而导致系统性能下降。目前在许多单片机系统中仍采用这种结构，因为它结构简单，成本低，并易于实现。

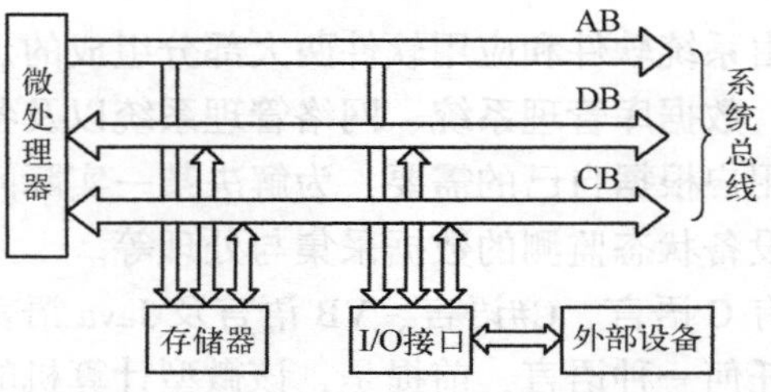

图 1-7　单总线结构的微型计算机

双总线结构微型计算机如图 1-8 所示。I/O 接口和存储器各使用一组总线与微处理器进行信息传输，微处理器可同时访问 I/O 接口和存储器。这种结构的优点是，微处理器可以分别在两套总线上同时与存储器和 I/O 接口进行信息传输，相当于提高了信息传输速率。但由于微处理器要同时管理它与 I/O 接口和存储器之间的信息通信，故增加了微处理器自身的负担。为解决这一矛盾，可选用专门的 I/O 处理芯片来完成与 I/O 接口的管理任务。

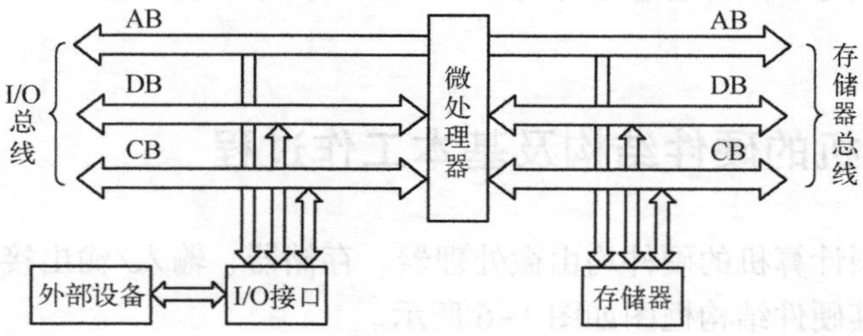

图 1-8　双总线结构微型计算机

双层总线结构微型计算机如图 1-9 所示。该结构中，可有多个微处理器和其他主控设备（如 DMA 控制器）。微处理器可通过局部总线访问局部存储器和局部 I/O 接口，其工作方式与单总线情况一样。当某微处理器需要访问全局存储器和全局 I/O 接口时，必须由总线控制逻辑部件统一进行安排。当该微处理器作为系统主控设备，使用全局存储器和全局 I/O 时，其他微处理器可以通过局部总线访问局部存储器和局部 I/O 接口。故该结构可实现双层总线上的并行工作，由此可提高系统数据处理和系统传输效率。

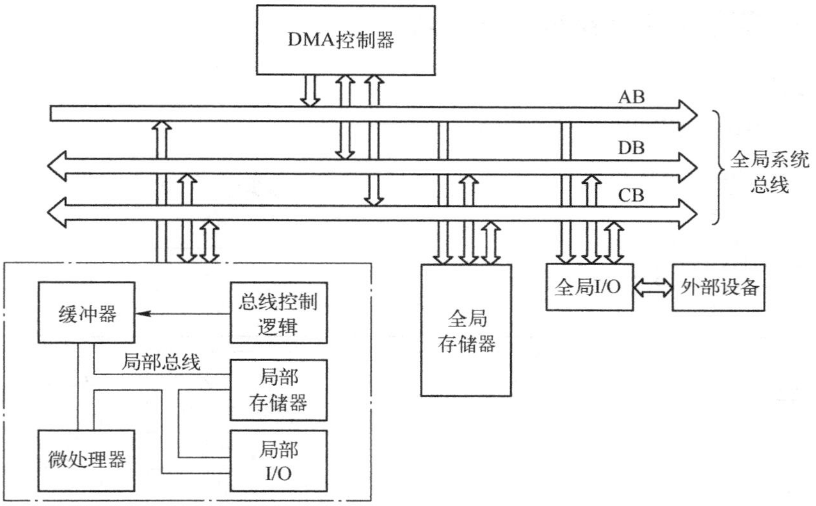

图 1-9　双层总线结构微型计算机

1.3.1　数据总线、地址总线和控制总线

所谓总线，实际上是一组专门用于信息传输的公共信号线，各相关部件都被连接在这组公共线路上，采用分时操作进行控制，实现独立的信息传送。按传输信息类别区分，总线分为传输数据信息的数据总线 DB、传输地址信息的地址总线 AB 和传输控制信息的控制总线 CB。按传输信息方向区分，总线分为只能单方向传输信息的单向总线和可以双向传送信息的双向总线。

1. 数据总线 DB

数据总线用于传输数据信息，是双向总线。它可实现微处理器与存储器、微处理器与 I/O 接口之间的数据传送。DB 总线的位数与微处理器的字长密切相关，DB 总线的位数越宽，一次性传输数据的信息量就越大，计算机的整体执行速度就会越快。例如 8 位数据总线，一次只能传输 1 个字节的数据信息，而 64 位的数据总线则一次可以传输 8 个字节的数据信息。

2. 地址总线 AB

地址总线用于传送 CPU 发出的地址信息，是单向总线。地址信息用于找寻存储器或外部设备，AB 总线的位数决定了外界存储器最大的存储容量。AB 总线的位数越宽，可以寻址的内存空间就越大。通常 8 位微处理器的地址总线为 16 位，即有 AB_{15} ~ AB_0共 16 条地址线，内存空间寻址范围为 2^{16} = 64 KB；32 位微处理器的地址总线通常是 32 位，即可以寻址 4 GB 的内存物理存储空间。

3. 控制总线 CB

控制总线是微处理器向各部件发出的控制信息、时序信息以及外部设备发送到微处理器的请求信息的总称，这些信息起控制作用。它包括微处理器向存储器发送的读选通信号$\overline{RD}$、写选通信号$\overline{WR}$，以及外部设备向微处理器发送的中断请求信号 NMI 和 INTR 等。控制总线中每一根线的方向都是一定的且是单向的，但作为整体来看则是双向的，所以图 1-6～图 1-9 中的控制总线仍然以双向表示，而实际情况与数据总线的双向会有所不同。

1.3.2　微型计算机的主要组成部分及功能

1. 微处理器

微处理器的内部结构如图 1-10 所示。

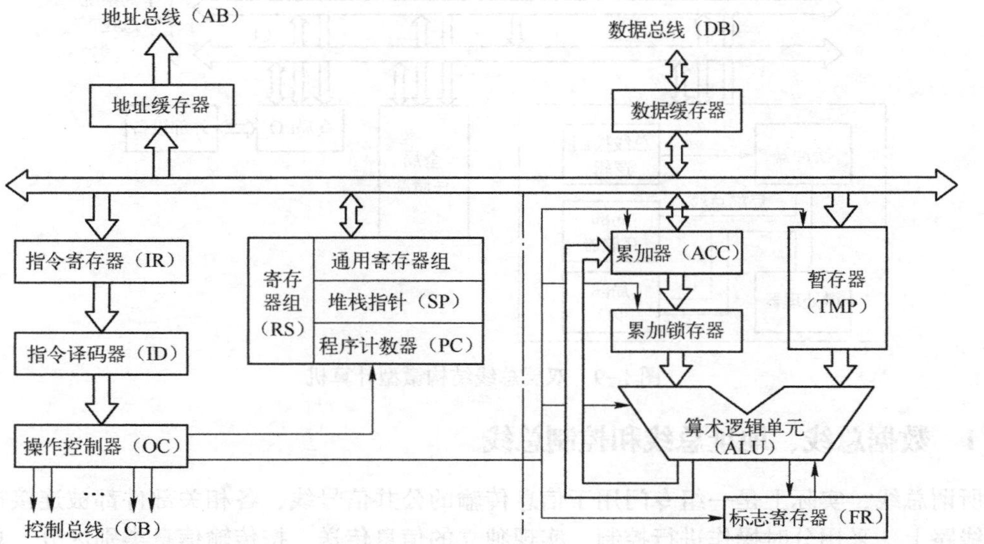

图 1-10　微处理器的基本组成

微处理器是微型计算机的运算和控制指挥中心，主要由运算器、控制器、寄存器组（阵列）以及内总线组成，合称为中央处理器 CPU（Central Processing Unit）。微型计算机的中央处理器由于体积微小也称为微处理器 MPU（Microprocessor Unit）。

（1）运算器

运算器是执行算术运算和逻辑运算的部件，由累加器 ACC（Accumulator）、暂存器 TMP（Temporary）、算术逻辑单元 ALU（Arithmetic Logic Unit）、标志寄存器 FR（Flag Registers）和一些逻辑电路组成。

1）累加器 ACC：用于寄存运算前的数据及运算结果。

2）暂存器 TMP：用于暂存运算前的数据。

3）算术逻辑单元 ALU：ALU 是运算器的核心，它主要完成算术运算与逻辑运算操作。它以累加器 ACC 的内容为第一运算操作数，暂存器 TMP 的内容为第二运算操作数，并将运算后的结果送入累加器 ACC 中。

4）标志寄存器 FR：用于反映运算过程和运算结果的某些状态或特征，例如运算过程中是否产生了进/借位，运算结果是正还是负、是否为零等。每种状态或特征都用 FR 中一个相应的标志位来表示。FR 中的状态标志常为 CPU 执行后续指令时所用，如根据运算结果是否满足条件来决定程序是顺序执行还是跳转执行。

在 80386 以上的微处理器中，FR 除存放状态标志外，还存放控制标志和系统标志。

（2）控制器

控制器是指令执行部件，包括取指令、分析指令（指令译码）和执行指令，由指令寄存器 IR（Instruction Register）、指令译码器 ID（Instruction Decoder）和操作控制器（Operate Control）三个部件组成。这三个部件是整个微处理器的指挥控制中心，对协调微型计算机有序工作极为重要。

CPU 根据用户预先编好的程序，依次逐条从存储器中将指令取出来放在 IR，由 ID 进行译码分析，确定应该进行什么操作后，操作控制电路根据译码结果，定时向相应的部件发出控制信号，完成指令指定的操作。

（3）寄存器组

在微处理器内部的寄存器组中，主要由通用寄存器和专用寄存器组成。

1）通用寄存器。通用寄存器的作用是暂时存放 ALU 需要用到的数据，方便完成各种数据操作。通用寄存器的数目主要因微处理器的结构而异，通常 8 位机、16 位机的数量较少，32 位机、64 位机的数量较多，通用寄存器的数量越多越有利于减少 CPU 访问普通存储器的次数，有利于加快数据处理速度。

由于寄存器的存取速度比存储器快，通用寄存器可用于存放某些需要重复使用的操作数或中间结果，从而避免了对存储器的频繁访问，缩短了指令的执行时间，加快了 CPU 的运算处理速度，但由于 CPU 的处理速度以及内部结构的限制，其内部寄存器的数量也是有限的。

2）专用寄存器。专用寄存器一般不会用于存放进行数据运算时的数据和运算结果，它们在程序的执行过程中有特殊功能，如程序计数器 PC（Program Counter）、堆栈指示器 SP（Stack Pointer）等。

① 程序计数器 PC。程序计数器 PC 用于存放下一条要执行的指令在存储器中存放的地址，通常称为 PC 指针。程序中的各条指令一般均顺序存放在存储器中，一个程序开始执行时，PC 中保存的二进制信息为该程序第一条指令所在存储单元的地址。微处理器总是以当前 PC 的值为指针，从所指定的存储单元中取指令。每从存储器中取出一个字节的指令，PC 指针的内容就自动加 1，当从存储器中取完一条指令的所有字节进入执行指令时，PC 中所存放的信息便是下一条将要执行的指令的地址。这样，在多数情况下程序的各条指令得到顺序执行。若要实现程序转移操作，只要在前一指令的执行过程中，把转移目标的新地址装入 PC，就可使微处理器从目标地址开始执行程序。

② 堆栈及堆栈指示器 SP。堆栈是指一片特殊的具有记忆功能的存储空间，它可以由微处理器内部的寄存器构成，也可以由软件在内存中开辟一个特定区域构成。由寄存器组成的堆栈称为硬件堆栈，由一片特定的存储区构成的堆栈称为软件堆栈。目前，绝大多数 CPU 都支持软件堆栈。

堆栈一旦形成就必须遵循先进后出 FILO（First In Last Out）的原则对栈区的数据进行操作。堆栈区中的每个数据被称为堆栈元素，如图 1-11 中的 22H、11H、00H、05H。将数据存入堆栈区称为“压栈”（PUSH），从栈区中取出数据称为“弹栈”（POP），最后压入堆栈区的数据称为栈顶元素，如图 1-11 中的 05H。由于堆栈区只有一个数据出入口，因此压栈和弹栈操作总在栈顶进行。

堆栈指示器SP是一个16位的地址寄存器，它的内容始终是当前堆栈栈顶元素所在位置的地址，如图1-11所示。由于对堆栈的操作始终是在栈顶进行的，所以栈顶元素所在位置的地址也不是固定不变的，即随着对堆栈的一次压栈或弹栈操作的进行，SP的内容就会自动变化，其变化的方向因栈区的编址方式而异。

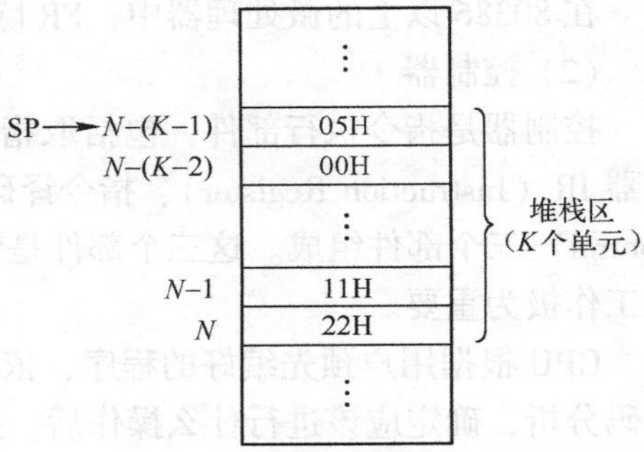

图1-11　堆栈区示意图

堆栈区的编址方式有两种，即向下增长型和向上增长型。对于向下增长型堆栈，一次压栈操作，数据压入栈区后，SP自动减量，向上浮动指示新的栈顶；一次弹栈操作，数据弹出栈区后，SP自动增量，向下浮动指示新的栈顶。对于向上增长型堆栈其SP变化方向相反。

堆栈增减量的大小因操作数类型而异，如字节型数据增减量为1、字型数据增减量为2。

2. 存储器

存储器是计算机中存储程序和数据的部件。存储器由半导体存储单元构成，每个存储单元可存放一个8位二进制数据。存储器的性能通常用存储容量和存取速度来描述。

存储容量是描述存储器存储二进制信息量多少的指标。存储二进制信息的基本单位是位（Bit），但在计算存储容量时常用字节Byte（8位二进制信息）和字Word（16位二进制信息）作单位，并且将$2^{10}=1024$个字节称为1 KB，1024 KB称为1 MB，1024 MB称为1 GB，1024 GB称为1 TB。通常所称的计算机内存容量就是指能存放的最大字节数。每个存储单元的查找是通过地址进行管理，存储容量越大，需要的地址线也就越多。例如1 MB的存储容量需要$A_{19}\sim A_0$共20条地址线；若有32条地址线则能管理4 GB的内存容量。存储器单元与地址之间的关系如图1-12所示。

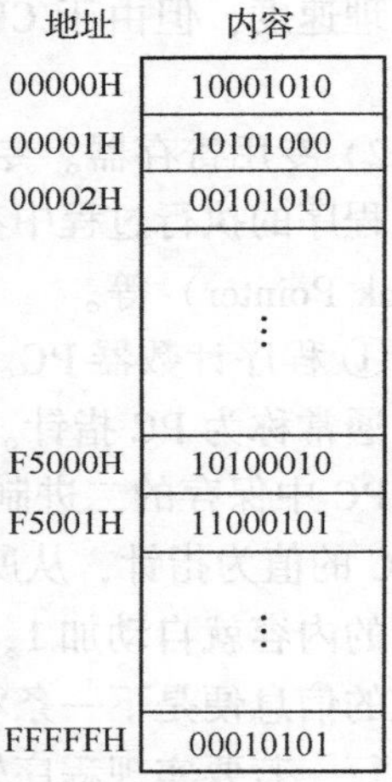

图1-12　存储器单元与地址的关系

存取速度是描述存储器工作快慢程度的指标，指信息存入存储器和从存储器中取出所需要的时间。微型计算机CPU的运行速度远大于内存读取速度。因此，内存的存取速度快慢会对计算机的整体运行速度产生较大影响。通常内存的速度是以频率来表示的，比如533 MHz的内存条等，选用频率高的内存条有利于提高整机速度。

3. 输入/输出接口

CPU需要与外部设备进行数据交换，但由于CPU与外部设备存在速度配合及信号不匹配等问题，不能直接与外部设备连接，因此引入计算机输入/输出接口。该接口是CPU与外部设备之间交换信息的连接电路，它们通过总线与CPU相连，简称I/O接口。

常见输入/输出接口有VGA接口、标准视频输入（RCA）接口、USB接口、RS-232C串口以及音频输入/输出接口等。

4. 输入/输出设备

使用微型计算机就必须进行人机交互，将外部信息传送到微型计算机称为输入；将微型计算机的运行结果传送出来称为输出。能完成信息输入或输出的设备称为输入/输出设备，二者也合称为外部设备，简称外设。

输入设备的作用是把信息送入计算机。最常用的输入设备是键盘和鼠标，还有摄像头、图形扫描仪和条形码读入器等。

输出设备的作用是将计算机的运算结果通过图像、数据和打印等方式输出出来。最常用的输出设备是显示器和打印机。

也有些设备既是输入设备，又是输出设备，如触摸式一体化微型机的触摸屏。

1.3.3 微型计算机基本工作过程

计算机的核心是 CPU，了解 CPU 的工作过程对于理解计算机内部工作原理非常重要。为了便于理解，下面以模型机为例加以说明。

指令是规定计算机执行某种特定操作的命令。程序是由若干条指令按特定次序组成的。计算机一条条地执行指令，从而完成程序所设定的特定功能。

每条指令由操作码和操作数构成。操作码代表着指令的命令本身，是每条指令不可缺少的部分；操作数是指令操作的对象，有的指令的操作对象隐含在操作码中，故可以没有操作数。

CPU 的工作过程是在内部时钟的控制下，循环往复进行取指令、分析指令和执行指令这三步操作，来完成一条一条的指令规定动作，最终完成程序所设定的功能。

计算机内部由系统时钟来控制时序逻辑电路的执行动作。计算机内部的最小时间单位是 1 个时钟周期 T，即 CPU 主频的倒数。所以主频越高，CPU 执行速度越快。

完成一个机器动作所需要的时间叫作机器周期。例如取指周期，通常一个机器周期需要 4 个时钟周期 T 来完成。

完成一条指令所需要的时间叫作指令周期。每条指令由一个或多个机器周期构成。有的指令在一个机器周期内能完成，叫作单周期指令；有的指令需要多个机器周期才能完成，叫作多周期指令。

现以下面简单程序为例，说明程序的执行过程：

地址	机器码	源程序	注释
		ORG 0100H	；程序从 0100H 地址开始存放
0100H	B0H，04H	MOV A，04H	；将累加器 A 赋值常数 04H
			；操作码： B0H，操作数 04H
0102H	FEH	DEC A	；将累加器的值减 1
			；操作码： FEH
0103H	04H，5BH	ADD A，5BH	；将累加器 A 与 5BH 相加
			；操作码： 04H，操作数 5BH
0105H	A2H，00H，20H	MOV [2000H]，A	；将计算结果存放到 2000H 单元处
			；机器码： A2H、00H、20H

本段程序已放入内存指定位置，内部结构如图 1-13 所示。

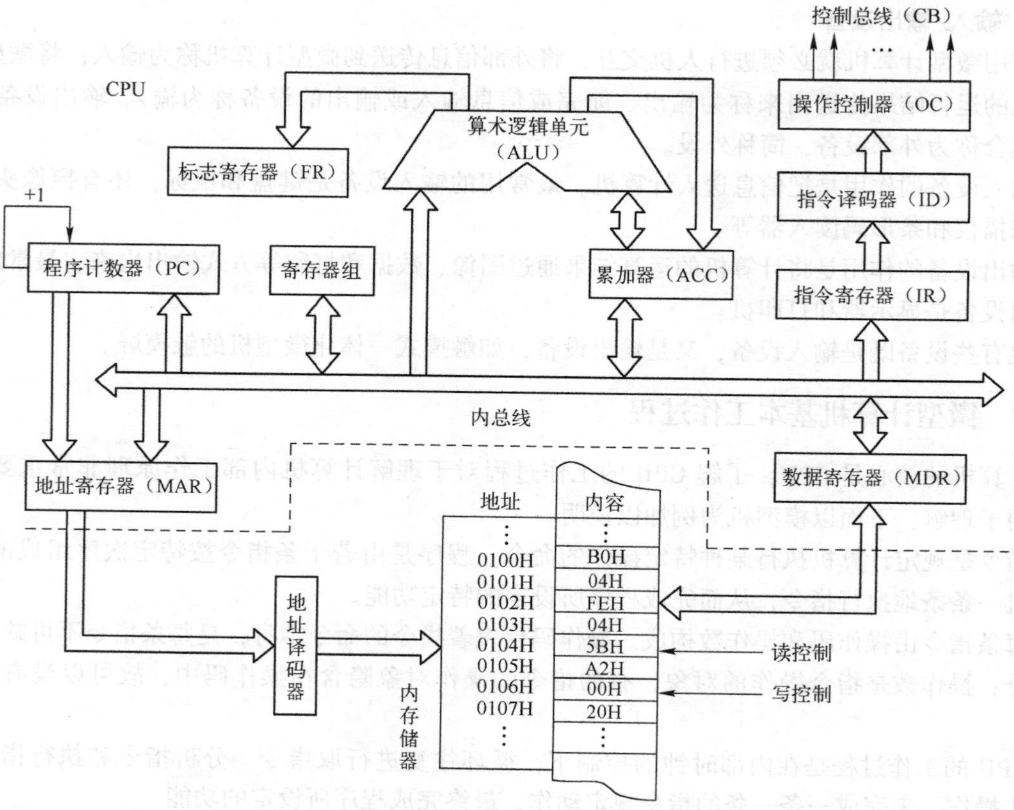

图 1-13　假想模型机与程序执行示例

执行过程如下：

➢ PC 指针将 0100H 送地址寄存器 MAR，然后自动加 1，变成 0101H。

➢ MAR 将地址 0100H 放到地址总线并通过地址译码器选中 0100H 单元。

➢ CPU 发出读命令，将内存中的值 B0H 放数据总线。

➢ 操作码送指令寄存器 IR，至此完成取操作码周期。

（操作码经指令译码器 ID 译码后，知道下一步须将操作数送累加器，发出相应的控制信号，为下一步操作做好准备。）

➢ PC 指针将 0101H 送地址寄存器 MAR，然后自动加 1，变成 0102H。

➢ MAR 将地址 0101H 放到地址总线并通过地址译码器选中 0101H 单元。

➢ CPU 发出读命令，将内存中操作数的值 04H 放数据总线。

➢ 操作数 04H 送累加器 A，至此完成取操作数并执行。

（这样，通过取操作码、取操作数两个机器周期，完成了第一条 MOV　A，04H 指令的执行。）

➢ PC 指针将 0102H 送地址寄存器 MAR，然后自动加 1，变成 0103H。

➢ MAR 将地址 0102H 放到地址总线并通过地址译码器选中 0102H 单元。

➢ CPU 发出读命令，将内存中的操作码的值 FEH 放数据总线。

➢ 操作码送指令寄存器 IR，至此完成取操作码周期。

（操作码已说明需将累加器 A 的值减 1，无须其他操作数，立即执行，完成了本条指令。）

以此类推，反复重复上述操作，CPU 总是将第一个数据作为操作码送入指令寄存器 IR，并由取到的操作码确定后续动作的执行方式。连续执行后，最终完成本段程序。

应特别注意的是，当本条指令取指完成后才能去执行当前指令，而此时 PC 指针已经自动加 1，指向了下一条指令处。

1.4 微型计算机的运算基础

1.4.1 计算机中数的表示

1. 机器数和真值

在计算机中，无论数值还是符号，都是用 0 或 1 来表示的。通常用最高位作符号位，0 表示正数，1 表示负数。例如：

+10 对应的二进制数为 00001010。

-10 对应的二进制数为 10001010。

通常将在计算机中使用的、连同符号位一起数字化了的二进制数称为机器数。机器数所表达的真实值对应的十进制数叫真值。

例如：若以原码表示的机器数 00101110，则所表达的真值为+46。

2. 带符号数的表示方法

在计算机中，带符号数的表达方法有多种，最常用的是原码、反码和补码这三种。

（1）原码

在机器数中，将最高位作为符号位，其余二进制位表示该数的绝对值的表示方法叫作原码表示法。

例如：原码 10101110，其真值为-46。

　　　原码 01101000，其真值为+104。

注意：原码表示法中，有正 0（00000000）和负 0（10000000）两种。以 8 位二进制为例，原码的表示范围为-127～+127。

要获得负数原码的真值，只需将除符号位以外的二进制数求值即可。

（2）反码

正数的反码表示与原码相同，负数的反码是将其对应的正数的各位取反，符号位为负。

例如：反码 00101110，其真值为+46。

　　　反码 11010001，其真值为-46。

注意：反码表示法中，有正 0 和负 0。

反码 00000000，其真值为+0。

反码 11111111，其真值为-0。

以 8 位二进制为例，反码的表示范围为-127～+127。

要获得负数反码的真值，需将除符号位以外的二进制数取反后求值。

（3）补码

正数的补码表示与原码相同，负数的补码是将其对应的正数的各位取反后再加 1，符号位仍为负。

例如：补码 00101110，其真值为+46。

补码 11010010，其真值为-46。

注意：补码表示法中，只有正 0，没有负 0。

以 8 位二进制为例，补码以 00000000 表示 0，以 10000000 表示-128，因此补码的表示范围为-128～+127。

在计算机中，由于补码表示法的机器数利用率较高，还能将减法转换为加法进行计算，所以总是以补码的形式来表示带符号数。

若要获得负数补码的真值，可以将除符号位以外的二进制数再求补得到。实际使用过程中，因负数本身就是用补码来表示的，故无须进行再求补计算。

3. 编码

编码是为了在特定场合下方便使用而制定的一种数字代号。例如身份证号、手机号等，其作用是代表身份和用户的符号。虽然可以任意编号，但为了代表特定的意义，总会按照某种规律来编码，使编码容易理解、容易记忆等。例如身份证号中含有地区、生日等信息，手机号中含有运营公司等信息。

计算机中常用的编码有两种（BCD 码和 ASCII 码），是为方便进行特定计算而制定的编码规则。

（1）二进制编码的十进制数（BCD 码）

用 4 位二进制数表示 1 位十进制数的编码方法叫作 BCD 码（Binary-Coded Decimal）。最常用的 BCD 码是 8421 码。

按照这样的编码规则，将各十进制数表示为 BCD 码并将 BCD 码写为十六进制数的各数据见表 1-1。

表 1-1　十进制数与 BCD 码对照表

十进制数	BCD 码	将 BCD 码写为十六进制数
0	0000	0H
1	0001	1H
2	0010	2H
3	0011	3H
4	0100	4H
5	0101	5H
6	0110	6H
7	0111	7H
8	1000	8H
9	1001	9H

由于计算机中，存放二进制数的最小单位是 1 个字节（8 位二进制数），因此，在计算机里 BCD 码的表示方法又分为两种：分离 BCD 码和组合 BCD 码（或压缩 BCD 码）。

1）分离 BCD 码：用 1 个字节表示 1 位十进制数，低 4 位为 BCD 码，高 4 位补 0。用这种方式表示的 BCD 码叫作分离 BCD 码，见表 1-2。

表 1-2　十进制数与分离 BCD 码对照表

十进制数	分离 BCD 码	将 BCD 码写为十六进制数
0	00000000	00H
1	00000001	01H
2	00000010	02H
3	00000011	03H
4	00000100	04H
5	00000101	05H
6	00000110	06H
7	00000111	07H
8	00001000	08H
9	00001001	09H

2）组合 BCD 码：在 1 个字节中，用低 4 位表示 1 位 BCD 码，同时高 4 位也表示为 1 位 BCD 码，即在 1 个字节中同时表示两位十进制数。

例如：十进制数 56，用组合 BCD 码表示为 01010110，写为十六进制数则为 56H。

注意：此时获得的二进制数是通过编码规则直接书写而成，而非计算而得。

分离 BCD 码的特点：1 个字节表示 1 位十进制数，直接书写，方便直观；缺点是浪费了高 4 位，加大了存储数据的存储空间。

组合 BCD 码的特点：1 个字节表示两位十进制数，结构紧凑，节约了存储空间；缺点是实际使用中有时需要组装和拆分。

（2）字母和符号的编码（ASCII 码）

计算机处理的信息要用到数字、字母和符号等，这些符号在计算机内部是通过统一编码来识别的。计算机普遍采用的是 ASCII 码（American Standard Code for Information Interchange），即美国标准信息交换码。ASCII 码表示与分离 BCD 码表示很相似，低 4 位都是相同的，均用0000~1001表示 0~9，差别仅在高 4 位，ASCII 码不是 0000 而是 0011。

在 ASCII 码编码规则中，应注意以下几点：

① 0~9 的 ASCII 为 30H~39H。

② 大写字母‘A’的 ASCII 码为 41H，其余字母按十六进制顺序递增。

③ 小写字母‘a’的 ASCII 码为 61H，其余字母按十六进制顺序递增。即小写字母与大写字母之间相差 20H。

了解 ASCII 码的编码规则的特点，对于今后编程实现各种码制间的转换有着重要的指导作用。

ASCII 码一般在计算机的输入和输出设备中使用，BCD 码和二进制数则在数据的运算和处理过程中使用。在解决一些实际问题中，往往需要在这几种码中进行转换。

1.4.2　计算机的基本运算方法

计算机中 CPU 能直接提供的运算有算术运算和逻辑运算。

算术运算中，提供加、减、乘、除四则运算。其他的计算函数都是由四则运算通过程序段来实现的。

常见的逻辑运算有与、或、非、异或、求补和移位等。

本节仅介绍基本运算规则。

1. 带符号数和无符号数的运算

（1）带符号数的加减运算规则

在计算机中，带符号数均用补码来表示。

例 1-1 利用二进制运算方法求带符号数 23 与 56 之和及 23 与 56 之差。

解：① 23+56=79

将 23 与 56 转换为二进制数进行运算的过程如下：

+23=00010111　　　+56=00111000

则：

```
  00010111
 +00111000
 ---------
  01001111 =79
```

② 23−56=−33

将 23 与 56 转换为二进制数进行运算的过程如下，其运算结果以负数的补码形式呈现：

+23=00010111　　　+56=00111000

则：

```
  00010111
 -00111000
 ---------
  11011111=-33 [补码]
```

例 1-2 利用二进制运算方法求带符号数−23 与−56 之和及−23 与−56 之差。

解：① (−23)+(−56)=−79

将−23 与−56 转换为二进制数进行运算的过程如下，其运算结果以负数的补码形式呈现：

−23=11101001[补码]　　　−56=11001000[补码]

则：

```
  11101001
 +11001000
 ---------
  10110001=-79 [补码]
```

② (−23)−(−56)=33

将−23 与−56 转换为二进制数进行运算的过程如下：

−23=11101001[补码]　　　−56=11001000[补码]

则：

```
  11101001
 -11001000
 ---------
  00100001=33
```

（2）无符号数的加减运算规则

例 1-3 利用二进制运算方法求无符号数 200 与 49 之和及 200 与 49 之差。

解：① 200+49=249

将 200 与 56 转换为二进制数进行运算的过程如下：

200=11001000　　49=00110001

则：

$$\begin{array}{r}11001000\\+00110001\\\hline 11111001\end{array}=249$$

② 200−49=151

将 23 与 56 转换为二进制数进行运算的过程如下：

200=11001000　　49=00110001

则：

$$\begin{array}{r}11001000\\-00110001\\\hline 10010111\end{array}=151$$

2. 带符号数溢出和无符号数溢出的判断

（1）带符号数溢出的判断

当进行带符号数计算时，如果计算的结果超出了二进制带符号数的表达范围，就称为溢出。

带符号数是用补码表示，以 8 位补码为例，所能表达的范围是−128～+127。如果 8 位带符号二进制数的计算结果超出表达范围，则产生溢出，其结果出错。

例 1-4　利用二进制运算方法求带符号数 100 与 64 之和。

解：因为 100+64=164，结果超过 8 位二进制带符号数的表达范围，故产生溢出。

将 100 与 64 转换成二进制数进行运算分析，其结果如下：

+100=01100100　　+64=01000000

则：

$$\begin{array}{r}01100100\\+01000000\\\hline 10100100\end{array}$$　；计算结果出现负数，有溢出

运算过程中，随时都有可能发生溢出，如果出现溢出，其运算结果不能使用，通常需要进行算法修改或停机处理。

对运算结果是否有溢出的判断，可通过状态标志中的 OF 来确定。OF 是通过“双进位”法进行判断，其方法是：将最高位的进位记为 C1，次高位的进位记为 C2。若计算结果中，C1 与 C2 相同，则无溢出；C1 与 C2 不相同，则有溢出。即溢出标志为 C1 与 C2 的异或结果。

$$\mathrm{OF}=\mathrm{C1}\oplus\mathrm{C2}=\begin{cases}1 & \text{有溢出}\\0 & \text{无溢出}\end{cases}$$

以例 1-4 为例，因最高位无进位，而次高位有进位，OF=1，故计算结果出现了溢出。

例 1-5　利用二进制运算方法求带符号数−23 与 56 之和。

解：因为(−23)+56=33，结果在 8 位二进制带符号数的表达范围内，故没有产生溢出。

将−23 与 56 转换二进制补码的运算过程如下：

−23 = 11101001　　　+56 = 00111000

则：

```
  11101001
 +00111000
 ---------
  00100001 = 33
```

最高位有进位，次高位也有进位，两者相同，OF = 0，无溢出。

（2）无符号数溢出的判断

同理，无符号数计算时，如果计算的结果超出了二进制带符号数的表达范围，也称为溢出。

以 8 位二进制为例，无符号数表示所能表达的范围是 0 ~ +255。如果 8 位无符号二进制数的计算结果超出表达范围，则产生溢出，其结果出错。

例 1−6　利用二进制运算方法求无符号数 128 与 129 之和。

解：因为 128+129 = 257，结果超过 8 位二进制无符号数的表达范围，故产生溢出。

将 128 与 129 转换成二进制数进行运算分析，其结果如下：

+128 = 10000000　　　+129 = 10000001

则：

```
  10000000
 +10000001
 ---------
  00000001      ；以 8 位二进制表示计算结果为 1，有溢出
```

本题产生溢出的原因是无符号数运算中最高位产生进位，导致结果超出 8 位无符号二进制数所能表达的范围。

因此对无符号数运算结果是否有溢出的判断，可通过判断最高位是否有进位来确定。在状态标志中以 CF 表示最高位的进位情况，故在进行无符号数运算，运算结果使 CF = 1 时则表示结果溢出，反之结果没有溢出。

3. BCD 码运算及十进制调整

日常生活中最常见的数制是十进制，利用 BCD 码编码规则，很容易将十进制数转换为 BCD 码。但是，由于计算机总是将数据作为二进制数来进行运算，在利用指令进行算术运算时，是按“逢 16 进一”的法则进行，而日常生活中采用的十进制运算均是按“逢 10 进一”法则进行的，故两种计算方法中相差 6。因此，在利用指令进行 BCD 码运算时，为获得正确的十进制结果，往往需要将计算结果进行修正，即进行所谓的“十进制调整”。

例如，求分离 BCD 码 7 与 5 之和。

已知 7+5 = 12，用二进制数进行运算有：

```
  00000111
 +00000101
 ---------
  00001100
```

从计算的结果可看出结果为无效 BCD 码（即出现了 A ~ F 之间的值），故需再进行十进

制调整操作，将计算结果再加 F6H 后，即可得到分离 BCD 码的正确结果 12。

```
  00001100
 +11110110
──────────
1，00000010
```

例如，求分离 BCD 码 9 与 8 之和。

已知 9+8=17，用二进制数进行运算有：

```
  00001001
 +00001000
──────────
  00010001
```

计算结果虽是 BCD 有效码，但因在加法运算过程中出现了辅助进位，故仍需再进行十进制调整操作，将计算结果再加 F6H 后，得到分离 BCD 码的正确结果 17。

```
  00010001
 +11110110
──────────
1，00000111
```

例如，求组合 BCD 码 56 与 82 之和。

已知 56+82=138，用二进制数进行运算有：

```
  01010110
 +10000010
──────────
  11011000
```

计算结果高 4 位为 BCD 无效码，低 4 位是有效码且无进位，故 BCD 码高位需进行十进制调整操作，将计算结果再加 60H 后，得到组合 BCD 码的正确结果 138。

```
  11011000
 +01100000
──────────
1，00111000
```

由以上几例可得，十进制调整的规则如下：

➢ 若 BCD 码加法运算结果中出现无效码或出现进位，则在相应位置再加 6。

➢ 若 BCD 码减法运算结果中出现无效码或出现借位，则在相应位置再减 6。

➢ 实际上，分离 BCD 码的十进制调整处理方法略有不同，在高 4 位上还需加 F。

BCD 码运算的十进制调整是由专门的十进制调整指令来完成的。算法不同、编码不同，其调整指令也不相同。注意：若被计算的数是 BCD 码，则程序中需要加上十进制调整指令，若被计算的数不是 BCD 码，则程序中不能加十进制调整指令。

采用哪种数据形式进行运算是程序员在编程之前必须确定的，不同的数据形式，实现的算法各不相同。正如高级语言在使用变量之前要求必须先定义变量类型一样，这样才能够在编译时确定正确的计算方法。

4. 逻辑运算

逻辑运算是按照二进制的最小单位 Bit（位）来进行的，常用的逻辑运算有与、或、异或、非等。

1）与运算

$$\begin{array}{r} 10110110 \\ \wedge\ 10011011 \\ \hline 10010010 \end{array}$$

注意：与 0 相与得 0，与 1 相与保持不变。利用与运算可以将指定位清 0。

2）或运算

$$\begin{array}{r} 10110110 \\ \vee\ 10011011 \\ \hline 10111111 \end{array}$$

注意：与 1 相或得 1，与 0 相或保持不变。利用或运算可以将指定位置 1。

3）异或运算

$$\begin{array}{r} 10110110 \\ \oplus\ 10011011 \\ \hline 00101101 \end{array}$$

注意：与 1 相异或等于取反，与 0 相异或保持不变。利用异或运算可以对指定位求反。

4）非运算

$$\begin{array}{r} 10110110 \\ \hline 01001001 \end{array}$$

注意：按位取反，利用非运算可以对所有位求反。

1.5 典型微型计算机

1.5.1 主要性能指标

衡量一台微型计算机性能的主要技术指标包含字长、运算速度、存储器容量、外设扩展能力、软件配置等。

1. 字长

字长是指计算机对外一次能传送及内部处理数据的最大二进制数码的位数。计算机的字长主要取决于它的数据总线的宽度，而 CPU 对数据的处理能力及速度取决于它的通用寄存器、ALU 及内总线的位数。字长越长，一次所能运算的数据量就越大，数据处理速度就越快。当然，字长越长，计算机的硬件代价也越大。

一般情况下，CPU 的内外部数据总线宽度是一致的。但有的 CPU 为了改进运算性能，加宽了 CPU 的内部总线宽度，内部数据总线和外部数据总线宽度不一致。如 Intel 8088 的内部数据总线宽度为 16 位，外部为 8 位，称为“准 16 位”CPU。

2. 运算速度

计算机的运算速度一般用每秒钟所能执行的指令条数来表示。由于不同类型指令的执行时间不同，因而运算速度的计算方法也不同，常用计算方法有：

① 根据不同类型指令出现的频度，乘以不同的系数，求得统计平均值，作为运算速度。

这时常用每秒钟执行百万条指令数 MIPS（Millions of Instruction Per Second）作单位。

② 以执行时间最短的指令（如加法指令）为标准来估算速度。

③ 直接给出 CPU 的主频和每条指令执行所需的时钟周期。主频一般以 MHz 为单位。

计算机实际的整机运行速度还与存储器读取速度、硬盘读取速度以及显示驱动电路处理能力等有密切关系，综合考虑各项指标才能正确反映机器的运行情况。

3. 内存储器的容量

内存储器，也简称为内存或主存，是 CPU 可以直接访问的存储器，需要执行的程序与需要处理的数据均存放在内存中。内存的性能指标主要包括存储容量和存取速度。内存储器容量的大小反映了计算机即时存储信息的能力。随着操作系统的升级，应用软件的不断丰富及其功能的不断扩展，人们对计算机内存容量的需求也不断提高。例如，运行 Windows 95 或 Windows 98 操作系统至少需要 16 MB 的内存容量，Windows XP 则需要 128 MB 以上的内存容量，Windows 7 和 Windows 10 需要 1 GB 以上的内存容量，Windows 11 则需要 4 GB 以上的内存容量。内存容量越大，系统功能就越强大，能处理的数据量就越庞大。

4. 外存储器的容量

外存储器容量通常是指硬盘容量（包括内置硬盘和移动硬盘）。外存储器容量越大，可存储的信息就越多，可安装的应用软件就越丰富。目前，其主流硬盘的容量为 500 GB～2 TB。

5. 外设扩展能力

微型计算机系统配接各种外设的可能性、灵活性和适应性，被称为外设的扩展能力。一台微型计算机系统允许配接多少外设，对于系统接口和软件研制有着重大的影响。在实际应用中，打印机型号、显示屏幕分辨率和外存储器容量等，都是外设配置中需要考虑的问题。

6. 软件配置

软件是微型计算机系统的重要组成部分，微型计算机系统中软件配置是否齐全，直接关系到计算机性能的好坏和效率的高低。微型计算机是否有功能很强、能满足应用要求的操作系统和高级语言、汇编语言，是否有丰富的、可供选用的应用软件等，都是在购置微型计算机时需要考虑的。

1.5.2 PC 系列微型计算机

PC 系列微型计算机是指以 Intel 公司的 CPU（或与之兼容的 CPU）系列芯片为微处理器的微型计算机，包括 PC XT、PC AT、PC 386、PC 486、PC Pentium 等。这类微型计算机系统在结构上大体相同，经过不断发展，其功能不断增强，性能不断提高。早期的 PC XT 使用 8088 CPU，只能支持 1 MB 的内存，单任务 DOS 操作系统。PC AT 使用 80286CPU，内存物理地址空间可达 16MB，支持多任务多用户操作系统。PC 386 和 PC 486 分别采用 80386 和 80486 作 CPU，内存物理地址空间可达 4 GB，支持多任务多用户操作系统。PC Pentium 则是用 Pentium 作 CPU，其运算速度和功能、性能比 PC 386、PC 486 又有很大提高，其硬件结构也有了很大发展。随着技术进步，Pentium 系列已经历了多次的升级换代。

2005 年，Intel 公司推出了 Pentium Extreme Edition 840 的“双核”CPU，揭开了“多核”CPU 的序幕。经过多年的发展，目前 Intel 公司微型计算机的主流 CPU 是 Core 系列的 i9、i7、i5、i3 以及 Pentium 的高端系列，如 G7400。当前，最强劲的 CPU 是 Core i9－

12900K，其单核睿频可达到5.5 GHz，采用了英特尔的高性能混合架构，配备了16个核心（8P+8E），其中8个是英特尔迄今打造的最高性能CPU核心，即性能核（Performance Core），另外8个是专为满足可扩展多线程工作负载性能要求而设计的能效核（Efficient Core），协调二者的是英特尔硬件线程调度器（Intel Thread Director），可引导操作系统在合适时间将恰当的线程置于相应的内核上，确保这两种全新内核微架构无缝衔接地协同工作，从而逻辑线程数量达到了24线。多线程性能的进步、性能核的快速响应以及DDR5对数据快速传输的支持，同时高达14 MB二级缓存、30 MB三级缓存，增加了内存容量并降低了延迟，从而让用户在各种应用中都能获得出色性能体验。

不管PC系列微型计算机技术如何变化，从外部看都是由主机和外设组成。主机的核心内容在主机箱内，主要包括CPU、内存、主板、I/O适配器、电源和硬盘等部件。微型计算机的外设种类繁多，典型的外设有键盘、鼠标、摄像头、显示器和打印机等。

1. 主板硬件结构

主板（Main Board），又称系统板（System Board）或母板（Mother Board），它安装在机箱内，是微型计算机最基本的也是最重要的部件之一。如图1-14所示。主板一般为一块多层印刷的矩形电路板，且大都是采用基于CPU的母板结构。上面安装了组成计算机的主要电路系统，一般有CPU插槽、内存插槽、BIOS系统、芯片组、总线扩展插槽（显卡、声卡、网卡等）、外设（硬盘、显示器、键盘、鼠标）接口系统、系统时钟和电源接口等。不同型号的母板，所含元器件的功能类型是差不多的，也就是说，各种PC系列微型计算机母板上的硬件系统功能框图是基本相同的；差别主要在于所用功能元器件的型号、性能、集成规模和它们在板上的排列。

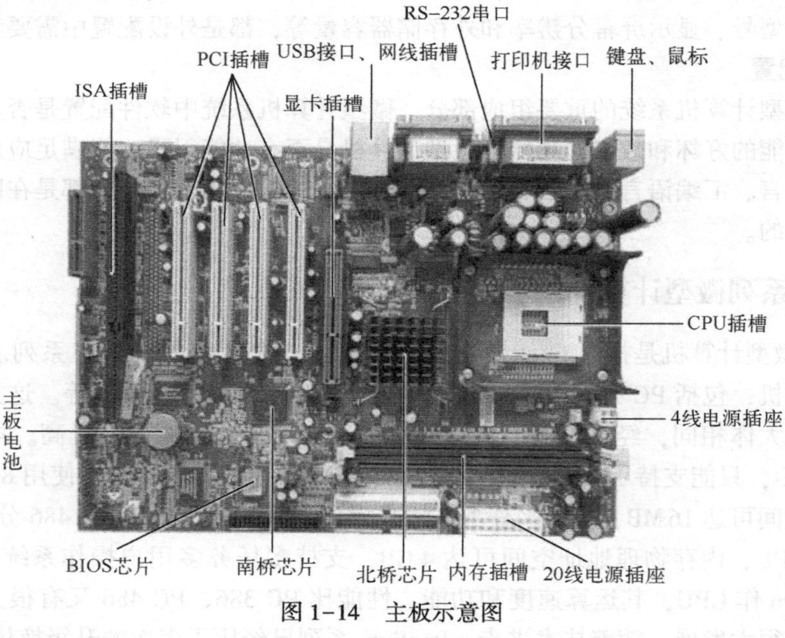

图1-14　主板示意图

随着电子技术的发展，由于电路的集成度大大提高，主板上已经可以集成大多数的功能件，包括声卡、一体化显示卡、网卡、WiFi无线网卡以及各种应用接口。目前已有了除显示器适配卡外，其他主要电路都做在母板上的“一板一卡”式主机体系。原因是显示系统的配置对用户来说以灵活为好，而且显示电路的升级换代也较快。同时，采用独立显卡技术是因为计算机在进行复杂的图像处理时需要图像适配器芯片参与运算处理，这样才能获得快速的运动显示效果，特别是运行游戏等对图像显示有特殊要求的软件时尤为重要。为获得快速的图像处理效果，笔记本计算机也常采用独立显卡模式。

（1）CPU 插槽

CPU 是主板的核心芯片。早期将 CPU 直接集成到主板上，这种模式会在 CPU 损坏时直接导致整个主板无法继续使用。为解决这一矛盾，目前多数主板提供 CPU 插槽，即 CPU 不是集成在主板上，而是另外购置，插入 CPU 插槽中。由于不同规格的 CPU 需要主板提供不同的技术支持，不同档次的主板为 CPU 提供不同的相关功能，因此使用时应选择与 CPU 相匹配的主板。CPU 的接口都是针脚式接口，由于 CPU 接口类型的不同，其插孔数、体积大小和形状不完全一样，所以在主板上设置有与之相对应的插槽类型，使用时应选择与之匹配的插槽。CPU 插槽主要分为 Socket 和 Slot 两种。

（2）内存插槽

目前微型计算机系统的内存模块都是将多个内存芯片集成在一块小印制电路板上，形成条状结构，称为内存条。主板上提供了内存条所需的内存插槽，内存条插槽数一般为 4~8 个，主存的容量可以根据用户的需要和系统软件的性能来进行配置。内存条通过金手指（Connecting Finger，即内存条上众多金黄色的导电触片，因其表面镀金而且导电触片排列如手指状，所以称为“金手指”，内存条的所有信号都是通过金手指进行传送的）与主板连接，内存条正反两面都带有金手指，金手指上的导电触片也习惯称为针脚数（Pin）。目前台式机系统主要有单内联内存模块（Single Inline Memory Module，SIMM）、双列直插式存储模块（Dual Inline Memory Module，DIMM）和 Rambus 公司直插式存储模块（Rambus Inline Memory Module，RIMM）三种类型的内存插槽，而笔记本内存插槽则是在 SIMM 和 DIMM 插槽基础上发展而来，基本原理并没有变化，只是在针脚数上略有改变。不同类型的内存插槽针对不同类型的内存，如 SIMM 插槽多用于早期的 FPM 和 EDD DRAM；DIMM 插槽用于 SDRAM（Synchronous Dynamic RAM，同步动态内存）与 DDR（Double Data Rate SDRAM，DDR SDRAM，双倍速 SDRAM），但 SDRAM 与 DDR 由于针脚和定位槽不同，并不兼容；RIMM 插槽用于 Rambus 公司生产的 RDRAM（Rambus DRAM）。

（3）BIOS 系统

BIOS 系统里包括 BIOS 芯片和 CMOS RAM 芯片。

BIOS（ROM Basic Input and Output System，ROM BIOS）包含了一组例行程序，专门完成开机初始化、系统自检以及系统与外设之间的输入/输出工作等。它为计算机提供最低级的、最直接的硬件控制，是微型计算机操作系统与硬件之间的一个接口，它本身性能的好坏，是决定主板性能好坏的一个重要标志。BIOS 还提供了一个界面，让用户对系统的有关参数进行设置，其设置的信息存储在 CMOS RAM 芯片中。

CMOS 是一种专用的 RAM 芯片，它靠电池供电（电池的寿命一般在 3~5 年），其中的信息不会丢失，记录了系统的设置及与系统的运算速度及性能有关的重要数据，系统每次启动都要先读取里面的信息。

（4）芯片组

芯片组（Chipset）是构成主板电路的核心，起着协调和控制数据在 CPU、内存和各部件之间传输的作用。主板芯片组几乎决定着主板的全部功能，如主板能支持的CPU类型、最高的工作频率和内存最大容量等；芯片组性能的优劣，直接影响了主板性能的好坏与级别的高低。因此常用芯片组的名字来命名主板。

芯片组就是南桥芯片（South Bridge Chips）和北桥芯片（North Bridge Chips）的统称。其中北桥主内，是系统控制芯片，负责CPU和内存和显卡之间的数据交换，提供CPU的类型、主板的系统总线频率、内存类型、容量和性能以及显卡插槽规格等；南桥主外，负责CPU总线以及外设的数据交换，主要管理中低速外设，决定了扩展槽的种类与数量、扩展接口的类型和数量（如USB 2.0/1.1、串口、并口、笔记本的VGA输出接口）等。

但Intel公司在2000年推出的i815EP芯片组，采用“加速中心架构”来取代传统的南北桥芯片架构，用内存控制中心（Memory Controller Hub，MCH）代替了北桥芯片，用输入/输出控制中心（I/O Controller Hub，ICH）代替了南桥芯片。

（5）总线扩展插槽

过去主板上仅具备基本工作条件，更多的扩展功能需要加装相应的功能卡，如声卡、显卡和网卡等。因此总线扩展槽是用于扩展微型计算机功能，插接I/O接口卡的插槽，通过扩展槽来添加或增强微型计算机的特性及功能的方法。例如，当主板提供的声卡性能不满意时，可通过增加独立声卡来增强音效。

目前使用的扩展槽的种类有ISA、PCI、AGP和PCI Express等。ISA插槽是基于ISA总线（Industrial Standard Architecture，工业标准结构总线）的扩展插槽，但其缺点是CPU资源占用太高，数据传输带宽太小，因此该类插槽已经被淘汰。PCI插槽是基于PCI局部总线（Peripheral Component Interconnect，周边元件扩展接口）的扩展插槽，可直接插入声卡、网卡等多种扩展卡来帮助微型计算机实现多种功能。AGP（Accelerated Graphics Port，图形加速端口）插槽是一种图形加速接口，它既为显示卡提供高达1064 MB/s的数据传输速率，又以系统内存为帧缓冲（Frame Buffer），可将纹理数据存储在其中，从而减少了显存的消耗，实现了高速存取，因此有效地解决了3D图形处理的瓶颈问题，专门用于安装AGP显示卡，其速度高于普通的PCI显卡。PCI Express插槽是随着新一代的PCI Express总线而产生，它能为3D视频处理提供比AGP更好的带宽，因此主流主板上显卡接口多转向PCI Express插槽。

（6）外设接口系统

微型计算机的所有外设，无论是机器内部的还是机器外部的，都需要通过专用的输入/输出接口才能完成与CPU之间的数据交换。因此外设接口系统用于连接各种输入/输出设备，如键盘、鼠标和打印机等，主要包括两个串行接口插座、一个并行接口插座、两个USB（Universal Serial Bus，通用串行总线）接口插座和两个PS/2接口插座（用于插接键盘和鼠标）。

过去的接口电路品种很多，不同的外设必须连接到与之相匹配的接口上才能使用。自从1996年USB接口被推出并普及应用后，已逐步替代串口和并口，目前大多数外设都采用了USB接口方式连接。USB接口最大的优点是“即插即用”，即该类接口支持热插拔。在开机的情况下，可以安全地连接或断开USB设备。同时USB采用级联方式，通过菊花链链接，一个USB控制器理论上可以链接127个外设，并能智能识别USB链上外设的接入和拆卸。

2. 常用I/O适配器

I/O适配器是微型计算机的外设与总线的接口，通过将I/O适配器插入系统主板的总线插槽，外设再连接上 I/O 接口，实现外设与主机之间的数据交换。

（1）显示适配器

显示适配器也称为显卡，插在主机扩展槽中，主要完成将 CPU 送出的影像数据经处理后送给显示器显示。随着 ISA 和 PCI 总线的发展，出现了 ISA 和 PCI 显卡；由于此时 PCI 总线不能满足 3D 图形对数据传输率的要求，因此有了 AGP 和 PCI Express 总线，对应出现了 AGP 显卡和 PCI Express 显卡。

（2）音频卡

音频卡（俗称声卡）是计算机进行声音处理的适配器，是实现声波与数字信号相互转换的一种硬件。它主要完成音乐合成发音、混音及模拟声音信号的输入和输出任务。用户根据使用需求可选择不同质量的声卡。

（3）网络适配器

网络适配器又称网卡或网络接口卡，是计算机联网的必备设备。它插在 I/O 扩展槽中，主要负责将用户要传递的数据转换为网络上其他设备能够识别的信息，通过网络介质进行传输。常用的网卡有以太网卡、NOVELL 网卡、FDDI 网卡和 ATM 网卡等。

（4）硬盘驱动器接口

硬盘驱动器是总线与硬盘间的接口，用于实现主机与硬盘间的数据传送。目前大多数微型计算机采用 IDE（Integrated Drive Electronics，集成驱动器电路）接口卡，这类接口具有芯线少，体积小，适用于多磁头、大容量以及小型化硬盘的优点。

3. 硬盘

硬盘是微型计算机海量存储的主要存储媒介之一，当前大量普通 PC 采用的是 3.5 in[⊖]机械硬盘，容量多为 500 GB ~ 2 TB。它是用一块金属圆盘底板制成，一个完整的硬盘由驱动器、控制器和盘片三大部分组成，它们一起被封装在主机箱内。

除传统的机械硬盘外，还有把磁性硬盘和闪存集成到一起的混合硬盘以及 SSD 固态硬盘。SSD 固态硬盘属于 Flash Memory，有启动快、快速随机读取、写入速度快、体积小、使用寿命长、不容易损坏以及抗震性强等优点。其读取速度比普通硬盘更快，还能提升计算机性能。如加装 SSD 固态硬盘作为系统盘的计算机，进入系统时间要比普通的计算机快 20%以上。

此外，还有光盘驱动器等作为选配件。随着大容量 U 盘、移动硬盘的大量使用，光盘驱动器的使用率也大大减少，使用移动光驱提高利用率是更好的选择。

4. 输入/输出设备

（1）输入设备

输入设备的作用是把信息送入微型计算机。文字、图形、声音和图像等所表达的信息（程序和数据）都要通过输入设备才能被微型计算机接收。微型计算机上常用的输入设备有键盘、鼠标器和摄像头等。

1）键盘：微型计算机上最基本的部件之一，也是主要输入设备，用来向系统输入数据和命令。

2）鼠标器：鼠标器是一种使光标移动更加方便、更加精密的输入装置，是计算机显示系统纵横坐标定位的指示器。

⊖ 1 in = 0.0254 m。

3）摄像头：摄像头是一种视频输入设备，通过摄像头在网络上进行有影像的沟通，可用于视频会议、远程监控和网络可视电话等。目前传统摄像头与网络视频技术相结合产生了新一代的网络摄像头，使用该类摄像头，可将影像通过网络传到远端，远端的浏览者只需通过标准的网络浏览器（如IE）即可观看影像。

（2）输出设备

输出设备的作用是接收微型计算机输出的信息。常见的输出设备主要有显示器、打印机等。

1）显示器：显示器是利用视频显示技术制成的最常用输出设备，是人机对话的重要的部件。目前经常使用的是LCD（Liquid Crystal Display，液晶显示器）和LED（Light Emitting Diode，发光二极管）显示器。

显示器的重要技术指标有以下几个。

① 尺寸和点距：尺寸标志着显示屏的工作面积，点距关系着图像的清晰度。

② 分辨率：分辨率是指屏幕上像素光点数。像素光点直径越小，则分辨率越高，若在水平方向排列1920个像素光点，在垂直方向排列1080个像素光点，则它的分辨率为1920×1080像素。

③ 刷新频率：刷新速度越快，图像越稳定。通常是人眼感觉不闪烁的频率即可。

2）打印机：打印机是一种把字符和图形的编码转换为字符和图形并复制的输出设备。打印机的种类很多，有击打式或非击打式打印机。击打式打印机中使用最普遍的是针式打印机（又称点阵打印机），如税务发票打印机；非击打式打印机目前使用最普遍的是激光打印机和喷墨打印机。目前打印机常用接口有COM接口、LPT接口（LPT接口为打印机专用接口）和USB接口。

1.5.3 微型计算机中的主要计算机技术

随着大规模集成电路的广泛应用，许多大中型计算机中采用的主要技术均可应用于微型计算机中，这些技术包括流水线技术、乱序执行技术、推测执行技术、高速缓冲存储器技术、虚拟存储器技术、超线程技术以及Core微架构系列技术等，这些技术的应用极大地提高了微型计算机的整体性能。

1. 流水线技术

流水线（Pipeline）技术是一种将一条指令的执行过程分解为多个操作步骤，并让几条指令的不同操作步骤在时间上重叠，从而实现几条指令并行处理、提高程序运行速度的技术。每一个操作步骤均由一个独立的电路来完成，若干个完成不同操作步骤的电路组成了指令流水线。

流水线技术并没有加速单条指令的执行，每条指令的操作步骤一步也没有少，只是多条指令的不同操作步骤同时执行，总体上加快了指令流速度，缩短了程序执行时间。

16位以上微处理器基本上都采用了流水线技术。80486使用了6级流水线结构。当流水线装满指令时，每个时钟周期平均有一条指令执行完毕，这与汽车生产上的装配流水线非常相似。当流水线深度在5~6级以上时，通常称之为超流水线结构（Superpipelined）。显然，流水线级数越多，每级所花的时间越短，时钟周期就可设计得越短，指令流速度也就越快，指令平均执行时间也就越短。

有的微处理器（如 Pentium、Pentium Pro 等）在片内集成了两条或多条流水线，平均一个时钟周期可执行一条以上的指令。这种流水线技术称为超标量（Superscalar）设计技术。

流水线技术是通过增加计算机硬件来实现的。例如要能预取指令，就需要增加预取指令的硬件电路和存放预取指令的指令队列缓冲器，使微处理器能把取指令操作和执行指令的操作在时间上重叠起来。

2. 乱序执行技术

为了进一步提高处理速度，从 Pentium Pro、Pentium Ⅱ和 Pentium Ⅲ开始新推出的高档微处理器采用了一种乱序执行技术来支持其超标量和超流水线设计。所谓乱序执行（Out of Order Execution）技术就是允许指令按照不同于程序中指定的顺序发送给执行部件，从而加速程序执行过程的一种先进技术。它本质上是按数据流驱动原理工作的（传统的计算机都是按指令流驱动原理工作的），根据操作数是否准备好来决定一条指令是否立即执行，不能立即执行的指令先搁置一边，而把能立即执行的后续指令提前执行。

乱序执行技术必须以数据流分析和微指令操作数、执行状态和执行结果的缓冲寄存为前提，通过数据流分析，决定哪些微指令已准备好了所有的操作数，并可被发送到执行部件，从而将未执行过的后续指令重新组合为适当的可执行序列。在整个程序运行过程中，这个工作必须不断地、动态地执行。显然，必须为此提供复杂的硬件支持，如重排序缓冲器（Re-coder Buffer）和可保留多条已译码微指令的“保留站”及其控制逻辑等。

3. 推测执行技术

推测执行技术（或称为预测执行技术）是为了充分发挥流水线技术和乱序执行技术而采取的一种先进技术。

据统计，程序中平均每七条指令就有一条分支转移指令。也就是说，在一个程序区域取六条指令后就有可能要转移到存储器的其他区域去取指令，甚至更短，若流水线的深度较深或并行与超顺序执行的规模较大时，进入流水线与并行执行部件和超顺序执行部件的指令就可能很多，甚至还可能包括一条、多条转移指令，微处理器执行到这些转移指令时，位于这些转移指令后的指令就可能根本不是下一条要执行的指令，下一条要执行的指令甚至可能不在整个流水线中或微处理器内。这时，位于流水线中的指令就会因无用被清除，那么对这些被清除的指令的先前取指与译码等操作就是徒劳的。此时必须根据转移指令重新取指进入流水线、进行译码等操作，微处理器的执行部件也不得不等待一段时间，从而影响整个微处理器的执行速度。

推测执行技术的核心就是微处理器在取指阶段，能预先执行并判断所取指令的下一条指令最有可能的位置，即取指部件就具有部分指令执行功能，做取指的分支预测，保证取指部件所取的指令是按照执行顺序取入，而不是完全按照指令在存储器中的存放顺序取入。

具体来说，分支预测的主要作用就是决定哪一条指令是执行部件最有可能将要执行的。分支预测有动态分支预测与静态分支预测两种。动态分支预测就是当第一次进行一条分支指令预测时，预测可能失败也可能成功，预测信息将被微处理器作为历史保存在分支目标缓冲器（Branch Target Buffer，BTB）中。当再次取指到该分支指令时，便通过这些保存在 BTB 中的信息进行动态预测是否发生分支转移。动态分支预测用于尽早（在取指阶段而不是在译码阶段）修改指令指针，因此，若预测无误，进入流水线中需要清除的指令数就少，执行的速度就快。如果在 BTB 中没有关于一条分支指令的历史信息，处理器便在译码阶段对该分支指令通过一种静态分支预测算法进行预测。由于静态分支预测比动态分支预测发生要迟（在译码阶段而不是在取指阶段），因此，在预测失败时需要更多的时钟周期来恢复流水线的重新执行状态。

4. 高速缓冲存储器技术

在32位及以上微型计算机中，为了加快处理速度，在CPU与主存储器之间增设了一级或两级高速小容量存储器，称为高速缓冲存储器（Cache）。高速缓冲存储器的存取速度比主存要快一个数量级，大体与CPU的速度相当。CPU在取指令或取操作数时，首先看其是否在高速缓冲存储器中，若在，则直接进行存取操作；不在时才访问主存储器，同时将访问内容及相关数据块赋值到高速缓冲存储器中。指令或操作数在高速缓冲存储器中时，称为"命中"，反之称为"未命中"。

由于相关程序块和数据块一般都按顺序存放，因此，CPU对存储器的访问大都是在相邻的单元中进行，故CPU对高速缓冲存储器存取命中率可在90%以上，甚至高达99%。

高速缓冲存储器及其控制逻辑都是由硬件实现的，例如许多PC 386中装配有32 KB或64 KB的SRAM作为高速缓冲存储器，并配以82385芯片作为高速缓存控制器；80486微处理器则将82385和8 KB高速缓冲存储器集成在微处理器内部；Pentium微处理器不但在内部集成了8 KB数据高速缓冲存储器，还集成了8 KB指令高速缓冲存储器。第十二代Intel台式机处理器Core i9-12900K微处理拥有8个性能核以及8个能效核，每个性能核都拥有独立的1.25 MB二级缓存，能效核每四个核心一组，共享2 MB二级缓存；同时性能核、能效核共享三级缓存，因此Core i9-12900K拥有14 MB二级缓存，以及30 MB三级缓存。高速缓冲存储器对用户或程序员来说是透明的，可不必关心其管理和控制。

5. 虚拟存储器技术

虚拟存储器技术是一种通过硬件和软件结合，扩大用户编程用存储空间的技术。它在内存储器和外存储器（硬盘、光盘）之间增加一些的硬件和软件，使两者形成一个有机整体。编程人员在编程序时不用考虑计算机的实际内存容量，可以编写比实际内存容量大得多的程序。程序预先放在外存储器中，在操作系统的统一管理和调度下，按某种置换算法依次调入内存储器被CPU执行。这样，CPU看到的是一个速度接近且容量很大的内存储器。在采用虚拟存储器的计算机中，存在虚地址空间（或逻辑地址空间）和实地址空间（或物理地址空间）两个不同的地址空间。虚地址空间是程序可用的空间，而实地址空间是CPU可访问的内存空间，由CPU地址总线宽度决定。虚地址空间比实地址空间大得多，对80486而言，其虚拟地址空间为$2^{46}=64$ TB，实地址空间为$2^{32}=4$ GB。

6. 超线程技术

超线程技术，最早出现在Pentium 4上，超线程技术就是利用特殊的硬件指令，把两个逻辑内核模拟成两个物理芯片，让单个处理器都能使用线程级并行计算，进而兼容多线程操作系统和软件，减少了CPU的闲置时间，提高了CPU的运行效率。超线程技术使得Pentium 4单核CPU也拥有较出色的多任务性能，改进后的超线程技术于2008年再次回归到Core i7处理器上，新命名为同步多线程技术（Simultaneous Multi-Threading，SMT）。多线程是指从软件或者硬件上实现多个线程并发执行的技术。具有多线程能力的计算机因有硬件支持而能够在同一时间执行多于一个线程以提升整体处理性能。采用多线程技术的应用程序可以更好地利用系统资源，充分利用了CPU的空闲时间片，用尽可能少的时间来对用户的要求做出响应，使得进程的整体运行效率得到较大提高，同时增强了应用程序的灵活性。由于同一进程的所有线程是共享同一内存，所以不需要特殊的数据传送机制，不需要建立共享存储区或共享文件，从而使得不同任务之间的协调操作与运行、数据的交互、资源的分配等问题更加易于解决。对于执行引擎来说，在多线程任务的情况下，就可以掩盖单个线程的延迟问题。SMT 功能的好处是只需要消耗很小的核心面积代价，就可以在多任务的情况下提供显著的性能提升，比起完全再添加一个物理核心来说要划算得多。

7. 基于微架构的系列技术

微架构（Micro-Architecture）又称为微处理器体系结构。2006 年 7 月，Intel 推出真正基于 Core 微架构的产品体系，统称 Core 2 Duo。Core 微架构拥有双核心、64 bit 指令集、4 发射的超标量体系结构（即每个时钟周期可以同时执行 4 条指令）和乱序执行机制等技术，支持包括 SSE4 在内的 Intel 所有扩展指令集，在功耗方面也将比先前产品有大幅下降。其包含了一系列的技术：①宽度动态执行技术（Intel Wide Dynamic Execution）。Core 微架构比 Pentium 架构多拥有 1 组解码器，共计 4 组解码器，使每个内核变得更加“宽阔”，这样每个内核就可以同时处理更多的指令。从基础上提升了处理器的运算性能，包括快速十六进制除法器、更快速的操作系统基础支持和增强的 Intel 虚拟化技术三个部分。②高级智能高速缓存技术（Intel Advanced Smart Cache）。Core 微架构采取共享二级缓存的做法，两个内核的一级数据缓存之间可以直接交换数据，并且两个内核共享二级高速缓存，可以最大限度地降低内存负荷以减少能耗，大幅提高了二级高速缓存的命中率。③智能内存访问技术（Intel Smart Memory Access）。此项技术能够对内存读取顺序做出分析，智能地预测和装载下一条指令所需要的数据，这样能够减少处理器的闲置，从而提前载入或预取数据，反映到用户的直接使用体验上，就是大幅提高了执行程序的效率。④智能功率能力技术（Intel Intelligent Power Capability）。此项技术进一步降低功耗，优化电源使用，在制程技术方面做出优化，并采用先进的功率门控技术，可以智能地打开当前需要运行的子系统，而其他部分则处于休眠状态，这样将大幅降低处理器的功耗及发热。同时采取过热保护机制等功耗管理技术，在系统空闲时通过把处理器倍频降低到 6 倍频以及降低处理器核心电压等措施，有助于节省功耗，降低发热量。⑤高级数字媒体增强技术（Intel Advanced Digital Media Boost）。该技术全面提升了处理器的浮点运算能力，对数字媒体的一系列优化、增强，包括 SSE4 指令集的加入，使多媒体和显卡应用程序的指令执行速度有效地提高一倍。

此后，Intel 公司处理器的微架构从 Nehalem、Sandy Bridge、Ivy Bridge、Haswell、Broadwell、Skylake、Cypress Cove，发展到第十二代产品同时包含 Golden Cove 和 Gracemont 的混合架构。同时，随着微架构的改进，也发展了与之相匹配的系列技术，大大提升了微处理器的性能。

1.5.4 微型计算机类型

微型计算机的种类很多，从不同的角度有不同的分类方式，且各种分类方式中又有相互交叉的部分。

1. 按结构形式分类

（1）台式计算机

台式机需要放置在桌面上，其主机、键盘、鼠标和显示器都是相互独立的，通过电缆和插头连接在一起。

(2) 便携式个人计算机

便携式个人微型计算机又称笔记本电脑，是将主机、硬盘驱动器、键盘、触控板和显示器等部件组装在一起，体积只有手提包大小，并能用蓄电池供电，可以随身携带。

(3) 平板计算机

平板计算机是一种以触摸屏作为基本输入设备的便携式、平面板状的个人计算机，此类型的计算机体积更小。

(4) 一体化微型计算机

一体化微型计算机的主机与屏幕合为一个整体，比台式计算机节省摆放空间，有触摸式屏幕和非触摸式屏幕之分，当屏幕为非触摸式时，可根据需要配备键盘、鼠标。

2. 按微处理器的位数分类

按微处理器的位数，可将微型计算机分为 8 位微型计算机、16 位微型计算机、32 位微型计算机和 64 位微型计算机等。

3. 按用途分类

(1) 专用机

该类机型功能单一、针对性强、可靠性高、适应性差、结构简单，如军事系统专用计算机、银行系统专用计算机、监控计算机等。

(2) 通用机

该类机型功能强大、适应性强，能解决科学计算、数据处理、过程控制等各类问题。如个人台式计算机、单片机等。

4. 按原理分类

(1) 模拟计算机

该类计算机产生于 20 世纪 30 年代，用电流、电压等连续变化的物理量做运算量，所有的处理过程均需模拟电路来实现。其特点是运算速度快、精度差、电路结构复杂。

(2) 数字计算机

该类计算机产生于 20 世纪 40 年代，是以数字形式的量值在机器内部进行运算和存储的电子计算机。该类计算机精度高、通用性强。

(3) 混合计算机

混合计算机集中前两者优点、避免其缺点，一般由数字计算机、模拟计算机和混合接口三部分组成，通过 A/D 转换和 D/A 转换将数字计算机和模拟计算机连接在一起，构成完整的混合计算机系统，其中模拟计算机部分承担快速计算的工作，而数字计算机部分则承担高精度运算和数据处理。其特点是运算快、精度高、逻辑和存储能力强、存储容量大。

1.5.5 微型计算机的应用及发展

1. 计算机应用领域

目前，计算机的应用可概括为科学计算、数据处理、辅助设计、检测与控制和人工智能等几个主要方面。

(1) 科学计算（或称为数值计算）

早期的计算机主要用于科学计算。目前，科学计算仍然是计算机应用的一个重要领域。

如高能物理、工程设计、地震预测、气象预报和航天技术等。由于计算机具有高运算速度和精度以及逻辑判断能力，因此出现了计算力学、计算物理、计算化学和生物控制论等新的学科。

（2）检测与控制

利用计算机对工业生产过程中的某些信号自动进行检测，并把检测到的数据送入计算机进行分析处理，这样的系统称为计算机检测系统。特别是仪器仪表引入计算机技术后所构成的智能化仪器仪表，将工业自动化推向了一个更高的水平。

（3）数据处理

数据处理是指对各类数据进行采集、存储、整理、统计、加工、检索、传输等一系列活动的统称。数据可以是数字、文字、图形、声音、图像等多种形式。当前常利用计算机来加工、管理与操作任何形式的数据资料，并从大量的、也许是杂乱无章的数据中抽取、推导出有价值、有意义的数据。

（4）计算机辅助设计

1）计算机辅助设计（CAD）是指利用计算机来帮助设计人员进行工程设计，以自动化方式进行辅助设计，大大提高了设计的工作效率，完成质量高，节省人力和物力。目前，此技术已经在电路、机械、土木建筑和服装等设计中得到了广泛的应用，其他设计行业也逐步进入了大量应用阶段。

2）计算机辅助制造（CAM）是指利用计算机以自动化方式进行生产设备的管理、控制与操作，从而提高产品质量、降低生产成本、缩短生产周期，并且还改善了制造人员的工作条件。

3）计算机辅助测试（CAT）是指利用计算机代替人工进行复杂而大量的测试工作，从而提高了测试效率和可靠性。

4）计算机辅助教学（CAI）指利用计算机帮助教师讲授和帮助学生学习的自动化教学系统，使学生能够通过辅助教学软件，图文并茂、形象生动、轻松自如地从中学到所需要的知识。

（5）人工智能

人工智能是设计机器人模拟人类智能，实现机器智能。研究人员希望机器人不仅能够做一些繁重烦琐的工业任务或者数理计算，而且希望机器人能够有独立思考的能力。通过图像识别、动作识别、逻辑判断、自然语言的处理和反馈、深层次的数学以及理论思考来体现人工智能。

（6）计算机仿真

在解决和分析一些复杂的问题时，通过数学建模的方式，利用计算机对系统的结构、功能和行为以及参与系统控制的人的思维过程和行为进行动态性比较逼真的模仿，从而得出数量指标，为决策者提供相关这问题的定量分析结果，作为决策的理论依据。

（7）办公自动化与信息管理

办公自动化是随着将现代化办公和计算机网络功能结合起来的一种新型的办公方式。通过这种方式，能实现数字化办公，可简化现有的管理组织结构，在提高效率的基础上，增加协同办公能力，最后实现提高决策效能的目的，并能节约资源。同时，现代社会信息已成为支撑社会经济发展的继物质和能量之后的重要资源，因此信息管理成为目前计算机应用最广泛的一个领域。人们通过信息（如物资管理、报表统计、账目计算等）收集、信息传输、信息加工和信息存储，对信息进行管理，并进一步通过信息分析获得决策支持。近年来，国内许多机构纷纷建设自己的管理信息系统（MIS），生产企业也开始采用制造资源规划软件（MRP），商业流通领域则逐步使用电子信息交换系统（EDI）等。

2. 计算机的发展趋势

未来的计算机将以超大规模集成电路为基础，向巨型化、微型化、网络化与智能化的方向发展。

（1）巨型化

巨型化是指计算机的运算速度更高、存储容量更大、功能更强。目前正在研制的巨型计算机其运算速度可达每秒百亿次。

（2）微型化

微型计算机特别是单片机已进入仪器、仪表、家用电器等小型仪器设备中，同时也作为工业控制过程的“心脏”，使仪器设备实现“智能化”。随着微电子技术的进一步发展，笔记本计算机、平板计算机、掌上型等微型计算机必将以更优的性能价格比受到人们的欢迎。

（3）网络化

随着计算机应用的深入，特别是家用计算机越来越普及，一方面希望众多用户能共享信息资源，另一方面也希望各计算机之间能互相传递信息进行通信。

计算机网络是现代通信技术与计算机技术相结合的产物。计算机网络已在现代企业的管理中发挥着越来越重要的作用，如银行系统、商业系统、交通运输系统等。

（4）智能化

计算机人工智能的研究是建立在现代科学基础之上。智能化是计算机发展的一个重要方向，新一代计算机将可以模拟人的感觉行为和思维过程的机理，进行“看”“听”“说”“想”“做”，具有逻辑推理、学习与证明的能力。

1.6 习题

一、单项选择题

1. 在机器数（　）中，0 的表现形式是唯一的。

A. 补码　　B. 反码　　C. 原码　　D. BCD 码

2. 8 位二进制数的反码形式表示时，所能表示的整数范围为（　　）。

A. −127～+127　　B. −129～+128　　C. −128～+127　　D. −128～+128

3. 与十进制数 107 对应的十六进制数是（　　）。

A. 6BH　　B. 6DH　　C. 6FH　　D. 6AH

4. 一个 8 位的二进制整数，若采用补码表示，且由 3 个“1”和 5 个“0”组成，则最小值为（　　）。

A. −127　　B. −32　　C. −125　　D. −3

5. 计算机可直接运行（　）程序。

A. 汇编语言　　B. C 语言　　C. 机器语言　　D. 高级语言

6. 下列总线中，单根的（　）是双向总线。

A. AB　　B. CB　　C. DB　　D. 以上皆是

7. 80386 以上的微处理器中，FR 没有存放（　　）。

A. 状态标志　　B. 控制标志　　C. 系统标志　　D. 显示标志

8. 大写字母‘A’的 ASCII 码值为（　　）。

A. 65　　B. 42H　　C. 64　　D. 65H

二、填空题

9. 微型计算机系统是由________和________两大部分组成。

10. 按传输信息类别区分，总线分为________、________和________。

11. 堆栈指示器 SP 用于存放________________________。

12. 每条指令由________和________两大部分组成。

13. 两个 8 位二进制无符号数进行加减运算时，通过判断状态标志中的________是否为 1 来确定结果是否溢出。

14. 逻辑运算中，常用________运算将指定位清 0，常用________运算将指定位置 1，常用________运算将指定位求反。

15. 8 位二进制带符号数原码为 00011111B，其反码是________。

16. 在衡量微型计算机系统性能的指标中，MIPS 是指________。

17. 显示器的重要技术指标有________、________、________。

三、简答题

18. 微型计算机系统的硬件系统由哪几个部分组成？它们各自的作用是什么？

19. 什么是堆栈？其存取原则是什么？

20. 对于向下增长型堆栈，设 SP＝2000H，当 8 个字节的数据压入堆栈后，SP＝？当弹出 4 个字节的数据后，SP＝？

21. 求组合 BCD 码 17 与 38 之和，并写出计算过程。

22. 8 位二进制带符号数 73H 和 50H 两者相加的结果和两者相减的结果分别有无溢出？为什么？

23. 试说明地址总线位数与主存容量的关系，拥有 20 位地址总线的微处理器，其主存寻址范围是多少？

24. 程序计数器 PC 的作用是什么？一般情况下，PC 内容如何变化？改变 PC 的内容意味着什么？

第2章 Intel 系列微处理器

【本章导学】

微处理器——这个微型计算机的“大脑”是什么结构？本章将简单介绍 Intel 系列微处理器的特点及发展历史，并以 80486 微处理器为例着重讲解了 32 位微处理器的体系结构，主要包括内部结构的组成及特点、常用引脚功能以及 CPU 三种工作方式的区别和联系。

自世界上第一个 4 位微处理器 4004 在 1971 年由美国 Intel 公司制造出以来，微处理器无论在品种上、数量上，还是关键技术上都有了飞速的发展。在微处理器的发展历程中，Intel 公司的 80X86 系列微处理器一直处在发展的前沿，并在各种通用微型计算机、专用微型计算机和工作站中得到了广泛的应用。

Intel 公司的 80X86 系列微处理器所有升级产品都具有向上兼容性，早期在 PC XT 上开发的软件均可不加修改地在具有 80X86 系列微处理器的微型计算机上运行，80286、80386、80486、Pentium、Pentium Pro、Pentium Ⅱ、Pentium Ⅲ、Pentium 4 微处理器均有一种模拟 8086 运行的工作方式。

本章在对 Intel 系列微处理器进行介绍后，侧重讨论 80486 微处理器的体系结构。

2.1 Intel 系列微处理器概述

2.1.1 8086/8088 微处理器

8086 是标准 16 位微处理器，内、外数据总线均为 16 位。8088 是准 16 位微处理器，内部数据总线为 16 位，外部数据总线为 8 位。8086 和 8088 除了外部数据总线宽度及相关逻辑稍有差别外，内部结构和基本性能相同，其指令系统也完全兼容。

1. 8086/8088 微处理器的内部结构

微处理器执行一段程序通常是通过循环往复地执行如下步骤来完成的，即：

1）从内存储器中取出一条指令，分析指令操作码。

2）从内存储器或寄存器中获取操作数（如果指令需要操作数）。

3）执行指令。

4）将结果存入内存储器或寄存器中（如果指令需要）。

在 8 位微处理器中，上述步骤是按一个接一个的顺序串行完成的。微处理器在取操作码、存取操作数时要占用总线，而在分析操作码和执行指令时不占用总线。由于微处理器以串行方式工作，在执行指令的过程中，总线会出现空闲时间，而不能被利用，这便相对地增加了指令的执行时间。为了提高程序的执行速度，充分利用总线，8086/8088 微处理器针对原8位微处理器在其内部结构设计上进行了改进。8086/8088微处理器的内部结构从功能上被设计为两个独立的功能部件：总线接口单元（Bus Interface Unit，BIU）和执行单元（Execution Unit，EU）。其内部结构如图2-1所示。

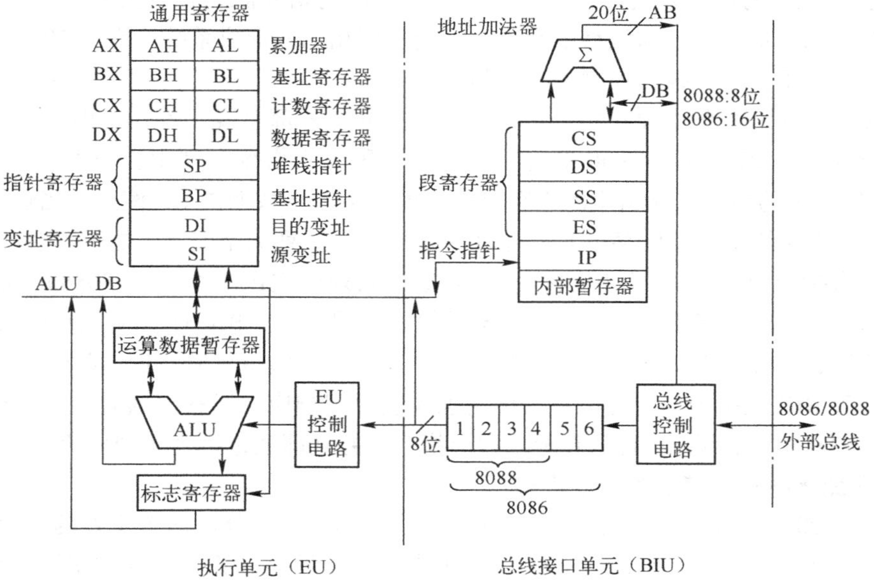

图2-1 8086/8088微处理器的内部结构示意图

（1）执行单元EU

执行单元EU由8个16位的通用寄存器、1个16位的标志寄存器、1个16位的运算数据暂存器、1个16位的算术逻辑单元ALU及EU控制电路组成。

8个16位的通用寄存器中，AX、BX、CX、DX为数据寄存器，用于存放参加运算的操作数或操作结果，它们中的每一个既可作为1个16位的寄存器使用，又可将其高、低8位分别作为2个独立的8位寄存器使用。当作为8位寄存器使用时，它们分别被称为AH、AL、BH、BL、CH、CL、DH、DL。这些寄存器除用作通用寄存器外，还在一些指令中有自己的习惯用法，如：AX作累加器；BX作基址寄存器，存放数据块的基地址；CX作计数寄存器，在循环和串操作中用作计数器；DX作数据寄存器，在I/O指令中用于保存端口地址；指针寄存器SP和BP分别为堆栈指针寄存器和基址指针寄存器，它们常常用来存放内存单元的偏移地址，但它们也可作为通用寄存器用于存放数据；变址寄存器DI、SI则主要用于变址寻址方式的目的变址和源变址。

执行单元EU的主要作用是分析和执行指令，即EU控制电路从指令队列取出指令操作码，经过译码电路译码后，发出相应的控制信号；数据在ALU中进行运算；运算过程及结果的某些特征保留在标志寄存器（FLAGS）中。

（2）总线接口单元BIU

总线接口单元BIU由4个16位的段寄存器（CS、DS、SS、ES）、1个16位的指令指针寄存器IP、1个与EU通信的内部暂存器、1个指令队列、1个20位的地址加法器∑及总线控制电路组成。

在 BIU 中，4 个 16 位的段寄存器分别存放代码段（CS）、数据段（DS）、附加段（ES）和堆栈段（SS）的段基址。指令指针寄存器 IP 始终指向下一条待取指令在当前代码段中相对于代码段段基址的偏移地址。指令队列是一组先入先出（FIFO）的寄存器组，用于存放预取的指令。8088 的指令队列长度为 4 个字节，8086 的指令队列长度为 6 个字节。20 位的地址加法器∑用于把段基址与偏移地址按一定的规则相加，形成系统所需的 20 位物理地址。总线控制电路用于产生总线的控制和状态信号。

总线接口单元 BIU 的主要作用是负责执行所有的“外部总线”操作，即当 EU 从指令队列中取走指令时，BIU 从内存中取出后续的指令代码放入指令队列中；当 EU 需要数据时，BIU 根据 EU 输出的地址，从指定的内存单元或外设中取出数据供 EU 使用；当运算结束时，BIU 将运算结果送给指定的内存单元或外设。最初指令队列尚空时 EU 处于等待状态，直到指令队列中有指令时，EU 才开始执行。每当指令队列中空出 1 个（对 8088）或 2 个（对 8086）字节，且 EU 没有要求 BIU 进入外部总线操作周期时，BIU 便自动执行取指周期，将指令队列填满，以保证 EU 能连续执行指令。若 BIU 正在取指令时，EU 发出访问总线的请求，则必须等 BIU 取指令执行完毕后，该请求才能得到响应。当程序遇到跳转指令时，BIU 将使指令队列复位（清除），且从新地址取出指令，并立即通过指令队列传给 EU 执行。

2. 指令流水线和存储器的分段模式

在 8086/8088CPU 的设计中，引入了指令流水线和存储器分段两个重要的概念。这两个概念在以后升级的 Intel 系列微处理器中一直被沿用和发展。正是这两个概念的引入，使 8086/8088 与原来的 8 位微处理器相比，在运行速度、处理能力和存储器访问等性能方面都有了很大提高。

（1）指令流水线

如前所述，原来的 8 位微处理器是按串行工作方式执行指令的，即只有当第 i 条指令通过取指令操作码、分析和执行后，才能对第 $i+1$ 条指令进行取指令操作码、分析和执行。在 8086/8088CPU 中，由于其内部结构发生了变化，它具有 EU 和 BIU 两个独立的功能部件，指令队列的存在，使 8086/8088CPU 的 EU 和 BIU 可以并行工作，取指令操作码和分析、执行操作重叠进行，从而形成了两级指令流水线结构，如图 2-2 所示。

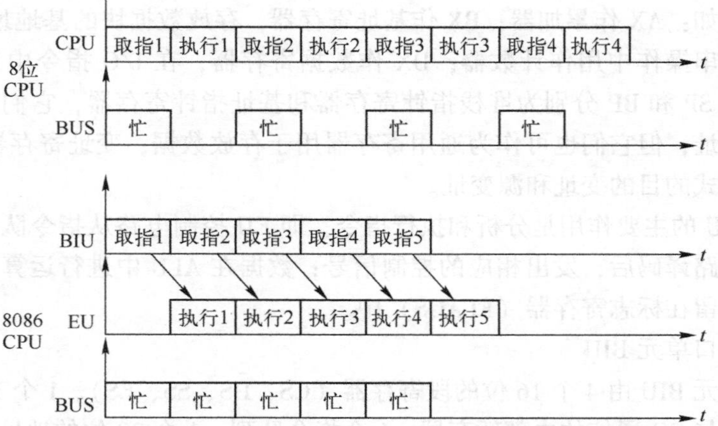

图 2-2　取指令和执行指令的重叠进行示意图

由图 2-2 可见，由于 EU 和 BIU 能相互独立地并行工作，在大多数情况下，使得取指令和执行指令可重叠进行，即某时刻 EU 执行的是 BIU 在前一时刻取出的指令，与此同时，BIU 又在取 EU 下一时刻要执行的指令。由此可见，在大多数情况下，取指令所需的时间包含在了上一条指令的执行之中。因此，该指令流水线技术的引入，减少了 CPU 为取指令而必须等待的时间，提高了 CPU 的利用率，加快了整机的运行速度。同时也降低了对存储器存取速度的要求。

（2）存储器的分段模式

8086/8088 有 20 根地址线，可寻址的存储空间为 2^{20}B 即 1 MB。但 8086/8088CPU 内部数据总线和寄存器均为 16 位，内部 ALU 只能进行 16 位运算，在程序中能使用的地址信息也为 16 位，故其最大寻址空间被局限在 2^{16}B 即 64 KB。为解决这一矛盾，达到可直接寻址 1 MB 存储空间的目的，8086/8088 引入了“分段”的概念。即把 1 MB 的物理存储空间分成若干逻辑段，每个逻辑段最大可为 64 KB。每个段的起始单元地址被称为段的首地址，由 20 位二进制数表示，它是一个能被 16 整除的数，即段的首地址的低 4 位地址总是为“0”；段的首地址的高 16 位地址被称为段的基地址，简称段基址；段中某存储单元相对于段基址的偏移量被称为段内偏移地址，也叫段内偏移量。这样，一个具体的存储单元在存储空间的位置就可由该单元所在段的起始地址和段内偏移地址来标识。

BIU 中的 4 个 16 位的段寄存器（CS、SS、DS、ES）为 8086/8088 的存储器分段管理提供了主要硬件支持。这 4 个段寄存器 CS、SS、DS 和 ES 分别存放着 4 个当前段（代码段、堆栈段、数据段和附加段）的段基址，通过 4 个段寄存器，CPU 每次可同时对 4 个段（这 4 个段被称为 4 个当前可寻址段）进行寻址，即同时提供容量达 64 KB 的程序区、64 KB 的堆栈区和 128 KB 的数据区。

存储器的分段方式不是唯一的，各段之间可以连续、分离、部分重叠或完全重叠。这主要取决于对各个段寄存器的预置内容。例如，设代码段寄存器 CS = 1000H，数据段寄存器 DS = 2000H，则代码段的地址范围最大可为 10000H ~ 1FFFFH；数据段的地址范围最大可为 20000H ~ 2FFFFH；此时两个段彼此独立且不重叠的。若设 CS = 1000H，DS = 1700H，其代码段的地址范围最大可为 10000H ~ 1FFFFH；数据段的地址范围最大可为 17000H ~ 26FFFH；由此可见，此时两个段有部分地址是重叠的。因此，在 1 MB 的存储空间中，某存储单元可以属于一个逻辑段，也可以同属几个逻辑段。

采用存储器分段管理后，存储器地址有物理地址和逻辑地址之分。物理地址是 1 MB 存储器空间中的某一存储单元所在位置的实际地址，用 20 位地址信息表示，其编码范围是 00000H ~ FFFFFH。CPU 访问存储器时，地址总线 AB 上送出的是物理地址，编程时则采用逻辑地址。逻辑地址由段基址和段内偏移地址两部分组成，两者都是 16 位。由 16 位逻辑地址变换为 20 位物理地址的关系式为

$$物理地址 = 段基址 \times 16 + 段内偏移地址$$

物理地址的生成是在 BIU 的地址加法器中完成的，如图 2-3 所示。

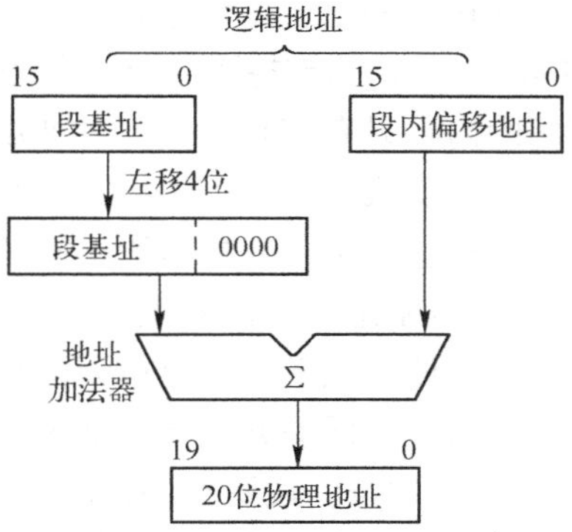

图 2-3　物理地址生成示意图

2.1.2 80286 微处理器

80286 是继 8086 之后推出的一种增强型标准 16 位微处理器。与 8086/8088 相比，它在结构上有很大改进，性能上有明显提高。主要表现在：

1）内部由执行单元 EU（Execution Unit）、总线单元 BU（Bus Unit）、指令单元 IU（Instruction Unit）和地址单元 AU（Address Unit）4 个部分组成，可实现 4 级流水线作业，使数据吞吐率大大提高，加快了处理速度。

2）80286 CPU 有 24 位地址线、16 位数据线，且地址线与数据线不再复用，可直接寻址的存储空间为 16 MB。

3）对 8086 向上兼容。具有 8086/8088 CPU 的全部功能，在 8086/8088 上运行的汇编语言程序不需修改就可在 80286 CPU 上运行。

4）80286 有两种工作方式：实地址模式（也称实模式或实地址方式）和保护虚拟地址模式（也称保护模式或保护方式）。80286CPU 片内具有存储器管理部件（Memory Management Unit，MMU）和保护结构，能够实现在实地址和保护虚拟地址两种模式下访问存储器。

实地址模式下，80286 相当于一个快速的 8086，可寻址 1 MB 的物理地址空间，同样采用分段的方法管理存储器，每个段最大为 64 KB，从逻辑地址到物理地址的转换也与 8086 一样。这相当于 8086/8088 的工作方式，只是速度更快，所以也叫 8086 方式。80286CPU 在开机复位后自动进入实地址方式。

实地址模式下，4 个段寄存器装入的是段基址，可存放偏移地址的寄存器有指针寄存器、变址寄存器和基址寄存器。

保护虚拟地址模式下，80286 可直接寻址的存储器空间为 16 MB，并可提供 1 GB（2^{30}字节）的虚拟地址空间。此时，CPU 能够支持对虚拟存储器的访问。所谓虚拟存储器是一种设计技术，它通过 CPU 内部的存储器管理部件（MMU）向用户程序提供比实际内存储器大得多的存储器空间。虚拟存储器管理要解决的问题是将较小的物理存储器空间分配给具有较大虚拟存储器空间的多用户、多任务。

80286 的保护功能包括段寄存器的保护；任务之间、任务与操作系统之间、任务内程序与数据之间的分离与保护；对存储器的访问保护及特权级保护等。所以，80286 CPU 能够可靠地支持多用户、多任务系统。这是 80286 的最大优势，该优势必须在多任务操作系统（如 Windows 等）的支持下才能充分发挥。在 DOS 环境下，它仅工作在实地址方式下，可直接访问的内存只有 1 MB，这时的 80286 只是一个快速的 8086。

保护模式下，4 个段寄存器装入的不再是段基址，24 位的段基址存放在一个段描述符表中，段寄存器中装入的是段选择符，通过段选择符从段描述符表中找到相应的描述符（包括 24 位段基地址、段界限和访问权限等），由该描述符便可获得待操作存储单元所在段的段基址。该模式下，存储单元的物理地址仍由段基址和偏移地址通过运算而得。

下面介绍保护方式下地址转换所涉及的常用名词。

1）描述符：说明存储器段的起始地址、界限（本段的实际长度）和访问权限。每个存储器段（如某代码段）对应一个描述符，每个描述符长 8 个字节（64 位），如图 2-4 所示。

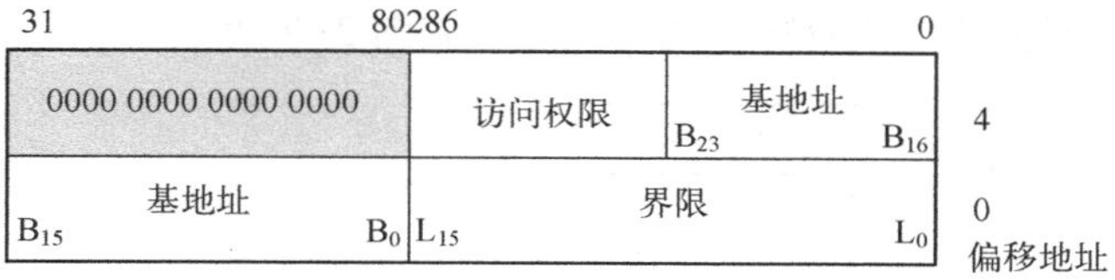

图 2-4　80286 微处理器的描述符构成示意图

对于 80286 而言，一个描述符由 24 位段基址、16 位段长度、8 位访问权限构成，剩下 16 位（两个字节）为 80386 以后的 CPU 使用。

2）描述符表：所有描述符的集合构成了描述符表。一张描述符表可存放 8192（2^{13}）个描述符。系统中所拥有的描述符表不止一张。

3）全局地址空间：80286 工作在保护虚拟地址模式下时，可支持多用户、多任务系统。系统中一个任务便是一段程序，它需占用一片存储地址空间，多个任务便对应有多片存储地址空间，系统中全部的任务所共有的那片空间（如系统程序所占有的空间）即为全局地址空间。

4）局部地址空间：每个任务分别独立占有的那片地址空间。

5）全局描述符表 GDT：用于管理全局地址空间，存放操作系统使用的和各任务公用的段描述符。

6）局部描述符表 LDT：用于管理局部地址空间，存放着某个任务专用的段描述符。

7）段选择符：用于选择描述符表中的一个描述符，其格式如图 2-5 所示。

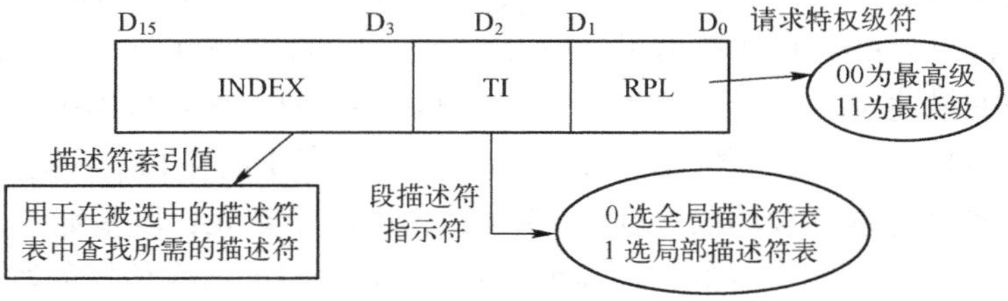

图 2-5　段选择符构成示意图

图 2-5 中的 D_1D_0位为请求特权级字段 RPL，这两位提供 4 个特权级用于保护，即防止低特权级的程序对高特权级程序的数据进行访问；D_2位为段描述符指示符字段 TI，用于指明本段描述符是在 GDT 中还是 LDT 中；$D_3 \sim D_{15}$这 13 位为描述符索引字段 INDEX，用于指明段描述符在指定描述符表中的序号。

由该段选择符提供的信息便可计算出所要寻找的描述符在描述符表的位置，即目标描述符的位置，如图 2-6 所示。

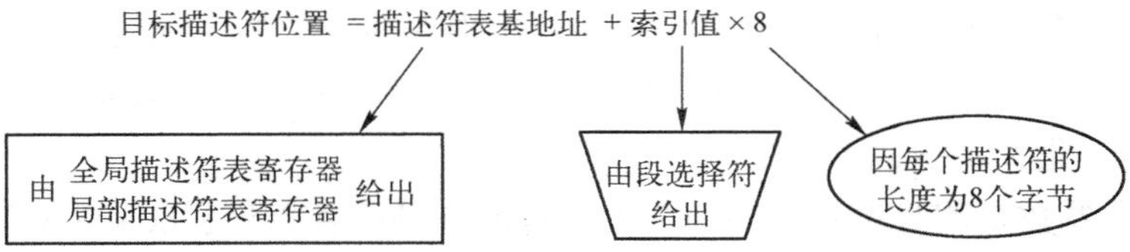

图 2-6　获得目标描述符位置的计算方法

保护模式下，由逻辑地址获得物理地址的方法如图 2-7 所示。

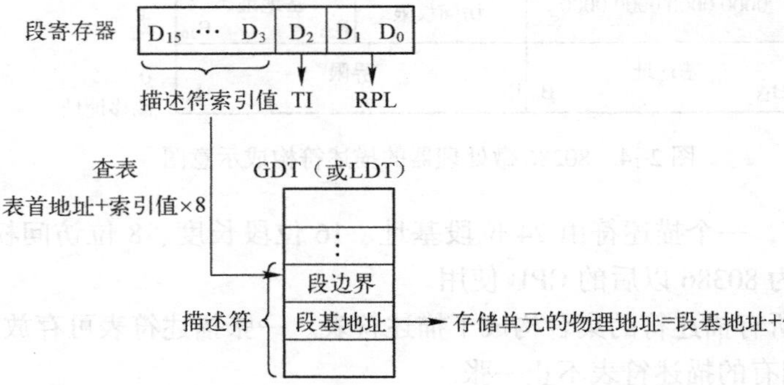

图 2-7 保护模式下获取存储单元物理地址示意图

例 2-1 设某段选择符为 0010H（即 0000 0000 0001 0000B），全局描述符表的表首地址为 100000H，某局部描述符表的表首地址为 000000H，问：

① 目标描述符在表中的位置（地址）是多少？

② 若从描述符表中取出的描述符为 0000 xx50 0000 1000H，待操作存储器段的段长度是多少？待操作存储器段的段基址是多少？

③ 若待操作存储单元所在位置的偏移地址（偏移量）为 0200H，待操作存储单元所在位置的物理地址是多少？

解： ① 由题目所给的段选择符可得 TI=0，则表明该描述符在全局描述符表中；RPL=0 表明该程序段特权级为 00；描述符索引字段 INDEX 为 0000000000010，由图 2-6 可知目标描述符（所要寻找的描述符）的位置（地址）= 100000H+0002H×8 = 100010H。

② 由图 2-4 可知，存储器段的段长度在描述符中有 16 位（$L_{15} \sim L_0$）、段基址 24 位（$B_{23} \sim B_0$），故待操作存储器段的段长度为 1000H 即 4096 个单元；段基址为 500000H。

③ 待操作存储单元所在位置的物理地址 = 待操作存储单元所在位置的段基址+偏移地址

= 500000H+0200H

= 500200H

2.1.3 80386/80486 微处理器

80386/80486 是 Intel 公司推出的与 8086、80286 相兼容的 32 位微处理器，是针对多用户、多任务操作系统的需要而设计的，它们和 8086、80286 在目标代码级保持了完全的兼容性，性能又有较大的提高。与 80286 相比，它们在结构和性能上的主要特点如下：

1）内部由总线接口单元、指令预取单元、指令译码单元、指令执行单元、段管理单元和页管理单元 6 个独立的部件组成，可同时并行实现取指令、指令译码、地址生成、取操作数、执行指令和回写结果 6 个操作，构成了 6 级流水线结构。微处理器的运算速度大大加快，其性能也有了很大的提高。

2）内部寄存器数量明显增加。除 80286 具有的各种寄存器外，80386 增加了多个控制寄存器、调试寄存器和测试寄存器，所有内部寄存器和算术逻辑单元 ALU 均为 32 位，具有 32 位数据处理能力。另外，80386/80486 还可进行 64 位的数据运算，如 32 位乘 32 位的乘法运算和 64 位除以 32 位的除法运算等，并且进一步增强了位处理指令的功能。数据总线以及地址总线也为 32 位，故能寻址的物理空间为 2^{32}B，即 4 GB。

3）具有片内集成的存储器管理部件（MMU），可实现段式、页式和段页式存储管理，与 80286 相比，可提供更大的虚拟存储空间（2^{46}B，即 64 TB）和物理存储空间（2^{32}B，即 4 GB）。

4）提供 32 位外部总线接口，最大数据传输率显著提高，具有自动地在 16 位和 32 位数据总线之间进行切换的功能，以适应不同位数的存储器和 I/O 设备。

5）具有三种工作方式，实地址方式、保护虚拟地址方式和虚拟 8086 方式。虚拟 8086 方式允许在受保护的和分页的系统中运行 8086 软件。

当 80386/80486 加电或复位后，就自动进入实地址工作方式。此时的 80386/80486 相当于一个高速的 8086，可寻址 1 MB 的物理地址空间，同样采用分段的方法管理存储器，每个段最大为 64 KB，因此 32 位的有效地址必须小于或等于 0000FFFFH。从逻辑地址到物理地址的转换也与 8086 一样。

通过对控制寄存器的设置，可使 80386/80486 进入虚拟 8086 模式。此时 CPU 可运行实模式下的 8086 的应用程序。同时，利用 80386 的虚拟保护机构，又可实现多个用户程序同时运行的功能，而且这些程序都能得到保护，就像有多个独立工作在实模式下的 8086 CPU 一样。

当 80386/80486 工作在保护虚拟地址方式时，可支持多用户、多任务系统。其访问的线性地址空间可达 4 GB（2^{32}B），访问的逻辑地址空间，即虚拟存储器地址空间可达 64 TB（2^{46} B）。

与 80286 一样，在保护模式下，段寄存器中的内容不再是段基址，而是段选择符，通过该段选择符可在描述符表中找到对应的描述符，该描述符中的段基址（32 位）与指令给出的 32 位偏移地址相加得到线性地址，再通过分页部件进行转换，最后得到物理地址。如果不分页，线性地址就等于物理地址。

80486 在 80386 的基础上的所做的改进，见 2.2 节。

2.1.4　64 位微处理器及多核技术

1. Pentium 微处理器

Pentium 作为 Intel 系列微处理器的新成员，不仅继承了 Intel 公司早期产品的所有优点，而且在许多方面有所创新，是一种高性能的 64 位微处理器。Pentium 对 80486 做了重大改进：采用超标量体系结构，内含两条指令流水线，在一个时钟周期内可执行两条整数运算指令或一条浮点运算指令；内置的浮点运算部件采用超流水线技术，有 8 个独立执行部件进行流水线作业；增加了分支指令预测；内置了指令和数据两个独立的超高速缓存器（分别为 8 KB），避免了预取指令和数据可能发生的冲突；采用 64 位外部数据总线，使经总线访问内存数据的速度高达 528 MB/s，是 66 MHz 的 80486DX2 最高速度（105 MB/s）的 5 倍；为保持数据的完整性、安全性，引入了大型计算机中采用的内部错误检测、功能冗余校验和错误报告等自诊断功能；进行了更多的可测性设计（如边界扫描、探针方式等）；提供了独特的性能监察功能，以利于软、硬件产品的优化和升级；提供了灵活的存储器页面管理，既支持传统的 4 KB 存储器页面，又可使用更大的 4 MB 存储器页面。

与 Pentium 微处理器等同的 64 位微处理器有多种，详细内容读者可查阅相关资料。

2. 多核技术

64 位微处理器的主要性能指标有频率、核心数量、所支持的指令集、缓存大小、最大内存、是否支持超线程技术以及是否支持睿频智能加速技术（Turbo Boost）等。核心数量指 CPU 内集成有几个运算核心。多核技术是 64 位微处理器面世后发展起来的新技术，提高微处理器的工作频率可提高微处理器性能；64 位微处理器面世以来，通过 Intel 提出的微处理器新技术——超线程技术、多核技术和睿频智能加速技术等的使用也大大提高了 64 位微处理器的性能。

（1）超线程技术（Hyper-Threading Technology）

在单核微处理器的时代，支持多任务的操作系统能够“同时”运行多个应用程序，但实际上一个 CPU 一次只能处理一个“事件”。所谓多任务“同时”运行，实际上是通过任务切换方式实现的，即 CPU 将一个“事件”挂起，转而处理另一个“事件”，对 CPU 来讲始终只有一个“事件”在执行。多任务执行实际是指在时间段上是并行的，时间点上是串行的。所以当算术逻辑单元 ALU 执行整数运算时，CPU 内的浮点运算单元 FPU 就处于空闲状态，反之亦然。

Intel 公司提出的超线程技术在 CPU 内增加了一个逻辑处理单元，使一个 CPU 能够同时执行两个“事件”，看上去就像有两个 CPU 一样。但是由于两个“事件”共享一个 CPU 的其他资源，当两个“事件”都需要同一资源时，其中一个要暂停执行，让出资源，直到这些资源空闲后才能继续执行。采用超线程技术后，虽然看似有两个同样的 CPU，但其实际性能远远低于两个 CPU，超线程技术的应用在单核微处理器中可使其性能得到一定的提高。

（2）双核/多核技术（Dual/Multi Core Technology）

双核微处理器指一个微处理器内部集成有两个独立的内核（Core），每个内核有自己的高速缓存和控制器，均能独立读取并执行指令，实现了指令级的并行工作。使用中支持多微处理器的操作系统将每个内核辨识成一个 CPU，但并非任何时候这两个 CPU 都同时工作。某时刻，如果用户只运行单任务，则此时只有一个内核工作，另一个内核处于闲置状态。

自 2005 年推出双核技术以来，Intel 和 AMD 都通过增加内核个数来提升 CPU 性能，内核个数从 2 核增加到 4 核、6 核。2011 年下半年 AMD 公司推出了 8 核的 FX-8100 系列微处理器，可以预见，在今后一段时间内，多核技术将是提升 CPU 性能的主要途径。

（3）睿频加速技术（Turbo Boost Technology）

睿频加速技术是 Intel 新一代的能耗管理方案。即在不超过散热设计功耗（Thermal Design Power，TDP）的前提下，尽量提高 CPU 性能。睿频加速技术的实质是动态超频，根据工作负载的变化，降低不活跃内核的功耗，动态提升活跃内核的工作频率，以更好地满足性能要求。内核的最大工作频率受微处理器的功耗、电流和散热等的限制。

2.2 80486 微处理器的体系结构

80486 微处理器是 Intel 公司继 80386 之后推出的又一款 32 位高性能微处理器产品，它以提高性能和面向多处理器系统结构为主要设计目标。

2.2.1 80486 微处理器的体系结构特点

80486 基本沿用了 80386 的体系结构，以保持同早期生产的 80X86 系列处理器（8086/8088、80286、80386）在目标代码级的向上兼容性。但是，80486 与 80386 相比也做了很多改进，其特点主要表现在以下几个方面：

1）80486 采用的是单倍的时钟频率，即在 80486 CPU 的 CLK 端输入的外部时钟频率就是其内部处理器的工作时钟频率，因此可大大增加电路的稳定性。而 80386 要求外部时钟频率必须是 CPU 内部工作时钟频率的 2 倍。

2）内部包含有 8 KB 的指令/数据高速缓存器（Cache），用于存储 CPU 当前正在使用的指令和数据。高速缓存系统截取 80486 对内存的访问。CPU 在取指令或数据时，如果已查询所需要的指令或数据在高速缓存（Cache）中，则可直接将指令或数据从高速缓存（Cache）中取到；否则，CPU 便从内存中读取指令或数据以进行补充。由于从高速缓存取指令或数据无须访问内存，即不使用外部总线，因此高速缓存的存在，在一定程度上降低了外部总线的使用频率，提高了系统的性能。

3）内部包含了相当于增强型 80387 功能的浮点协处理器（FPU）。与 80386 系统中外置的 80387 芯片相比，其浮点处理速度提高了 3~5 倍。

4）对使用频度较高的基本指令，由原来的微代码控制改为硬件逻辑直接控制，并在指令执行单元采用了 RISC（精简指令集）技术和流水线技术，使执行每条指令的时钟数大大减少，可变长指令的译码时间大大缩短，大部分基本指令可用一个时钟周期完成，平均指令执行速度为 1.2 条指令/时钟周期。

5）采用了突发（Burst）式总线传输方式，使系统取得一个地址后，与该地址相关的一组数据都可以进行输入、输出，有效地解决了 CPU 与存储器之间的数据交换问题。突发传送方式在最初的总线周期读出 4 个字节的数据需 2 个时钟，但在以后的周期只需 1 个时钟。

6）与 80386 相比，其内部数据总线的宽度并不都只限于 32 位，而是有 32 位、64 位和 128 位多种，分别用于不同单元之间的数据通路，对于加快数据传输速率、缩短指令执行时间也有重要作用。

7）对某些内部寄存器（如控制寄存器）中部分位的内容进行了变动和增加。

8）面向多处理器结构，在总线接口部件上增加了总线监视功能，以保持构成多机系统时的高速缓存一致性；增加了支持多机操作的指令。

2.2.2 80486 微处理器的内部结构

1. 内部结构

80486 微处理器的内部结构如图 2-8 所示。它主要由 8 个逻辑单元组成：总线接口单元、指令预取单元、指令译码单元、指令执行单元、段管理单元、页管理单元、高速缓冲存储器单元和浮点运算单元。其中，高速缓冲存储器单元和浮点运算单元是 80486 特有的，其他 6 个单元与 80386 中的基本相同。

1）总线接口单元（BIU）主要负责与存储器和 I/O 接口传送数据（如预取指令、读/写数据），其功能是产生访问存储器和 I/O 接口所需的地址、数据和控制信号。其作用与 8088/8086 中的 BIU 作用相同。

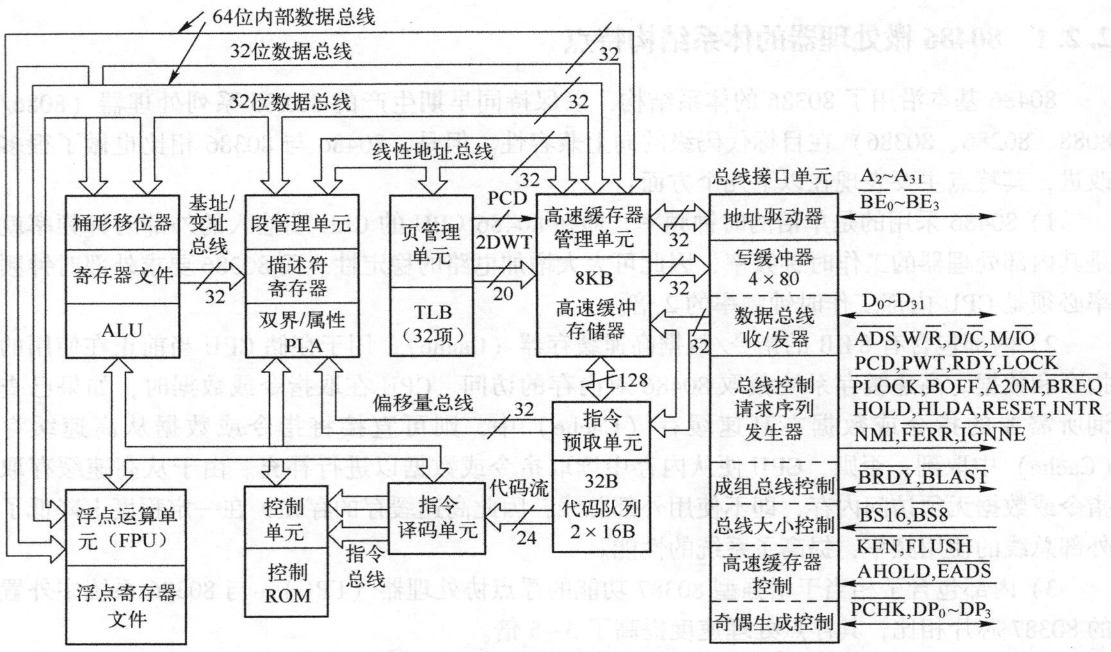

图 2-8　80486 微处理器的内部结构示意图

2）指令预取单元（Instruction Prefetch Unit，IPU）负责从存储器取出指令，放到一个 32 字节的指令预取队列中。当指令预取队列不满且总线空闲时，IPU 通过 BIU 从存储器读取指令并放入指令预取队列中。80486 的指令平均长度为 3.2 字节，所以指令预取单元平均可预取 10 条指令。

3）指令译码单元（Instruction Decode Unit，IDU）负责从指令预取队列中读取指令，进行预译码，译码后的可执行指令放入已译码指令队列中等待执行。如果预译码时发现是转移或调用指令，可提前通知总线接口部件去新的目标地址取指令，以刷新指令预取队列。

4）指令执行单元（EU）包括算术逻辑单元（ALU）、8 个 32 位的通用寄存器、桶形移位寄存器和控制单元等。它的作用是完成各种算术逻辑运算和变址地址生成。在控制单元中，大多数指令采用微程序控制执行（控制 ROM），常用基本指令采用硬件逻辑控制执行。

5）段管理单元用于进行存储器分段管理，将逻辑地址变换为 32 位线性地址。

6）页管理单元用于进行存储器分页管理，将线性地址变换为 32 位物理地址。该单元属可选单元，若不需用分页管理，线性地址就是物理地址。为了加快线性地址到物理地址的转换速度，页管理单元中设有一个转换后援缓冲器（Translation Lookaside Buffer，TLB），它的作用类似于 Cache，其中保存 32 个最新使用的页表项，“命中”时可大大缩短线性地址到物理地址的转换时间。

段管理单元和页管理单元也可统称为存储器管理单元 MMU。

7）高速缓冲存储器单元用于加速指令或数据的访问过程。片内 Cache 比片外 Cache 存取速度更快。

8）浮点运算单元相当于一个增强型浮点协处理器 80387，专门用作浮点运算，可与 ALU 的整数运算并行进行。

从图 2-8 可看出，在 Cache-ALU-FPU 之间采用了 64 位数据总线直接相连，双精度数据（64 位）可一次传送完；Cache 和指令预取单元之间采用了 128 位数据总线，一次可预取 16 个字节的指令。

在上述各逻辑单元的支持下，80486 按 6 级流水线方式工作，如图 2-9 所示。图中的 I_1 ~ I_6 分别表示指令 1 ~ 6。在理想情况下，每级需要一个时钟周期。顺着图中 I_i（i = 1 ~ 6）可看出，单独一条指令在流水线中必须依次完成 6 个步骤中的每一步。从第 6 个时钟开始，每个时钟周期都有一条指令执行完毕从流水线输出。

指令步骤 \ 时钟周期	1	2	3	4	5	6	7	8	9	10	11	
取指令	I_1	I_2	I_3	I_4	I_5	I_6						
指令译码		I_1	I_2	I_3	I_4	I_5	I_6					
地址生成			I_1	I_2	I_3	I_4	I_5	I_6				
取操作数				I_1	I_2	I_3	I_4	I_5	I_6			
执行指令					I_1	I_2	I_3	I_4	I_5	I_6		
存储结果						I_1	I_2	I_3	I_4	I_5	I_6	

图 2-9　80486 的流水线工作示意图

2. 内部寄存器组

80486 的内部寄存器组除 FPU 部分外，与 80386 的完全相同。区别仅在于，80486 对标志寄存器的标志位和控制寄存器 CR_0 的控制位进行了扩充。而 80386/80486 的寄存器又是在 8086、80286 的基础上扩展而来的，除将原有的 16 位寄存器扩展为 32 位外，还增加了一些新的寄存器。80486 的寄存器按功能可分为 4 类：基本寄存器、系统级寄存器、调试和测试寄存器以及浮点寄存器。

（1）基本寄存器

基本寄存器包括通用寄存器、指令指针寄存器、标志寄存器和段寄存器，如图 2-10 所示。

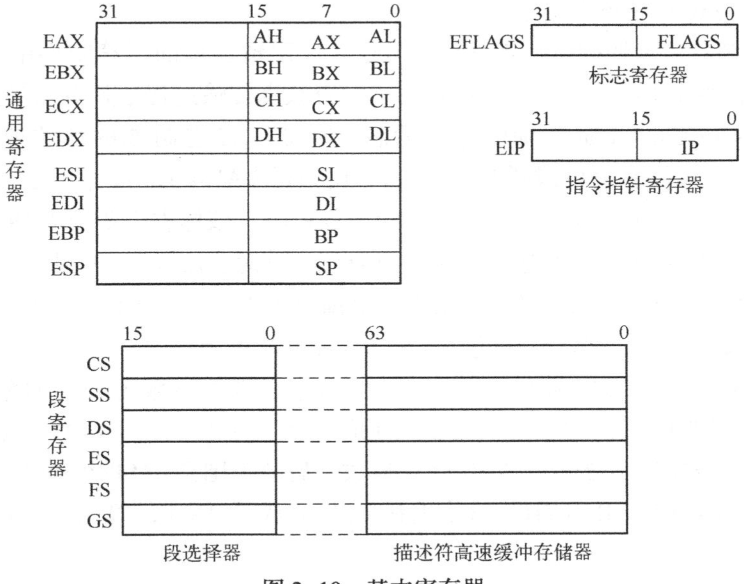

图 2-10　基本寄存器

1）通用寄存器。80486 有 8 个 32 位通用寄存器 EAX、EBX、ECX、EDX、ESI、EDI、EBP、ESP，它们是由 8086/8088 相应的 8 个 16 位通用寄存器扩展而来。为了与 8086/8088 兼容，它们的低 16 位 AX、BX、CX、DX、SI、DI、BP、SP 可以单独使用。其中 AX、BX、CX、DX 还可进一步分成 8 位寄存器 AH、AL、BH、BL、CH、CL、DH、DL 使用。

2）指令指针寄存器（EIP）。指令指针寄存器（EIP）是一个 32 位的寄存器，与 8086/8088 的 IP 一样，主要用于保存下一条待预取指令在当前代码段中的偏移地址。它的低 16 位 IP 也可以单独使用。当 80486 工作在保护模式下时，使用 32 位的 EIP；工作在实模式下时，使用 16 位的 IP。

3）标志寄存器（EFLAGS）。80486 的标志寄存器 EFLAGS 是一个 32 位寄存器，它共定义了 15 位 14 个标志，如图 2-11所示。这些标志分别归类为状态标志、控制标志和系统标志。

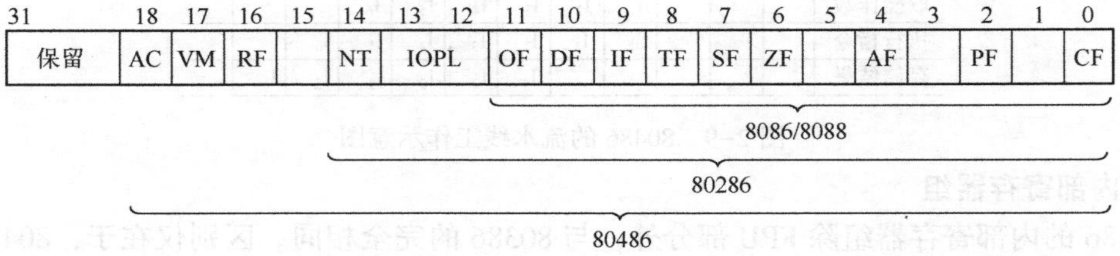

图 2-11　80486 的标志寄存器

① 状态标志：状态标志反映指令执行过程和结果的一些特征，共有 6 个，它们是 CF、PF、AF、ZF、SF、OF。

CF（Carry Flag）进位标志。在加法或减法运算过程中，若运算结果的最高位产生了进位或借位时，CF=1，否则 CF=0。例如两个 8 位二进制数在进行加法运算过程中，第 7 位（最高位）向第 8 位（更高位）有进位，则该进位标志 CF=1。该标志主要用于多字节数的加减法运算以及移位和循环指令中。

PF（Parity Flag）奇偶标志。当某次算术运算或逻辑运算的运算结果中“1”的个数为偶数时，PF=1，否则 PF=0。该标志主要用于检查数据传输过程中是否出错。

AF（Accessary Carry Flag）辅助进位标志。在 8 位二进制数的加法或减法运算过程中，若第 3 位向第 4 位有进位或借位时，AF=1，否则 AF=0。如将 8 位二进制数表示为 $b_7b_6b_5b_4b_3b_2b_1b_0$，则当 b_3 向 b_4 有进位或借位时，AF=1。该标志主要用于 BCD 码运算。

ZF（Zero Flag）零标志。当运算结果的所有位为 0 时，ZF=1，否则 ZF=0。

SF（Sign Flag）符号标志。当运算结果的最高位为 1 时，SF=1，否则 SF=0。对于用补码表示的有符号数，SF=1 表示结果为负，SF=0 表示结果为正。

OF（Overflow Flag）溢出标志。当运算结果超过了带符号数可表示的范围时，OF=1，即产生了溢出，否则 OF=0。8 位带符号数补码的表示范围是-128～+127，16 位带符号数补码的表示范围是-32768～+32767，32 位带符号数补码的范围是-2147483648～+2147483647。

例 2-2　设 A=79H，B=67H，请给出在 CPU 完成了 A+B 的算术运算操作后，各状态标志的状态值。

解：79H=01111001B，67H=01100111B，79H+67H 有：

```
  01111001
 +01100111
 ---------
  11100000
```

该指令执行后有 CF=0，PF=0，AF=1，ZF=0，SF=1，OF=1。

② 控制标志：控制标志仅含一个标志 DF，专门用于控制串操作指令在执行过程中，其地址指针的变化方向。

DF（Direction Flag）方向标志。可以由程序来设置。DF=1 表示在串操作指令执行期间，地址指针 EDI（DI）和 ESI（SI）的修改方式为递减；DF=0 表示在串操作指令执行期间，地址指针 EDI（DI）和 ESI（SI）的修改方式为递增。指令 STD 的执行，可使 DF=1；CLD 的执行，可使 DF=0。

③ 系统标志：系统标志用于控制 I/O、屏蔽中断、调试、任务转换和控制保护方式与虚拟 8086 方式间的转换，共有 7 个，它们是 TF、IF、IOPL、NT、RF、VM 和 AC。

TF（Trap Flag）陷阱标志，也称为跟踪标志位。TF=1 表示 CPU 进入单步执行方式，即每执行一条指令，自动产生一个内部中断。利用它可逐条地检查指令，完成程序的调试。

IF（Interrupt Enable Flag）中断允许标志。IF=1 时，CPU 可以响应外部可屏蔽中断请求；IF=0 时，CPU 禁止响应外部可屏蔽中断请求。指令 STI 使 IF=1，指令 CLI 使 IF=0。IF 标志对内部中断和外部非屏蔽中断（NMI）没有影响。

IOPL（I/O Priority Level）I/O 特权级标志。该标志占用 2 位，表示 0~3 级 4 个 I/O 特权级。在保护方式下，用以指定 I/O 操作处于 0~3 特权级中的哪一级。只有当任务的现行特权级高于或等于 IOPL 时（0 级最高，3 级最低），执行 I/O 指令才能保证不产生异常。

NT（Nested Task Flag）任务嵌套标志。80486 的中断和 CALL 指令可以引起任务转换。NT=1 表示引起了任务转换，当前任务嵌套在另一任务内。这样，在执行 IRET 指令时，便返回原任务；否则 NT=0，没引起任务转换，执行 IRET 时是进行同任务内的返回，而不发生任务转换。该标志位用来控制被中断的链和被调用的任务。

RF（Resume Flag）恢复标志。该标志在调试时使用，控制在下条指令后恢复程序的执行。当 RF=0 时，调试故障被接受；RF=1 时，则遇到断点或调试故障时不产生异常中断。在成功地执行每条指令后，RF 将自动复位。

VM（Virtual 8086 Mode）虚拟 8086 模式标志。VM=1 表示处理器工作在虚拟 8086 方式；VM=0 表示处理器工作在一般的保护方式下。该位只能以两种方式来设置，在保护方式下，由最高特权级（0 级）的代码段的 IRET 指令来设置，或者由任务转换来设置。

AC（Alignment Check）对准检查标志。AC=1，且控制寄存器 CR_0 的 AM 位也为 1，则进行字、双字或 4 字的对准检查。若处理器在访问内存时操作数未按边界对准（所谓对准，是指访问字操作数时从偶地址开始，访问双字数据时从 4 的整数倍地址开始，访问 4 字数据时从 8 的整数倍地址开始），则发生异常。

4）段寄存器。80486 有 6 个段寄存器分别是 CS、SS、DS、ES、FS 和 GS，同 8086 一样，CS 为代码段的段寄存器；SS 为堆栈段的段寄存器；DS、ES、FS 和 GS 分别为 4 个数据段的段寄存器。

在实地址方式和虚拟 8086 方式下，段寄存器的作用与 8086 相同，即专门用于保存存储段的段基址（如 CS 中存放的是当前代码段的段基址），存储单元实际地址的形成方法也同

8086 一样。此时每个段的大小不能超过 64 KB。

在保护虚地址方式下，每个段寄存器都含有一个程序不可见区域。这些寄存器的程序不可见区域通常叫作描述符高速缓冲存储器（Cache）。此时，每个段的大小可以在 1 B～4 GB 之间变化，存储单元的实际地址仍由段基地址和段内偏移地址组成。段内偏移地址为 32 位，由各种寻址方式确定。段基地址也是 32 位，但它不在段寄存器中，而是包含在段描述符中。段寄存器中存放的是段选择符，同 80286 工作在保护方式下一样，此时可根据段选择符的内容，经过一定的转换得到该段对应的段描述符，并存入段寄存器的程序不可见描述符高速缓冲存储器中，将该段描述符中的 32 位段基址，与 32 位的段内偏移地址相加即可得到存储单元的线性地址。当一个新的段选择符被放入段寄存器里时，微处理器就访问一个描述符表，并把相应的描述符装入该段寄存器的程序不可见描述符高速缓冲存储器区域内。这个描述符一直保存在此，直到段选择符再次发生变化。这就使得当微处理器重复访问一个内存段时，不必每次都去查询描述符表，而是直接从描述符高速缓冲存储器中取出该段的描述符，从而节约了微处理器的时间。

（2）系统级寄存器

系统级寄存器包括 4 个控制寄存器和 4 个系统地址寄存器。这些寄存器只能由在特权级 0 上运行的程序（一般是操作系统）访问。

1）控制寄存器。80486 有 4 个 32 位的控制寄存器（CR_0、CR_1、CR_2 和 CR_3），它们的作用是保存全局特性的机器状态，控制片内 Cache、FPU 和分段、分页单元的工作。其格式如图 2-12 所示。

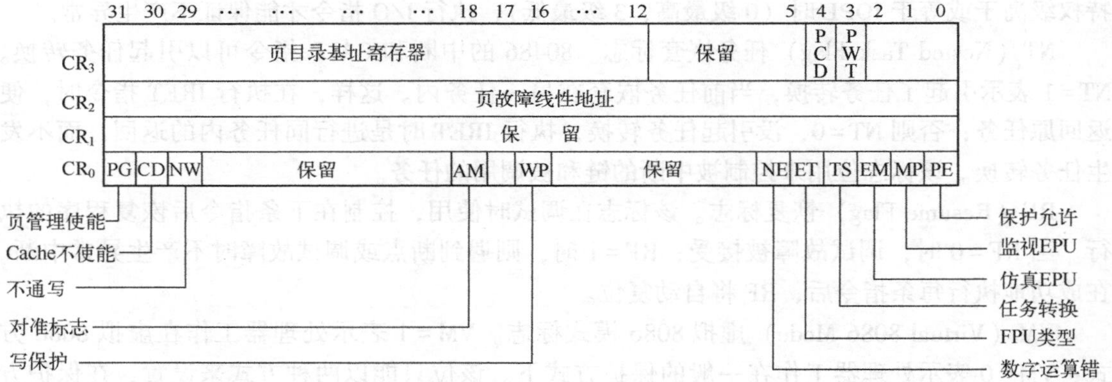

图 2-12 控制寄存器格式

- CR_0 中含有控制或指示整个系统（不是单个任务）的条件的标志。为了保持与 80286 保护模式的兼容性，CR_0 的低 16 位是机器状态字（MSW）。
- CR_1 为将来的 Intel 处理器保留。
- CR_2 中存放引起页故障的线性地址。只有当 CR_0 的 PG=1 时，CR_2 才有效。
- CR_3 存放当前任务的页目录基地址。同样，仅当 CR_0 的 PG=1 时，才使用 CR_3。

2）系统地址寄存器。系统地址寄存器只在保护方式下使用，所以又叫保护方式寄存器。80486 有 4 个系统地址寄存器，用以将保护方式下常用的数据基地址、界限和其他属性保存起来，以确保其快速性。寄存器格式如图 2-13 所示。

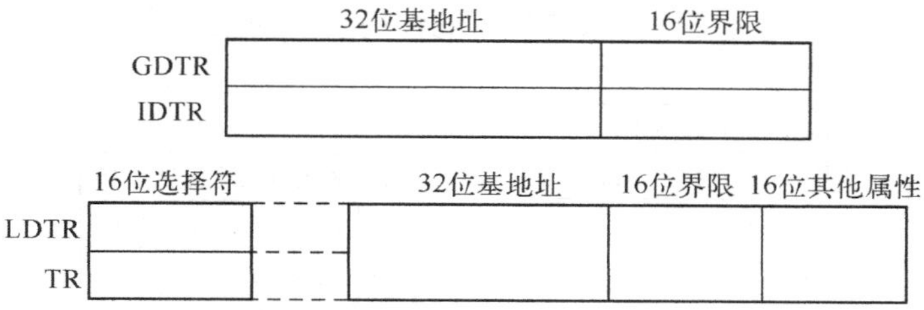

图 2-13　系统地址寄存器

① 全局描述符表寄存器（GDTR）是一个 48 位的寄存器，主要用于存放全局描述符表的 32 位基地址和全局描述符表的 16 位段界限（全局描述符表最大为 2^{16} B，共 $2^{16}/8=8$ K 个全局描述符）。

② 中断描述符表寄存器（IDTR）也是一个 48 位的寄存器，主要用于存放中断描述符表的 32 位基地址和中断描述符表的 16 位段界限（中断描述符表最大为 2^{16} B，共 $2^{16}/8=8$ K 个中断描述符）。80486 为每个中断或异常都定义了一个中断描述符，所有中断描述符都集中存放在一个中断描述符表 IDT 中。该中断描述符表在内存的位置可通过 IDTR 的内容进行相应转换而得到。

③ 局部描述符表寄存器（LDTR）是一个 16 位的寄存器，专门用于存放为访问局部描述符表对应的选择符。局部描述符表的位置可通过全局描述符表得到。为寻找局部描述符表，80486 建立了一个全局描述符，CPU 根据 LDTR 的内容（即选择符）访问全局描述符表，得到对应的局部描述符表的基地址、界限和访问权限，并将其存入 64 位的 LDTR 的高速缓冲存储区中。

④ 任务寄存器（TR）用来存放任务状态段（TSS）的 16 位选择符。该选择符用于访问一个确定任务的描述符，与 LDTR 相同，该选择符所指定的任务描述符会由 CPU 自动装入 64 位的任务描述符寄存器中。80486 为每个任务都提供一个任务状态段 TSS，用以描述该任务的运行状态。

由于局部描述符表 LDT 和任务状态段 TSS 可能有多个（每个任务各对应一个），对应的 LDTR 和 TR 也就可能有多个。为利于对它们寻址，LDTR 和 TR 在结构上分成选择符和描述符寄存器两部分，描述符寄存器存放的是实质内容，选择符用来检索描述符，其工作原理和 6 个段寄存器的工作原理相似。全局描述符表（GDTR）和中断描述符表（IDTR），由于系统中只有一个，所以不需要设置选择符。

（3）调试和测试寄存器

80486 提供了 8 个 32 位的调试寄存器 $DR_0 \sim DR_7$，它们为调试提供了硬件支持，如图 2-14a所示。其中 $DR_0 \sim DR_3$ 这 4 个寄存器用于存放 4 个断点的线性地址；DR_4、DR_5 由 Intel 公司留用；DR_6 为断点状态寄存器，用于说明是哪一种性质的断点以及断点异常是否发生；DR_7 为断点控制寄存器，用于指明断点发生的条件及断点的类型。这些调试寄存器给 80486 带来了先进的设置数据断点和 ROM 断点的调试功能。

80486 提供了 5 个 32 位的测试寄存器 $TR_3 \sim TR_7$，如图 2-14b 所示。$TR_0 \sim TR_2$ 未定义，$TR_3 \sim TR_5$ 用于 Cache 的测试，TR_6、TR_7 用于转换后援缓存器（TLB）的测试，TR_6 是测试控制寄存器，TR_7 是测试状态寄存器，保存测试结果的状态。测试寄存器实际上并非 80486

体系结构的标准部分，只是为了增强系统的可测性而引入的附加硬件。

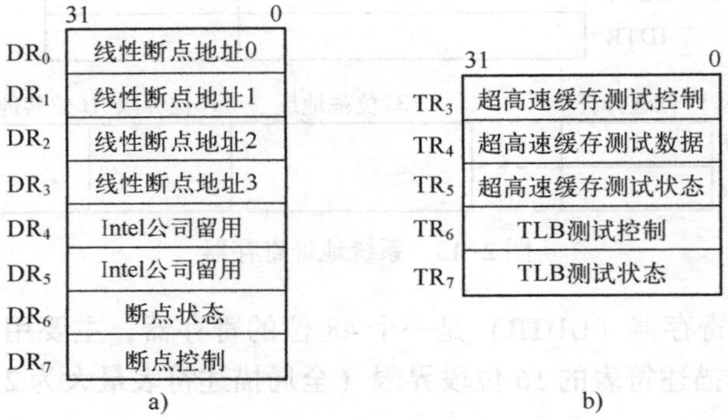

图 2-14　调试和测试寄存器

a) 调试寄存器　b) 测试寄存器

(4) 浮点寄存器

80486 的 FPU 中包含有 13 个浮点寄存器，如图 2-15 所示，8 个 80 位浮点数据寄存器 $R_0 \sim R_7$用作固定寄存器组或硬件堆栈；1 个 16 位标记字寄存器用来标记每个数据寄存器的内容；1 个 16 位控制寄存器用于提供 FPU 的若干处理选择项；1 个 16 位状态寄存器用于反映 FPU 的总状态；2 个 48 位的指令、数据指针寄存器的作用是为用户编写错误处理程序提供指令和数据指针。

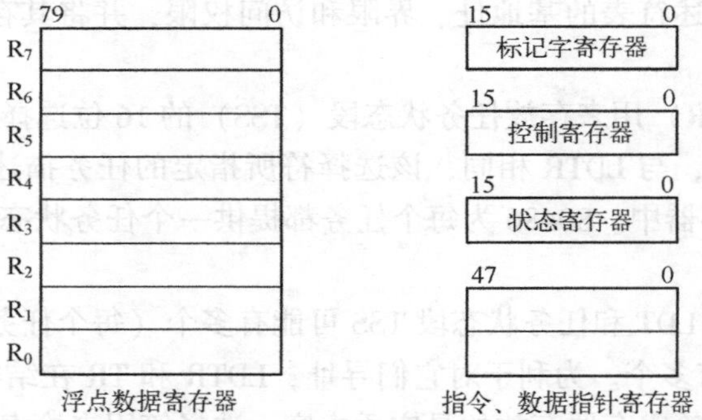

图 2-15　浮点寄存器

80486 进行浮点运算时，使用上述专门的浮点寄存器，而不使用通用寄存器，这是 ALU 和 FPU 可以并行运算的重要原因之一。

2.2.3　80486 的工作方式

80486 有三种工作方式：实地址方式、保护虚地址方式和虚拟 8086 方式。

实地址方式的工作原理与 8086 基本相同，主要区别是 80486 能借助操作数长度前缀，处理 32 位数据。另外，在实地址方式下也可使用新增的两个数据段寄存器 FS 和 GS。当然，运行速度也更高。

保护虚地址方式下，引入了虚拟存储器的概念。CPU 可访问的物理存储空间为 4 GB；程序可用的虚拟地址空间为 64 TB。段的长度在启动页功能时是 4 GB，不启动页功能时是

1 MB。可支持多用户和单用户的多任务操作，并对各任务提供了多方面的保护机制。

为避免在程序运行过程中，发生应用程序破坏系统程序、某一应用程序破坏其他应用程序以及错误的数据当作程序运行等情况，由此采取的措施称为“保护”。保护就是在用户程序之间、用户程序与系统程序之间实行隔离。80486 微处理器的保护功能是通过设立特权级来实现的。特权级分 0、1、2、3 共 4 级，数值最低的特权级最高。0 级分配给操作系统的核心部分，因为操作系统被破坏了，整个系统都会瘫痪；1 级和 2 级分配给系统服务及接口部分；应用程序分配的特权级最低。80486 微处理器的特权级规则有两条：特权级为 P 的数据段，只能由不低于 P 的程序访问；具有特权级 P 的程序或过程，只能由在不高于 P 级上执行的任务调用。

虚拟 8086 方式是一种既有保护功能又能执行 8086 代码的工作方式，可以说是保护方式的一种子方式，工作原理与保护虚地址方式下相同，但程序指定的逻辑地址解释与 8086 相同，即可以和实地址方式下一样执行 8086 的应用程序。

上述三种工作方式在一定条件下是可以相互转换的，如图 2-16 所示。

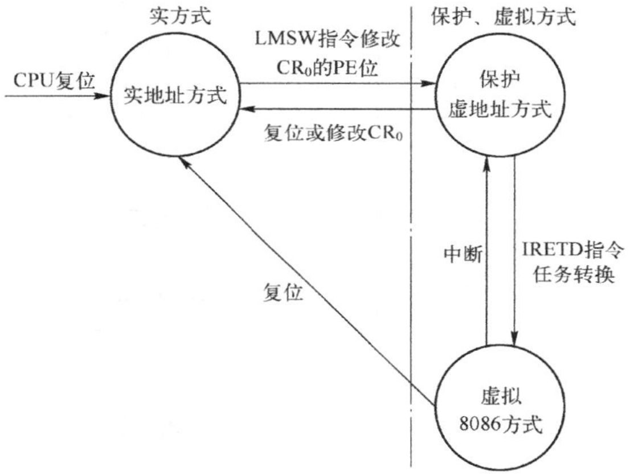

图 2-16　80486 微处理器三种工作方式的转换

2.2.4　80486 的常用引脚功能

80486 有 168 条引脚信号线，采用引脚网络阵列（PGA）封装，这 168 条引脚信号线也即 80486 CPU 总线，包括数据总线、地址总线和控制总线，如图 2-17 所示。

（1）系统时钟信号

CLK：时钟输入，为 80486 提供基本的内部工作时钟。

（2）地址信号

地址信号用于构成系统所需的地址总线。

$A_{31} \sim A_2$，$\overline{BE_3} \sim \overline{BE_0}$：$A_{31} \sim A_2$和$\overline{BE_3} \sim \overline{BE_0}$构成 32 位地址信号，$A_{31} \sim A_2$指明一个 4 字节单元的地址，字节选通信号$\overline{BE_3} \sim \overline{BE_0}$用以指明该 4 字节单元的具体字节（$\overline{BE_0} \sim \overline{BE_3}$每条线控制选通一个字节；$\overline{BE_0} \sim \overline{BE_3}$分别对应选通与数据线 $D_0 \sim D_7$、$D_8 \sim D_{15}$、$D_{16} \sim D_{23}$与 $D_{24} \sim D_{31}$相连的 4 个存储体）。80486 可直接寻址 4 GB 的物理存储空间和 64 KB 的 I/O 地址空间。

（3）数据信号

数据信号用于构成系统所需的数据总线。

$D_{31} \sim D_0$：32 位双向数据总线，其中 $D_7 \sim D_0$ 是最低有效字节，$D_{31} \sim D_{24}$ 是最高有效字节。利用 $\overline{BS_8}$ 和 $\overline{BS_{16}}$ 信号可实现 80486 与 8 位或 16 位设备间的数据传送。

（4）总线宽度控制信号

总线宽度控制信号用于确定数据总线的宽度（位数）。

$\overline{BS_{16}}$、$\overline{BS_8}$：数据总线宽度的控制输入。80486 每个时钟都采样这两个引脚，并以“准备好”之前的那个时钟的采样值作为确定总线宽度的依据：$\overline{BS_{16}}$ 或 $\overline{BS_8}$ 有效时，选择 16 位或 8 位数据总线；$\overline{BS_{16}}$ 和 $\overline{BS_8}$ 都有效时选择 8 位数据总线；$\overline{BS_{16}}$ 和 $\overline{BS_8}$ 都无效时选择 32 位数据总线。

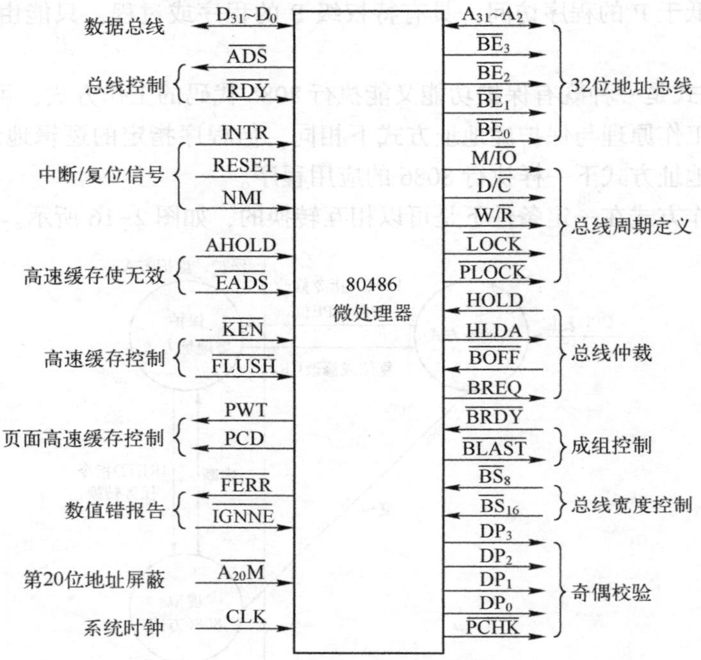

图 2-17　80486 微处理器的引脚配置

（5）总线周期定义信号及中断/复位信号

总线周期定义信号及中断/复位信号用于形成系统所需的基本控制总线。

$M/\overline{IO}$、$D/\overline{C}$ 和 $W/\overline{R}$：$M/\overline{IO}$ 用来说明当前的总线周期是存储器访问周期还是 I/O 访问周期；$D/\overline{C}$ 用来说明是数据还是控制周期；$W/\overline{R}$ 用来说明是写周期还是读周期。

$\overline{LOCK}$：总线锁定输出，指出 80486 正在读-改-写周期中运行，在读与写周期间不释放外部总线。$\overline{LOCK}$ 有效（输出低电平）表示当前的总线周期被锁定，80486 独占系统总线，不允许其他主控器访问系统总线。

$\overline{PLOCK}$：锁定输出，有效时允许 80486 访问超过 32 位的存储器操作数，如访问浮点长字（64 位）、读段描述符（64 位）和填充高速缓存行（128 位）等。$\overline{PLOCK}$ 有效时，80486 不响应总线保持请求（HOLD）。

INTR：可屏蔽中断请求输入，高电平时表示有外部中断请求。

NMI：非屏蔽中断请求输入，上升沿表示有外部中断请求。

RESET：复位输入，高电平时强制 80486 从已知的初始状态开始执行程序。复位后 80486 总是从地址为 FFFFFFF0H 的存储单元开始执行指令。

（6）总线控制信号

$\overline{\mathrm{ADS}}$：地址状态输出，有效（低电平）表明地址和总线定义信号是有效的，它标志一个总线周期的开始。

$\overline{\mathrm{RDY}}$：非突发“准备好”输入，有效时表明当前总线周期已经结束。在响应读请求时，$\overline{\mathrm{RDY}}$有效表明外设已把数据放上数据线；响应写请求时，$\overline{\mathrm{RDY}}$有效表明外设已经收到80486的数据。

（7）总线仲裁信号

BREQ：总线请求输出，有效时（高电平），表示80486需要使用系统总线。

HOLD：总线保持请求输入，有效时，表示系统总线其他主控器请求80486交出总线控制权。

HLDA：总线保持响应输出，对HOLD的响应信号，有效（高电平）时指明80486已经交出总线控制权（80486将其大多数输入和输出引脚浮空）。

$\overline{\mathrm{BOFF}}$：总线屏蔽输入，有效（低电平）时不需要80486响应，强制80486在下一时钟周期浮空其总线交出总线控制权。

（8）成组控制信号

$\overline{\mathrm{BRDY}}$：突发“准备好”输入，与$\overline{\mathrm{RDY}}$作用相似，用于突发周期时的读/写响应。有效时表明当前周期已结束。

$\overline{\mathrm{BLAST}}$：突发结束输出，用来终止高速缓存的行填充或其他多数据周期的传送。

（9）奇偶校验信号

$DP_3 \sim DP_0$：数据奇偶校验信号，分别对应数据的4个字节，数据写入存储器时，由$DP_3 \sim DP_0$自动地对每个字节加入偶校验位；数据读出时，对每个字节的数据进行偶校验。

$\overline{\mathrm{PCHK}}$：奇偶校验状态输出，输出为低电平时表示有奇偶校验错。

（10）高速缓存控制信号

$\overline{\mathrm{KEN}}$：高速缓存允许输入，用来确定当前周期从内存所读数据是否可以存入片内Cache。

$\overline{\mathrm{FLUSH}}$：高速缓存清除输入，有效（低电平）时强制80486清除片内Cache。

（11）高速缓存的无效性控制信号

AHOLD：地址总线保持输入，当它有效（高电平）时，将强制80486在下一个时钟周期将其地址总线置于高阻状态（其他总线仍保持有效）。此时，由另一个总线主控器控制地址总线，以获得对无效Cache周期的访问。无效时，80486将重新驱动被置于高阻状态前的同一地址操作。

$\overline{\mathrm{EADS}}$：外部地址选通输入，它和AHOLD信号一起用以表示正在使用外部地址，当前为Cache无效周期。

（12）页面高速缓存控制信号

PWT：页通写输出，以页为单位的写操作方式控制信号，有效（高电平）时表示写操作“命中”时既要写Cache，也要写内存。

PCD：页高速缓存禁止输出，有效（高电平）时禁止以页为单位的Cache操作。

（13）数值错报告信号

$\overline{\mathrm{FERR}}$：浮点出错输出，用来报告80486中PC类型的浮点出错。

$\overline{IGNNE}$：忽略数值错误输入，它有效（低电平）时，80486 将忽略数值错误并继续执行非控制型浮点指令；撤销时，如前一条指令产生错误，则 80486 将冻结在这个非控制型的浮点指令上。当控制寄存器 CR_0 的 NE 位置 1 时，IGNNE 不起作用。

(14) 第 20 位地址屏蔽信号

$\overline{A_{20}M}$：第 20 位地址屏蔽输入，80486 微处理器工作在实地址方式时，由外部电路使其有效，微处理器内部自动屏蔽地址线的 A_{20} 位。

2.3 习题

一、单项选择题

1. 以下描述中不正确的是（　　）。
   A. CPU 的运算器可以完成算术运算和逻辑运算
   B. 计算机内部采用二进制数
   C. 操作系统属于系统软件
   D. 所有计算机都采用同样的指令系统

2. 某微型计算机内存采取字节编址，每执行一条指令，程序计数器会（　　）。
   A. 自动加 1　　B. 保持不变
   C. 自动加 2　　D. 自动增加本指令的字节数

3. 用以指定待执行指令所在地址的是（　　）。
   A. 指令寄存器　B. 数据计数器　C. 程序计数器　D. 累加器

4. 唯一能对应存储单元的地址是（　　）。
   A. 物理地址　B. 端口地址　C. 有效地址　D. 逻辑地址

5. 80486 有（　　）种工作方式。
   A. 1　B. 2　C. 3　D. 4

6. 在保护模式下，代码段的段基址存在于（　　）中。
   A. 段寄存器　B. 段描述符　C. 段选择符　D. 指令指针寄存器

7. 80486 对虚拟存储器的管理是采用分段分页机制，其段的最大长度为（　　）。
   A. 1 GB　B. 2 GB　C. 4 GB　D. 8 GB

二、填空题

8. 具有 16 位数据线、32 位地址线的 CPU 可以访问的物理空间为________。

9. CPU 访问存储器时，地址总线上送出的是________地址，编程时则采用________地址。

10. 80386/80486 支持三种工作方式，其中既有保护功能，又能执行 8086 代码的工作方式是________方式，在计算机开机或复位后，总是首先进入________方式。

三、简答题

11. 什么是微处理器？它包含哪几部分？指令执行的基本过程分为哪几个阶段？简单说明各阶段完成的任务。

12. 微处理器中采用流水线技术后，是否意味着每条指令的执行时间明显缩短了？为什么？

13. 8086 微型计算机系统中，存储器为什么采用分段管理？

14. 什么是逻辑地址？什么是物理地址？如何由逻辑地址计算物理地址？

15. 80X86 CPU 在实模式下，段地址和偏移地址为 2015H：012AH 的存储单元的物理地址是什么？如果段地址和偏移地址是 2020H：007AH 和 2010H：017AH，它们的物理地址又是什么？

16. 如果在一个程序开始执行以前(CS)= 0D390H（如十六进制数的最高位为字母，则应在其前加一个 0），(IP)= 5820H，试问该程序的第一个字的物理地址是多少？

第 3 章　80486 微处理器的指令系统

【本章导学】

用什么“命令”才能指挥微型计算机按照我们的意图做事呢？本章主要讨论 80486 微处理器的指令系统，一方面介绍了 80486 微处理器的寻址方式，另一方面结合部分实例，重点阐述 80486 微处理器指令系统中各类指令的格式、功能及应用中的注意事项。

微处理器通过执行程序来完成指定的任务，而程序是由一系列有序指令组成的。指令是规定计算机执行某种特定操作的“命令”。计算机全部指令的集合称为指令系统。指令是根据微处理器硬件特点研制出来的，不同系列的微处理器有不同的指令系统，其指令数量、格式和功能可能不同。指令系统是微处理器硬件与软件间结合的界面，是表征一台计算机性能的重要因素，是程序员编制程序的基础。本章将讨论 80486 微处理器的指令系统。

要使微处理器能够完成指令规定的操作，则指令中须包含两种信息，一是执行什么操作，二是该操作所涉及的数据在哪里、结果存于何处。因此指令通常由操作码和操作数两部分构成。其书写格式如下：

[标号:]操作码助记符[操作数],[操作数];[注释]

其中，操作码助记符字段指出要执行的操作，如数据传送、算术运算、逻辑运算和转移等，不同的操作用不同的助记符，如用 ADD 表示加，用 SUB 表示减等；操作数字段指出参加操作的数据来源与去向。标号携带该条指令存放的地址信息，它为程序分支以及循环提供了转移目标。为了阅读方便，指令之后可以有注释，它不影响指令的执行。

操作数的表现形式比较复杂，可以是参与运算的数据，也可以是参与运算的数据所在位置的“地址”。这里的“地址”是广义的，既包括我们平常所理解的内存储单元的地址，也包括微处理器内部的寄存器。

3.1　80486 微处理器的寻址方式

根据指令提供的基本信息，寻找操作数或操作数所在地址的规则即为寻址方式（Addressing Mode）。80486 的寻址方式可分为两类：操作数的寻址方式和转移地址的寻址方式。

为了讨论操作数寻址方式，利用基本传送指令“MOV ddata，sdata”举例说明，第 1 操作数 ddata 为目的操作数，第 2 操作数 sdata 为源操作数，该指令的功能是把源操作数的内容复制到目的操作数中。为了讨论转移地址的寻址方式，利用无条件转移指令 JMP 举例说明。

3.1.1　操作数寻址方式

操作数作为指令的操作对象，可以存储在存储单元中（称为存储器操作数）、存储在寄存器中（称为寄存器操作数）或直接包含在指令中（称为立即数），因此，与之对应有多种寻址方式。80486 提供了 3 类 10 种操作数寻址方式，其中访问存储器操作数就有 8 种寻址方式。

1. 立即寻址（Immediate Addressing）

操作数直接包含在指令中的寻址方式称为立即寻址方式。

例 3-1 MOV AX，1234H

这条指令的机器码为 B8H，34H，12H，占 3 个字节。它的含义是将立即数 1234H 送到寄存器 AX 中。机器码在内存单元中是由上至下按从低到高的地址顺序排列的，这也是一般 CPU 取指令的顺序。操作码部分在前，操作数部分在后。若立即数为 16 位，则存放时低 8 位在低地址单元存放，高 8 位在高地址单元存放。如图 3-1 所示。

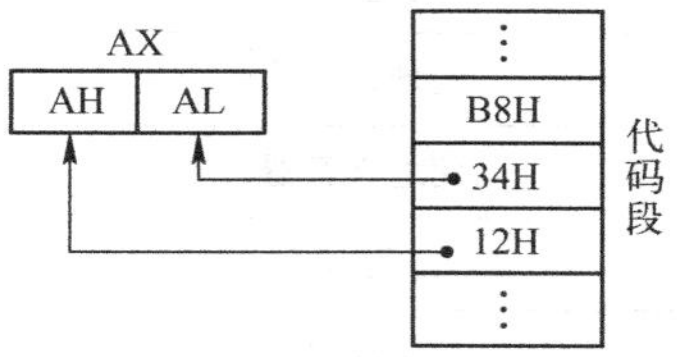

图 3-1 例 3-1 立即寻址示意图

立即数可为 8 位、16 位或 32 位的固定数值，即常数，不能是小数、变量或其他类型的数据，它只能作为源操作数，不能作为目的操作数。立即数跟随指令操作码一起存放在内存的代码段中，在 CPU 取指令时随指令操作码一起取出并直接参加运算。

汇编语言规定：该操作数必须以数字开头，若某个十六进制数以字母开头，其前面必须增加数字 0 作前缀；数制用后缀表示，B 表示二进制数，H 表示十六进制数，D 或者默认表示十进制数，Q 表示八进制数。汇编程序对于不同进制的立即数一律汇编成等值的二进制数，负数自动汇编成机器数补码形式，用单引号括起来的字符汇编成相应的 ASCII 码。此外，立即数还可以是算术表达式，汇编程序会按照一定的规则自动计算出结果。

2. 寄存器寻址（Register Addressing）

在这种寻址方式下，操作数存放在 CPU 内部的某个 8 位、16 位或 32 位的通用寄存器中。

例 3-2 MOV AH，CL；将 CL 的内容复制到 AH 中

采用这种寻址方式的指令编码短，执行时操作就在 CPU 内部进行，无须访问存储器，故执行速度快。

3. 存储器操作数寻址（Memory Operator Addressing）

除上述两类寻址方式外，以下各种寻址方式的操作数都在除代码段以外的内存单元中。通过不同寻址方式求得操作数地址，从而取得操作数。从第 2 章已经知道，操作数地址是由段基址和偏移地址共同形成，段基址在实模式和保护模式下可通过不同的途径取得，在这一节里要解决的问题是如何取得操作数的偏移地址。

为适应处理不同数据结构的需要，大多数情况下，在指令中并不直接给出操作数的偏移地址，而是在指令中给出计算操作数所在内存单元偏移地址的表达式，完整的地址表达式如下：

段寄存器：[基址寄存器+变址寄存器×比例因子+位移量]

其中，冒号之前的部分称为段超越前缀，80X86 执行某种操作时有基本的段约定，即预先规定了采用的段和段寄存器，如果要改变默认的段约定，则需要在指令中明确指出来（即段超越），以通知 CPU 指令要访问的是哪一个逻辑段。冒号之后的部分为有效地址表达式，有效地址（Effective Address，EA）又称偏移地址，它表示在一个逻辑段中，某内存单

元相对于段首单元的地址偏移量。

对于32位寻址（工作于保护方式）和16位寻址（工作于8086方式）时，可作基址、变址的寄存器，比例因子以及位移量的取值有所不同。表3-1给出了这两种情况下4个分量的规定。

表3-1　16位和32位寻址时的4个分量定义

有效地址分量	16位寻址	32位寻址
基址寄存器	BX，BP	任何32位通用寄存器
变址寄存器	SI，DI	除ESP外的任何32位通用寄存器
比例因子	无（或1）	1，2，4，8
位移量	0，8，16位无符号整数	0，8，32位无符号整数

根据指令中出现的操作数所在内存单元的地址表达式的不同，该类寻址方式共有8种，下面详细介绍这8种存储器操作数寻址方式。

（1）直接寻址（Direct Addressing）

直接寻址是指操作数所在内存单元的有效地址EA直接出现在指令中，EA可以是8位、16位或32位。这种寻址方式是对存储器操作数进行访问时可采用的最简单方式。

例3-3　MOV AX，DS：[1000H]

这条指令的含义是：将DS段中有效地址为1000H和1001H两单元中的内容送给AX。

假设DS=2000H，则源操作数所在单元的物理地址=20000H+1000H=21000H，其执行情况如图3-2所示。执行结果为AX=1234H。应注意的是，这种形式下，指令中的DS不能省略。

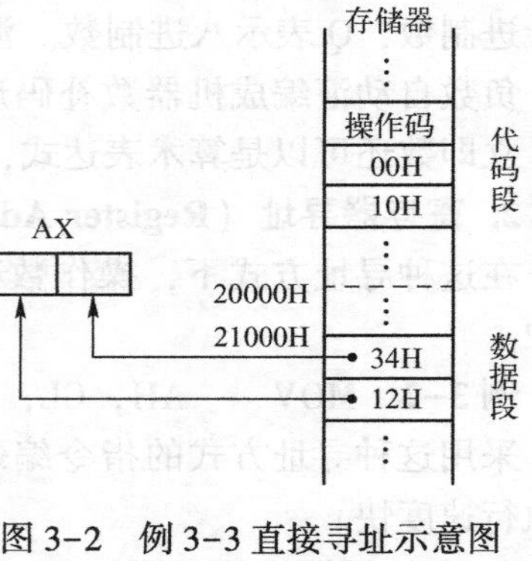

图3-2　例3-3直接寻址示意图

在汇编语言中，有时也用一个符号代替数值，以表示操作数的有效地址，一般将这个符号称为符号地址，这时操作数本身若无特殊声明，则默认存放在内存的DS所指数据段中。上例中若用ASDAT代替有效地址1000H，则该指令可写成：

```
MOV    AX,ASDAT
```

其中ASDAT是符号地址，它必须在程序的开始处予以定义，有关内容将在第4章介绍。

需要注意，不能将直接寻址与前面介绍的立即寻址混淆，直接寻址指令中的数值不是操作数本身，而是操作数所在单元的有效地址。为了区分两者，指令系统规定有效地址必须用一对方括弧括起来。

（2）寄存器间接寻址（Register Indirect Addressing）

这种寻址方式下，操作数所在内存单元的有效地址由规定的寄存器指出。在该寻址方式中，80486微处理器规定：

● 16 位寻址时，EA 可以由 SI、DI、BP 或 BX 提供。

若以 SI、DI、BX 间接寻址，则默认操作数在 DS 段中。

若以 BP 间接寻址，则默认操作数在 SS 段中。

例 3-4 MOV AX，[SI]

设 DS = 4200H，SI = 5000H，则源操作数所在单元的物理地址 = 42000H + 5000H = 47000H，执行情况如图 3-3 所示。执行结果：AX=3525H。

例 3-5 MOV CH，[BP]

设 SS = 3000H，DS = 3500H，BP = 1340H，则该指令执行后，将 31340H 单元的内容送给 CH。

● 32 位寻址时，8 个 32 位通用寄存器均可作间址寄存器。除 ESP、EBP 默认段寄存器为 SS 外，其余 6 个通用寄存器均默认段寄存器为 DS。

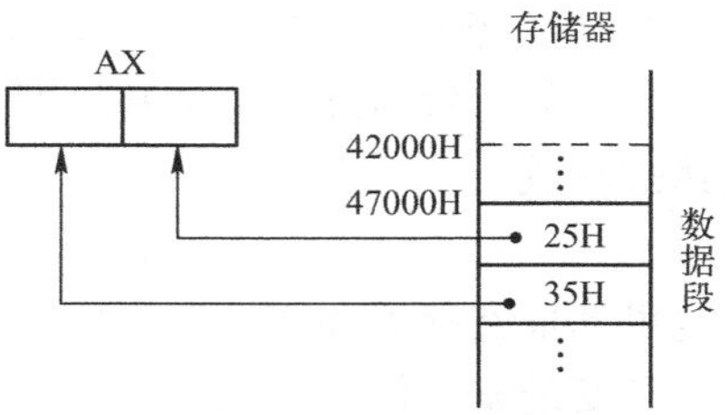

图 3-3　例 3-4 寄存器间接寻址示意图

这种寻址方式中的寄存器常作为表格处理时的地址指针，修改寄存器的内容就可以指向表格的不同元素。

(3) 寄存器相对寻址方式（Register Relative Addressing）

在这种方式中，操作数所在内存单元的有效地址为规定的基址寄存器或变址寄存器的内容与一个常量（即位移量，Displacement）之和。在指令格式中，地址表达式写成：

段寄存器:[基址寄存器/变址寄存器+位移量]

或者　　段寄存器:位移量[基址寄存器/变址寄存器]

如果是访问约定的逻辑段，则段前缀可以省略。80486 微处理器规定：

● 16 位寻址时，BX 和 BP 作为基址寄存器，SI 和 DI 作为变址寄存器，位移量可以为 8 位或 16 位。在默认段超越前缀时，BX、SI、DI 以 DS 作为默认段寄存器，BP 以 SS 作为默认段寄存器。

● 32 位寻址时，8 个 32 位通用寄存器均可作基址/变址寄存器，位移量可以为 8 位或 32 位。在默认段超越前缀时，ESP、EBP 以 SS 作为默认段寄存器，其余 6 个通用寄存器均以 DS 作为默认段寄存器。

例 3-6 MOV AX，DISP [SI] 或 MOV AX，[DISP+SI]

设 DS=3000H，SI=2600H，DISP=64H，则源操作数所在内存单元的物理地址为

30000H+2600H+64H=32664H

若内存储器的 32664H 字单元的内容为 841BH，则执行上述指令后 AX=841BH。

这种寻址方式适于对一维数组的元素进行检索操作，用位移量表示数组起始单元的偏移地址，基址寄存器/变址寄存器表示数组元素的下标。

需要注意的一个问题是，在寄存器间接寻址和寄存器相对寻址这两种寻址方式中，程序员可以使用 16 位的寄存器寻址，也可以使用 32 位的寄存器寻址。当 CPU 工作在实地址模式的时候，段长度最大为 64 KB，不论采用 16 位寄存器寻址还是 32 位寄存器寻址，都必须保证 CPU 最终算出的 EA 不超过 FFFFH，而且操作数最高字节单元的 EA 也不能超过

FFFFH，否则执行寻址操作时程序将出现异常，不能继续执行。例如：

```
MOV    ESI,  10000H        ;ESI 中 EA 大于 FFFFH
MOV    AL,  [ESI]          ;程序不能继续执行
MOV    EDI,  0FFFFH        ;虽然 EDI 中的 EA 不大于 FFFFH
MOV    AX,  [EDI]          ;但[EDI]寻址的是双字节数,高字节 EA 为 10000H
                           ;超出了 FFFFH,程序不能继续执行
```

（4）基址变址寻址方式（Based Indexed Addressing）

操作数的有效地址是一个基址寄存器和一个变址寄存器的内容之和。在指令格式中，地址表达式写成：

段寄存器:[基址寄存器+变址寄存器]

这里基址寄存器和变址寄存器的使用规定以及段寄存器的默认规定与前述相同。当基址寄存器和变址寄存器默认的段寄存器不同时，一般规定由基址寄存器来决定哪一个段寄存器为默认段寄存器。

基址变址寻址主要用于二维数组操作和二重循环等。数组首地址可存放在基址寄存器中，而用变址寄存器来访问数组中的各个元素。由于两个寄存器都可以修改，所以它比直接寻址方式更加灵活。

（5）相对基址变址寻址方式（Relative Based Indexed Addressing）

该方式中，操作数所在内存单元的有效地址是基址寄存器、变址寄存器的内容与一个常量（即位移量）之和。在指令格式中，完整的地址表达式为

段寄存器：[基址寄存器+变址寄存器+位移量]

或　段寄存器：位移量[基址寄存器+变址寄存器]

或　段寄存器：位移量[基址寄存器][变址寄存器]

有关规定如前所述。

这种寻址方式主要用于起始地址不为“0”的二维数组操作和二重循环等。

例如，存储器中存放着由多个记录组成的文件，位移量可指向文件首部，基址寄存器指向某个记录，变址寄存器则指向该记录中的一个元素。这种寻址方式也为堆栈的另一种处理提供了方便，利用 BP 指向栈顶，从栈顶到数组的首地址可用位移量表示，变址寄存器可用来访问数组中的某个元素。

（6）比例变址寻址方式（Scaled Indexed Addressing）

操作数的有效地址是变址寄存器的内容乘以比例因子再加上位移量之和，所以 EA 由 3 种成分组成。在指令格式中，完整的地址表达式为

段寄存器:[变址寄存器×比例因子+位移量]

或　段寄存器:位移量[变址寄存器×比例因子]

其中比例因子可以是 1、2、4、8 中的任一个数，变址寄存器乘以比例因子的操作是在 CPU 内部靠硬件完成的。除 ESP 外的任何通用寄存器均可作变址寄存器，且 EBP 默认 SS 作段寄存器，其余以 DS 作段寄存器。

该方式只适用于 32 位寻址的情况，可用于对一维数组的数组元素进行检索操作。位移量表示数组起始单元地址的偏移量，变址寄存器的内容表示数组元素的下标。当数组元素大小为 2、4、8 字节时，用带比例因子的变址寻址方式更方便、更高效。

例 3-7　MOV EDX, COUNT [EDI * 4]

该条指令可以把双字数组 COUNT 中的元素 3 送到 EDX 中，用这种寻址方式可直接在 EDI 中放入 3，选择比例因子 4（数组元素为 4 字节长）就可以方便地达到目的（见图 3-4），而不必像在寄存器相对寻址方式中要把变址值计算后装入寄存器中。

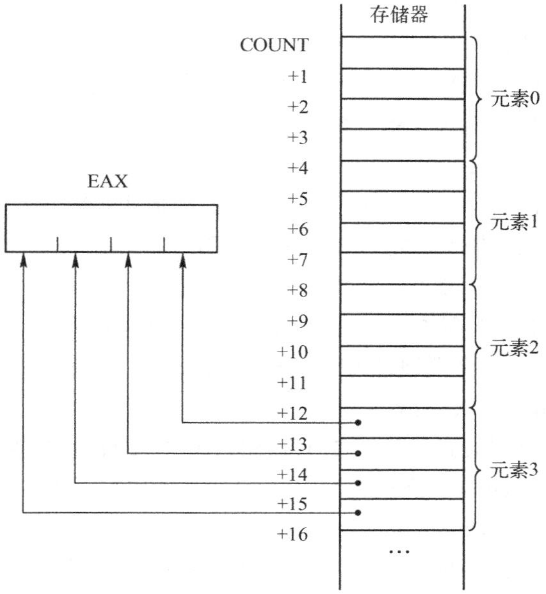

图 3-4　例 3-7 比例变址寻址示意图

(7) 基址比例变址寻址方式 (Based Scaled Indexed Addressing)

操作数的有效地址是变址寄存器的内容乘以比例因子再加上基址寄存器的内容之和。在指令格式中，完整的地址表达式为

段寄存器:[变址寄存器×比例因子+基址寄存器]

或　段寄存器:[基址寄存器][变址寄存器×比例因子]

这种寻址方式与基址变址寻址方式相比，增加了比例因子，其优点是很明显的。寻址过程中，变址寄存器内容乘比例因子的操作是在 CPU 内部由硬件完成的。该方式也只适用于 32 位寻址的情况，主要用于数组元素大小为 2、4、8 字节时的二维数组检索操作等场合。

(8) 相对基址比例变址寻址方式 (Relative Based Scaled Indexed Addressing)

操作数的有效地址是变址寄存器的内容乘以比例因子，加上基址寄存器的内容，再加上位移量之和，所以有效地址由 4 部分组成。在指令格式中，完整的地址表达式为如下格式：

段寄存器:[基址寄存器+比例因子×变址寄存器+位移量]

或　段寄存器:位移量[基址寄存器+比例因子×变址寄存器]

或　段寄存器:位移量[基址寄存器][比例因子×变址寄存器]

这种寻址方式比相对基址变址方式增加了比例因子，便于对元素大小为 2、4、8 字节的二维数组的处理。寻址过程中，变址寄存器内容乘比例因子的操作是在 CPU 内部由硬件完成的。该方式也只适用于 32 位寻址的情况。

例 3-8 假定 80486 工作在实模式下，请分别指出下列指令中两个操作数的寻址方式；如果是存储器操作数，请用表达式分别表示出对应的有效地址和物理地址。

① MOV DI，3600H

MOV DI(寄存器寻址)，3600H(立即寻址)

② MOV [BP]，BL

MOV [BP]（寄存器间接寻址），BL（寄存器寻址）

有效地址=BP，物理地址=SS×16+BP

③ MOV CX，[BP+DI]

MOV CX(寄存器寻址)，[BP+DI](基址变址寻址)

有效地址=BP+DI，物理地址=SS×16+BP+DI

④ MOV DIS2[SI]，EDX

MOV DIS2[SI](寄存器相对寻址)，EDX(寄存器寻址)

有效地址=SI+DIS2，物理地址=DS×16+SI+DIS2

⑤ MOV CH，DIS3[BX+SI]

MOV CH(寄存器寻址)，DIS3[BX+SI](相对基址变址寻址)

有效地址=BX+SI+DIS3，物理地址=DS×16+BX+SI+DIS3

⑥ MOV AX，ES:[BX]

MOV AX(寄存器寻址)，ES:[BX](寄存器间接寻址)

有效地址=BX，物理地址=ES×16+BX

特别地，在存储器中有一片按照 LIFO 规律存取数据的特殊存储区域——堆栈，堆栈在所有微处理器中都起着重要的作用，它可用于暂时存放数据，数据用 PUSH 指令压入堆栈，用 POP 指令弹出堆栈；也可为程序保存返回地址，子程序调用指令 CALL 用堆栈保存程序返回地址，子程序返回指令 RET 从堆栈取出返回地址。对于堆栈区域中存储单元的寻址是一种特殊的存储器操作数寻址方式，它利用两个寄存器访问：堆栈指针 SP 和堆栈段寄存器 SS。

3.1.2 转移地址寻址方式

在程序运行过程中，往往需要根据不同的条件执行不同的程序段，因此程序的执行要产生分支或转移。在指令系统中，控制程序执行顺序的指令称为控制转移指令，这组指令的实质是根据需要修改 IP 或修改 CS∶IP 的内容。控制转移指令的寻址方式涉及如何确定转移的目标地址。

根据指令中目标地址的出现形式，转移目标地址的寻址方式分为直接寻址和间接寻址。在指令中直接给出转移目标地址的方式是直接寻址方式；间接寻址方式是指在指令中给出的寄存器或内存单元中存放着转移的目标地址。

根据转移的目标地址是否在当前段内，转移指令可以分为段内转移和段间转移两大类型。

段间转移类型的指令在执行时要同时改变 CS 和 IP 的值，其转移目标地址的标号属性用 FAR 表示；段内转移类型的指令在执行时仅改变 IP 的值，其转移目标地址的标号属性用

NEAR 表示。对于距离很短的段内转移（-128～+127），可称为短转移，用 SHORT 运算符指出其转移的相对位移量不超过一个字节所能表示的范围。

1. 段内直接寻址（Intrasegment Direct Addressing）

在这种寻址方式下，通过当前 IP 寄存器的内容与一个 8 位或 16 位位移量之和得到转移的目标地址。位移量为 8 位时，称为短程转移；位移量为 16 位时，称为近程转移。

指令的汇编语言格式表示为

```
JMP      NEAR PTR PROGRM
JMP      SHORT   OUTSET
```

其中，PROGRM 和 OUTSET 均为转向目的地的符号地址，在机器指令中，用位移量来表示。在汇编指令中，如果位移量为 16 位，则在符号地址前加运算符 NEAR PTR；如果位移量为 8 位，则在符号地址前加运算符 SHORT。

对于 386 及其后继机型，代码段的偏移地址存放在 EIP 中，同样用相对寻址的段内直接方式，只是其位移量为 8 位或 32 位。8 位对应于短跳转；32 位对应于近跳转。由于位移量本身是个带符号数，所以 8 位位移量的跳转范围在-128～+127 的范围内；16 位位移量的跳转范围为±32 KB；32 位位移量的跳转范围为±2 GB。所有机型的汇编格式均相同。

2. 段内间接寻址（Intrasegment Indirect Addressing）

该方式中，转移的目标地址存放在寄存器或存储单元中。寄存器或存储单元的内容可以用数据寻址方式中除立即数寻址以外的任何一种寻址方式取得，所得到的内容将用来取代 IP 寄存器的值。该寻址方式不能用于条件转移指令。

段内间接寻址转移指令的汇编格式可以表示为

```
JMP   CX
JMP   WORD PTR [BX+TAB1]
```

其中 WORD　PTR 为运算符，用以指出其后的寻址方式所取得的目标地址是一个字的长度。

3. 段间直接寻址（Intersegment Direct Addressing）

指令中直接提供转移目标地址的段基址和偏移地址，所以，只要用指令中指定的偏移地址取代 IP 寄存器的内容，用指令中指定的段基址取代 CS 寄存器的内容，即可完成从一个段到另一个段的转移操作。

指令的汇编语言格式可表示为

```
JMP FAR PTR NEXT
```

其中，NEXT 为转移目的地的符号地址，FAR PTR 则是表示该符号地址属性的运算符。

4. 段间间接寻址（Intersegment Indirect Addressing）

该方式下，用存储器中两个相继字的内容来取代 IP 和 CS 寄存器中原来的内容，以达到段间转移的目的。这里，存储单元的地址是由指令指定除立即数寻址方式和寄存器寻址方式以外的任何一种数据寻址方式取得。

这种指令的汇编语言格式可表示为

```
JMP  DWORD  PTR [REL+BX]
```

其中，[REL+BX] 说明数据寻址方式为寄存器相对寻址方式，DWORD PTR 为双字属性运算符，说明转移的目标地址需取双字内容为段间转移指令所需的段基址与偏移地址。

3.1.3 指令的执行时间和占用空间

指令的执行时间取决于时钟周期的大小和执行指令所需要的时钟周期数。如果涉及内存操作，那么执行一条指令的时间为基本执行时间加上计算有效地址所需要的时间。

对同一种指令，如果寻址方式不同，其指令执行时间可能相差很大。寄存器操作数的指令执行速度最快，立即数操作数次之，存储器操作数的指令执行速度最慢。这是由于寄存器位于 CPU 的内部，执行寄存器操作数指令时，CPU 可以直接从内部寄存器中取得操作数，不需要访问内存，因此执行速度很快。立即数操作数作为指令的一部分，在取指时已经被 CPU 取出后存放在指令队列中，执行指令时也不需要访问内存，因而执行速度也比较快。而存储器操作数则先要由 CPU 计算出其所在单元的物理地址，再执行存储器的读/写操作。所以相对前述两种操作数来说，指令的执行速度最慢。

从 8086 发展到 Pentium 的 15 年时间内，计算机生产厂商在提高计算机的运行速度上下了很大功夫，除时钟频率已从原来的 5 MHz 提高到 300 MHz 外，又在体系结构方面采用了如数据预取、高速缓冲、流水线等多项重叠或并发技术，使指令的执行速度有了很大的提高，自 80X86 引入流水线结构以来，指令执行的基本时间中，已不再计算取指令的时间。在有些指令的执行过程中要多次访问内存，因此，访问内存的次数是影响指令执行总时间的重要因素。

汇编语言源程序输入计算机后，由机器提供的“汇编程序”将它翻译成由机器指令组成的机器语言程序，才能由计算机识别并执行。80X86 的机器指令是可变字节指令，即不同指令或不同寻址方式的机器指令长度不同，一条 16 位寻址格式指令的长度可为 1~7 个字节，32 位寻址指令则最长可达 14 个字节，平均指令长度为 3.2 个字节。如计入前缀字节（如段超越前缀等）长度还会增加。这样，一个程序一旦装入计算机，它就会占有一定的存储空间。程序量越大，占有的存储空间也越大。

完成同样功能的不同程序，可能会在占用的存储空间和执行时间上有很大差别。因此，在编制程序时，如果对程序所占用的空间或程序的执行时间要求不高，只要根据题意编制出合乎要求的程序即可，当然也应尽量在空间和时间上提高运行效率。而对于程序所占用的存储空间或者对于程序执行的时间要求很高的情况下，应仔细斟酌程序的算法、数据结构以及指令与寻址方式的选用，以编制出符合要求的程序。

3.2 80486 微处理器的指令系统

80486 指令系统是以 8086 指令系统为基础逐步发展形成的，它在目标代码级具有向上兼容性，一方面在指令系统中增加了新的指令种类，另一方面增强了原有的一些指令的功能，此外，还提供了 32 位寻址方式和 32 位操作方式。

80486 可以工作在实地址方式、保护虚地址方式和虚拟 8086 方式，为了支持系统工作模式，指令系统中设计了系统管理指令、保护模式控制指令以及高级语言支持指令等。由于80486 中集成了 FPU 部件，指令系统中包含了全部浮点运算指令。

作为汇编语言程序设计的基础，这里仅介绍 80486 的常用基本指令。

80486 的基本指令按功能可分为 7 类：数据传送指令、算术运算指令、逻辑运算指令、字符串操作指令、控制转移指令、处理器控制指令和按条件设置字节指令。下面分别给予介绍。

3.2.1 数据传送指令

无论什么程序，都需要将原始数据、中间运算结果、最终结果及其他控制、状态信息在 CPU 的寄存器和存储单元之间进行传送。数据传送是一种最基本、最常用和最重要的操作，在程序中它的使用频率最高。这类指令可用于实现立即数到存储器或寄存器、存储器与寄存器、寄存器与寄存器、累加器与输入/输出端口之间的字节、字或双字的传送，如图 3-5 所示。这类指令又可以进一步分为通用传送指令、堆栈操作指令和输入/输出指令 3 类，其寻址方式丰富，除 POPF、POPFD 和 SAHF 指令外，这类指令均不影响标志寄存器的状态标志位。

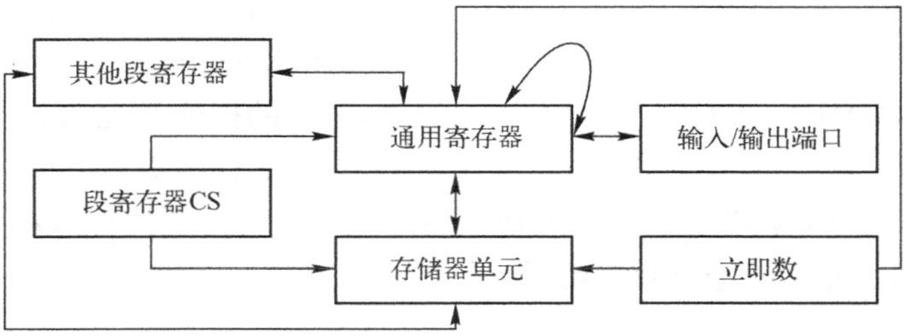

图 3-5 数据传送指令能够实现的操作示意图

1. 通用传送指令

(1) 基本传送指令 MOV

格式：MOV　目的操作数，源操作数

功能：把源操作数的内容复制到目的操作数中。源操作数的内容保持不变，不影响状态标志。

说明：

1) 源操作数可以是 8 位、16 位或 32 位的立即数、寄存器、段寄存器或存储器操作数。目的操作数是与源操作数相同长度的寄存器（IP 除外）、段寄存器（CS 除外）或存储器操作数。

2) 源操作数和目的操作数不能同时为存储器操作数。

3) 源操作数和目的操作数不能同在段寄存器中。

4) 不能将立即数直接传送到段寄存器。

5) 当源操作数和目的操作数的长度有一个能够确定时（如源操作数为 AL，则其长度为 8 位二进制数），另一个操作数长度自动与其相等。

6) 当目的操作数为存储器操作数时，如源操作数是单字节的立即数，则应用 BYTE PTR 运算符说明目的操作数的属性，否则汇编时将被默认为字型操作数。

7）MOV 指令的操作数之一为存储器操作数时，若传送的是字操作数，那么将对连续两个存储器字节单元进行存取，字操作数的高 8 位对应存储器的高地址单元，字操作数的低 8 位对应存储器的低地址单元。

例 3-9 试判断下列指令的正误，错误的请说明原因，正确的请说明其功能。

① MOV	[BP]，[SI]	(×)	两个操作数不能都是存储器操作数
② MOV	DS，ES	(×)	两个操作数不能同在段寄存器中
③ MOV	1234H，AX	(×)	立即数不能作为目的操作数
④ MOV	SS，1000H	(×)	不能将立即数直接传送到段寄存器
⑤ MOV	IP，AX	(×)	IP 寄存器不能作为目的操作数
⑥ MOV	CX，0020H [SI+DI]	(×)	16 位相对基址变址寻址方式中的地址寄存器不能同为变址寄存器
⑦ MOV	CL，[DX]	(×)	DX 不能作为 16 位间接寻址寄存器
⑧ MOV	BYTE PTR [BX]，55H	(√)	将 55H 送给数据段中 BX 间接寻址的字节型单元
⑨ MOV	[BX]，55H	(√)	将 0055H 送给数据段中 BX 间接寻址的字型单元
⑩ MOV	[0004H]，72H	(×)	目的操作数是直接寻址方式，需要明确所在数据段

例 3-10 请根据 MOV 指令的使用规则，写出能完成下列数据传送任务的指令。

① 在两个存储单元之间进行数据传送。

```
MOV    AX,[SI]
MOV    [DI],AX
```

② 将立即数传送到段寄存器中。

```
MOV    AX,2000H
MOV    DS,AX
```

③ 在段寄存器之间进行数据传送。

```
MOV    AX,DS
MOV    ES,AX
```

（2）带符号扩展传送指令 MOVSX（80386 新增）

格式：MOVSX　　目的操作数，源操作数

功能：将 8 位或 16 位的带符号源操作数通过在高位填充符号位的值，扩展成 16 位或 32 位后传送给目的操作数，源操作数保持不变。

说明：

1）目的操作数为 16 或 32 位的寄存器，源操作数是 8 位或 16 位的寄存器或存储器操作数。

2）对于带符号数补码，扩展前后的真值是相等的，只是表征同一数补码的位数不同而已（如-1 的补码用 8 位二进制表示为 FFH，用 16 位二进制表示为 FFFFH）。

（3）零扩展传送指令 MOVZX（80386 新增）

格式：MOVZX　　目的操作数，源操作数

功能：将 8 位或 16 位的无符号源操作数通过在高位填充“0”，扩展成 16 位或 32 位后传送给目的操作数，源操作数保持不变。

说明：

1）对源操作数和目的操作数的规定同 MOVSX 指令。

2）扩展后的无符号数的真值不变。

MOVSX 和 MOVZX 这两条指令常被用于做除法时，对被除数的位数进行扩展。

例 3-11　请给出以下指令执行后的结果。

```
MOV     DL,0F0H             ;DL=0F0H
MOVSX   EBX,DL              ;EBX=FFFFFFF0H,DL=0F0H=-16D
MOVZX   AX,DL               ;AX=00F0H,DL=0F0H=240D
```

（4）交换指令 XCHG

格式：XCHG　　目的操作数，源操作数

功能：将源操作数的内容与目的操作数的内容进行交换。

说明：

1）源操作数和目的操作数是等长（8 位、16 位或 32 位）的通用寄存器或存储器操作数，但不能同时为存储器操作数。

2）立即数和段寄存器不能参加交换。

（5）地址传送指令

1）有效地址传送指令 LEA。

格式：LEA　　目的操作数，源操作数

功能：将源操作数所在位置的有效地址（即偏移地址）送到目的操作数中。

说明：

① 目的操作数为 16 位或 32 位的寄存器，源操作数为存储器操作数。

② LEA 指令可以用 MOV 指令代替，MOV 指令中用取地址运算符 OFFSET 取得操作数所在位置的有效地址。其区别是 MOV 指令由汇编程序在汇编时进行赋值；LEA 指令是在执行指令时进行赋值。

例 3-12　请给出以下指令执行后的结果。

```
ORG     0600H
ASCTAB      DB 31H,32H,33H,34H
…
LEA     DI,ASCTAB               ;DI=0600H
MOV     SI,OFFSET ASCTAB        ;SI=0600H
MOV     BL,ASCTAB               ;BL=31H
```

例 3-13　利用寄存器间接寻址方式，把存储器中从 BUF 开始的两个字节单元的内容分别送到 BL 和 BH 寄存器中。

```
LEA     SI,BUF              ;先将 BUF 的有效地址传送到 SI 寄存器
```

```
MOV     BL,[SI]              ;取出 BUF 开始的第一个字节数据送到 BL
MOV     BH,[SI+1]            ;取出 BUF 开始的第二个字节数据送到 BH
```

例 3-14 设 BP=2300H，DS=6000H，SS=2000H，(62302H)=10H，(62303H)=20H，(22302H)=30H，(22303H)=40H。试比较以下两条指令的执行结果。

```
① LEA    AX,[BP+2]          ;AX=2302H,将 BP+2 所指单元的偏移地址送给 AX
② MOV    AX,[BP+2]          ;AX=4030H,将 BP+2 所指字单元的内容送给 AX
```

2）地址指针传送指令。

格式：LDS/LES　　目的操作数，源操作数

　　LFS/LGS/LSS　　目的操作数，源操作数（80386 新增）

功能：将源操作数中存放的一个 32 位或 48 位的全地址指针（包括有效地址和段基址）传送到目的操作数和对应的段寄存器中（由指令助记符指示）。其中，低 16 位或 32 位的内容作为有效地址传送到目的操作数，高 16 位的内容作为段基址传送到段寄存器中。

说明：

① 源操作数必须是存储器操作数，默认在 DS 所指示的数据段。目的操作数必须是寄存器操作数。

② LDS、LES、LFS、LGS、LSS 的后两位字母代表存放段基址的段寄存器，它们是隐含的另一个目的操作数，共有 5 条地址指针传送指令。

③ 对实地址方式和虚拟 8086 方式，指令将 16 位的段基址送给指令助记符所指定的段寄存器；对保护方式，指令将 16 位的段选择符送给指令助记符所指定的段寄存器。

例 3-15 设数据段的定义如下：

```
XYZ1    DF   1234567890ABH
XYZ2    DD   56781234H
```

请给出以下两条指令执行后的结果。

```
① LES    EBX,XYZ1   ;ES=1234H,EBX=567890ABH
② LDS    SI,XYZ2    ;DS=5678H,SI=1234H
```

例 3-16 设 DS=4000H，存储器中从 4000H∶1234H 开始的连续 4 个单元中存放了一个 32 位的全地址指针 7000H∶5678H，而 7000H∶5678H 单元中存放了数据 6677H，如图 3-6 所示。以下指令将 32 位全地址指针装入 ES∶SI 中，然后使用该指针把 7000H∶5678H 单元的内容传送到 AX 中。

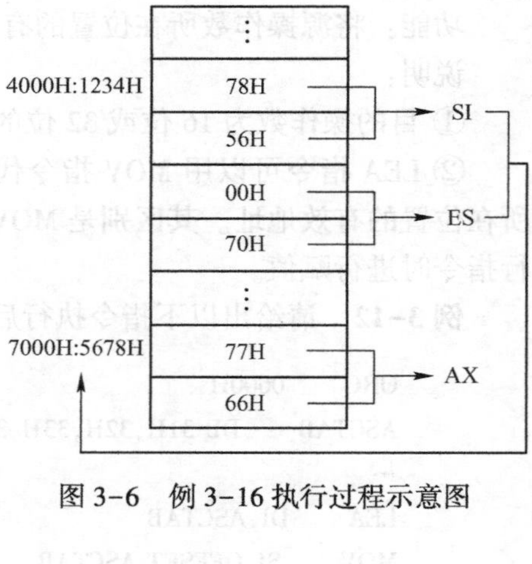

图 3-6　例 3-16 执行过程示意图

```
LES     SI,DS:[1234H]     ;将 DS∶1234H 中的 32 位指针(7000H∶5678H)传送到 ES 和 SI
MOV     AX,ES:[SI]        ;将 7000H∶5678H 中的内容传送到 AX
```

以上两条指令执行后：ES=7000H，SI=5678H，AX=6677H。

(6) 查表转换指令 XLAT

格式：XLAT

功能：完成一个字节的查表转换功能。将数据段中 BX+AL 指向的字节单元的内容送给 AL。可以根据数据表中元素的序号取出表中的相应元素（也可以看成是对一维数组的访问）。

说明：

1) 使用该指令需要先在数据段中建立一张字节类型的表，该表的最大长度为 256 个字节。

2) 该指令隐含了两个操作数：BX 中存放该表首单元的有效地址，AL 中存放相对于表首单元的表内偏移量（即要查找的元素序号），需要事先赋值。

3) 该指令执行后，实现了 AL 中一个字节内容的转换。

例 3-17 利用查表转换指令的功能，实现一位十六进制数与其对应的 ASCII 码之间的转换。

```
DATA      SEGMENT
ASCTAB    DB  '0123456789ABCDEF'
NUM       DB  ?                              ;0~F 中的任一数
DATA      ENDS
```

代码段设置如下指令，当 XLAT 指令执行后，在 AL 中即可得到与 NUM 单元中的数相对应的 ASCII 码：

```
MOV     AX,DATA
MOV     DS,AX
MOV     BX,OFFSET     ASCTAB
MOV     AL,NUM
XLAT
```

(7) 字节交换指令 BSWAP（80486 新增）

格式：BSWAP　　源操作数

功能：将 32 位通用寄存器的 4 个字节交换顺序，即将 32 位源操作数的 D_{31}~D_{24}与 D_7~D_0交换、D_{23}~D_{16}与 D_{15}~D_8交换。

说明：目前微机的主流机型中，多字节数据有两种存储方式：一种是低字节存放在内存的低地址单元中，高字节存放在内存的高地址单元中（如 Intel 系列的 CPU）；另一种存放顺序正好相反（如 Motorola 系列的 CPU）。BSWAP 指令可用于在这两种多字节数据存储方式的微处理器之间进行数据格式的转换。

(8) 标志寄存器传送指令 LAHF/SAHF

格式：LAHF

　　　SAHF

功能：LAHF 将 EFLAGS 的最低字节部分传送到 AH 中，SAHF 将 AH 的内容传送到 EFLAGS 的最低字节部分。

说明：

1）SAHF 的执行显然会影响 EFLAGS 最低字节部分的标志位：SF、ZF、AF、PF 和 CF 的状态，它们将分别被 AH 中对应位的状态修改，但 EFLAGS 的其他标志位不受影响。

2）LAHF 与 SAHF 指令的用途是为了方便修改某些状态标志位，先把标志内容传送到 AH，利用逻辑运算指令修改后，再写回到标志寄存器中。特别地，对 CF 标志位，还有专用指令可以修改它。

例 3-18 试编写程序段将 SF 标志置为 1，其他标志位的状态保持不变。

```
LAHF
OR      AH,10000000B
SAHF
```

2. 堆栈操作指令

堆栈是内存中一片按照“后进先出（LIFO）”方式工作的特殊区域，用以存放暂时不用却又必须保护的数据。对于堆栈的操作有压入和弹出两种情况，分别称为“压栈”和“弹栈”，且这两种操作均在堆栈的栈顶位置进行。

（1）压栈指令 PUSH

格式：PUSH　源操作数

功能：SP=SP-2（16 位操作数）或 SP=SP-4（32 位操作数），源操作数压入堆栈段中 SP 指向的字（或双字）单元。

说明：

1）源操作数可以是 16 位或 32 位的立即数、存储器操作数、通用寄存器或段寄存器操作数。

2）如果源操作数是 SP 或 ESP，则将调整前的 SP 或 ESP 的内容压栈。

（2）弹栈指令 POP

格式：POP　目的操作数

功能：首先将堆栈段中 SP 所指的栈顶元素弹出给 16 位或 32 位的目的操作数，SP=SP+2（或 4）。

说明：目的操作数可以是存储器操作数、通用寄存器或除 CS 之外的段寄存器。

（3）16 位标志寄存器压栈/弹栈指令 PUSHF/POPF

格式：PUSHF

　　　POPF

功能：执行 PUSHF 时，首先，SP=SP-2，然后，标志寄存器低 16 位压入堆栈段中 SP 指向的两个连续单元。执行 POPF 时，先从栈顶弹出 2 个字节给标志寄存器低 16 位，然后 SP=SP+2，显然 POPF 的执行会影响标志寄存器中相应标志位的状态。

（4）32 位标志寄存器压栈/弹栈指令 PUSHFD/POPFD

格式：PUSHFD

　　　POPFD

功能：执行 PUSHFD 时，首先，SP=SP-4，然后，32 位标志寄存器压入堆栈段中 SP 指向的 4 个连续单元。执行 POPFD 时，先从栈顶弹出 4 个字节给 32 位标志寄存器，然后

SP=SP+4。

（5）全部16位通用寄存器压栈/弹栈指令PUSHA/POPA（80286新增）

格式：PUSHA

　　　POPA

功能：执行PUSHA时，SP=SP-16，然后，将8个16位的通用寄存器内容压栈，压栈的顺序为AX、CX、DX、BX、SP、BP、SI、DI。被压栈的SP是本指令执行之前的值。执行POPA时，从当前栈顶开始，依次把其中的内容弹给8个16位的通用寄存器，弹栈的顺序为DI、SI、BP、SP、BX、DX、CX、AX，应注意的是，SP的内容仍然按照弹栈的规律变化，即SP=SP+16，不受此次操作过程中堆栈空间对应单元内容的影响。

（6）全部32位通用寄存器压栈/弹栈指令PUSHAD/POPAD（80386新增）

格式：PUSHAD

　　　POPAD

功能：执行PUSHAD时，SP=SP-32，然后，将8个32位的通用寄存器内容压栈，压栈的顺序为EAX、ECX、EDX、EBX、ESP、EBP、ESI、EDI。被压栈的ESP是本指令执行之前的值。执行POPAD时，从当前栈顶开始，依次把其中的内容弹给8个32位的通用寄存器，弹栈的顺序为EDI、ESI、EBP、ESP、EBX、EDX、ECX、EAX，应注意的是，SP的内容仍然按照弹栈的规律变化，即SP=SP+32，不受此次操作过程中堆栈空间对应单元内容的影响。

3. 输入/输出指令

（1）直接寻址的输入/输出指令

格式：IN　　AL/AX/EAX，PORT

　　　OUT　PORT，AL/AX/EAX

功能：IN指令从PORT指定的端口把字节、字或双字数据传送到AL、AX或EAX中；OUT指令把AL、AX或EAX中的字节、字或双字数据传送到PORT指定的端口。

说明：PORT是一个8位的I/O端口地址，地址范围为0~FFH。

（2）DX间接寻址的输入/输出指令

格式：IN　　AL/AX/EAX，DX

　　　OUT　DX，AL/AX/EAX

功能：IN指令从DX指定的端口把字节、字或双字数据传送到AL、AX或EAX中；OUT指令把AL、AX或EAX中的字节、字或双字数据传送到DX指定的端口。

说明：用DX间接寻址方式最大可寻址64 KB个端口，端口地址范围为0~FFFFH。

3.2.2 算术运算指令

算术运算指令主要完成加、减、乘、除运算，大多数算术运算指令会影响标志寄存器中6个状态标志（CF、ZF、SF、AF、OF、PF）的状态，只有个别指令除外。算术运算指令有单操作数、双操作数和三操作数等多种形式，单操作数指令的操作数不能是立即数，而双操作数指令中，立即数只能作为源操作数。

1. 基本四则运算

（1）加法指令 ADD

格式：ADD　　目的操作数，源操作数

功能：目的操作数=源操作数+目的操作数

说明：

1）源操作数和目的操作数可以是字节、字或双字，但二者必须一致。

2）源操作数可以是立即数。

3）源操作数和目的操作数可以是无符号数，也可以是有符号数，但二者应一致。

4）源操作数和目的操作数不允许都是存储器操作数。

5）源操作数和目的操作数不允许是段寄存器。

例 3-19　试分析以下两条指令执行后状态标志位的情况：

```
MOV     AL,6FH
ADD     AL,5CH
```

分析：用手工计算的方法再现以上两数相加的过程如下

$$
\begin{array}{r}
01101111 \\
+01011100 \\
\hline
11001011
\end{array}
$$

根据运算过程可得出各状态标志位的值：（C_i表示第 i 位向第 i+1 位的进位）

$C_3=1$，所以 AF=1；

$C_7=0$，所以 CF=0；

$C_7 \oplus C_6=1$，所以 OF=1；

结果中 1 的个数为奇数，所以 PF=0；

结果的 $D_7=1$，所以 SF=1；

结果不为零，所以 ZF=0。

若操作数是无符号数，其中 CF=0 意味着结果没有产生溢出；若操作数是带符号数，OF=1 意味着运算结果有溢出。同样，根据运算结果 CBH<FFH（8 位无符号数的最大值）和 CBH>7FH（8 位带符号数的最大值）也可得到相同的结论。

（2）带进位加法指令 ADC

格式：ADC　　目的操作数，源操作数

功能：目的操作数=源操作数+目的操作数+进位标志 CF

说明：ADC 指令对操作数的要求以及对状态标志位的影响方面都与 ADD 指令基本相同。实际中，常用 ADC 和 ADD 指令配合，完成多字节的加法运算。对于多字节加法，应把操作数分成若干个基本单位分别求和，在高位相加时，必须要考虑低位的进位，这时就需要用到 ADC 指令。

（3）减法指令 SUB

格式：SUB　　目的操作数，源操作数

功能：目的操作数=目的操作数-源操作数

说明：SUB 指令对操作数的要求以及对状态标志位的影响与 ADD 指令完全相同。

（4）带借位减法指令 SBB

格式：SBB　　目的操作数，源操作数

功能：目的操作数=目的操作数-源操作数-借位标志 CF

说明：SBB 指令对操作数的要求以及对状态标志位的影响与 ADD 指令完全相同。实际中常用 SBB 和 SUB 指令配合，完成多字节的减法运算。

（5）加 1 指令 INC 和减 1 指令 DEC

格式：INC　　目的操作数

　　　DEC　　目的操作数

功能：执行 INC 指令后，目的操作数=目的操作数+1

　　　执行 DEC 指令后，目的操作数=目的操作数-1

说明：

1）INC 和 DEC 指令是单操作数指令，目的操作数可以是 8 位、16 位或 32 位的寄存器或存储器操作数，但不能为段寄存器，也不能是立即数。

2）INC/DEC 指令执行后对 CF 无影响，但对其他 5 个状态标志 AF、OF、PF、SF 及 ZF 会产生影响。

3）目的操作数如果是存储器操作数，需用 PTR 运算符说明其类型属性。

4）通常在循环程序中用于修改地址指针或循环次数。

（6）求补指令 NEG

格式：NEG　　目的操作数

功能：目的操作数=0-目的操作数

说明：

1）目的操作数可以是 8 位、16 位或 32 位的寄存器或存储器操作数，但不能为立即数。

2）目的操作数如果是存储器操作数，需用 PTR 运算符说明其类型属性。

3）目的操作数为正数时，指令计算出目的操作数对应负数的补码；目的操作数为负数时，指令计算出目的操作数的绝对值。

（7）交换加法指令 XADD（80486 新增）

格式：XADD　　目的操作数，源操作数

功能：将源操作数和目的操作数进行互换，然后将源操作数与目的操作数之和送给目的操作数。指令执行后的源操作数是指令执行前的目的操作数。

说明：目的操作数可为 8 位、16 位或 32 位寄存器或存储器操作数，而源操作数只能为 8 位、16 位或 32 位寄存器操作数。

（8）比较指令 CMP

格式：CMP　　目的操作数，源操作数

功能：目的操作数-源操作数

说明：

1）CMP 指令将两个操作数相减，但结果不送回到目的操作数，而只是根据相减的情况影响状态标志位。比较指令在使用时，一般在其后紧跟条件转移指令，根据比较结果来决定程序流向。

2）目的操作数是 8 位、16 位或 32 位的寄存器或存储器操作数，源操作数是与目的操作数等长的立即数、寄存器或存储器操作数，源操作数和目的操作数不可同为存储器操作数。

3）如果源操作数是立即数，而目的操作数是存储器操作数，则目的操作数需用 PTR 运算符说明类型，否则汇编时会出错。

4）CMP 指令执行后将影响所有状态标志。

（9）比较并交换指令 CMPXCHG（80486 新增）

格式：CMPXCHG　目的操作数，源操作数

功能：将目的操作数与累加器 AL、AX 或 EAX 的内容比较，若相等则将源操作数传送到目的操作数中，ZF 置“1”；否则将目的操作数传送到累加器 AL、AX 或 EAX 中，ZF 清“0”。

说明：这里的比较不是在目的操作数和源操作数之间进行，累加器 AL、AX 或 EAX 是隐含的第三操作数。

（10）无符号数乘法指令 MUL

格式：MUL　源操作数

功能：将累加器 AL、AX 或 EAX 乘以源操作数，字节运算时乘积返回到 AX，字运算时乘积返回到 DX : AX，双字运算时乘积返回到 EDX : EAX。

说明：

1）源操作数可以是 8 位、16 位或 32 位的寄存器或存储器操作数，但不能是立即数。

2）若乘积的高半字节、字或双字是 0，则 CF 和 OF 清“0”；否则 CF 和 OF 置“1”。

（11）带符号数乘法指令 IMUL

格式：IMUL　源操作数

IMUL　目的操作数，源操作数

IMUL　目的操作数，源操作数，立即数

功能：

1）在单操作数格式下，将累加器 AL、AX 或 EAX 乘以源操作数，字节运算时乘积返回到 AX，字运算时乘积返回到 DX : AX，双字运算时乘积返回到 EDX : EAX。

2）在双操作数格式下，用目的操作数乘以源操作数，乘积存放在目的操作数中。

3）在三操作数格式下，用源操作数乘以立即数，乘积存放在目的操作数中。

说明：

1）在单操作数格式下，源操作数可以是 8 位、16 位或 32 位的通用寄存器或存储器操作数。

2）在双操作数格式下，目的操作数可以是 16 位或 32 位的通用寄存器，源操作数是与目的操作数等长的立即数、寄存器操作数或存储器操作数，但源和目的不能同为存储器操作数。

3）在三操作数格式下，目的操作数只能是 16 位或 32 位的通用寄存器，源操作数是与目的操作数等长的寄存器操作数或存储器操作数，立即数也与它们等长。8 位立即数能自动进行符号扩展，转换成 16 位或 32 位的立即数。

4）若乘积的高半部分是低半部分的符号位的扩展，则 CF=OF=0；否则 CF=OF=1。

(12) 无符号数除法 DIV/带符号数除法 IDIV

格式：DIV　　源操作数

　　　IDIV　　源操作数

功能：将 AX、DX:AX 或 EDX:EAX 除以源操作数，商分别保存在 AL、AX 或 EAX 中，余数分别保存在 AH、DX 或 EDX 中。IDIV 指令中被除数和除数都是带符号数，商和余数的符号相同。

说明：

1）若除数为 0 或商过大（超过保存商的累加器的容量）时，产生 0 号中断。

2）源操作数可以是 8 位、16 位或 32 位的寄存器或存储器操作数，但不能是立即数。

3）对所有状态标志位均无影响。

4）被除数必须是除数字长的 2 倍，若被除数字长不够，应使用符号位扩展指令扩展其位数。

(13) 符号位扩展（数据宽度变换）指令 CBW、CWD、CWDE、CDQ

格式：CBW/CWD

　　　CWDE/CDQ（80386 新增）

功能：

1）CBW 将 AL 中的 8 位带符号数带符号扩展为 16 位存入 AX 中。

2）CWD 将 AX 中的 16 位带符号数带符号扩展为 32 位存入 DX:AX 中。

3）CWDE 将 AX 中的 16 位带符号数带符号扩展为 32 位存入 EAX 中。

4）CDQ 将 EAX 中的 32 位带符号数带符号扩展为 64 位存入 EDX:EAX 中。

说明：

1）这类指令均是隐含操作数指令，执行后对标志位无影响。

2）对除法运算指令，要求被除数的字长应为除数的 2 倍。符号位扩展指令用于带符号数除法运算时对被除数的位数进行扩展。

例 3-20　X、Y、Z 均为 16 位带符号数，依次存放在起始地址为 VAR1 的区域，请编写计算（X+Y）/Z 的程序段，运算结果的商存入 AX，余数存入 DX。

```
LEA     SI,VAR1                        ;SI 指向 VAR1 区域
MOV     AX,[SI]                        ;取 X 到 AX
ADD     AX,[SI+2]                      ;计算(X+Y)给 AX
CWD                                    ;被除数进行带符号扩展到 32 位
IDIV    WORD PTR [SI+4]                ;进行带符号除法运算
```

2. 十进制调整指令

(1) BCD 码的加法运算调整指令 DAA/AAA

格式：

DAA　　；组合 BCD 码数的加法调整指令

AAA　　；分离 BCD 码数的加法调整指令

功能：

1）DAA 对两个组合 BCD 码相加的和（在 AL 中）进行调整，获得正确的组合 BCD 码

存入 AL 中。

2）AAA 对两个分离 BCD 码相加的和（在 AL 中）进行调整，获得正确的分离 BCD 码存入 AX 中。

说明：

1）DAA、AAA 指令应紧跟在加法指令 ADD 或 ADC 指令之后使用，且 ADD 和 ADC 指令的执行结果必须放在 AL 中。

2）DAA 指令要影响除 OF 外的其余状态标志位；AAA 指令只影响 AF 和 CF。

例 3-21 现有两个用 ASCII 码表示的十进制数“1357”和“2468”，试利用加法运算调整指令编写程序段求二者之和。

```
ADDING1     DB   '1357'              ;被加数
ADDING2     DB   '2468'              ;加数
SUM         DB   4 DUP(?)            ;预留 4 个字节,用于存放结果

        LEA     SI,ADDING1+3         ;被加数低位的有效地址送 SI
        LEA     DI,ADDING2+3         ;加数低位的有效地址送 DI
        LEA     BX,SUM+3             ;结果低位的有效地址送 BX
        MOV     CX,4                 ;每次加 1 位 BCD 数,共循环 4 次
        CLC                          ;清进位标志 CF
  AGAIN:MOV     AL,[SI]
        ADC     AL,[DI]              ;带进位加
        AAA                          ;分离 BCD 码加法调整
        MOV     [BX],AL              ;保存调整后的结果
        DEC     SI                   ;修改三个地址指针
        DEC     DI
        DEC     BX
        DEC     CX                   ;循环计数器减 1
        JNZ     AGAIN                ;若未处理完,则继续执行循环体
        HLT
```

（2）BCD 码的减法运算调整指令 DAS/AAS

格式：

DAS　；组合 BCD 码数的减法调整指令

AAS　；分离 BCD 码数的减法调整指令

功能：

1）DAS 对两个组合 BCD 码相减后的结果（在 AL 中）进行调整，获得正确的组合 BCD 码存入 AL 中。

2）AAS 对两个分离 BCD 数相减后的结果（在 AL 中）进行调整，获得正确的分离 BCD 码存入 AL 中。

说明：

1）DAS、AAS 指令应紧跟在减法指令 SUB 或 SBB 指令之后使用，且 SUB 和 SBB 指令的执行结果必须放在 AL 中。

2）DAS 指令要影响除 OF 外的其余状态标志位；AAS 指令只影响 AF 和 CF。

（3）BCD 码的乘法运算调整指令 AAM

格式：AAM　　；分离 BCD 码数的乘法调整指令

功能：对两个分离 BCD 码数相乘的结果（在 AX 中）进行调整，获得正确的 BCD 码结果。

说明：

1）AAM 指令必须紧跟在乘法指令 MUL 后使用。

2）AAM 指令要影响 PF、SF、ZF 状态标志。

3）AAM 的实质是把 AL 中的二进制数转换为十进制数，对于不超过 99D 的二进制数，用一条 AAM 指令即可实现二进制数到十进制数的转换。

例 3-22　按十进制乘法计算 9×7，程序段如下：

```
MOV     AL,09H      ;AL←09H
MOV     CL,07H      ;CL←07H
MUL     CL          ;AX=003FH(63D 的二进制数表示)
AAM                 ;AH=06H,AL=03H(AX=0603H 为正确的分离 BCD 码结果)
```

（4）BCD 码的除法运算调整指令 AAD

格式：AAD　　;分离 BCD 码数的除法调整指令

功能：用于除法运算前，把 AX 中分离 BCD 码（十位数放在 AH，个位数放在 AL）表示的被除数调整为二进制数并存放在 AL 中，以使商和余数均为有效的分离 BCD 码数。即：

```
AL←AH×10+AL,AH←0
```

说明：

1）AAD 在程序中应放在 DIV 指令之前，即先调整再做除法。

2）AAD 指令要影响 PF、SF、ZF 状态标志。

3）AAD 的实质是把 AX 中的两位十进制数转换为二进制数，对于不超过 99D 的十进制数，用一条 AAD 指令即可实现十进制数到二进制数的转换。

例 3-23　按十进制除法计算 65÷7=9……2，程序段如下：

```
MOV     AX,0605H    ;AX←0605H(65BCD)
MOV     BL,07H      ;BL←07H
AAD                 ;对被除数调整,使 AX=0041H
DIV     BL          ;商 AL=09H,余数 AH=02H
```

3.2.3　逻辑运算和移位指令

1. 逻辑运算指令

（1）逻辑与/或/异或指令 AND/OR/XOR

格式：AND/OR/XOR　目的操作数，源操作数

功能：将目的操作数与源操作数按位进行逻辑与、或、异或操作，结果存入目的操作数中。

说明：

1）操作数可以是 8 位、16 位或 32 位，但二者必须一致。操作数不允许都是存储器操作数，不允许是段寄存器。源操作数可以是立即数。

2）这 3 条指令执行后，对 SF、PF 和 ZF 有影响，CF=OF=0，AF 值不定。

3）AND 指令能保证目的操作数中某些位保持不变的情况下，把其他位清“0”。这时，源操作数应这样设置：目的操作数中哪些位要清“0”，就把源操作数中对应的位设为“0”，而其他位设为“1”。

4）OR 指令能保证目的操作数中某些位保持不变的情况下，把其他位置“1”。这时，源操作数应这样设置：目的操作数中哪些位需要置“1”，就把源操作数中对应的位设为“1”，而其他位设为“0”。OR 指令还可以用于将两个数据组合（拼接）在一起。

5）XOR 指令能把目的操作数的某几位变反，其他位保持不变。这时，源操作数应这样设置：目的操作数中哪些位需要变反，就把源操作数中对应的位设为“1”，而其他位设为“0”。

6）根据“异或”运算的性质，操作数自身“异或”，结果将为零。在程序中常利用这一特性，使某寄存器清零，同时 CF 也清零。

例 3-24 为了保证数据通信的可靠性，往往需要对传送的数据进行校验。奇偶校验是一种简单的校验方法。偶校验是收发双方约定所传送的数据中 1 的个数为偶数，奇校验则约定 1 的个数为奇数。以传送 ASCII 码数据为例，将最高位 D_7 设置为奇偶校验位。假定要传送的 ASCII 码在 AL 中，则对 AL 的内容加上偶校验的程序段如下：

```
            OR    AL,AL          ;影响 PF 标志,但不改变 AL 的内容
            JPE   SENDDATA       ;如果 AL 中“1”的个数为偶数,转 SENDDATA
            OR    AL,80H         ;否则 AL 的最高位补一个“1”,构成偶数个“1”
SENDDATA:...
```

（2）逻辑非指令 NOT

格式：NOT　　目的操作数

功能：将寄存器或存储器中的 8 位、16 位或 32 位操作数按位进行求反，结果送回目的操作数中。不影响状态标志。

（3）测试指令 TEST

格式：TEST　　目的操作数，源操作数

功能：将目的操作数与源操作数按位进行逻辑与操作，但不保存结果。

说明：除了运算结果不送到目的操作数外，TEST 指令与 AND 指令的功能、操作及其使用规则完全一样。故这条指令常用于在不破坏原操作数内容的情况下，测试操作数中某些位是“1”还是“0”，它常与条件转移指令一起使用。

2. 移位指令

（1）算术左移/逻辑左移指令 SAL/SHL

格式：SAL/SHL　　目的操作数，移位次数

功能：SAL 和 SHL 具有相同的功能，将目的操作数的内容左移 1 位或 CL 所指定的位数，每左移 1 位，目的操作数的最高有效位 MSB 被移入标志位 CF，而右边的最低有效位

LSB 补 0。操作示意图如图 3-7 所示。SAL 将目的操作数视为带符号数，SHL 将目的操作数视为无符号数。

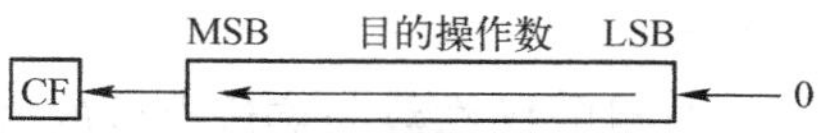

图 3-7　算术左移/逻辑左移指令功能示意图

说明：

1）目的操作数可以是 8 位、16 位或 32 位的寄存器或存储器操作数，移位次数可以用立即数或 CL 寄存器的内容指明。移位后，CL 的内容保持不变。

2）将一个数左移 1 位相当于将该数乘 2，可利用左移指令实现把一个数乘上 2^i 的运算。由于左移指令比乘法指令的执行速度快得多，在程序中用左移指令来代替乘法指令可加快程序的运行。

3）每左移 1 位，移出的位都送到 CF。对于移 1 位的指令，若移位后操作数的最高位发生变化，则 OF=1，否则 OF=0。除 CF 和 OF 外，ZF、SF、PF 根据结果设置，AF 无意义。

4）可用 CF 来判断无符号数移位后是否溢出，用 OF 来判断带符号数移位后是否溢出。

例 3-25　请根据下列指令的执行情况给出执行结果，并分析是否产生溢出。

```
① MOV    DL,62H
  SHL    DL,1
```

执行结果：DL=C4H，CF=0，OF=1。由于是逻辑左移，把 62H 和 C4H 当作无符号数，CF=0，则此次操作没有产生溢出（C4H<FFH）。

```
② MOV    DL,62H
  SAL    DL,1
```

执行结果：DL=C4H，CF=0，OF=1。由于是算术左移，把 62H 和 C4H 当作带符号数，OF=1，则此次操作产生了溢出（C4H>7FH），正数移位后变成了负数。

例 3-26　试利用移位指令编写程序，将 AX 中的 16 位无符号数乘以 10。

将一个数乘以 10 可写成：$10x=8x+2x=2^3x+2^1x$，用左移指令实现乘 10 运算的程序段如下：

```
SHL     AX,1      ;AX←2x
MOV     BX,AX     ;BX←2x
SHL     AX,1      ;AX←4x
SHL     AX,1      ;AX←8x
ADD     AX,BX     ;AX←8x+2x=10x
```

（2）逻辑右移指令 SHR

格式：SHR　　目的操作数，移位次数

功能：将目的操作数的内容向右移 1 位或 CL 所指定的位数，每右移一位，右边的最低位移入标志位 CF，而在左边的最高位补零。操作示意图如图 3-8 所示。SHR 将目的操作数视为无符号数。

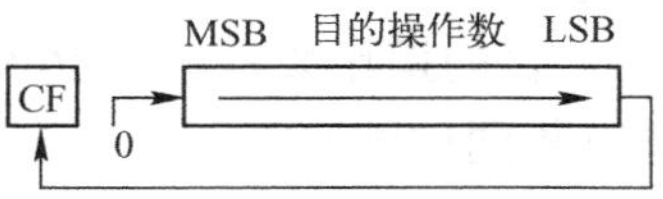

图 3-8　逻辑右移指令功能示意图

说明：

1）对目的操作数和移位次数的规定同上。

2）每右移 1 位，移出的位都送到 CF。对于移 1 位的指令，若移位后操作数的最高位与次高位不相等，则 OF=1，否则 OF=0。除 CF 和 OF 外，ZF、SF、PF 根据结果设置，AF 无意义。

3）与左移类似，每右移 1 位，相当于目的操作数除以 2。因此同样可利用 SHR 指令完成把一个无符号数除以 2^i 的运算。SHR 指令的执行速度也比除法指令快。

(3) 算术右移指令 SAR

格式：SAR　　目的操作数，移位次数

功能：将目的操作数的内容向右移 1 位或 CL 所指定的位数，操作数最低位移入标志位 CF。SAR 将目的操作数视为带符号数，因此，为了保证符号不丢失，算术右移时，最高位不是补零，而是保持不变。操作示意图如图 3-9 所示。

图 3-9　算术右移指令功能示意图

说明：

1）对目的操作数和移位次数的规定同上。

2）每右移 1 位，移出的位都送到 CF。ZF、SF、PF 根据结果设置，OF、AF 无意义。

3）同样，可利用 SAR 指令完成把一个带符号数除以 2^i 的运算。SAR 指令的执行速度也比除法指令快。

（4）双精度左移/右移指令 SHLD/SHRD（80386 新增）

格式：SHLD/SHRD　　目的操作数，源操作数，移位次数

功能：将目的操作数向左（右）移动 N 位，其“空出”的 N 个低（高）位由源操作数的高（低）N 位来填充，但是源操作数本身并不移位，内容不发生改变。进位位 CF 中的值为目的操作数移出的最后一位。操作示意图如图 3-10 所示。

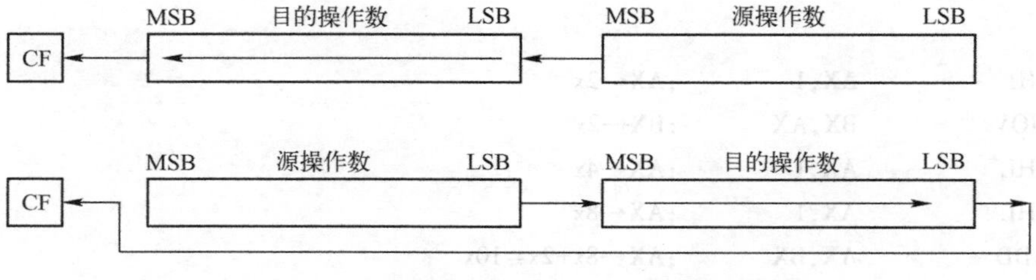

图 3-10　双精度左移/右移指令功能示意图

说明：

1）目的操作数是一个 16 位或 32 位的寄存器或存储器操作数；源操作数是与目的操作数具有相同位数的寄存器；移位次数可以用立即数或 CL 寄存器的内容指明。

2）影响标志位为 SF、ZF、PF、CF、OF，其他标志位无定义。

3）SHLD、SHRD 指令常用于位串的快速移位、嵌入和删除等操作。

(5) 循环移位指令 ROL/ROR/RCL/RCR

格式：ROL/ROR/RCL/RCR　　目的操作数，移位次数

功能：ROL/ROR 将目的操作数循环左移/右移，最高/最低位移入 CF 的同时再移入最低/最高位，其余各位依次向邻近位移动构成循环，CF 不在循环圈之内。

RCL/RCR 将目的操作数与 CF 一起构成循环圈进行左移/右移，最高/最低位移入 CF，CF 原来的值移入最低/最高位，其余各位依次向邻近位移动构成循环，CF 包含在循环圈之内。操作示意图如图 3-11 所示。

说明：对目的操作数和移位次数的规定同上。

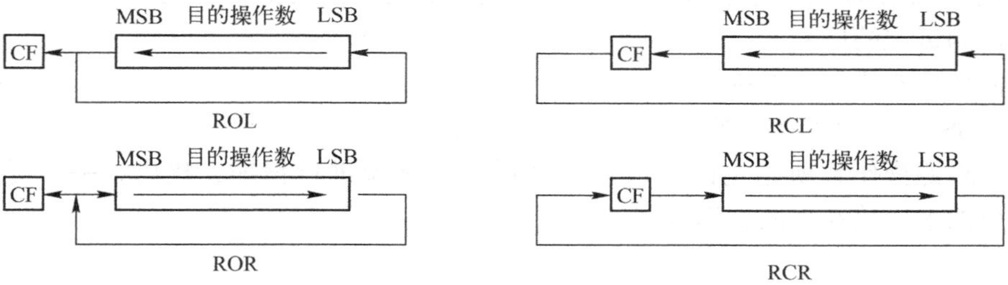

图 3-11　循环移位指令功能示意图

例 3-27　试编制程序，将 AL 中的两位组合 BCD 码转换成对应的 ASCII 码送入 DH 和 DL，AL 的内容保持不变。

```
MOV    DL,AL      ;先转换 BCD 码的个位数
AND    DL,0FH     ;高 4 位清零,保留低 4 位(个位数)
ADD    DL,30H     ;个位数的 ASCII 码在 DL 中
MOV    CL,4       ;再转换 BCD 数的十位数
ROR    AL,CL      ;把高 4 位移到低 4 位
MOV    DH,AL      ;再转换 BCD 码的十位数
AND    DH,0FH     ;高 4 位清零,保留低 4 位(十位数)
ADD    DH,30H     ;十位数的 ASCII 码在 DH 中
ROR    AL,CL      ;恢复 AL 原来的内容
```

3. 位测试指令与位扫描指令（80386 新增）

(1) 位测试指令

格式：

```
BT     目的操作数,源操作数      ;位测试
BTS    目的操作数,源操作数      ;位测试置"1"
BTR    目的操作数,源操作数      ;位测试清"0"
BTC    目的操作数,源操作数      ;位测试取反
```

功能：

1) BT 测试目的操作数中指定的位（由源操作数指定），并将它复制至进位标志位 CF。

2) BTS 测试目的操作数中指定的位（由源操作数指定），并将它复制至进位标志位 CF。然后将该位置“1”。

3）BTR 测试目的操作数中指定的位（由源操作数指定），并将它复制至进位标志位 CF。然后将该位清“0”。

4）BTC 测试目的操作数中指定的位（由源操作数指定），并将它复制至进位标志位 CF。然后将该位取反。

说明：

1）目的操作数是 16 位或 32 位的寄存器或存储器操作数，用来指定一个位串；源操作数是立即数或与目的操作数等长的寄存器操作数，它作为位串的下标指定具体的位，对 32 位的字串，其值可以为 0~31；对 16 位的字串，其值可以为 0~15。

2）如果源操作数大于等于目的操作数字长，则源操作数除以目的操作数字长之后，其余数才是待测试位的序号。

（2）向前位扫描指令 BSF

格式：BSF　　目的操作数，源操作数

功能：对源操作数所指定的字或双字从低位向高位进行扫描，找出第一个是“1”的位，把此位的下标放在目的操作数中。

说明：

1）目的操作数是 16 位或 32 位的寄存器操作数，源操作数可以是 16 位或 32 位的寄存器操作数或存储器操作数。

2）源操作数的各位全为 0 时，ZF 置“1”；否则 ZF 清“0”。

（3）向后位扫描指令 BSR

格式：BSR　　目的操作数，源操作数

功能：对源操作数指定的字或双字从高位向低位进行扫描，找出第一个是“1”的位，把此位的下标放在目的操作数中。

说明：目的操作数和源操作数的要求同 BSF。

3.2.4　字符串操作指令

存放于地址连续的若干存储单元中的一系列字符称为字符串。在重复操作前缀的作用下，字符串操作指令可以对串中的多个字符进行连续相同的操作。

根据字符串中每个字符的类型不同，字符串操作指令既可处理字节串，也可处理字串和双字串。串操作指令采用隐含寻址方式，默认情况下源串地址由 DS : SI 指定（允许段超越），目的串地址由 ES : DI 指定。在每完成一个字符的操作后，能够按照字符的类型自动修改指针 SI 和 DI 中的地址信息，以便执行下一个字符的操作。方向标志 DF 决定地址修改的方向是增加还是减少：若 DF=0，地址增加；若 DF=1，地址减少。增减量大小由字符的类型决定：字节操作增减量为 1，字操作增减量为 2，双字操作增减量为 4。（E）CX 寄存器用于保存字符串的长度，若在串操作指令前使用了重复操作前缀，CX 的内容也会每次自动减 1。

由上可知，使用串操作指令之前应该设置：源串指针（DS : SI）、目的串指针（ES : DI）、方向标志（DF）和重复次数((E)CX)。

8086 指令系统共有 5 种字符串操作指令：串传送指令 MOVS、串取出指令 LODS、串存储指令 STOS、串比较指令 CMPS 和串扫描指令 SCAS，80486 增加了 2 条指令，即从端口输入字符串指令 INS、向端口输出字符串指令 OUTS。下面分别加以介绍。

1. 串传送指令 MOVS/MOVSB/MOVSW/MOVSD

格式：MOVS　　目的操作数，源操作数

功能：串传送指令完成两个存储单元之间的数据传送。把由 DS∶SI 指向的字节、字或双字存储单元的内容复制到由 ES∶DI 指向的存储单元中，并根据 DF 和字符类型自动修改地址指针的内容，以指向下一个要操作的字符。

说明：

1）可用 MOVSB 完成字节传送，MOVSW 完成字传送，MOVSD 完成双字传送。

2）MOVS 指令视操作数类型（字节、字或双字）与 MOVSB、MOVSW 或 MOVSD 等价。

3）MOVS 指令常与重复前缀 REP（具体功能见本小节第 8 部分）联合使用，以简化程序，提高程序运行速度。

例 3-28　试编制程序段，将 4000H∶2600H 开始的连续 100 个字节单元的内容传送到 5000H∶7900H 开始的一片存储单元中。

```
MOV     AX,4000H
MOV     DS,AX           ;设置源串段基址
MOV     AX,5000H
MOV     ES,AX           ;设置目的串段基址
MOV     SI,2600H        ;设置源串偏移地址
MOV     DI,7900H        ;设置目的串偏移地址
MOV     CX,100          ;串长度送 CX
CLD                     ;DF←0,地址修改方向为从低地址到高地址
REP     MOVSB           ;每次传送一个字节,并自动修改地址指针及 CX 的内容,若修改
                        后 CX≠0 就重复执行
```

2. 串取出指令 LODS/LODSB/LODSW/LODSD

格式：LODS　　源操作数

功能：将 DS∶SI 指向的源串存储单元中的内容取到累加器 AL、AX 或 EAX 中，并根据 DF 和字符类型自动修改地址指针的内容，以指向下一个要操作的字符。

说明：

1）用 LODSB 取的是字节，用 LODSW 取的是字，用 LODSD 取的是双字。

2）LODS 指令视操作数类型（字节、字或双字）与 LODSB、LODSW 或 LODSD 等价。

3）LODS 指令一般不使用重复前缀，因为每重复一次，AL、AX 或 EAX 中的内容将被后一次所装入的字符取代，前一次装入的内容被覆盖。

例 3-29　在以 DATA10 为首地址的存储单元中有 30 个字节数据，请编写程序段将这 30 个数扩大 1 倍。(假定 DS 已设置好)

```
      LEA     SI,DATA10     ;SI←源串首地址
      MOV     CX,30         ;CX←串长度
      CLD                   ;DF←0
NEXT: LODSB                 ;取一个数据到 AL
      ADD     AL,AL         ;乘以 2
```

```
MOV     [SI-1],AL       ;存回去
DEC     CX              ;CX←CX-1,未使用重复操作前缀,CX 不会自动修改
JNZ     NEXT            ;CX≠0 则继续(JNZ 的功能见 3.2.5 节第 2 部分)
```

3. 串存储指令 STOS/STOSB/STOSW/STOSD

格式：STOS　　目的操作数

功能：把累加器 AL、AX 或 EAX 的内容存储到由 ES : DI（或 EDI）指向的字节、字或双字的目的串存储单元中，并根据 DF 和字符类型自动修改地址指针的内容，以指向下一个要操作的字符。

说明：

1）STOSB 完成的是字节存储操作，STOSW 完成的是字存储操作，STOSD 完成的是双字存储操作。

2）STOS 指令视操作数类型（字节、字或双字）与 STOSB、STOSW 或 STOSD 等价。

3）利用重复前缀 REP，STOS 可对连续的存储单元写入相同的值，本指令常用于对某一存储区域进行初始化（初值在放 AL、AX 或 EAX 中）。

以上三种串操作指令均不影响状态标志。

例 3-30　请编写程序把 3000H : 5600H 开始的 50 个字存储单元的内容全部设置为 FFFFH。

```
MOV     AX,3000H
MOV     ES,AX           ;ES←目的串的段基址
MOV     DI,5600H        ;DI←目的串的偏移地址
MOV     CX,50           ;CX←串长度
CLD                     ;DF←0,增地址方向
MOV     AX,0FFFFH       ;AX←0FFFFH
REP     STOSW           ;将 50 个字单元都写入 0FFFFH
```

4. 串比较指令 CMPS/CMPSB/CMPSW/CMPSD

格式：CMPS　　源操作数，目的操作数

功能：将 DS : SI 指向的字节、字或双字存储单元的内容与由 ES : DI 指向的存储单元的内容相比较（相减），不保存比较结果，只影响标志位。并根据 DF 和字符类型自动修改地址指针的内容，以指向下一个要操作的字符。

说明：

1）CMPSB 完成的是字节比较，CMPSW 完成的是字比较，CMPSD 完成的是双字比较。

2）CMPS 指令视操作数类型（字节、字或双字）与 CMPSB、CMPSW 或 CMPSD 等价。

3）串比较指令与比较指令 CMP 的操作类似，CMP 指令是对两个单个数据进行比较，而 CMPS 是对两个数据串进行比较。

4）串比较指令通常与条件重复前缀 REPE（REPZ）或 REPNE（REPNZ）连用，用来检查两个字符串是否相等。

例 3-31　请比较字符串 STR1 和字符串 STR2 是否相同，如果不同，将 STR1 中不同处对应位置的偏移地址送给 BX；如果相同，BX 内容清零。这两个字符串的长度均为 100 个字

节。(假定 DS 和 ES 已设置好)

```
        XOR     BX,BX          ;BX 内容清零
        LEA     SI,STR1        ;SI←源串首地址
        LEA     DI,STR2        ;DI←目的串首地址
        MOV     CX,100         ;CX←串长度
        CLD                    ;DF←0,增地址方向
        REPZ    CMPSB          ;逐个比较两个串的字符,直到遇到不同的字符或比较完
        JZ      STOP           ;若所有字符都相同,则转 STOP
        DEC     SI             ;否则 SI 指向不相等的字符(CMPSB 已对 SI 自动加 1)
        MOV     BX,SI          ;BX←不相等字符单元的地址
STOP:...
```

5. 串扫描指令 SCAS/SCASB/SCASW/SCASD

格式：SCAS　　目的操作数

功能：将累加器 AL、AX 或 EAX 中的内容与由 ES:DI 指向的字节、字或双字存储单元的内容相比较（相减），不保存比较结果，只影响标志位。并根据 DF 和字符类型自动修改地址指针的内容，以指向下一个要操作的字符。

说明：

1）SCASB 完成的是字节扫描，SCASW 完成的是字扫描，SCASD 完成的是双字扫描。

2）SCAS 指令视操作数类型（字节、字或双字）与 SCASB、SCASW 或 SCASD 等价。

3）串扫描指令通常与条件重复前缀 REPE（REPZ）或 REPNE（REPNZ）连用，用来在字符串中搜索某个特定的关键字（把要查找的关键字放在 AL、AX 或 EAX 中，用本指令与字符串中各字符逐一比较）。

以上两种指令要影响状态标志。

例 3-32　从 ES:4000H 单元开始存放了一个长度为 50 的字符串，寻找其中有无字符“Y”。若有则在 CNT 单元中记录下已扫描的次数，在 ADR 单元中记录下“Y”字符所在单元的偏移地址；若没有，则将 CNT 单元清零。

```
        MOV     DI,4000H       ;DI←目的串首地址
        MOV     CX,50          ;CX←串长度
        MOV     AL,'Y'         ;AL←关键字'Y'
        CLD                    ;DF←0,增地址方向
        REPNZ   SCASB          ;扫描字符串,直到找到'Y'或扫描结束
        JZ      FOUND          ;若找到则转移到 FOUND 处
        MOV     DI,0           ;没找到,使 DI=0
        JMP     DONE
FOUND:  DEC     DI             ;DI 指向找到的'Y'字符
        MOV     ADR,DI         ;将'Y'字符的偏移地址送 ADR 单元
        SUB     DI,4000H       ;用'Y'字符的偏移地址减去首地址得扫描次数
DONE:   MOV     CNT,DI         ;设置 CNT 单元的值
```

本例中，条件重复前缀 REPNZ 表示未找到字符‘Y’（ZF=0）且扫描未结束（CX≠0）

时，就继续搜索。由于使用了 REPNZ，使得退出串扫描循环的原因有两种可能：一种是找到‘Y’而退出，此时 ZF=1；另一种是直到串扫描结束都没找到‘Y’而退出，此时 ZF=0，CX=0。可见，退出之后可根据 ZF 标志来判断属于哪种情况。若此例改为查找第一个不是‘Y’的字符，则重复前缀应使用 REPZ，表示找到字符‘Y’（ZF=1）且扫描未结束（CX≠0）时继续搜索。

6. 从端口输入字符串指令 INS/INSB/INSW/INSD（80286 新增）

格式：INS　　目的操作数，DX

功能：从 DX 指定的端口输入一个字节、字或双字元素传送到 ES:DI 所指定的存储单元，并根据 DF 和字符类型自动修改地址指针的内容，以指向下一个位置。

说明：

1）INSB 完成字节输入，INSW 完成字输入，INSD 完成双字输入。

2）INS 指令视操作数类型（字节、字或双字）与 INSB、INSW 或 INSD 等价。

3）加重复前缀 REP 可以连续完成整个串的输入操作，指令执行结果对标志位无影响。

7. 向端口输出字符串指令 OUTS/OUTSB/OUTSW/OUTSD（80286 新增）

格式：OUTS　　DX，源操作数

功能：把 DS:SI 所指定的存储单元中的字节、字或双字元素传送给 DX 指定的端口，并根据 DF 和字符类型自动修改地址指针的内容，以指向下一个位置。

说明：

1）OUTSB 完成字节输出，OUTSW 完成字输出，OUTSD 完成双字输出。

2）OUTS 指令视操作数类型（字节、字或双字）与 OUTSB、OUTSW 或 OUTSD 等价。

3）加重复前缀 REP 可以连续完成整个串的输出操作，指令执行结果对标志位无影响。

8. 重复操作前缀

串操作指令前面允许带有一个重复操作前缀（简称重复前缀），使该指令能重复执行。使用重复前缀可简化程序的编写，并加快串操作指令的执行速度。

重复前缀可单独写为一行，也可写在串指令前面（但要用空格分开）。重复前缀使得串操作指令在每完成一次操作后自动修改 CX 的值，直到 CX=0 或满足指定的条件为止。重复前缀包括：

REP：只要 CX（ECX）寄存器中的内容不为 0，就重复执行 REP 后的串操作指令。

REPE/REPZ：当零标志位 ZF=1 且 CX（ECX）的内容不为 0 时，重复执行它后面的串操作。

REPNE/REPNZ：当零标志位 ZF=0 且 CX（ECX）的内容不为 0 时，重复执行它后面的串操作。

9. 串操作指令使用总结

串操作指令见表 3-2。

表 3-2　串操作指令

指　　令	源操作数		目的操作数	重复前缀	指针增减
	默认	允许的段超越			
MOVS	DS:[(E)SI]	ES, FS, GS, SS, CS	ES:[(E)DI]	REP	DF=0：增量 DF=1：减量 字节：±1 字：±2 双字：±4
CMPS	DS:[(E)SI]	ES, FS, GS, SS, CS	ES:[(E)DI]	REPZ REPNZ	
SCAS	AL/AX/EAX		ES:[(E)DI]	REPZ REPNZ	
LODS	DS:[(E)SI]	ES, FS, GS, SS, CS	AL/AX/EAX	REP	
STOS	AL/AX/EAX		ES:[(E)DI]	REP	
INS	AL/AX/EAX		ES:[(E)DI]	REP	
OUTS	DS:[(E)SI]	ES, FS, GS, SS, CS	AL/AX/EAX	REP	

使用串操作指令的程序段结构如下：

设置源串指针(DS,SI)
设置目的串指针(ES,DI)
设置重复操作次数(CX);仅执行 1 次时可省略
设置地址修改方向(DF)
重复前缀(REP/REPZ/REPNZ);仅执行 1 次时可省略
串操作指令(MOVS/LODS/STOS/CMPS/SCAS/INS/OUTS)

例 3-33　将 20 个双字数据从某 I/O 设备（端口地址为 03ACH）输入到 ES 所指数据段中的 ARRAY 数组中。

```
MOV     DI,OFFSET   ARRAY
MOV     DX,03ACH
CLD
MOV     CX,20
REP     INSD
```

该程序段正确执行的前提条件是：假设该 I/O 设备的数据在任何时刻都是准备好的。

3.2.5　控制转移指令

计算机执行程序一般是顺序地逐条执行指令。但经常需要根据不同条件做不同的处理，有时需要跳过几条指令，有时需要重复执行某段程序，或者转移到另一个程序段去执行。用于控制程序流程的指令包括无条件转移指令、条件转移指令、循环控制转移指令、过程调用/返回指令和中断调用/返回指令。

1. 无条件转移指令 JMP

格式：JMP　　目的操作数

功能：无条件地控制程序转移到目的操作数所指定的地址处继续执行。

(1) 段内直接转移

```
    JMP      ADDLAB              ;默认为近转移
或  JMP      SHORT ADDLAB        ;短转移
```

或　　　JMP　　　NEAR PTR ADDLAB　　　;近转移

指令中的 ADDLAB 是一个地址标号，该标号与 JMP 指令在同一个段内，在形式上它表示转移的目的地址，但本质上它是 JMP 指令的下一条指令到标号所在指令之间的地址位移量（也即相距多少个字节）。该地址位移量可正可负，可以是 8 位或 16 位的。若为 8 位，称为段内直接短转移，转移范围为 -128～+127 B；若为 16 位，称为段内直接近转移，转移范围为 -32768～+32767 B。

例 3-34　请分析下列指令执行时的情况。

```
        ...
        JMP    SHORT NEXT2      ;段内短转移,转向符号地址 NEXT2 处
NEXT1： AND    DH,7FH
        ...
NEXT2： OR     DH,7FH
        ...
```

NEXT2 是一个段内地址标号，其属性为 SHORT，执行 JMP 指令时，此时 IP 已指向指令“AND DH，7FH”，将标号 NEXT1 到标号 NEXT2 之间的地址位移量加到 IP 上，使 IP 指向指令“OR DH，7FH”存放处，CPU 就转到该指令处接着执行。

（2）段内间接转移

JMP　　寄存器/存储器操作数

在此种形式下，指令中的目的操作数是寄存器或者存储器操作数。指令执行时将寄存器或存储器操作数的内容送给 IP，从而实现程序的转移。

例 3-35　请分析下列指令执行时的情况。

1）JMP　　DI　　　　　　　;以 DI 的内容作为目标地址进行转移

若 DI＝9200H，则指令执行后，DI 的内容被送入 IP，IP＝9200H，于是，CPU 转向 CS 段中偏移地址为 9200H 处开始执行。

2）JMP　　WORD PTR[BX+SI]；以 BX+SI 所指的存储单元中的字内容作为目标地址进行转移

若指令执行前，DS＝8000H，BX＝2000H，SI＝1000H，（83000H）＝10H，（83001H）＝47H，则指令执行后，物理地址为 83000H 字单元中的内容 4710H 被送到 IP，于是 CPU 转向当前代码段中偏移地址为 4710H 处开始执行。指令操作如图 3-12 所示。

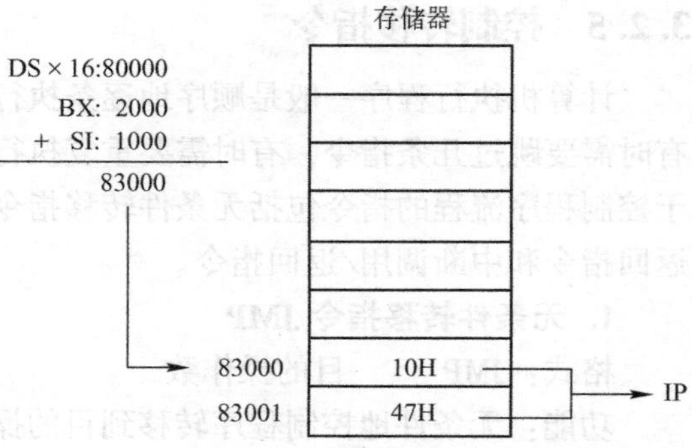

图 3-12　例 3-35 指令执行过程示意图

当操作数为存储器操作数时，为了与段间间接转移区别，段内间接转移指令的地址表达式前通常加上“WORD PTR”。

（3）段间直接转移

JMP　　FAR PTR ADDLAB　　　;远标号表明转移的目标地址在另一个代码段

或　　JMP　　SEGMENT：OFFSET　　;也可直接给出转移的目标地址

段间直接转移指令中直接提供转移目标的段基址和偏移地址，目标地址通常用地址标号表示。如第一种形式指令中的 ADDLAB 就是用符号表示的目标指令地址，ADDLAB 前的“FAR PTR”说明本指令是远转移。

指令执行时将指令操作码后的连续两个字作为转移的目标地址，低字作为偏移地址送入 IP，高字作为段基址送入 CS，结果使 CPU 转移到另一个代码段继续执行从指定偏移地址处开始的指令序列。

例 3-36　请分析下列指令执行时的情况。

```
JMP     FAR PTR NEXT        ;转移到另一个段中的 NEXT 处开始执行
JMP     8000H:1200H         ;转移到 8000H:1200H 处开始执行
```

（4）段间间接转移

```
JMP     存储器操作数
```

指令中的目的操作数是一个存储器操作数，该存储单元的地址可采用前面介绍过的除立即数寻址和寄存器寻址以外的各种寻址方式取得。

指令执行时将存储器操作数中的段基址和偏移地址分别送到 CS 和 IP（低位送 IP，高位送 CS），从而实现段间转移。

例 3-37　请分析下列指令执行时的情况。

```
JMP     DWORD PTR[BX]
```

若指令执行前，DS = 6000H，BX = 2000H，（62000H）= 00H，（62001H）= 42H，（62002H）= 00H，（62003H）= 40H，则指令执行后，从 62000H 开始的连续 4 个字节被传送到 IP 和 CS，因此 IP = 4200H，CS = 4000H。转移的目标地址 = CS * 16 + IP = 4000H * 16 + 4200H = 44200H。

由于段间转移必须给出 32 位转移目标地址，因此操作数前要加上“DW0RD PTR”，表示操作数为双字（32 位）。

2. 条件转移指令

格式：指令助记符　　转移目标地址标号

功能：根据 CPU 中的状态标志位组成的转移条件决定程序的执行方向。若条件成立，控制程序转移到目标地址标号处执行；若不成立，程序将顺序执行该条件转移指令的后继指令。各种转移条件隐含在指令助记符中，常用的条件转移指令见表 3-3。

说明：

1）在 8086~80286 中，条件转移指令为短转移，即只能在以当前 IP 内容为基础的-128~+127字节范围内转移。在 80386~Pentium Pro 中，条件转移指令既可以是短转移，也可以是近转移。

2）条件转移指令执行后，均不影响标志位。

表 3-3　常用的条件转移指令

	指令助记符	转 移 条 件	说　明
检测单个标志	JC	CF=1	有进/借位时转移
	JNC	CF=0	无进/借位时转移
	JO	OF=1	有溢出转移
	JNO	OF=0	无溢出转移
	JP/JPE	PF=1	结果低 8 位中有偶数个 1 时转移
	JNP/JPO	PF=0	结果低 8 位中有奇数个 1 时转移
	JS	SF=1	结果为负数时转移
	JNS	SF=0	结果为正数时转移
	JE/JZ	ZF=1	结果为零（相等）时转移
	JNE/JNZ	ZF=0	结果非零（不相等）时转移
无符号数比较	JA/JNBE	CF=ZF=0	高于（不低于且不等于）时转移
	JNA/JBE	CF=1 或 ZF=1	不高于（低于或等于）时转移
	JNB/JAE	CF=0	不低于（高于或等于）时转移
	JB/JNAE	CF=1	低于（不高于且不等于）时转移
带符号数比较	JG/JNLE	ZF=0 且 SF=OF	大于（不小于且不等于）时转移
	JNG/JLE	ZF=1 或 SF≠OF	不大于（小于或等于）时转移
	JNL/JGE	SF=OF	不小于（大于或等于）时转移
	JL/JNGE	SF≠OF	小于（不大于且不等于）时转移

例 3-38　在内存的数据段中从 TABLE 开始有 100 个 8 位带符号数，统计其中正数、负数和零的个数，并分别存放到 PLUS、MINUS 和 ZERO 单元中。

解：为实现上述功能，可先将 PLUS、MINUS 和 ZERO 三个单元清零，然后将数据逐个取到 AL，对该数进行测试，根据测试结果进行统计计数。程序如下：

```
        MOV     PLUS,0          ;将三个计数单元清零
        MOV     MINUS,0
        MOV     ZERO,0
        LEA     SI,TABLE        ;SI←数据表首地址
        MOV     CX,100          ;CX←表长度(循环次数)
        CLD                     ;DF←0,地址增量方向
NEXT:   LODSB                   ;取一个数到 AL
        OR      AL,AL           ;操作数自身相或,影响标志位
        JS      M               ;若为负,转 M
        JZ      Z               ;若为零,转 Z
P:      INC     PLUS            ;PLUS 单元加 1
        JMP     GO_ON
M:      INC     MINUS           ;MINUS 单元加 1
        JM      GO_ON
Z:      INC     ZERO            ;ZERO 单元加 1
```

```
GO_ON: LOOP    NEXT        ;若 CX-1≠0 则转 NEXT
       HLT
```

例 3-39　在以 DAT 为首地址的存储区中，存放有 200 个 16 位带符号数，找出其中的最大数和最小数，分别放在 MAX 和 MIN 单元中。

解：为找到最大数和最小数，可先取出存储区中第一个数据作为标准，将其同时暂存于 MAX 和 MIN 单元中，然后使其他数据分别与 MAX 和 MIN 单元中的数进行比较，若大于 MAX 中的数，则取代原 MAX 单元中的数；若小于 MIN 中的数，则取代原 MIN 单元中的数。按照这样的方法循环进行，最后就可找到存储区中的最大数和最小数。比较带符号数的大小时，需采用带符号数的条件转移指令。程序如下：

```
        LEA     SI,DAT      ;SI←存储区首地址
        CLD                 ;DF←0,地址增量方向
        LODSW               ;AX←取第一个数送 MIN 和 MAX
        MOV     MAX,AX
        MOV     MIN,AX
        MOV     CX,199      ;CX←数据个数-1(循环次数)
NEXT:   LODSW               ;取下一个数
        CMP     AX,MAX      ;与 MAX 的内容比较
        JG      GREAT       ;若大于则转 GREAT
        CMP     AX,MIN      ;否则再与 MIN 的内容比较
        JL      LOW         ;若小于则转 LOW
        JMP     GO_ON       ;否则就转至 GO_ON
GREAT:  MOV     MAX,AX      ;MAX←AX
        JMP     GO_ON
LOW:    MOV     MIN,AX      ;MIN←AX
GO_ON:  LOOP    NEXT        ;若 CX-1≠0 则转 NEXT
        HLT
```

3. 循环控制转移指令

循环控制转移指令用于在循环结构的程序中控制循环的进行。其转移的目标地址在距离下一条指令的-128~+127 字节范围内。常用循环转移指令的助记符、转移条件和功能见表 3-4。

表 3-4　循环控制转移指令功能

操作码助记符	转移条件	功　能
LOOP（LOOPD）	（E）CX≠0	将（E）CX 减 1，若满足条件则转至目的操作数所指向的位置继续循环执行；否则退出循环，执行下一条指令
LOOPE（LOOPED）/LOOPZ（LOOPZD）	（E）CX≠0 且 ZF=1	
LOOPNE（LOOPNED）/LOOPNZ（LOOPNZD）	（E）CX≠0 且 ZF=0	
JCXZ（JECXZ）	（E）CX=0	若满足条件，则转至目的操作数所指向的位置执行；否则继续执行下一条指令

循环控制转移指令使用（E）CX 作为循环计数器，在进入循环体之前必须将循环次数送入（E）CX 寄存器。

一般情况下，循环控制转移指令放在循环程序的开始或结尾处，每循环一次，循环控制

指令自动将（E）CX 内容减 1，若不为零，则继续循环，否则就退出循环。

（1）LOOP

格式：LOOP　　目的操作数

功能：将 CX 内容减 1，若减 1 后 CX 不为 0，则转至目的操作数所指向的位置继续循环执行；否则退出循环，执行下一条指令。

说明：

1）指令中的目的操作数是一个短标号，该标号处的指令通常是循环体的第一条指令。

2）LOOP 指令等价于以下两指令的组合：

```
DEC        CX
JNZ        目的操作数
```

（2）LOOPE/LOOPZ

格式：LOOPE　　　目的操作数

　　　LOOPZ　　　目的操作数

功能：将 CX 内容减 1，若 CX≠0 且 ZF=1，则转至目的操作数所指向的位置继续循环执行；否则退出循环，执行下一条指令。

（3）LOOPNE/LOOPNZ

格式：LOOPNE　　　目的操作数

　　　LOOPNZ　　　目的操作数

功能：本指令与 LOOPZ 指令类似，只是其中 ZF 条件与之相反。它先将 CX 内容减 1，然后判断 CX 和 ZF 的内容，当 CX≠0 且 ZF=0 时，转至目的操作数所指向的位置继续循环执行；否则退出循环，执行下一条指令。

（4）JCXZ

格式：JCXZ　　目的操作数

功能：若 CX 为 0，则转至目的操作数所指向的位置执行；否则继续执行下一条指令。

在 80386~Pentium Pro 的保护模式下，LOOP 指令使用 ECX 寄存器计数，在 8086~80286 中和 80386~Pentium Pro 的实模式下，LOOP 指令使用 CX 寄存器计数。这种区别可用 LOOPW 和 LOOPD 加以区分。LOOPW 用 CX，LOOPD 用 ECX。

同理，就有 LOOPEW 和 LOOPED 指令，以及 LOOPNEW 和 LOOPNED 指令。

例 3-40　在文章的每一段前面一般总要缩进几个空格字符。现有一段长度为 255 字节的文本放在 ES:8000H 开始的存储区中，要求查找其中的第一个非空格字符，若找到，把其偏移地址记录在 ADDR 中，否则 ADDR 单元置为 0FFFFH。

```
        MOV       DI,8000H        ;DI←存储区首地址
        MOV       CX,255          ;CX←文本长度(循环次数)
        MOV       AL,20H          ;20H 是空格字符的 ASCII 码
        MOV       ADDR,0FFFFH     ;ADDR 单元预置为 0FFFFH
        CLD
GOON:   SCASB                     ;扫描一个字符
        LOOPZ     GOON            ;若是空格且未扫描完,则继续扫描
        JZ        DONE            ;若全部是空格,则结束
```

```
        DEC     DI              ;否则 DI-1,得到第一个非空格字符的偏移地址
        MOV     ADDR,DI         ;保存偏移地址
DONE:   HLT
```

例 3-41 将 BUFFER 开始的 256 个字节存储单元都减去 1，若发现某个单元减 1 后为 0，则立即退出循环，其后的单元不再减 1。

```
        MOV     DI,-1                   ;DI←地址位移量-1(进入循环后会先加 1)
        MOV     CX,256                  ;CX←字节数(循环次数)
GOON:   INC     DI                      ;地址位移量+1
        DEC     BYTE  PTR  BUFFER[DI]   ;将当前数据减 1
        LOOPNZ  GOON                    ;若 ZF=0 且 CX≠0,则继续循环
        HLT                             ;否则结束
```

本例中，使用了 LOOPNZ 来判断当前数据减 1 后是否为零。

4. 过程调用指令

在一个程序中的多个地方或在多个程序中都要用到同一段程序，可以把该程序段独立出来，存放在内存的某一区域，以供其他程序调用，这段可供其他程序调用的独立的、相对固定的程序称为子程序或过程。调用子程序的程序称为主程序或调用程序。

过程调用指令 CALL 用于实现主程序调用子程序。

CALL 指令被执行时，CPU 先将 CALL 的下一条指令的地址（称为返回地址或断点）压入堆栈保护起来，然后将子程序入口地址赋给 IP（或 CS 和 IP），以便转入子程序执行。

由于子程序可能与主程序在同一个段内，也可能在另外一个段，结合转移地址的寻址方式，与无条件转移指令一样，CALL 指令也有 4 种形式，即段内直接调用、段内间接调用、段间直接调用和段间间接调用。

(1) 段内直接调用

格式：CALL　　SUBPROC

或　　CALL　　NEAR　SUBPROC

　　　CALL　　NEAR PTR　SUBPROC

功能：先将当前的（E）IP 内容（返回地址）压栈，将 SUBPROC 指定位置的入口偏移地址送给（E）IP，控制程序转移到子程序入口处继续执行。执行过程表示如下：

```
SP←SP-2(或 4)
(SS:SP)←(E)IP
(E)IP←过程入口的偏移地址
```

说明：SUBPROC 是一个段内（近）过程的符号地址，该过程与 CALL 指令在同一个代码段内。“NEAR”或“NEAR PTR”为默认的类型值，说明 SUBPROC 是一个近过程，可省略。

(2) 段内间接调用

格式：CALL　　寄存器操作数

或　　CALL　　WORD/DWORD PTR 存储器操作数

功能：先将当前的（E）IP 内容（返回地址）压栈，若指令中的操作数是一个寄存器

操作数，则将寄存器的内容送（E）IP；若指令中的操作数是存储器操作数，则将从指定地址开始的连续多个单元的内容送（E）IP，控制程序转移到子程序入口处继续执行。执行过程表示如下：

SP←SP-2(或4)
(SS:SP)←(E)IP
(E)IP←过程入口的偏移地址

说明：目的操作数是一个16位/32位的寄存器操作数或存储器操作数。当是存储器操作数时，通常在地址表达式前加上“WORD PTR”或“DWORD PTR”，以表示要传送到（E）IP的内容是一个16位/32位的段内偏移量。

例3-42 段内间接调用示例。

```
CALL    BX                 ;IP←BX,过程入口的偏移地址由BX给出
CALL    WORD PTR[BX]       ;IP←(BX),过程入口的偏移地址由BX所指向的字存储单元的
                           内容给出
```

若DS=6000H，BX=2100H，(62100H)=50H，(62101H)=73H，本例第2条指令的执行后，IP=7350H。

(3) 段间直接调用

格式：CALL　　FAR SUBPROC
或　　CALL　　FAR PTR　SUBPROC
　　　CALL　　段基址:偏移地址（过程的全地址）

功能：先将当前的CS和（E）IP内容（返回地址）压栈，将SUBPROC指定位置的段基址和入口偏移地址送给CS和（E）IP，控制程序转移到子程序入口处继续执行。执行过程表示如下：

SP←SP-2
(SS:SP)←CS
SP←SP-2(或4)
(SS:SP)←(E)IP
CS←过程入口的段基址
(E)IP←过程入口的偏移地址

说明：SUBPROC是一个段间（远）过程的符号地址，该过程与CALL指令在不同的代码段内。“FAR”或“FAR PTR”为类型说明，说明SUBPROC是一个远过程。

(4) 段间间接调用

格式：CALL　　DWORD/FWORD　PTR　存储器操作数

功能：先将当前的CS和（E）IP内容（返回地址）压栈，将从指定地址开始的连续多个单元的内容送CS和（E）IP（高字送CS），控制程序转移到子程序入口处继续执行。执行过程表示如下：

SP←SP-2
(SS:SP)←CS

SP←SP-2(或 4)

(SS：SP)←(E)IP

CS←过程入口的段基址

(E)IP←过程入口的偏移地址

说明：目的操作数是一个 32 位/48 位的存储器操作数。通常在地址表达式前加上“DWORD PTR”或“FWORD PTR”，以表示要传送到 CS 和（E）IP 的内容是一个 32 位/48 位的地址。

例 3-43 段间间接调用示例。

```
CALL    DWORD PTR[SI]        ;过程的入口地址在 SI 所指向的连续 4 个存储单元中
```

若 DS=6000H，SI=0500H，（60500H）= 44H，（60501H）= 2CH，（60502H）= 00H，（60503H）= 9BH，该指令执行后 IP=2C44H，CS=9B00H。

5. 过程返回指令

格式：RET ;不带参数的返回指令

RET n ;带参数的返回指令

功能：过程返回指令用于子程序的末尾，结束子程序的执行，控制返回到主程序，执行对应 CALL 指令后的指令序列。将当前堆栈栈顶元素无条件弹出，作为返回的目的地址。若是近过程段内返回，则只弹出偏移地址给（E）IP；若是远过程段间返回，则弹出段基址和偏移地址分别给 CS 和（E）IP。

说明：

1）RET n 称为带参数的返回指令，该参数 n 必须是立即数。返回时，堆栈指针除了加上弹出的返回地址的字节数以外，还要加上参数 n 所给出的立即数。这个立即数必须是偶数。

2）如果在执行 RET 指令之前，栈顶元素仍然是调用程序的断点地址，则 RET 指令执行后，能够正确返回调用程序的断点处继续执行，否则不能。

3）近过程和远过程中的 RET 指令，格式相同，但汇编后生成的目的代码不一样，前者为 C3H，后者为 CBH。

6. 中断调用与中断返回指令

（1）中断调用指令

中断调用指令用于产生软件中断，以调用一个特殊的中断处理过程。其主要用途如下：

- 调用操作系统提供的特殊子程序（称为系统功能调用）。
- 用来实现一些特殊的功能，如单步运行、断点中断等。
- 调用 BIOS 提供的底层硬件服务。

格式：INT N

INTO

功能：

1）INT N 为软中断指令，用于产生一个由 N 指定中断类型号的软中断。

2）INTO 为溢出中断指令。它是软中断指令的特例，隐含中断类型号为 4。即 INTO 指令与 INT 4 指令调用的是同一个中断服务程序。它只有当 OF 置“1”时才产生中断。

3）具体步骤如下：

```
SP←SP-2,(SP)←FLAGS      ;把标志寄存器的内容压入堆栈
TF←0,IF←0               ;保证进入中断服务程序时不会被再次中断,且不会响应单步中断
SP←SP-2,(SP)←CS         ;把断点地址压入堆栈
SP←SP-2,(SP)←IP
IP←(0:N×4)              ;中断服务程序的入口地址
CS←(0:N×4+2)
```

以上操作完成后，CS：IP 就指向中断服务程序的第 1 条指令，并开始执行中断服务程序。

说明：

1）N 为中断类型号，取值范围为 0~255。

2）中断调用指令本质上也是一种过程调用指令，它在执行时与 CALL 指令略有不同，其区别是：

① CALL 指令根据目的操作数指定的地址来获得子程序的入口地址，而 INT 指令根据中断类型号获得中断服务程序的入口地址。

② CALL 指令执行时将 CS 和 IP 的内容压栈，而 INT 指令除了要将 CS 和 IP 压栈外，还要将标志寄存器 FLAGS 的内容压栈。

③ CALL 指令不影响任何标志，而 INT 指令要影响 IF 和 TF 标志。

④ 中断服务程序的入口地址存放在内存的固定位置，通过中断类型号来获取。而 CALL 指令调用的子程序入口地址的存放位置不固定，通过指令中目的操作数来获取。

3）带符号数运算中的溢出是一种错误，在程序中应尽量避免（如果避免不了，也希望能及时发现），为此 8086 指令系统专门提供了一条溢出中断指令，用来判断带符号数加减运算是否溢出。使用时 INTO 指令紧跟在带符号数加、减运算指令的后面。若算术运算使 OF=1，则 INTO 指令会调用溢出中断处理程序；若 OF=0，则 INTO 指令不执行任何操作。

例 3-44 利用 INTO 指令辅助完成两个字的加法运算。

```
ADD     AX,BX
INTO                ;若溢出,则调用溢出中断服务程序,否则往下执行
MOV     RUT,AX
MOV     ERR,0
```

（2）中断返回指令

格式：IRET

功能：IRET 为中断服务程序的返回指令，CPU 执行该指令时，依次从当前栈顶弹出 6 个元素给 IP、CS 及标志寄存器，用于从中断服务程序返回原程序。具体步骤如下：

```
IP←(SP),SP←SP+2
CS←(SP),SP←SP+2
FLAGS←(SP),SP←SP+2
```

3.2.6 处理器控制指令

这类指令用来修改标志寄存器中某一位的状态，对 CPU 进行控制，如使 CPU 暂停、使

CPU 与外设同步等，这类指令中的大部分为无操作数指令。

1. 单个标志位操作指令

针对标志寄存器中的单个标志位 CF、DF 或 IF 进行操作的指令格式及功能见表 3-5。

表 3-5 单个标志位操作指令

指令格式	功能	说明
CLC	清进位标志	CF←0
STC	置进位标志	CF←1
CMC	进位标志取反	CF←$\overline{CF}$
CLD	清方向标志	DF←0，使串指针向增加方向修改
STD	置方向标志	DF←1，使串指针向减少方向修改
CLI	清中断允许标志	IF←0，表示禁止可屏蔽中断（关中断）
STI	置中断允许标志	IF←1，表示允许可屏蔽中断（开中断）

2. 处理器暂停指令 HLT

功能：使程序停止运行，处理器进入暂停状态，不执行任何操作，不影响标志。当出现 RESET 线上有复位信号、CPU 响应非屏蔽中断、CPU 响应可屏蔽中断 3 种情况之一时，CPU 脱离暂停状态，执行 HLT 的下一条指令。

3. 处理器脱离指令 ESC

功能：当 CPU 需要系统中的浮点协处理器 FPU 协助工作时，通过 ESC 指令通知 FPU，将控制权交给 FPU，使 FPU 可以执行指令规定的操作。

4. 处理器等待指令 WAIT

功能：检查 BUSY 引脚状态，使处理器处于等待状态，等待协处理器完成当前工作，直到出现外部中断为止。

5. 总线锁定前缀 LOCK

功能：LOCK 为指令前缀，用于产生有效的 LOCK 总线信号，使 LOCK 引脚变成逻辑 0，在 LOCK 引脚有效期间，锁住由该指令目的操作数指定的存储器区域，禁止外部总线上的其他处理器存取带有 LOCK 前缀指令的存储器操作数，使之在该指令执行期间一直受到保护，防止其他主控器访问。

可加 LOCK 前缀的指令为：

1）ADD/SUB/ADC/SBB/OR/XOR/AND Mem，Reg/imm。

2）NOT/NEG/INC/NEC Mem。

3）XCHG Reg，Mem 或 XCHG Mem，Reg。

4）BT/BTS/BTR/BTC Mem，Reg/imm。

Mem 为存储器操作数，Reg 为通用寄存器，imm 为立即数。

6. 空操作指令 NOP

功能：完成一次空操作，仅占用 1 个字节存储空间和延时，使 IP/EIP 增 1。它与 HLT 指令的区别是：NOP 执行后，CPU 继续执行其后的指令；HLT 执行后，CPU 暂停任何操作。该指令不影响标志位。

3.2.7 按条件设置字节指令

格式：SETxx 目的操作数

功能：根据指令中给出的条件“xx”是否满足来设置目的操作数：条件满足时，将字节设置为01H；条件不满足时，设置为00H。这类指令的助记符、设置条件和相应的条件说明见表3-6。

说明：

1）目的操作数只能是8位的寄存器或存储器操作数。

2）这类指令本身不影响任何标志位。

3）这类指令是80386新增的。

表3-6 按条件设置字节指令

指令助记符	设置条件	指令条件说明
SETC/SETB/SETNAE	CF=1	有进位/低于/不高于且不等于
SETNC/SETAE/SETNB	CF=0	无进位/高于或等于/不低于
SETO	OF=1	有“溢出”
SETNO	OF=0	无“溢出”
SETP/SETPE	PF=1	校验为偶数个“1”
SETNP/SETPO	PF=0	校验为奇数个“1”
SETS	SF=1	为负数
SETNS	SF=0	不为负数
SETA/SETNBE	CF=ZF=0	高于/不低于或等于
SETBE/SETNA	CF=1 或 ZF=1	低于或等于/不高于
SETE/SETZ	ZF=1	等于/为零
SETNE/SETNZ	ZF=0	不等于/不为零
SETG/SETNLE	ZF=1 且 SF=OF	大于/不小于且不等于
SETGE/SETNL	SF=OF	大于或等于/不小于
SETL/SETNGE	SF≠OF	小于/不大于且不等于
SETLE/SETNG	ZF=1 或 SF≠OF	小于或等于/不大于

3.3 习题

一、单项选择题

1. 寄存器AL的初值为0FFH，执行指令XOR AL，0A5H后，AL中的值为（　　）。

A. 0AAH　　B. 5AH　　C. 0A5H　　D. 55H

2. CPU执行算术运算指令不会影响的标志位是（　　）。

A. 溢出标志　　B. 符号标志　　C. 零标志　　D. 方向标志

3. 下列指令中不会改变指令指针IP内容的是（　　）。

A. MOV　　B. JMP　　C. CALL　　D. RET

4. 8086/8088指令OUT 80H，AL表示（　　）。

A. 将 80H 送给 AL　　B. 将 80H 端口的内容送给 AL

C. 将 AL 的内容送给 80H 端口　　D. 将 AL 内容送给 80H 内存单元

5. 能完成字节数据搜索的串指令是（　　）。

A. MOVSB　　B. CMPSB　　C. SCASB　　D. LODSB

6. 寄存器间接寻址方式中，操作数在（　　）。

A. 通用寄存器　　B. 指令指针寄存器

C. 主存单元　　D. 段寄存器

7. 执行返回指令，退出中断服务程序，这时返回地址来自（　　）。

A. ROM 区　　B. CPU 的暂存寄存器

C. 指令指针寄存器　　D. 堆栈区

8. 算术移位指令 SAR 用于（　　）。

A. 带符号数乘 2　　B. 无符号数乘 2　　C. 带符号数除 2　　D. 无符号数除 2

9. 下列 4 个寄存器中，可作为 16 位寄存器的是（　　）。

A. BP　　B. BL　　C. DL　　D. AH

10. 若某个整数的二进制补码与原码相同，则该数一定（　　）。

A. 大于 0　　B. 小于 0　　C. 大于或等于 0　　D. 小于或等于 0

二、判断分析题

11. 请判断下列指令的正误，如果错误，请指出错误的原因。

（1）MOV AX,BH　　（2）MOV [BX],[SI]

（3）MOV AX,[SI][DI]　　（4）MOV DS,1000H

（5）MOV CS, AX　　（6）MUL 5

（7）ADD 05H,AL　　（8）XCHG AL,7

12. 程序中的转移指令、返回指令都能对 IP 进行操作。

13. 压栈指令的源操作数可以是 8 位的寄存器或 16 位的寄存器。

14. 中断服务程序结束时，可用 RET 指令代替 IRET 指令返回主程序。

15. 立即寻址方式不能用于目的操作数字段。

16. 利用 INT 21H 调用 DOS 功能，向屏幕上输出一个字符串。执行 INT 21H 之前，AH 应当赋值为 02H。

17. 寄存器寻址其运算速度较低。

18. SP 的内容可以不指向堆栈的栈顶。

19. 查表转换指令 XLAT 规定，待查表的首地址应存入 BL 中。

三、填空题

20. 执行下列三条指令后，AX 寄存器的内容是________。

```
MOV AX,4
ADD AL,7
AAA
```

若将第 3 条语句由 AAA 改为 DAA，则 AX 寄存器的内容是________。

21. 如果当前 DS = 2000H，BX = 1000H，（21000H）= 0FFH，（21001H）= 0FFH，程序

如下：

```
MOV CL,16
MOV AL,[BX]
INC BX
MOV AH,[BX]
ROL AL, CL
```

执行完之后，AX=________ CF=________。

22. DA_BY DB 83H, 72H, 61H, 94H, 5AH

```
MOV CX, WORD PTR DA_BY
AND CX,0FH
MOV AL,DA_BY+3
SHL AL, CL
```

上述指令序列执行后，AL=________ CL=________。

23. 执行下面程序段后 AX=________，BX=________，(2000H)=________，(2001H)=________，ZF=________。

```
MOV BX,2000H
MOV AX,203FH
ADD AX,3
MOV [BX],AX
INC WORD PTR [BX]
```

24. 执行下列程序段后，SP 的值为________，CF 的值为________。（标志寄存器最低位为 CF）。

```
MOV SP,6000H
PUSHF
POP AX
OR AL,01H
PUSH AX
POPF
```

25. 现有下列数据段：

```
DATA SEGMENT
    COUNT EQU 12
    STR1 DB 'ABCDEFGHIJKL'
    BUF DB COUNT DUP(0)
DATA ENDS
```

下面的程序段是实现把 STR1 中所有字符逆向传送到 BUF 缓冲区中（即 STR1 中第一个字符送到 BUF 的最后一个单元，STR1 中最后一个字符送到 BUF 的第一个单元），请完善之。（＊和＊＊处只填写一条指令）

```
    MOV SI,OFFSET BUF-1
    MOV DI,OFFSET BUF
    MOV CX,________
    ______*________
LOP:
    MOVSB
    ______**_______
    LOOP LOP
```

四、简答题

26. 什么叫寻址方式？8086 中关于存储器操作数的寻址方式有哪几类？

27. 指出段基址、偏移量与物理地址之间的关系。有效地址 EA 是指什么？

28. 指出下列指令中源操作数和目标操作数的寻址方式。

(1) MOV AX,1000H　　(2) MOV CX,DS:[1000H]

(3) MOV AX,BX　　(4) MOV [BX],AL

(5) MOV AH,[BX][SI]　　(6) MOV ARRD,DI

29. 阅读下列程序段，回答问题。

```
BUFF    DB  23H,54H,00H,83H,98H,36H,00H,49H,00H,73H
…
        MOV DI,OFFSET BUFF
        MOV CX,000AH
        MOV BL,0
GOON:   MOV AL,[DI]
        AND AL,AL
        JNZ NEXT
        INC BL
NEXT:   INC DI
        LOOP GOON
```

该程序段的主要功能是什么？运行后 BL 中的内容是什么？

五、程序设计题

30. 有三个无符号数分别在 AL、BL、CL 中，其中有两个相同，编写一程序段找出相同的数并送入 DL 中。

31. 利用查询方式编写一个程序段，从端口 320H 读入 100 个字节数据存入以 ARRAY 开始的 100 个连续的存储单元中，设查询状态口的地址为 310H，查询 D_7位为 1 时，表示数据准备好。

第 4 章　汇编语言程序设计

【本章导学】

一个完整的程序框架是怎样构成的？本章讨论汇编语言程序设计中涉及的基本知识和方法，主要介绍各类伪指令、汇编语言源程序格式和程序设计基本方法等，通过程序设计举例，使读者能掌握一些重要的算法，提高对汇编语言的运用能力。

计算机能直接识别的语言是用 0 和 1 组成的代码书写的机器语言，然而利用机器语言直接编程却是非常困难的，因而出现了汇编语言和高级语言。汇编语言是一种介于机器语言和高级语言之间的计算机编程语言。和机器语言相比，它的最大优点是可以使用助记符来书写指令，且可用标号和符号来代替地址、常量和变量，增强了可读性。但由汇编语言编写的程序必须经过汇编和连接之后，生成可执行的目标代码程序即机器语言程序，才能交由计算机执行。

用汇编语言编写的程序叫作源程序，第 3 章指令系统中所介绍的每条指令都是构成源程序的基本语句，用汇编语言编程，主要缺点是由于程序与所要解决问题的数学模型之间的关系不直观，使得编程的难度和出错的可能性增大，程序设计和调试的时间也比较长；此外，汇编语言是面向机器的语言，不同系列的 CPU 具有不同的汇编语言指令，因此汇编语言源程序在由不同系列 CPU 组成的机器之间的可移植性较差。

而对于高级语言，如 C、C++等，它们更接近英语自然语言和数学表达式，人们更容易掌握。对于同样的问题，用高级语言编写要比使用汇编语言更简便。

尽管高级语言有容易编写、可移植性强等优点，但汇编语言依然有其独特的优点和地位。和高级语言相比，使用汇编语言编程时，程序员可直接使用存储器、寄存器、输入/输出端口等，使其实时性能好、效率高、节省内存、运行速度快。由此汇编语言主要用于一些对内存容量和速度要求较高的编程场合，如系统软件、实时控制软件、I/O 接口驱动程序等设计中，也可以被高级语言所嵌用，在用高级语言编写的程序中，常可见到汇编语言的程序段。

为了更好地掌握汇编语言，除了熟悉指令系统外，还必须了解汇编语言中的标记、表达式和伪指令的使用方法。

4.1 汇编语言指令

语句（指令）是构成程序的基本单位，汇编语言的语句是在指令系统的基础上形成的，按其作用与编译情况可以分为：指令性语句（符号指令）、指示性语句（伪指令）和宏指令语句。

指令性语句就是第 3 章介绍的指令，是可执行语句，它与机器指令相对应，即汇编时产生对应的目标代码，其功能由硬件（CPU）完成；指示性语句（伪指令）是不可执行语句，无对应的机器指令，即在汇编过程中不形成任何代码，它仅为汇编和连接程序提供编译和连接信息，其功能由相应软件完成；宏指令语句由指令性语句和指示性语句构成，它属于用户自定义的新指令，其主要作用是替代源程序中具有独立功能的程序段，汇编时产生对应的目标代码，其功能由硬件（CPU）完成。

不同系列 CPU 的汇编语言，其语法规则不尽相同，但基本语法结构类似，对于同一系列的 CPU，则是向上兼容的。本节针对 80X86 汇编语言重点介绍一些常用的指示性语句（伪指令）。

例 4-1 试编程实现：在屏幕上显示“Hello，World!”。

能实现题目要求的汇编语言源程序如下：

```
1)  [.486]
2)  DATA      SEGMENT  [USE16/USE32]                          ;定义数据段
3)            MESS  DB 'Hello,World!','$'
4)  DATA      ENDS
5)  STACKA    SEGMENT [USE16/USE32] STACK                     ;定义堆栈段
6)            DW    100  DUP(?)
7)  STACKA    ENDS
8)  CODE      SEGMENT [USE16/USE32]                           ;定义代码段
9)            ASSUME  CS:CODE,SS:STACKA,DS:DATA,ES:DATA       ;段寄存器说明
10) START:    MOV AX,DATA                                     ;获取数据段段基址
11)           MOV   DS,AX                                     ;给段寄存器 DS 赋初值
12)           MOV   ES,AX                                     ;给段寄存器 ES 赋初值
13)           MOV   AX,STACKA                                 ;获取堆栈段段基址
14)           MOV   SS,AX                                     ;给段寄存器 SS 赋初值
15)           LEA   DX,MESS                                ;调用 DOS 的 09 号功能显示
16)           MOV   AH,09H
17)           INT   21H
18)           MOV   AH,4CH                                    ;返回 DOS 操作系统
19)           INT   21H
20) CODE      ENDS
21)           END   START
```

由例 4-1 可看出，一个汇编语言源程序包含了多个逻辑段，各逻辑段由伪指令语句 SEGMENT/ENDS 定义和说明［如例 4-1 中的语句 2）和语句 4）］；整个汇编语言源程序的结束由伪指令 END 说明［如例 4-1 中语句 21)］；代码段中的第一条语句是用以说明各段寄存器与逻辑段关系的伪指令语句 ASSUME［如例 4-1 中的语句 9)］；为保证程序执行完后能返回到 DOS 操作系统，每个汇编语言源程序在其代码段中都必须包含有返回到 DOS 的指令语句［如例 4-1 中的语句 18)、19)］。

能实现例 4-1 功能需求的程序段与返回 DOS 操作系统的程序段均由第 3 章已经介绍过的指令性语句构成，其他的辅助说明部分则为本章将要介绍的伪指令语句，那么常用的伪指令有哪些？它们的作用是什么？它们的语句格式有哪些要求？什么场合下需要使用它们？这些则是下面将要讨论的问题。

4.1.1 汇编语言的基本语法

1. 语句的一般格式

第 3 章给出了指令性语句的一般格式为

[标识符:] 操作符 [操作数] [;注释]

如例 4-1 中语句 10)。其中方括号[ ]内的内容为可选项。本节中的伪指令语句的一般格式为

[标识符] 操作符 [操作数] [;注释]

如例 4-1 中语句 3)。

将指令性语句格式与伪指令语句格式相比较，发现二者的主要区别在于，指令性语句中的标识符后有冒号“:”，伪指令语句的标识符后没有冒号。

1）标识符：标识符由以字母或下划线开头，后跟字母、数字或特殊符号（如?，@，_，$)，长度不超过 31 个字符的字符串构成。汇编语言中的保留字（如 ADD、SENGMENT、CX、OFFSET 等）不能作为标识符。标识符可分为标号和名字两种。

标号只能在代码段中，后面跟着冒号，它是某条指令所存放单元的符号化地址，可为转移指令提供转移目标，如例 4-1 语句 10）中的 START。

名字是某条伪指令的符号名称，它可以是标号、变量、常量符号、过程名或段名等。如例 4-1 语句 2）中的 DATA、语句 3）中的 MESS、语句 5）中的 STACKA 等。

2）操作符：专门用于规定指令性语句的操作性质（也叫助记符）和伪指令语句的伪操作功能（也叫定义符）。

3）操作数：指令性语句中的操作数如第 3 章所述，可以是立即数、寄存器操作数和存储器操作数；伪指令语句中的操作数可以是常量、数值表达式、标号等。

4）注释：语句最后的注释部分一定要以分号“;”开始，其主要作用是用于对语句的功能加以说明，增加程序的可读性。

2. 常量与变量

（1）标号和变量名

标号和变量名都是用来表示本语句的符号地址，但并非每个语句都必须要有符号地址，只有当需要用符号地址来访问该语句时，才需要给该语句加上标号和变量名。

在程序执行过程中其值可以被改变的量称为变量。使用某变量前，必须给它定义一个名字，即变量名。变量名是存储器中一个数据或数据区的符号名称，与标号不同，变量名后不跟冒号，通常被定义在数据段、附加段或堆栈段，代表内存操作数的存储地址，或者说变量名就代表了某个存储单元。如例 4-1 语句 3）中 MESS 即为变量。

在同一个程序中，同样的标号和变量的定义只允许出现一次，但可以访问和引用多次。

使用过程中标号和变量均有 3 种属性，分别为

1）段属性：即标号或变量所在段的段基址，利用 SEG 运算符可以得到。

2）偏移属性：即标号或变量所代表的存储单元相对于段首地址之间的地址偏移量，利用 OFFSET 运算符可以得到。

3）类型属性：标号的类型属性有 FAR 和 NEAR 两种。在引用该标号时才可能会加上类型属性（如在某程序段的执行过程中，若需由第 i 条指令转向标号为 NEXT 的第 j 条指令去执行，此时标号 NEXT 需加上类型属性），FAR 表示所引用的标号不在本段（即第 i 条指令与第 j 条指令不在同一段，则标号 NEXT 的属性为 FAR），NEAR 表示该标号在本段（即第 i 条指令与第 j 条指令在同一段，则标号 NEXT 的属性为 NEAR）。如果不加类型属性则默认

为 NEAR。

变量的类型属性是指变量对应数据区中数据项的存取长度。如 BYTE（1 个字节）、WORD（2 个字节）、DWORD（4 个字节）等。了解变量的类型是十分重要的，汇编语言规定：读/写内存操作数时，其源操作数与目标操作数类型必须一致。变量的类型可以用 PTR 运算符做临时性的修改。

（2）常量

在程序的执行过程中，其值始终保持不变的量即为常量（如数据 5、7、9 等）。常量有立即数、字符串常数和符号常数三种形式。

1）立即数：立即数可以是二、八、十、十六进制数。如 10010110B，13Q，26，0A9H。

立即数的数制用后缀表示，后缀 B 表示二进制数，Q 表示八进制数，D（或者默认）表示十进制数，H 表示十六进制数。十六进制数中若以 A～F 开头则必须在前面加上 0。

例如：N　DB　10　　;将立即数 10 赋值给字节型变量 N

2）字符串常数：由单引号或双引号括起来的一个或多个字符称为字符串常数（如‘A’、“A1b”）。经过汇编后，引号中的每个字符被转化成相应的 ASCII 码（如‘A1b’经汇编后为 41H、31H、62H）依次存放在对应的存储单元中。它们可以像立即数一样使用。

例如：例 4-1 语句 3）中就定义了一字符串常数“Hello，World!”，该语句中的 MESS 则代表字符串中第一个字符所在存储单元的地址。

又如：MOV　AL, '6'　　;执行本条指令后（AL）= 36H

3）符号常数：符号常数用伪指令“EQU”或者“=”定义，使用符号常数有利于程序调试和修改，增加程序的可读性。但要注意，用伪指令“EQU”和“=”定义的符号常数的含义是完全相同的，不同的是用“EQU”伪指令定义符号常数时，其值在后继语句中不能改变，即不能重新定义，而用“=”伪指令定义的符号名可以重新定义。符号常数经过定义后，属性和内容与后面的表达式完全一致。例如：

```
N1      EQU   78
CNT=18AH              ;在数据段中定义
…
MOV     BL,N1         ;在代码段中引用,此时 N1 和 CNT 的属性不是变量,而是立即数 78 和 18AH
MOV     CX,CNT
```

3. 运算符

汇编语言中所使用的运算符有算术运算符、逻辑与移位运算符、关系运算符以及汇编语言特定的操作符等。

（1）算术运算符

算术运算符有+（加）、-（减）、*（乘）、/（除）、MOD（模除）。其中“模除”的概念是：做除法取其余数。

算术运算符可以用于数字表达式或地址表达式中，注意，当它用于地址表达式时，应保证其结果为一个有意义的存储器地址，因而通常只使用+、-运算。比如 NUM+1，指的是 NUM 单元的地址加 1，即 NUM 字节单元的下一个字节单元的地址，而不是 NUM 单元的内容加 1。同样 NUM-1 则是表示 NUM 字节单元的前一个字节单元的地址。例如：

```
NUM   DB   12H,81H  ;在数据段中定义NUM字节单元内容为12H,NUM+1字节单元内容为81H
      …
MOV   AL,NUM+1      ;在代码段中执行本条指令后(AL)=81H
```

(2) 逻辑与移位运算符

逻辑运算符包括 AND（与）、OR（或）、XOR（异或）和 NOT（非）。

移位运算符包括 SHL（左移）和 SHR（右移）。

逻辑与移位运算符都是按位进行操作的，运算对象必须是数值型的操作数。注意它们与第3章所介绍的逻辑与移位指令的区别，逻辑与移位运算符的功能是在汇编时由汇编程序完成，逻辑与移位指令的功能则是由 CPU 完成。

例如：

```
MOV   BL,NOT 0FFH          ;该指令经汇编后的结果为MOV   BL,0
AND   DX,89H AND 0F0H      ;指令中第一个AND为逻辑指令,第二个AND为逻辑运
                            算符,经汇编后的结果为AND DX,80H
```

(3) 关系运算符

关系运算符包括 EQ（等于）、NE（不等于）、GT（大于）、LT（小于）、GE（大于或等于）和 LE（小于或等于）。它们的作用是将两个操作数进行比较，若关系式成立，所得结果每位均为 1，否则每位均为 0。要求两个操作数必须同为数字或是同一段内的两个存储器地址。

例如：

```
MOV   AL,2AH EQ 2BH     ;该指令经汇编后的结果为MOV   AL,0
MOV   BX,14H LT 30H     ;该指令经汇编后的结果为MOV   BX,0FFFFH
```

(4) 分离运算符

分离运算符有 HIGH 和 LOW。HIGH 截取操作数的高 8 位，LOW 截取操作数的低 8 位。如：

```
MOV   BL,LOW 1234H          ;BL=34H
MOV   AX,HIGH 1234H         ;AX=0012H
```

(5) 属性操作符。

1) PTR 操作符。

如前所述，标号和变量都有类型属性，比如用 DB、DW、DD 定义的变量分别为字节型、字型和双字型。在程序设计中经常遇到这样的问题：当某个变量类型已经定义，但在实际访问这些变量时为保证操作数类型的匹配，需要改变该变量的类型，怎么办？使用 PTR 操作符便可解决该问题。

PTR 操作符的使用格式：

```
类型说明符    PTR    地址表达式
```

其中，类型说明符有 BYTE（字节）、WORD（字）、DWORD（双字）、FAR（远）、NEAR（近）。地址表达式可以是地址标号、过程名或存储器操作数。

例如：

```
DAT1   DW   1234H                    ;在数据段中定义 DAT1 为字型变量
…
MOV   AL,BYTE PTR DAT1               ;在该条指令中临时改变 DAT1 的属性,
                                      指令执行后(AL)= 34H
```

此外，若遇到类似如下情况，则必须用 PTR 操作符来说明属性：

```
MOV   [BX],2
INC   [SI]
```

第一条指令中尽管有两个操作数，但一个为立即数，一个为以寄存器间接寻址方式来表示的存储器操作数。两者都不能确定操作数的类型，因此必须使用 PTR 操作符来说明其类型属性。第二条指令仅含有以寄存器间接寻址方式表示的一个存储器操作数，但却没指明该操作对象的具体类型，因此也需用 PTR 操作符来指定其类型属性。由此，两条指令应该写为

```
MOV   BYTE PTR [BX],2          ;若希望操作对象为字型则应把 BYTE 换成 WORD
INC   WORD PTR [SI]            ;若希望为其他类型则用相应类型说明符替换 WORD
```

2）段操作符。

功能：段操作符用来表示一个标号、变量或地址表达式的段属性。

格式：段寄存器：地址表达式

例如：MOV　AL，ES：[BX]

由第 3 章可知，这条指令中，如果省略“ES：”，源操作数中采用寄存器间接寻址方式的 BX，其默认段在数据段 DS 中。而加上段操作符“ES：”，则强制使其段寄存器为 ES。

（6）数值回送操作符

数值回送操作符加在运算对象之前，用以获得该运算对象对应的某个参数值。常用的数值回送操作符有：

1）SEG 操作符。

功能：回送变量名或标号所在段的段基址。

格式：SEG　变量名或标号

例如：MOV　AX，SEG INT_T0　;将标号 INT_T0 所在段的段基址赋值给寄存器 AX

2）OFFSET 操作符。

功能：回送变量名或标号所在位置的偏移地址。

格式：OFFSET　变量名或标号

将上例中 SEG 换成 OFFSET，则将 INT_T0 的偏移地址赋值给寄存器 AX。

3）TYPE 操作符。

功能：回送变量、标号或常数的类型值。对于变量如为字节型，返回值为 1，字型则返回值为 2，双字型返回值为 4。对于标号，则回送代表该标号类型的数值：NEAR 为 -1，FAR 为 -2。对于常数，则回送 0。

格式：TYPE　变量名、标号或常数

4）LENGTH 操作符。

功能：当数据用重复数据操作符 DUP 定义时，汇编程序将回送外层 DUP 给定的值，对于其他情况返回值总为 1。

格式：LENGTH　变量名或标号

例如：N1　DB　10 DUP（2，3，5 DUP（1）），6 ;在数据段中定义变量 N1，根据定义

```
      …                              可以看出从 N1 单元开始定义有 71
MOV   CX，LENGTH   N1                个数据，而指令执行后，(CX)= 10
```

5）SIZE 操作符。

功能：SIZE = LENGTH * TYPE

格式：SIZE　变量名或标号

4.1.2 伪指令

伪指令的主要作用是为汇编程序和连接程序提供信息。80X86 汇编语言常用的伪指令有处理器选择伪指令、逻辑段定义伪指令、数据定义伪指令和过程与宏定义伪指令等。

1. 处理器选择伪指令

由于 80X86 系列微处理器均支持 8086 微处理器指令系统，且所有微处理器的指令系统均是在 8086 微处理器的基础上逐步发展且向上兼容的，由于不同系列微处理器其指令系统不完全相同，故在编写程序时需利用处理器选择伪指令指定所选处理器类型，以通知汇编程序当前源程序指令是哪一种微处理器指令，也就是说要告诉汇编程序应选择哪一种指令系统。处理器选择伪指令格式及功能如下：

.8086	仅接受 8086/8088 指令
.286/.286C	接受 8086/8088 及 80286 在非保护方式下的指令
.286P	接受 8086/8088 及 80286 的所有指令
.386/.386C	在 .286 指令系统的基础上,接受 80386 在非保护方式下的指令
.386P	在 .286P 指令系统的基础上,接受 80386 的所有指令
.486/.486C	在 .386 指令系统的基础上,接受 80486 在非保护方式下的指令
.486P	在 .386P 指令系统的基础上,接受 80486 的所有指令
.586/.586C	在 .486 指令系统的基础上,接受 Pentium 在非保护方式下的指令
.586P	在 .486P 指令系统的基础上,接受 Pentium 的所有指令

上述伪指令一般放在整个程序的最前面，如不给出，则处理器默认其为 .8086。也可在程序中，若程序中某一条指令为 80486 新增指令，则可在该指令的上一行加上 .486。

2. 逻辑段定义伪指令

段定义伪指令提供了构造程序的手段，完整的段定义伪指令适用于 MASM 和 TASM，其完整的段定义结构形式如下例。

例 4-2　完整的段定义结构示例。

```
.486
STACK1  SEGMENT  AT 0300H USE16  STACK        ;定义堆栈段
        DB  500 DUP(?)
STACK1  ENDS
DATA    SEGMENT  AT 0200H  USE16              ;定义数据段
        ORG  0100H
        NUM1     DW  ?
```

```
        NUM2    DD  ?
DATA    ENDS
EDATA   SEGMENT  AT 0200H  USE16              ;定义附加段
        DB   100 DUP(?)
EDATA   ENDS
CODE    SEGMENT  USE16                        ;定义代码段
        ASSUME CS:CODE,SS: STACK1,DS:DATA,ES:EDATA
START:  MOV  AX,STACK1
        MOV  SS,AX                            ;堆栈段寄存器初始
        MOV  AX,DATA
        MOV  DS,AX                            ;数据段寄存器初始
        MOV  AX,EDATA
        MOV  ES,AX                            ;附加段寄存器初始
            …
        MOV  AH,4CH
        INT  21H                              ;返回到 DOS
CODE    ENDS
        END  START
```

（1）SEGMENT 和 ENDS 伪指令

功能：段定义语句

格式：段名　SEGMENT　[定位参数　　连接参数　‘分类名’]

　　　　…

　　　段名　ENDS

SEGMENT/ENDS 为一对段定义语句，任何一个逻辑段从 SEGMENT 语句开始，到 ENDS 语句结束。段名是该逻辑段的标识符，不可默认，段名的命名规则与变量名和标号名一样，通常习惯根据段的性质来起一个适当的段名，如用 DATA 作为数据段的段名，用 CODE 作为代码段的段名。

（2）AT 表达式

功能：该属性表示逻辑段在定位时，其段基址等于表达式给出的值。如省略此项则系统自动给该段分配一个段基址。

可以看出，在上例中指定了堆栈段的段基址为 0300H，数据段和附加段的段基址为 0200H。

注意：AT 表达式不能在代码段中使用。

（3）ORG 伪指令

功能：用以指定其后下一条指令或下个数据区起始单元的偏移地址。如不指定则每段定义的第一个数据或第一条指令将从偏移地址 0000H 开始顺序存放。

格式：ORG　数值表达式

可以看出，在例 4-2 数据段中变量 NUM1 第一个字节存放单元的段基址为 0200H，偏移地址为 0100H，因 NUM1 定义为字变量，占两个字节，所以 NUM2 开始第一个字节存放单元的偏移地址为 0102H。

（4）ASSUME 伪指令

功能：段寄存器说明语句，用于通知汇编程序，寻址逻辑段使用哪一个段寄存器。

格式：ASSUME　段寄存器名：段名，段寄存器名：段名

使用完整段定义时，在定义的代码段中，第一条语句必须是段寄存器说明语句 ASSUME，用于说明各段寄存器与逻辑段的关系，如上例中：

ASSUME CS：CODE，SS：STACK1，DS：DATA，ES：EDATA

这条语句通知汇编程序：CODE、STACK1、DATA、EDATA 分别为代码段、堆栈段、数据段及附加段段名，对代码段、堆栈段、数据段及附加段的寻址约定使用 CS、SS、DS、ES 段寄存器。

注意：

1）ASSUME 伪指令只是指定某个段分配给哪个段寄存器，它并不能把段基址装入段寄存器中，因此这些段寄存器的初值必须在程序中用指令设置，但代码段不需要这样做，代码段的这一操作在程序初始化时就自动完成了。因此上例中从程序开始通过类似如下指令给除代码段之外的其余段寄存器赋予初值：

```
MOV    AX,DATA
MOV    DS,AX
```

因为源程序在汇编时，会根据程序指定或系统分配给每个段一个段基址，这时段名就作为段基址这个数值被引用。因此指令中 DATA 为立即数，其值为数据段的段基址，因立即数不能直接赋值给段寄存器，所以通过通用寄存器 AX 将数据段段基址赋给其段寄存器 DS。

2）在一个汇编语言源程序中，除代码段之外，并非一定含有堆栈段、数据段和附加段。如果没有定义这些段，那么 ASSUME 语句中也不应该对它们做说明。同样，在代码段中也不需要给相应的段寄存器赋初值。

（5）使用类型 USE_TYPE

功能：只适用于 80386 及其以后机型，用来说明使用 16 位寻址方式还是 32 位寻址方式。

格式：USE16　；使用 16 位寻址方式

　　　USE32　；使用 32 位寻址方式

当使用 16 位寻址方式时，段长不超过 64 KB，地址形式是 16 位段基址和 16 位偏移地址；当使用 32 位寻址方式时，段长可达 4 GB，地址形式是 16 位段基址和 32 位偏移地址，因此，在实模式下，应该使用 16 位。

如果字长选择默认，则在使用 .386/.486/.586 伪指令时默认为 USE32。

3. 数据定义伪指令

功能：用于定义变量，给变量赋初值并分配存储区。

格式：[变量名]　DB/DW/DD/DF/DQ/DT　数据项 [，数据项，…，数据项]

其中伪指令 DB、DW、DD、DF、DQ、DT 分别定义字节、字（两字节）、双字（四字节）、三字（六字节）、四字（八字节）、五字（十字节）数据。

给变量赋初值可以是赋确定的值，也可以为不确定的值（用“?”表示不赋值，只预留规定长度的存储空间）。定义的数据项可以是一个数据，也可以是用“，”分隔的多个数据，还

可以是用 DUP 运算符建立的多次拷贝。系统按照数据定义的顺序从指定的单元开始依次存放。

例 4-3 定义数据：

```
DAT1    DB    10H,  25,  ?
DAT2    DW    1234H
DAT3    DD    1234H
```

例 4-4 用 DUP 重复定义并且可以嵌套：

```
N1   DB   2 DUP(6,  3 DUP(7))
```

例 4-5 定义字符：

```
STR1    DB    'AB12'
STR2    DW    'AB'
```

例 4-3～例 4-5 经汇编后存储单元的分配情况分别如图 4-1～图 4-3 所示。

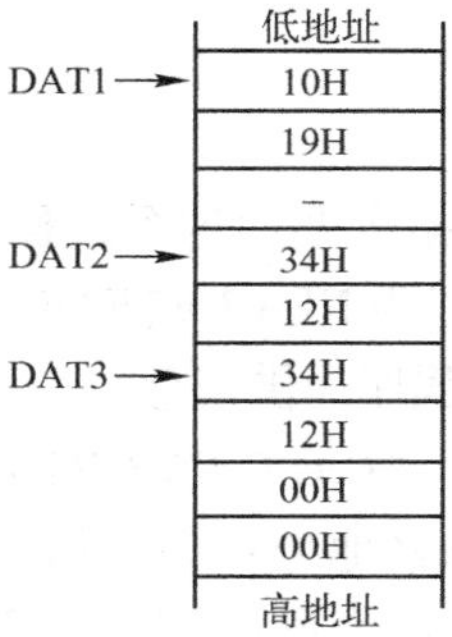

图 4-1　例 4-3 存储单元分配

N1

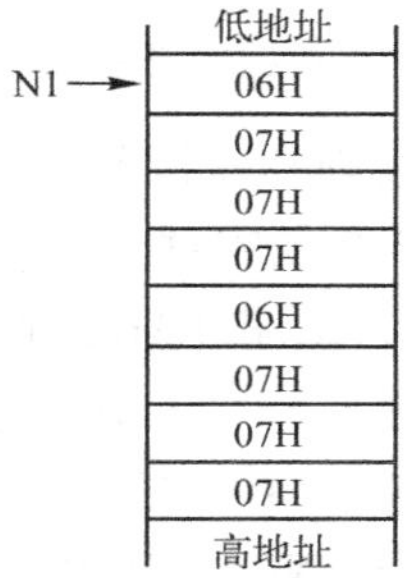

图 4-2　例 4-4 存储单元分配

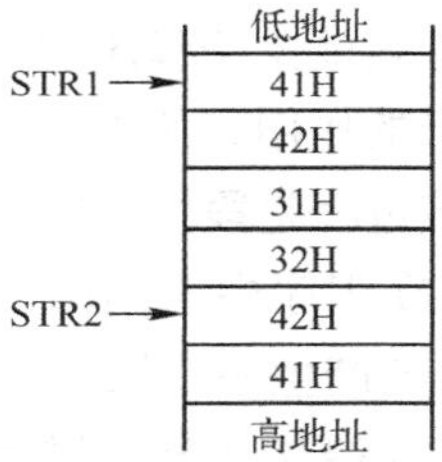

图 4-3　例 4-5 存储单元分配

注意：

1）在定义数据时不论采用的是二进制、十进制、十六进制或是字符形式，经汇编后在机器里存放的都只是由“0”和“1”组成的二进制数，在图示中为了书写方便，统一用十六进制来表示其存放内容。

2）因计算机存储单元每个地址对应一个字节，因此对于定义为字节的数据，汇编后在存储单元中按定义的顺序依次存放；对于定义为字、双字等的数据，汇编后每个数据的存放原则是低前高后，即低字节存放在低地址单元，高字节存放在高地址单元。

3）用单引号括起来的单个字符或字符串经汇编后被转化成对应的 ASCII 码值，汇编语言规定字符串常量只有定义为字节类型时，单引号中的字符个数才可以为任意多个，但不能超过存储容量范围，而用 DW 定义字符串时，字符串长度不能超过 2，用 DD 定义时字符串长度则不能超过 4，即不能超过定义类型的字节数。从图 4-3 中可以看出，字符定义的类型不同其存放顺序也是不相同的。

4. 地址计数器 $

功能：

1）当$用在指令中时，它表示本条指令第一个字节的偏移地址。

2）当$用在数据定义伪指令中时，它表示的是当前字节的偏移地址。

例如：指令 JMP　$+8　表示跳转至 JMP 指令的首地址+8 的地址处。

又如在数据段中定义如下：

```
ARRAY   DB   12H,-6,  56H
COUNT   EQU  $-ARRAY
```

定义中$-ARRAY 表示当前字节的偏移地址减去 ARRAY 首地址单元的偏移地址，汇编后 COUNT 的值为 3。显然，如果 ARRAY 定义为 DW，则汇编后 COUNT 的值为 6。

5. 过程与宏定义伪指令

（1）过程定义伪指令

过程又称为子程序，是程序的一部分，它由过程定义伪指令 PROC 和 ENDP 分别定义过程的开始和结束，由 RET 指令作为其返回指令。过程定义语句的格式如下：

```
过程名   PROC   属性
         …                    ;过程体
         RET                  ;过程返回
过程名   ENDP                 ;过程定义结束
```

过程名就是子程序的名字，其命名规则和变量名一样，在用 CALL 指令调用这个过程时，它起标号的作用。伪指令 PROC 和 ENDP 必须成对出现，过程的属性可以为 NEAR 或 FAR，它们指明该过程是段内或段间调用属性。NEAR 和 FAR 从两个方面为汇编程序提供信息：

1）在程序中遇到调用过程（子程序）指令 CALL 时，如果指令为“CALL FAR PTR 过程名”，则产生一个段间调用地址，它包括 16 位的段基址和 16 位的偏移地址；如果指令为“CALL（NEAR PTR）过程名”，注意此时 NEAR PTR 可以省略，则表示为段内调用，说明段基址不会发生改变，因此仅产生 16 位的偏移地址。

2）在对过程（子程序）进行汇编时，如果在上面讲的过程定义语句的格式中，属性为 FAR，则汇编程序对源程序末尾的 RET 指令产生的代码为 CBH；如果属性为 NEAR 或者省略，则汇编程序对源程序末尾的 RET 指令产生的代码为 C3H。

允许过程嵌套调用，即在过程中调用其他过程，还可以递归调用，即在过程体中调用过程本身。

有关过程的举例见 4.2.3 节。

（2）宏定义伪指令

宏的概念与过程类似，就是用一个宏名字来代替源程序中经常需要用到的一个程序段。宏的语句格式与过程定义格式也比较类似：

```
宏名   MACRO  （形式参数表）
       …                      ;宏体
       ENDM                   ;宏定义结束
```

宏名的命名规则与过程名完全相同，同样它一经定义，便能在源程序中通过该名字来调用宏。

宏定义中伪指令 MACRO 和 ENDM 也必须成对出现，形式参数表是用逗号（或空格或制表符）分隔的一个或多个形式参数，它是可选项。选用了形式参数，则所定义的宏称为带参数的宏，当调用宏时，需用对应的实际参数去取代，以实现信息传送。

例 4-6 程序段定义了一个两数相加并将结果送到第三个参数中的宏，并调用它。

```
ADDUP   MACRO   AD1,AD2,SUM             ;定义一个带 3 个形参的宏
        MOV     AX,AD1
        ADD     AX,AD2
        MOV     SUM,AX
        ENDM
        …
        ADDUP   BX,24,DX                ;宏调用,用实际参数 BX,24,DX 取代形参
```

宏和子程序都可被程序进行多次调用，从而使程序结构简洁清晰，符合结构化程序设计风格。因此对于需要重复使用的程序模块，既可用子程序也可用宏来实现。宏和子程序的主要区别在于：

1）宏调用只能简化源程序的书写，缩短源程序长度，但没有缩短目标代码长度。汇编语言处理宏指令时，是把宏插入宏调用处，所以目标程序占用内存空间并不因宏操作而减少。子程序能缩短目标程序的长度，因为过程在源程序的目标代码中只有一段，无论主程序调用多少次，除了增加 CALL 和 RET 指令的代码外，并不增加子程序代码。

2）引入宏操作不会在执行目标代码时增加额外的时间。而子程序调用由于需要保护和恢复现场及断点，有额外的时间开销，会延长目标程序的执行时间。

因此，在程序设计中，当执行速度比内存容量更重要，或者要调用的例程较短且调用次数不太频繁时，适合选用宏调用；反之，选用子程序调用更合适。

（3）条件汇编伪指令

条件汇编的主要作用是通知汇编程序，当条件满足时汇编某些指令，否则不汇编。格式如下：

```
IF   条件
…                   ;条件成立,汇编此块
ELSE
…                   ;条件不成立,汇编此块
ENDIF
```

语句中的 ELSE 是可选项。“条件”通常是逻辑表达式或关系表达式。

例 4-7 条件汇编的使用。

```
DRA   MACRO   X
      IF      X   EQ 100
              MOV    Y,0
      ELSE
              MOV    Y,1
      ENDIF
      ENDM
```

汇编后展开，若 X=100，经汇编后为 MOV　Y，0；否则，汇编后为 MOV　Y，1。

6. 源程序结束伪指令

汇编结束语句有两种格式。

格式 1：END　　程序的起始地址标号

例如：　END　　START

功能是通知汇编程序，源程序到此结束，用 START 做标号的指令是程序的启动指令。故该标号应放在第一条需要执行的指令之前。

在 DOS 装载程序的可执行文件（EXE 文件）时，自动把标号 START 所在段的段基址赋给 CS，把 START 开始的指令所在单元的偏移量赋给 IP，从而 CPU 自动地从 START 开始的那条指令依次执行程序。

在单一模块的源程序以及在模块化程序的主模块中必须用格式 1 作为源程序的最后一条语句。

格式 2：　END

END 语句通知汇编程序，源程序到此结束。在模块化程序的子模块中，必须用格式 2 作为源程序的最后一条语句。

程序在完成预定任务之后，必须返回 DOS。返回 DOS 最常用的方法是使用 DOS 系统 4CH 功能调用，即连续执行以下 3 条（或 2 条）指令：

```
MOV    AH,4CH
MOV    AL,返回码         ;如不准备组织批处理文件,此条可省
INT    21H
```

4.2 汇编语言程序设计方法

4.2.1 汇编语言程序设计的基本步骤及开发过程

1. 汇编语言程序设计的基本步骤

汇编语言程序设计的基本方法与高级语言程序设计一样，通常按如下步骤进行：

1）明确任务、分析问题、确定算法。在接受一个编程任务时，首先要抽象出描述问题的数学模型，然后选择合适的算法。解决同一问题可能有不同的算法，它们的效率可能差别很大，所以要编制一个高质量的程序，确定合适的算法是十分重要的。

2）画出程序流程图。程序流程图实际上是采用标准的符号，根据算法把程序设计的思路用流程图形式表示出来，以便整体观察设计任务和实现方法，仔细分析和考证各部分之间的关系，找出其中的逻辑错误，及时加以修正和完善。对于复杂的问题，此步不可少；对于比较简单、直观的问题，该步则可以忽略。

3）分配内存工作单元和寄存器。这是汇编语言程序设计的重要特点之一，因为汇编语言能够直接用指令或伪指令为数据或程序代码分配内存工作单元和寄存器，并可直接对它们进行访问。而 80X86 的内存结构是分段的，所以要分配内存工作单元，首先要考虑安排在什么逻辑段中。

4）编程与调试。编程应按指令系统和伪指令的语法规则进行。程序编程完成后，应先进行检查，再上机进行调试。

2. 汇编语言程序的开发过程

对汇编语言程序而言，从编程到投入运行的过程被称为是汇编语言程序的开发过程。通常情况下，汇编语言程序的开发过程由编辑、汇编、连接和调试等步骤组成。

1）编辑汇编语言源程序。在编辑软件或 DOS 环境的编辑程序 EDIT 支持下，建立扩展名为 . ASM 的源程序文件。

2）汇编源程序。利用汇编程序（如 MASM 或 TASM）对源程序进行汇编；把源程序转换成二进制代码表示的扩展名为 . OBJ 的目标程序；同时，还生成扩展名为 . LST 的列表文件和扩展名为 . CRF 的交叉参考文件。

3）连接目标程序。目标程序是不可直接执行的程序，必须通过连接程序（LINK）将一个程序中可能存在的多个程序模块的目标代码和库函数代码连接在一起，形成扩展名为 . EXE 的可执行文件。

4）调试可执行文件。利用调试程序（如 DEBUG、TD 等）对可执行文件进行调试，寻找程序中的错误，修改、汇编、连接、调试直至运行完全正确为止。

4.2.2 汇编语言程序设计的基本方法

衡量一个汇编语言程序的好坏，除了检验其是否能正确执行、实现预定功能外，通常还应满足运行速度快、占用内存少、程序结构化等要求。

20 世纪 90 年代以前，运行速度快、占用内存少是编程时的主要考虑因素，随着 VLSI 技术的发展，半导体存储器的容量越来越大，程序所占内存容量的大小问题已变得不太重要。相反，随着程序的日益复杂、庞大，为了节省软件的开发成本，对程序结构化设计的要求显得越来越重要。编制的程序文件应具有简明清晰，易于阅读、测试、交流、移植以及与其他程序连接和共享的功能。为此，编程时一定要注意以下两点：

1）采用模块化程序结构，并且每个模块都由基本结构程序组成。

2）对源程序加注释。

程序的基本结构有顺序程序、分支程序和循环程序三种。在实际应用中，任何功能的程序都可由顺序、分支和循环三种结构实现。本节主要介绍这三种结构的设计方法。

1. 顺序程序设计

顺序程序也称简单程序，它是一种最简单、最基本的自顶而下依次顺序执行的程序。一个完整的应用程序，利用顺序程序来编写很少见，但它却是编写实际应用程序的基础。下面通过例 4-8 来说明顺序程序的设计方法。

例 4-8 试编制一个程序，实现 $N=A+B^2+C$。

分析： 例 4-8 中的变量 A、B、C 均为无符号字节型数据，运算结果存入字型变量 N 中，编程时可分为以下几个步骤来实现：

① 利用乘法指令计算：B^2。

② 利用加法指令计算：$A+B^2$。

③ 利用加法指令计算：$A+B^2+C$。

能实现题目要求的程序段如下：

```
DATA   SEGMENT
       N    DW    ?
```

```
        A     DB    36H
        B     DB    57H
        C     DB    82H
DATA    ENDS
CODE    SEGMENT
        ASSUME CS:CODE,DS:DATA
START:  MOV    AX,DATA
        MOV    DS,AX
        MOV    AL,B
        MUL    AL              ;计算 B²，并将结果存入 AX 中
        MOVZX  BX,A            ;将变量 A 中的字节型数据扩展为字型数据存入 BX 中
        ADD    AX,BX           ;完成 A+B²，结果存入 AX 中
        MOVZX  CX,C            ;将变量 C 中的字节型数据扩展为字型数据存入 CX 中
        ADD    AX,CX           ;计算 A+ B²+C，结果存入 AX 中
        MOV    N,AX            ;计算结果存入结果变量 N 中
        MOV    AH,4CH
        INT    21H
CODE    ENDS
        END    START
```

2. 分支程序设计

在实际应用程序中，始终是顺序执行的情况很少，大多数情况下往往需要根据不同的情况做出不同的处理。程序设计时，需要先把各种可能出现的情况及解决方法均编制在程序中，计算机在运行程序时便会做出一些判断，并根据判断结果做出不同的处理，由此便引出了分支程序的概念。

分支程序是具有判断和转移功能的程序。根据分支程序的复杂程度可分为简单分支程序和多分支程序两种，现分别介绍如下。

(1) 简单分支程序

简单分支程序是分支程序中最简单、最基本的一种分支程序，其结构如图 4-4 所示。可利用比较与条件转移指令实现简单分支程序设计。

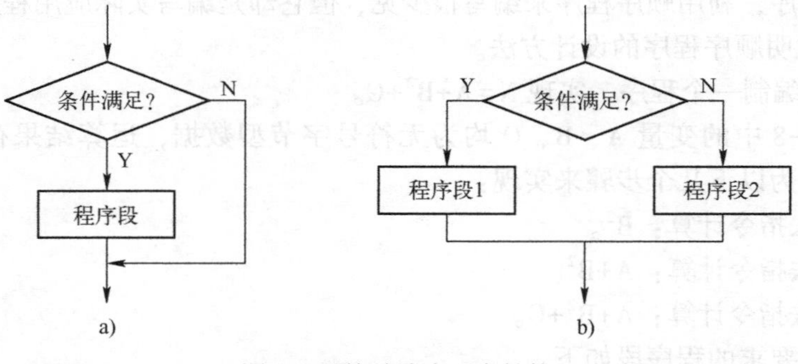

图 4-4　简单分支程序结构

例 4-9 已知变量 X、Y 均为一个字节有符号数，它们满足如下定义：

$$Y=\begin{cases}-1, & X<0\\ 0, & X=0\\ 1, & X>0\end{cases}$$

试编程根据 X 的值求出 Y。

程序流程图如图 4-5 所示，程序清单如下：

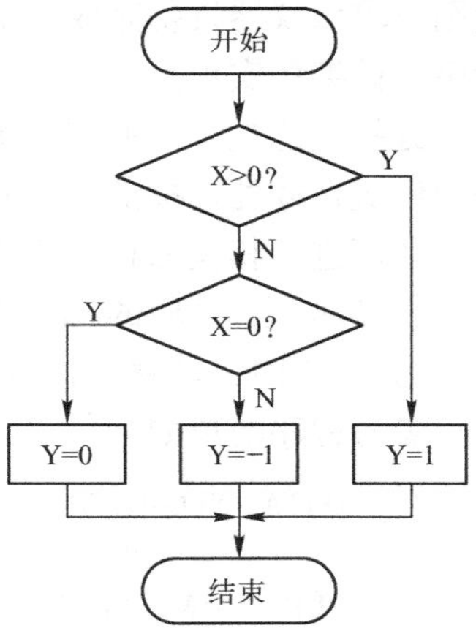

图 4-5　例 4-9 程序流程图

```
DATA   SEGMENT
       X   DB  0A3H
       Y   DB  ?
DATA   ENDS
CODE   SEGMENT
       ASSUME CS:CODE,DS:DATA
START: MOV  AX,DATA
       MOV  DS,AX
       CMP  X, 0
       JG   BIGR              ;X>0,转 BIGR
       JE   EQUE              ;X=0,转 EQUE
       MOV  Y,-1
       JMP  EXIT
BIGR:  MOV  Y,1
       JMP  EXIT
EQUE:  MOV  Y,0
EXIT:  MOV  AH,4CH
       INT  21H
CODE   ENDS
       END  START
```

(2) 多分支程序

多分支程序的结构如图 4-6 所示。在分支较多的情况下，利用比较与各种转移指令也可以实现多分支程序设计，但当分支数过多（如几十个分支）时，会使程序显得太冗余，结构变得不清晰，而且进入各分支的等待时间不等，进入最后分支的等待时间最长，这对于那些要求进入各个分支等待时间相同，执行时间尽可能短的问题是无能为力的。为了方便且高效地实现多分支，可以利用跳转表来达到目的。

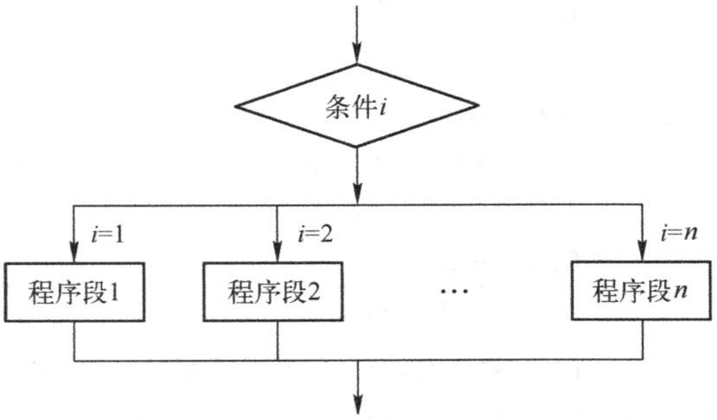

图 4-6　多分支程序结构

跳转表实际上是内存中的一段连续单元，利用跳转表法实现多分支程序设计的基本思想是：将各分支处理程序的入口地址或转移指令或关键字顺序放到内存中的一段连续的存储单元内，形成跳转表。通过查表操作，找到某分支处理程序的入口地址或相应的转移指令，从而进入对应的分支处理程序。

例 4-10 设某仪器设备共有 16 个按键，每个按键对应一个数字（0~15），每按一个按键则要求该仪器设备完成一个特定的功能。设这 16 个按键对应的功能程序段均在同一代码段中，试编程实现。

分析：这是一个典型的多分支程序设计，可利用地址跳转表实现。即：首先建一张表，表中依次存放处理按键 0~15 的各功能程序入口地址，然后通过按键号寻找分支程序入口地址，从而进入相应的程序段执行。

设各功能程序段的标号分别为 ADR0，ADR1，…，ADR15，按键号已存入变量 N 中，即：当 N=1 时，转移至标号 ADR1 程序段，$N=i$（$i \leqslant 15$），转移至标号为 ADRi 程序段。

参考程序清单如下：

```
DATA   SEGMENT
       N   DB  ?
BUF    DW   ADR0                ;汇编程序自动把标号 ADR0~ADRi 的偏移地址写入相应单元
       DW   ADR1
       …
       DW   ADR15
DATA   ENDS
CODE   SEGMENT
       ASSUME CS:CODE,DS:DATA
START: MOV   AX,DATA
       MOV   DS,AX
       MOV   AL,N
       MOV   AH,0               ;每个标号的偏移地址占两个字节
       ADD   AX,AX              ;所以将 N*2→AX
       MOV   BX,OFFSET BUF      ;BX 指向跳转地址表首地址
       ADD   BX,AX              ;跳转地址表首地址+N*2→BX
       MOV   CX,[BX]            ;转移地址→CX
       JMP   CX                 ;CX→IP 实现段内转移
ADR0:  …
ADR1:  …
ADRi:  …
       MOV   AH,4CH             ;返回到 DOS
       INT   21H
CODE   ENDS
       END   START
```

例 4-11 要求同例 4-10，但需利用指令跳转表来实现。即首先在程序中建一张表，表中依次存放转移到处理按键 0~15 的各功能程序的转移指令，然后通过按键号找到表中相应的转移指令执行即可。参考程序清单如下：

```
DATA   SEGMENT
       N   DB  ?
DATA   ENDS
CODE   SEGMENT
       ASSUME CS:CODE,DS:DATA
```

```
START: MOV   AX,DATA
       MOV   DS,AX
       MOV   AL,3                  ;跳转表内每个转移指令占三个字节
       MUL   N                     ;所以将 N * 3→AX
       MOV   BX,OFFSET BUF         ;BX 指向指令跳转表首地址
       ADD   BX,AX                 ;指令跳转表首地址+N * 3→BX
       JMP   BX                    ;BX→IP 实现段内转移
BUF:   JMP   ADR0
       JMP   ADR1
       …
       JMP   ADR15
ADR0: …
ADR1: …
ADRi: …
       MOV   AH,4CH                ;返回到 DOS
       INT   21H
CODE   ENDS
       END   START
```

例 4-10 是在内存数据段中设置一个地址跳转表 BUF，将多个分支程序入口的偏移地址顺序放在表中，由于每个偏移地址占两个存储单元，所以地址跳转表首地址+N * 2 的地址里存放的是标号为 ADRN 程序段的地址，程序中通过寄存器间接寻址将该地址赋给 IP，完成了跳转。而例 4-11 是在内存代码段中设置一个指令跳转表，将跳至不同分支的指令顺序存入在表中，与地址表不同的是它不用取出地址，只需执行对应的转移指令即可完成跳转，所以程序中没有采用寄存器间接寻址取出其内容，而是直接跳至该指令跳转表中执行对应指令，另外由于转移指令占 3 个字节，所以表中转移指令对应地址为指令跳转表首地址+N * 3。例 4-10 和例 4-11 中跳转表的存储情况分别如图 4-7 和图 4-8 所示。

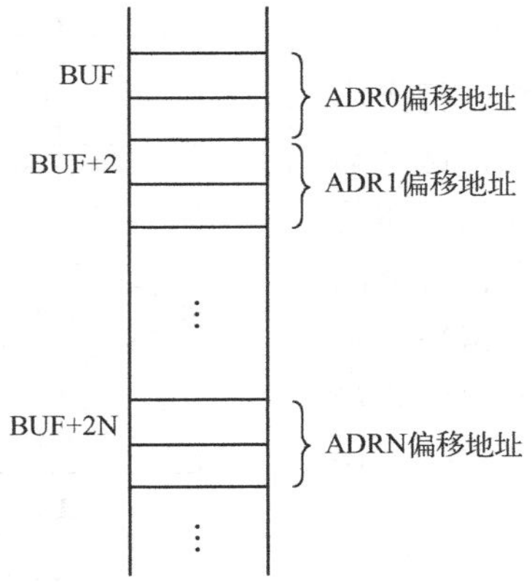

图 4-7　例 4-10 跳转地址表

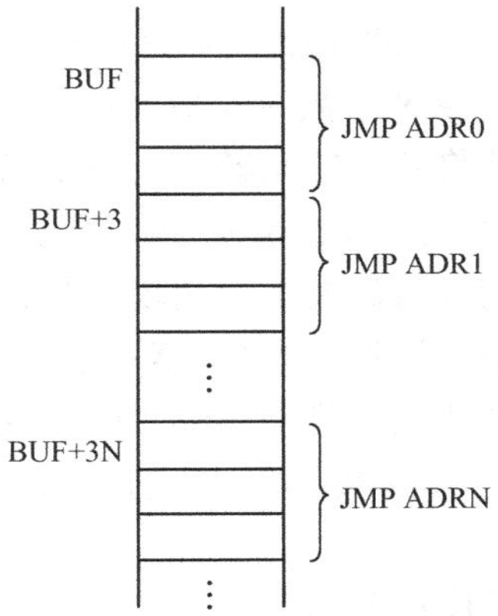

图 4-8　例 4-11 跳转指令表

3. 循环程序设计

凡是要反复执行的程序段均可设计为循环程序。采用循环结构，可以简化程序书写形

式、缩短程序长度，但不减少程序的执行时间。循环结构的程序一般包括循环初始、循环体和循环控制三部分。循环程序有两种结构形式：DO_WHILE 结构形式和 DO_UNTIL 结构形式，如图 4-9 所示。

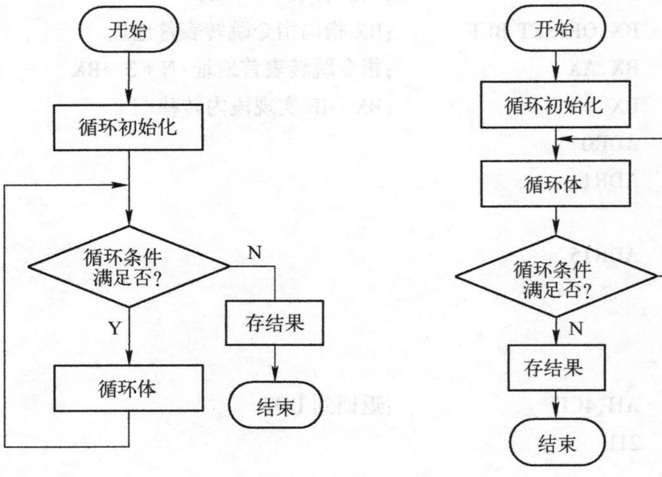

a) b)

图 4-9　基本循环程序结构

a）DO_WHILE 结构　b）DO_UNTIL 结构

从图 4-9 可以看出，DO_WHILE 结构是先判断循环条件满足否，满足则执行循环体，否则退出循环。DO_UNTIL 结构则先执行循环体，再判断循环条件满足否，满足则继续执行循环体，否则退出循环。显然，采用 DO_WHILE 结构，循环体的执行次数可能为 0，采用 DO_UNTIL 结构，循环体至少被执行一次。

例 4-12　在数据段中，从 BUF 单元开始存放着 N 个字节型无符号数，请将其最大数存放在 MAX 单元中。

分析：在 N 个数中找最大数，实际上就是将两数进行大小比较，然后将其中较大者又与一个新的数据进行比较，这个动作重复 N-1 次。故这是一个典型的循环程序结构。其循环体的任务就是完成两数大小的比较，并将较大者保存起来，为下次比较做准备。设程序中用 CX 作为循环计数器，控制循环结束条件，SI 作为指针指向 BUF 单元，AL 作为寄存器用于存放每次比较后较大的数。符合题目要求的程序流程图如图 4-10 所示。

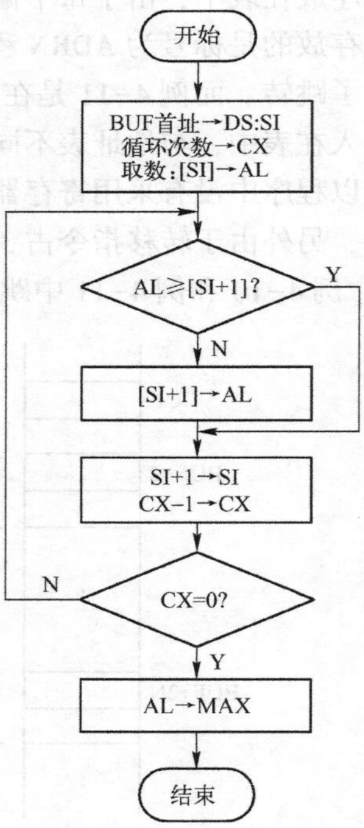

图 4-10　例 4-12 程序流程图

参考程序清单如下：

```
DATA    SEGMENT
        BUF   DB   12H,76H,0A3H,48H
                   …
```

```
        DB     23H,84H,0BDH,91H
        N      EQU   $-BUF           ;将数据个数统计给变量 N
        MAX    DB    ?
DATA    ENDS
CODE    SEGMENT
        ASSUME CS:CODE,DS:DATA
START:  MOV    AX,DATA
        MOV    DS,AX
        MOV    SI,OFFSET BUF         ;指针初始
        MOV    CX,N-1                ;循环计数器初始
        MOV    AL,[SI]               ;取数
LP1:    CMP    AL,[SI+1]             ;两数进行比较
        JAE    LP2                   ;AL≥[SI+1]转 LP2
        MOV    AL,[SI+1]             ;两数中的较大数→AL
LP2:    INC    SI                    ;修改指针 SI, 指向下一数据单元
        LOOP   LP1                   ;循环结束否? 否转 LP1 继续执行循环体任务
        MOV    MAX,AL                ;最大数→MAX 单元
        MOV    AH,4CH                ;返回到 DOS
        INT    21H
CODE    ENDS
        END    START
```

例 4-13 统计寄存器 AX16 中位二进制数中“1”的个数，结果存放在 BL 中。

分析：为统计 AX16 位二进制数中“1”的个数，可将 AX 中的内容左移或右移一次，其移出位在进位标志 CF 中。通过判断 CF 是否为 1 就可知 AX 的本次移出位。若 CF=1，则将统计次数加 1，如此重复 16 次即可数出 AX 寄存器中“1”的个数。为节约循环次数，可在每次循环移位前判断 AX 内容是否为 0，如是则可以停止循环。满足题目要求的程序流程图如图 4-11 所示。

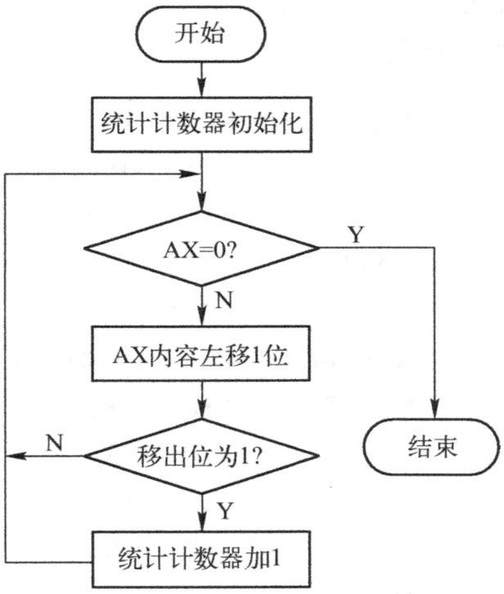

图 4-11　例 4-13 程序流程图

参考程序清单如下：

```
CODE    SEGMENT
        ASSUME CS:CODE
START:  MOV    BL,0          ;统计计数器清 0
AGAIN:  AND    AX,AX         ;判断(AX)= 0 吗?
        JZ     EXIT          ;为 0,程序结束
        SHL    AX,1          ;不为 0,将 AX 最高位移至 CF 中
        JNC    AGAIN         ;最高位不为 1,继续循环
        INC    BL            ;最高位为 1,统计计数器 BL 加 1
        JMP    AGAIN
```

```
EXIT:   MOV   AH,4CH          ;返回到 DOS
        INT   21H
CODE    ENDS
        END   START
```

从上面两例可以看出，例 4-12 采用的是 DO_UNTIL 循环结构形式，即先循环后判断，利用 CX 中的值作为循环次数来控制循环，每循环一次 CX 的值减 1，直至为 0，循环结束。而例 4-13 采用的是 DO_WHILE 循环结构形式，即先判断后循环，显然，例 4-13 也可采用循环次数 16 作为循环结束条件，但是 AX 中的值为 0 后没有必要继续执行程序，为了节约程序执行时间，采用了以 AX 中的值为 0 作为循环结束的控制条件。

例 4-14　将 ARRY 单元开始的 N 个有符号 8 位二进制数按从大到小的顺序排列。

分析：可采用冒泡法，利用内外双重循环。即从数组第一个字节单元开始，与相邻的数进行比较，其中较大的数又与下个字节单元进行比较，直至数组最后一个字节单元，至此，内循环完成一遍，找出了数组里的最大数，并将其存放在数组的第一个字节单元。接着至外循环，给内循环重新赋予地址指针和计数值，从第二个字节单元开始新的一轮两两比较，找到这里面的最大数，存放在数组的第二个字节单元。通过多次、多遍的相邻元素排序，实现整个数组从大到小的排序。程序流程图如图 4-12 所示。参考程序如下：

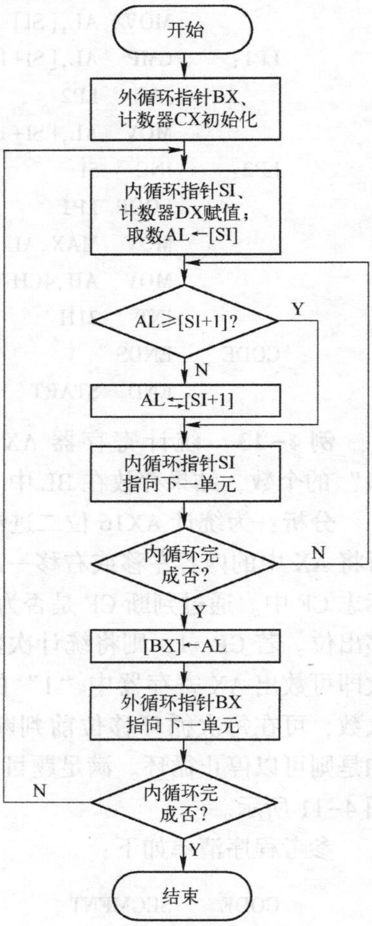

图 4-12　例 4-14 程序流程图

```
DATA    SEGMENT
        ARRY  DB   28H,42H,98H,14H,0A2H,30H
        N          EQU   $-ARRY
DATA    ENDS
CODE    SEGMENT
ASSUME CS:CODE,DS:DATA
START:  MOV   AX, DATA
        MOV   DS, AX
        LEA   BX, ARRY
        MOV   CX, N-1
OUTLP:  MOV   SI, BX
        MOV   DX, CX
        MOV   AL, [SI]
INLP:   CMP   AL, [SI+1]
        JGE   G1
        XCHG  AL, [SI+1]
G1:     INC   SI
        DEC   DX
        JNZ   INLP
```

```
            MOV   [BX], AL
            INC   BX
            LOOP  OUTLP
            MOV   AH, 4CH
            INT   21H
CODE        ENDS
            END   START
```

4.2.3 子程序设计与调用技术

当某一程序段或任务需连续多次重复使用时，可利用循环程序结构实现，但当某一具有特定功能的程序段或任务需在同一程序中的不同位置重复使用时，则不能使用循环程序结构。此时，可专门编制一段具有特殊功能的程序段，在同一程序中的不同位置需要完成该特定功能时，就调用这个程序段来完成。该程序段执行完后又返回原来的程序继续执行。这个具有特殊功能的程序段就被称为子程序或过程。

子程序相当于高级语言中的过程、函数或子程序。主程序向子程序转移被称为子程序调用或过程调用，从子程序返回主程序则叫返回主程序。

子程序实质上也是顺序程序、分支程序、循环程序三种基本结构中的一种或几种的组合。任何子程序或过程要想被主程序所调用，之前必须先定义，其子程序或过程的定义格式在 4.1.2 节中已经做了介绍，下面仅详细介绍在子程序设计时应该注意的问题。

1. 子程序的调用与返回

在主程序或调用程序中使用 CALL 指令调用子程序，在子程序中通过 RET 指令返回主程序调用处，调用指令 CALL 与返回指令 RET 必须成对出现。调用分为远过程调用和近过程调用两种。

（1）远过程调用

如果子程序与主程序或调用程序不在同一代码段内，则为远过程调用。子程序的属性应定义为 FAR，调用指令应为“CALL FAR PTR 子程序名”，该指令会将当前 CS 和 IP 的内容，即 CALL 指令的下条指令也即断点处的段基址和偏移地址压栈保存。在子程序结束时通过 RET 指令，将堆栈中保存的地址弹回给 CS 和 IP，以保证程序返回到断点处继续执行。

（2）近过程调用

如果子程序与主程序或调用程序在同一代码段内，则为近过程调用。子程序的属性为 NEAR（NEAR 可以省略），调用指令应为“CALL（NEAR PTR）子程序名”（NEAR PTR 可以省略），表示为段内调用，说明段基址不会发生改变，该指令会将当前 IP 的内容，即 CALL 指令的下一条指令也即断点处的偏移地址压栈保存。在子程序结束时通过 RET 指令，将堆栈中保存的地址弹回给 IP，以保证程序返回到断点处继续执行。

注意，如果子程序没有正确使用堆栈而造成执行 RET 指令前堆栈栈顶指针 SP 并未指向断点处的地址，则不能弹出正确地址，使程序无法返回断点处继续执行。因此在子程序中使用堆栈应特别小心，压入多少单元在执行 RET 指令前应弹出对应单元个数，否则会发生错误。

2. 现场的保存与恢复

由于 CPU 的寄存器个数有限，子程序与主程序或调用程序中所使用的寄存器可能会重叠，由此就会对子程序和主程序的运行环境造成破坏。为了避免这种现象的发生，就必须对子程序的调用和返回的现场进行保护和恢复，其现场的保护和恢复主要有两种方法：

1）主程序与子程序所使用的寄存器尽量分开，避免干扰。

2）利用堆栈将“现场”加以保护和恢复。即在子程序入口处安排一段保护程序，将所用寄存器内容压入堆栈进行保护，在子程序结束前，再对所保护的寄存器内容进行恢复。

例如：

```
SUMB  PROC  NEAR
      PUSH  AX
      PUSH  BX          ;在子程序入口处将AX、BX内容压栈保存
      …
      POP   BX
      POP   AX          ;在子程序返回前恢复AX、BX中的内容
      RET               ;子程序返回
SUMB  ENDP
```

现场的保护和恢复还可以在主程序或调用程序中进行，例如：

```
…
PUSH  AX        ;在主程序或调用程序中,在调用子程序前将寄存器内容压栈保存
PUSH  BX
CALL  SUMB      ;调用子程序
POP   BX        ;从子程序返回后恢复寄存器内容
POP   AX
…
```

3. 主程序与子程序间的参数传递

主程序在调用子程序前必须向子程序传递一些参数，而子程序在运行后也常常要将一些运行结果或状态提供给主程序。这种主程序与子程序间的信息传递称为参数传递。

在主程序与子程序的参数传递中，通常将子程序需从主程序获得的参数称为入口参数，将子程序回送给主程序的参数称为出口参数。不同的入口参数可使子程序对不同的数据进行相同功能的处理，出口参数则可使子程序传送不同的运行结果给主程序。

主程序与子程序间进行参数传递的方式有多种，常用的有利用寄存器、内存单元和堆栈完成参数传递三种方式。

（1）利用寄存器传递参数

主程序将传送的数据直接保存在寄存器中，子程序执行时将直接引用寄存器中的参数。该方法使用比较方便，但由于CPU的寄存器数量有限，当参数较多时，该方法不方便使用。

例 4-15 试编程实现两个字节型带符号数的绝对值之和。

分析：由第1章可知程序中的带符号数都是以补码形式出现，对于正数而言，原码和补码为同一数，而要获得负数的绝对值只需对其对应的补码求补。（如：“-1”的补码是FFH，对其进行求补运算后结果为01H，即“-1”的绝对值为“1”。）此时可用子程序调用实现求绝对值运算的功能。

符合程序要求的程序流程图如图4-13所示。

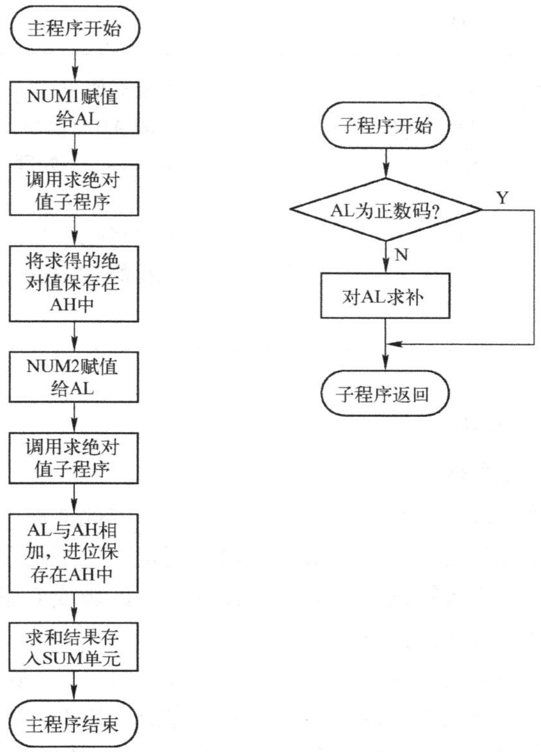

图 4-13　例 4-15 程序流程图

参考程序清单如下：

```
DATA    SEGMENT
        NUM1   DB   0E3H
        NUM2   DB   58H
        SUM    DW    ?
DATA    ENDS
CODE    SEGMENT
        ASSUME  CS:CODE,DS:DATA
START:  MOV     AX,DATA
        MOV     DS,AX
        MOV     AL, NUM1             ;通过寄存器 AL 将参数传递给子程序
        CALL    NEAR PTR ABSL        ;调用求绝对值子程序,NEAR PTR 可省略
        MOV     AH, AL
        MOV     AL, NUM2
        CALL    NEAR PTR ABSL
        ADD     AL,AH
        MOV     AH, 0
        ADC     AH,0
        MOV     SUM,AX
        MOV     AH,4CH               ;返回到 DOS
```

```
        INT     21H
;-----------------------------------------------------------------------------
ABSL    PROC    NEAR                    ;求绝对值子程序
        TEST    AL, 80H                 ;检测 AL 最高位
        JZ      BACK                    ;AL 为正,不处理
        NOT     AL
        INC     AL                      ;AL 为负,求补
BACK:   RET                             ;求得的绝对值通过 AL 回送给主程序
ABSL    ENDP
;-----------------------------------------------------------------------------
CODE    ENDS
        END  START
```

（2）利用内存单元传递参数

该方法与寄存器传递参数方法类似，但内存容量大，因此适用于参数较多的情况。调用子程序前，主调程序将参数存放在内存的某一区域或变量中，子程序到内存区域或变量中获取参数。子程序执行后，也将运算结果存放在内存的某一区域或变量中传递给主调程序。

例 4-16 求出两个四字节数据之和。

设 DAT1、DAT2 开始的内存单元中，分别存放着两个四字节数据。存放顺序为低位在前，高位在后。利用子程序调用求这两个数据之和，存放于以 DAT3 开始的数据单元中。其结果存放顺序仍为低位在前，高位在后。程序流程图如图 4-14 所示。

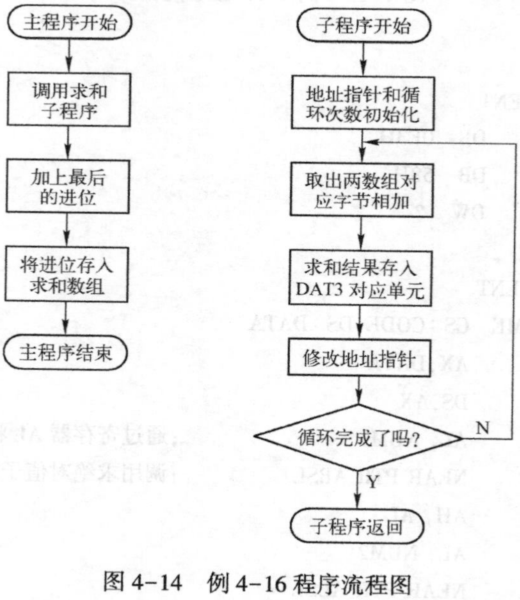

图 4-14　例 4-16 程序流程图

符合题目要求的程序清单如下：

```
DATA    SEGMENT
        DAT1    DB    11H,22H,33H,44H    ;四字节数据 1,其值为 44332211H
        DAT2    DB    55H,66H,77H,88H    ;四字节数据 2,其值为 88776655H
```

```
        DAT3    DB   5 DUP(?)
DATA    ENDS
CODE    SEGMENT
        ASSUME CS:CODE,DS:DATA
START:  MOV   AX,DATA
        MOV   DS,AX
        CALL  ADDS                  ;调用求和子程序
        MOV   DL, 0
        ADC   DL, DL                ;将最后的进位存入 DL
        MOV   [BX+8],DL             ;将进位赋给 DAT3 的高位
        MOV   AH,4CH                ;返回到 DOS
        INT   21H
;--------------------------------------------------------------------
ADDS    PROC  NEAR                  ;求和子程序
        LEA   BX, DAT1              ;DAT1 地址赋给 BX
        MOV   CX, 4                 ;设置循环次数 4 次
        XOR   AL, AL
DONE:   MOV   AL, [BX]
        ADC   AL, [BX+4]            ;DAT1 与 DAT2 对应字节带进位相加
        MOV   [BX+8], AL            ;结果存入 DAT3 对应字节
        INC   BX                    ;BX 指向 DAT1 下一字节
        LOOP  DONE                  ;4 次相加未到,返回继续加法运算
        RET                         ;子程序返回
ADDS    ENDP
;--------------------------------------------------------------------
CODE    ENDS
        END   START
```

(3) 利用堆栈传递参数

该方法是主调程序与子程序将要传递的参数压入堆栈中，使用时再从堆栈中取出。由于堆栈具有后进先出的特性，在多重调用时层次分明，因此适合参数较多且子程序有嵌套和递归调用的场合。

例 4-17 对例 4-16 用堆栈方式分析解决。

分析：用堆栈方式完成两个多字节数相加，可以将待相加的两个四字节数的首地址和结果存放单元首地址压入堆栈保存，在子程序中从堆栈取出保存的三个地址，再用寄存器间接寻址方式取得加数，并将结果存入相应的结果存放单元。

参考程序清单如下：

```
DATA      SEGMENT
          DAT1   DB   11H,22H,33H,44H
          DAT2   DB   55H,66H,77H,88H
          DAT3   DB   5 DUP(?)
DATA      ENDS
```

```
STACK1  SEGMENT PARA STACK'STACK'
        DB      100 DUP(?)
STACK1  ENDS
CODE    SEGMENT
        ASSUME CS:CODE,DS:DATA,SS:STACK1
START:  MOV     AX,DATA
        MOV     DS,AX
        LEA     BX, DAT1
        PUSH    BX
        LEA     BX, DAT2
        PUSH    BX
        LEA     BX, DAT3
        PUSH    BX
        CALL    ADDS                    ;调用求和子程序
L1:     MOV     DL, 0
        ADC     DL, DL                  ;将最后的进位存入 DL
        MOV     [BX],DL                 ;将进位赋给 DAT3 的高字节
        MOV     AH,4CH                  ;返回到 DOS
        INT     21H
;------------------------------------------------------------------
ADDS    PROC NEAR                       ;求和子程序
        MOV     BP, SP
        MOV     CX, 4                   ;设置循环次数 4 次
        MOV     SI, [BP+6]
        MOV     DI, [BP+4]
        MOV     BX, [BP+2]
        XOR     AX, AX                  ;第 1 次相加前,CF 清 0
DONE:   MOV     AL, [SI]
        ADC     AL, [DI]                ;DAT1 与 DAT2 对应字节带进位相加
        MOV     [BX], AL                ;结果存入 DAT3 对应字节
        INC     SI                      ;SI 指向 DAT1 下一字节
        INC     DI                      ;DI 指向 DAT2 下一字节
        INC     BX                      ;BX 指向 DAT3 下一字节
        LOOP    DONE                    ;4 次相加未到,返回继续加法运算
        RET     6                       ;子程序返回
ADDS    ENDP
;------------------------------------------------------------------
CODE    ENDS
        END  START
```

注意，在例 4-17 中，主程序通过三条压栈指令，分别将 DAT1、DAT2 和 DAT3 的偏移地址压栈，每个偏移地址均为两个字节，接着执行 CALL 指令，由于是段内调用，该指令自动将断点 L1 的偏移地址（两个字节）压栈保存，此时堆栈的状态如图 4-15 所示。在子程序中要取出参数内容，必须跳过栈顶两个字节单元的断点地址，因此子程序中利用了 BP 寄存器指向堆栈，来取出堆栈内容。另外子程序的返回用的是 RET 6，该指令在弹出栈顶断点

地址返回主程序 L1 处后，SP 指针继续向下移 6 个字节单元，即再释放掉堆栈中 6 个字节的内容：DAT1、DAT2 和 DAT3 的偏移地址，以使堆栈恢复原样。仅用 RET 指令也能返回断点 L1 处，但不能清除堆栈中的参数。

4. 子程序的嵌套与递归

子程序的嵌套与递归是一种典型的子程序调用的例子，如图 4-16 所示。

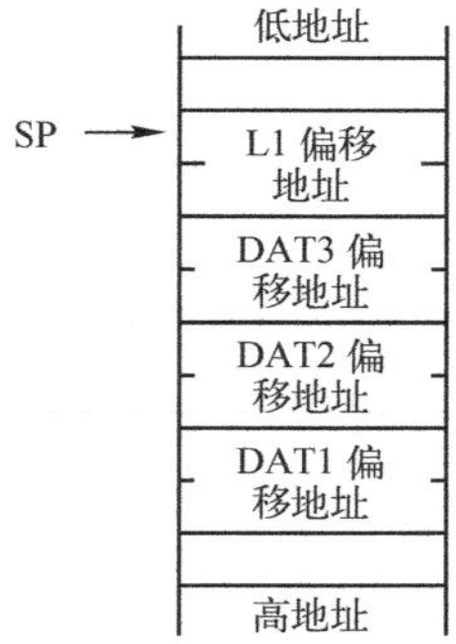

图 4-15　堆栈单元分配情况

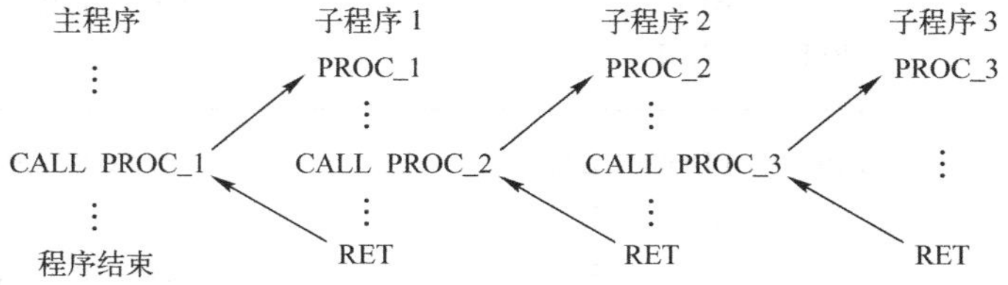

图 4-16　子程序嵌套示意图

（1）子程序的嵌套

在子程序中调用另一个子程序，称为子程序的嵌套。由于调用和返回过程是通过堆栈操作进行的，它们按照后进先出的原则依次取出返回地址，因而不会因为嵌套而造成混乱。其嵌套的深度（层数）受堆栈容量的限制。

例 4-18　将从 BUF 单元开始存放的若干字节数据显示在屏幕上。

分析：1 个字节单元即两位十六进制数，要将 1 个字节单元（如 12H）显示在屏幕上，必须将其拆分成 01H 和 02H，然后将其转化成对应的 ASCII 码，再调用对应的 DOS 功能号，将其显示在屏幕上。可将拆分部分和显示部分编为子程序进行调用。

```
DATA    SEGMENT
        BUF   DB  12H,0B4H,56H,78H,9DH
        N   EQU   $-BUF
DATA    ENDS
CODE    SEGMENT
        ASSUME CS:CODE,DS:DATA
START:  MOV   AX, DATA
        MOV   DS, AX
        LEA   SI,BUF
        MOV   CX,N
L0:     CALL  SPLIT                     ;调用拆分子程序,将两位十六进制数拆开
        INC   SI                        ;SI 增 1,为取下个数做准备
        LOOP  L0                        ;返回继续处理下一个数
        MOV   AH,4CH
        INT   21H                       ;返回到 DOS
;--------------------------------------------------------------------
SPLIT   PROC NEAR                       ;拆分子程序
```

```
        MOV  DL,[SI]                    ;取数
        SHR  DL,4                       ;将高位移至低位,得到高位
        CALL DISP                       ;调用显示子程序,显示高位
        MOV  DL,[SI]
        AND  DL,0FH                     ;屏蔽掉高位,得到低位
        CALL DISP                       ;调用显示子程序,显示低位
        MOV  DL,' '
        MOV  AH,2
        INT  21H                        ;在两数之间显示空格
        RET                             ;子程序返回
SPLIT   ENDP
;---------------------------------------------------------------
DISP    PROC NEAR                       ;显示子程序
        CMP  DL,9
        JNA  L1                         ;该位小于9,转至L1
        ADD  DL,7                       ;否则该位先加上7
L1:     ADD  DL,30H                     ;加上30H
        MOV  AH,2
        INT  21H                        ;显示字符
        RET                             ;子程序返回
DISP    ENDP
;---------------------------------------------------------------
CODE    ENDS
        END  START
```

（2）子程序的递归

子程序中调用子程序自身，称为子程序的递归。

递归方式符合人们的思维习惯，但由于递归调用要多次保护返回地址和某些中间结果到堆栈，随着递归次数增多，会有大量的进栈与出栈操作，需要很多运行时间，运行效率较低。在编写递归程序时，应注意以下几点：

1）所编写的递归子程序的对象应具有递归性质，即每次重新进入递归的操作与前一次相同。

2）递归子程序一定要有递归结束条件，以退出递归。

3）当递归次数较多，数据进出堆栈量很大时，要求有较大的堆栈空间，否则会产生堆栈的溢出。

例 4-19 利用递归子程序求 N!

分析：$N!=N(N-1)!=N(N-1)(N-2)!=\cdots=N(N-1)(N-2)\cdots 1$，而 $0!=1$，$1!=1$，$2!=2*1=2*1!$，因此在求N！时，只需将N，N-1，N-2，…，2，1依次分离，从求出1！开始，按照 $2!=1!*2$，$3!=2!*3$ 一直递推运算直至 $N!=(N-1)!*N$ 即可。实现的方法为将数据按照N，N-1，…，2，1的顺序压入堆栈，计算出0!，然后从堆栈中依次弹出1，2，…，N数据。每弹出一个数据便与前次阶乘运算结果相乘，一直到所有数据运算完为止，最后结果即为N!。

程序清单如下：

```
DATA    SEGMENT
        N       DW  ?
        RETL    DW  ?
DATA    ENDS
STACK1  SEGMENT PARA STACK'STACK'
        DB      100 DUP(?)
STACK1  ENDS
CODE    SEGMENT
        ASSUME CS:CODE,DS:DATA,SS:STACK1
START:  MOV     AX,DATA
        MOV     DS,AX
        MOV     AX,N
        MOV     DH,0
        CALL    FACT                ;调用递归子程序
        MOV     RETL,DX             ;通过寄存器 DX,传递结果
        MOV     AH,4CH              ;返回到 DOS
        INT     21H
;------------------------------------------------------------
FACT    PROC    NEAR                ;递归子程序
        CMP     AL,0
        JZ      DONE                ;为 0,求出 0!
        PUSH    AX
        DEC     AX
        CALL    FACT                ;依次将 N,N-1,…,1 压栈
BACK:   POP     CX                  ;弹出数据 1,2,…,N
        XOR     AX,AX
MULT:   ADD     AX,DX
        LOOP    MULT                ;利用累加方法求两数乘积
        MOV     DX,AX
EXIT:   RET
DONE:   MOV     DX,1
        JMP     EXIT
FACT    ENDP
;------------------------------------------------------------
CODE    ENDS
        END     START
```

4.2.4 DOS 及 BIOS 功能调用

DOS 和 BIOS 是两组系统软件，它们为用户提供了许多例行子程序，用于完成基本 I/O 设备（如 CRT 显示器、键盘、打印机、硬盘等）、内存、文件和作业的管理，以及时钟、日

历的读出和设置等功能。用户访问或调用这些子程序时，不用了解硬件操作的具体细节，只需在寄存器 AH 中给出子程序功能号，然后直接使用软中断指令，调用对应的 DOS 或 BIOS 中断子程序即可实现相应功能。

由于 BIOS 功能比 DOS 功能更接近系统硬件，因此在使用 DOS 和 BIOS 中断能实现相同功能的情况下，应尽可能地使用 DOS 功能。

无论 DOS 功能调用还是 BIOS 功能调用，其调用模式均为

```
MOV    AH,功能号
设置入口参数
INT    n
分析出口参数
```

其中 INT　n 为软中断指令，n 为中断类型码。80386/80486 微机系统兼容 8086/8088，软件中断可以分为 3 部分：

1）DOS 中断，占用类型号为 20H～3FH。目前使用的有 20H～27H，其余类型号保留。

2）BIOS 中断，占用类型号为 10H～1FH。

3）自由中断，占用类型号为 40H～FFH。可供系统或应用程序设置开发的中断处理程序使用。

下面分别介绍一些基本的 DOS 及 BIOS 功能调用程序。

1. DOS 功能调用

DOS 功能调用主要包括基本输入/输出、文件管理和其他（内存管理、置取时间、置取中断向量和终止程序等）。DOS 系统常用的输入/输出功能调用见表 4-1，下面介绍其中几个基本的输入/输出功能调用。

表 4-1　DOS 系统常用的输入/输出（INT 21H）功能调用

功 能 号	功　能	入 口 参 数	出 口 参 数	备　注
01H	等待键入单个字符，有回显	无	AL = 按键字符的 ASCII 码	不能由 Ctrl_C 终止等待
02H	显示单个字符	DL = 待显示字符的 ASCII 码	无	该功能要影响 AL 中的内容
05H	向打印机发送单个字符	DL = 待打印字符的 ASCII 码	无	
06H	字符输入/字符显示	DL = FFH（输入） DL = 其他（输出）	AL = 按键字符的 ASCII 码	输入时，若有键按下，Z = 0，否则 Z = 1
07H	等待键入单个字符，无回显	无	AL = 按键字符的 ASCII 码	可由 Ctrl_C 终止等待
08H	等待键入单个字符，无回显	无	AL = 按键字符的 ASCII 码	不能由 Ctrl_C 终止等待
09H	显示字符串	DS：DX = 字符串首地址	无	字符串必须以‘$’结束
0AH	等待键入一串字符串送用户数据缓冲区，有回显	DS：DX = 缓冲区首地址	缓冲区第 2 字节为实际输入字符数，第 3 字节开始为输入字符串对应的 ASCII 码	不能由 Ctrl_C 终止等待，该功能要影响 AL 中的内容
0BH	查询有无键盘输入	无	AL = 0，无键按下； AL = FFH，有键按下	

（续）

功能号	功　　能	入口参数	出口参数	备　　注
0CH	清除键盘缓冲区，然后调用由 AL 指定的功能	AL＝功能号（01、06、07、08 或 0AH）	无	AL 中的功能号与前面所讲的功能号调用完全相同
4CH	终止当前程序运行，把控制权转交给调用它的程序	AL＝返回码（或不设置）	无	

（1）DOS 的 01 号功能调用

功能：等待从键盘输入一个字符，并将其 ASCII 码值送入寄存器 AL，同时该字符显示在屏幕上。

入口参数：无。

调用格式：MOV　AH，01H

　　　　　INT　21H

出口参数：AL 中为输入字符的 ASCII 码值。

例如：如果在程序执行过程中，遇到指令 MOV　AH，01H

　　　　　　　　　　　　　　　　　　　INT　21H

程序在此等待用户从键盘键入字符，待键入单个字符后，如按下数字 2 键，则将 32H 回送给 AL，程序继续向下运行。

（2）DOS 的 02 号功能调用

功能：将 DL 寄存器中的字符输出到显示屏幕上。

入口参数：DL 寄存器中存放待输出字符的 ASCII 码值。

调用格式：MOV　AH，02H

　　　　　INT　21H

出口参数：无。

例如：需要在屏幕上显示数字 6，则程序为

```
MOV   DL,36H                 ;或者 MOV   DL,'6'
MOV   AH,02H
INT   21H
```

（3）DOS 的 09 号功能调用

功能：将字符串输出到显示屏幕上。

入口参数：DS:DX 指向内存中需要显示的以‘$’字符结尾的字符串首地址。

调用格式：MOV　AH，09H

　　　　　INT　21H

出口参数：无。

例如：需要在屏幕上显示字符串‘HAPPY’，则程序为

```
DATA   SEGMENT
       STR   DB'HAPPY $'        ;在数据段中定义字符串
DATA   ENDS
CODE   SEGMENT
…
```

```
        MOV  AX,DATA
        MOV  DS,AX            ;将数据段段基址也即字符串所在段的段基址赋给 DS
        LEA  DX,STR           ;将字符串首址的偏移地址赋给 DX
        MOV  AH,09H           ;用 DOS 的 09 号功能调用实现显示
        INT  21H
        ...
CODE ENDS
```

注意使用09号功能时，字符串定义一定要以'$'字符作为结束标志，否则该功能将会从字符串首地址单元开始将内存中的内容依次显示在屏幕上，直到遇到'$'字符才结束。

（4）DOS 的 0AH 号功能调用

功能：从键盘接收字符串到内存缓冲区，以回车键结束输入，同时该字符串显示在屏幕上。若字符个数超过定义允许的最大长度，则响警示音并无法继续键入。

入口参数：DS∶DX 指向内存中缓冲区首址，其中缓冲区第 1 个字节单元为允许输入字符串的最大长度（包含回车键），缓冲区第 2 个字节单元待字符串输入完成后，会存放实际输入的字符个数（不包含回车键），第 3 个字节单元开始依次存放从键盘输入字符的 ASCII 码。若实际输入字符个数少于定义的允许最大输入长度，则缓冲区内剩余字节填 0。

调用格式：MOV　AH，0AH

　　　　　INT　21H

出口参数：缓冲区第 2 字节为实际输入的字符数（不含回车键），缓冲区第 3 个字节开始为输入字符串对应 ASCII 码，键入回车键完成字符串的输入。例如从键盘接收一串字符串，程序为

```
DATA  SEGMENT                 ;在数据段中定义缓冲区
BUF   DB  50                  ;定义允许键入字符串的最大个数为 50 个
      DB  ?                   ;待字符串键入完成后自动装入实际键入字符个数
          DB  50 DUP(?)       ;依次存放所键入字符的 ASCII 码
      DATA ENDS
      CODE SEGMENT
      ...
      MOV AX,DATA
      MOV DS,AX               ;将数据段段基址也即缓冲区段基址赋给 DS
      LEA DX,BUF              ;将缓冲区首址的偏移地址赋给 DX
      MOV AH,0AH              ;用 DOS 的 0A 号功能调用实现字符串键入
      INT 21H
      ...
CODE ENDS
```

该程序在数据段中定义了允许键入字符串的最大个数为 50 个，在执行完 0AH 功能号指令后，会等待用户从键盘输入字符，直到输入回车键结束，如果没有输入回车键而输入字符个数达到 49 个，则响警示音并无法继续键入除回车键之外的其他字符。即因为回车键的 ASCII 码 0DH 要占用一个字节单元，所以实际输入的最大字符个数仅为 49 个。

如在该程序执行到 0AH 功能号后，用户从键盘输入大写字母 A 和 B，然后按下回车键，

则从 BUF 单元开始存放的内容依次为 50、2、41H、42H、0DH，其中 50 是在数据段中定义的允许键入的最大字符个数，因为键入了两个字符，所以第二个字节单元自动装入 2，接着存放的是键入字符 ‘A’ 和 ‘B’ 以及回车键的 ASCII 码 41H、42H、0DH，因为在数据段定义时开辟了 50 个字节单元存放键入字符 ASCII 码，现在仅占用 3 个字节单元，后面的 47 个字节单元将自动全为 0。

2. BIOS 功能调用

BIOS 功能调用有很多，在此仅对几种常用的功能加以介绍。

（1）键盘 I/O 功能调用

键盘 I/O 中断调用指令为 INT 16H，功能号同样是要求预置于寄存器 AH 中。

1）BIOS 的 0 号功能调用。

功能：读取键盘键入的一个字符，无回显。

入口参数：无。

调用格式：
```
MOV   AH，0H
INT   16H
```

出口参数：AL 中为输入字符的 ASCII 码值，AH 中为输入字符的扫描码。

注意，执行该功能时，如果键盘缓冲区为空，即无字符输入，则等待。字符也包括功能键，其对应的 ASCII 码值为 0。

2）BIOS 的 01 号功能调用。

功能：查询键盘缓冲区有无字符。不等待按键，立即返回。

入口参数：无。

调用格式：
```
MOV   AH，01H
INT   16H
```

出口参数：ZF 标识位=0，表示有键输入，且 AL 中为输入字符的 ASCII 码值，AH 中为输入字符的扫描码。ZF 标志位=1，表示无键输入。

（2）显示 I/O 功能调用

显示 I/O 中断调用指令为 INT 10H，功能号仍然是预置于寄存器 AH 中。常用的显示 I/O功能调用见表 4-2。

表 4-2　BIOS 常用的显示 I/O 功能

功能号	功能	入口参数	出口参数
00H	设置屏幕显示方式	AL=0，40 * 25 黑白文本方式 AL=1，40 * 25 彩色文本方式 AL=2，80 * 25 黑白文本方式 AL=3，80 * 25 彩色文本方式	无
01H	设置光标类型	CH 低四位=光标开始线 CL 低四位=光标结束线	无
02H	设置光标位置	BH=显示页号，DH=行号，DL=列号	无
03H	读取光标当前位置	BH=显示页号	CH=光标开始行 CL=光标结束行 DH、DL=光标在屏幕上的行、列号

（续）

功能号	功能	入口参数	出口参数
05H	设置当前显示页	AL=显示存储器页号	在屏幕上显示出指定显示页的字符
06H	向上滚屏	AL=上滚行数，BH=填空白行的属性，CH、CL=窗口左上角的行、列号，DH、DL=窗口右下角的行、列号	无
07H	向下滚屏	AL=下滚行数，其余同6号	无
08H	读取光标所在位置的字符及其属性	BH=显示页号	AH=字符属性 AL=字符的ASCII码，如没有对应于字符的ASCII码，则AL=0
09H	将字符和属性显示到光标位置处	AL=字符ASCII码，BH=显示页号，BL=字符属性，CX=字符重复次数	无
0AH	将字符显示到光标位置处	AL=字符ASCII码，BH=显示页号，CX=字符重复次数	无
0EH	显示一个字符	BH=显示页号 AL=字符ASCII码	无
13H	显示字符串（仅286以上微机有此功能）	AL=写模式，BH=显示页号，BL=属性，CX=串长度，DH、DL=字符串起始行、列号，ES：BP=待显字符串首地址	无

拓展阅读1

4.3 习题

一、单项选择题

1. 设数据段定义为：DAI DW 'AB'，'CD'，'EF'，'GH'；指令 MOV AX,DAI+3 执行后 AX 中的内容是（　　）。

A. 'EF'　　B. 'CD'　　C. 'BC'　　D. 'FC'

2. 使用 DOS 系统功能调用时，使用的软中断指令是（　　）。

A. INT 21H　　B. INT 10H　　C. INT 16H　　D. INT 13H

3. 汇编语言源程序中，每个语句由四项组成，如语句要完成一定功能，那么该语句中不可省略的项是（　　）。

A. 名字项　　B. 操作项　　C. 操作数项　　D. 注释项

4. 编写分支程序，在进行条件判断前，可用指令构成条件，其中不能形成条件的指令有（　　）。

A. CMP　　B. SUB　　C. AND　　D. MOV

5. “先判断后工作”的循环程序结构中，循环体执行的次数最少是（　　）。

A. 1　　B. 0　　C. 2　　D. 不定

6. 在一段汇编程序中多次调用另一段程序，用宏指令比用子程序实现（　　）。

A. 占内存空间小，但速度慢　　B. 占内存空间大，但速度快

C. 所占内存空间相同，速度快　　D. 所占内存空间相同，速度慢

二、填空题

7. 在汇编语言程序开发过程中，经编辑产生的汇编语言源程序的扩展名为________；对上述源文件进行________操作，可以获得扩展名为 .OBJ 的目标文件；对目标文件进行________操作，可以产生扩展名为________的可执行文件。

8. 如果一个过程需要被段间调用，那么该过程必须定义为________类型，如果只是段内调用，则只需定义为________类型。

9. DOS 系统功能调用方式为：①置入口参数；②中断程序编号送________寄存器后执行 INT 21H。

三、简答题

10. 简述汇编语言相对于高级语言的优点和缺点。

11. 简述汇编语言程序设计的基本步骤。

12. 软中断与子程序调用的主要差别是什么？

13. 画出下列语句中的数据在存储器中的存储情况。

```
NUM1 DB 25,-1,'abc',2 DUP(3 DUP('? '))
NUM2 EQU 4
NUM2 DW 25,'AB',$+4
```

14. 对于以下的数据定义，各条 MOV 指令单独执行后，寄存器 AX 的内容是什么？

```
NB1 DB ?
NB2 DW 4 DUP(?),7,9
NB3 DB '12A'
NB4 DD 12345678H,1
(1) MOV AX, TYPE NB1
(2) MOV AX, TYPE NB2
(3) MOV AX, LENGTH NB2
(4) MOV AX, SIZE NB3
(5) MOV AX, LENGTH NB4
(6) MOV AX, SIZE NB4
```

四、程序设计题

15. 已知在以 BUF 为首地址的数据区中，存放 10 个 8 位无符号数，试编程求出最大偶数存入 BIG 单元，并将它的偏移地址存入 ADDR 中。

16. 已知数组 A 包含 15 个互不相等的整数，数组 B 包含 20 个互不相等的整数。试编制一程序，把既在 A 中又在 B 中出现的整数存放于数组 Z 中。

17. 试编程实现：从 2000H 单元开始的区域，存放 100 个字节的字符串，请找出其中符号‘?’的个数，并将符号‘?’用数字‘0’取代。

18. 试编程实现：以 DAT 为首地址的两个字节单元存放了两个无符号数，求它们的差的绝对值，将结果存入 RET 单元中，并以十进制形式显示在屏幕上。

19. 设计一个完整的汇编语言源程序。已知两个整数变量 A 和 B，试编写程序完成下述操作：

（1）若两个数中有一个奇数，则将奇数存入 A 中，偶数存入 B 中。

（2）若两个数均为奇数，则两个数分别加 1，并存回原变量。

（3）若两个数均为偶数，则两个变量不变。

20. 从键盘输入一个字符串，统计其中含有数字、大写字母和小写字母的个数，并显示在屏幕上。

21. 在 BUF1 和 BUF2 两个数据区中，各定义有 10 个带符号字数据，试编制一个完整的汇编语言源程序，求它们对应项的绝对值之和，并将和数存入以 SUM 为首址的数据区中。

22. 把 DAT1 和 DAT2 中分别存放着两个字节单元的非压缩 BCD 码，组合为一个压缩 BCD 码，并存入 DAT3 中。

23. 在 NUM1 和 NUM2 两数据区分别有 20 个字节单元带符号数。试编制一完整的汇编语言源程序，求出对应项两数据平均值（平均值的小数部分略去），并存入 NUM3 数据区中。

24. 试编制一个汇编语言源程序，统计 DA1 字单元中含 0 的个数，如统计的结果为奇数，则将进借位置 1，否则将进借位清 0。

第5章　存储系统

【本章导学】

微机中存储数据和程序的存储系统是怎样构成的？本章介绍存储系统的概念及其分级结构，针对32位CPU的微型计算机，系统讨论内存结构和典型的内存设计模式，介绍内存条及其相关技术、虚拟存储器及存储管理、高速缓冲存储器等内容。

5.1　存储系统概述

存储器是微型计算机的基本组成部分，用于存放微型计算机工作所必需的程序和数据。由于微处理器所执行的指令和数据都是从存储器读取的，因此存储器的性能在很大程度上决定了微处理器性能的发挥。

存储器技术的发展目标始终都是容量更大、速度更快、体积更小、成本更低。为了追求更高性能的存储器，人们一方面在存储器的设计、制造上下功夫，另一方面致力于优化存储器系统结构。由于微型计算机的主存储器不能同时满足存取速度快、容量大和成本低的要求，因此微型计算机采用了速度从快到慢、容量从小到大的多种存储器，用最优的控制调度算法和合理的成本，实现性能最佳的存储系统。

存储系统指将多个速度、容量和价格都不相同的存储器，用软硬件方法整合成一个存储系统，这个存储系统的存取速度接近速度最快的那个存储器，存储容量与容量最大的存储器相当，而单位存储容量的价格接近最便宜的那个存储器。

5.1.1　存储系统的分级结构

目前的微型计算机大都采用分级结构的存储系统，如图5-1所示。整个存储系统从内到外分为4级：CPU内部寄存器、高速缓冲存储器、内存储器和外存储器。其中内存储器又称为“主存储器”，简称主存；外存储器又称为“辅助存储器”，简称辅存。整个存储系统从内到外在存取速度上逐级递减，存储容量上逐级递增。

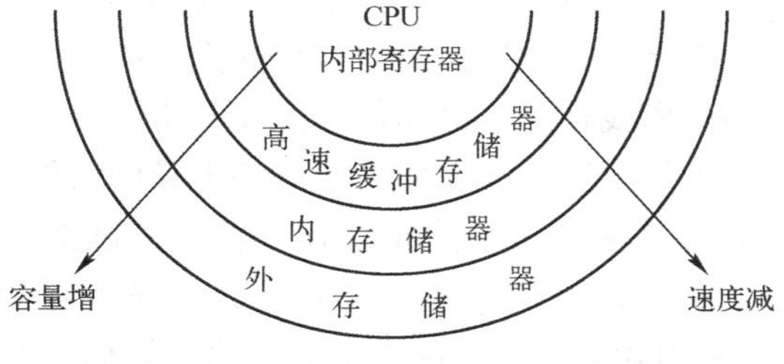

图5-1　存储系统的分级结构示意图

最内层存储器是微处理器内部的寄存器，运算数据以及运算结果可以暂存在寄存器中。微处理器对内部寄存器的读/写速度最快，一般可在一个时钟周期内完成，充分利用这些寄存器，可以在一定程度上提高系统性能。在微处理器内部设置寄存器的目的是减少微处理器访问外部存储器的次数，提高系统性能，但受芯片面积和集成度的限制，内部寄存器的数量极其有限。

第二级存储器是高速缓冲存储器。采用高速缓冲存储器是为了解决内存储器与微处理器速度不匹配的问题，其存取速度足以与微处理器的工作速度相匹配，用于存放当前访问最频繁的程序和数据。绝大多数情况下微处理器直接从高速缓冲存储器中存取数据，大大提高了存储系统的存取速度，使得微处理器能够充分发挥自身的运算能力。从 80486 开始高速缓冲存储器一般都与微处理器集成在一起，目前的微处理器大多采用三级缓存结构。不同型号的微处理器，其高速缓冲存储器的容量有较大差别，例如 Intel® Core™ i5-12600 有 480 KB 一级缓存（每个内核 80 KB，其中指令缓存 32 KB、数据缓存 48 KB）、7.5 MB 二级缓存（每个内核 1.5 MB）和 18 MB 三级缓存（所有内核共享），而 AMD Ryzen™ 7 5800X3D 有 512 KB 一级缓存（每个内核 64 KB）、4 MB 二级缓存（每个内核 512 KB）和 96 MB 三级缓存（所有内核共享）。

第三级存储器是内存储器，运行的程序和数据都放在内存储器中。由于微处理器对存储系统的访问绝大部分落在高速缓冲存储器中，即使内存的存取速度稍慢一些，也不会对整个存储系统的存取速度产生大的影响，因此可以适当降低对内存存取速度的要求，用较低价格实现较大容量的存储器。随着存储器技术的发展，内存条的价格不断下降，而容量持续增大，从过去的几百 MB 到现在的几千 MB，目前微型计算机的主流配置为 16~32 GB 的内存。

最外层存储器是超大容量的外存储器，如硬盘、光盘、U 盘等。外存容量可高达上百 GB，甚至 TB，因此，也称为“海量存储器”。与内存相比，外存的存取速度要慢得多，但微处理器不直接访问外存，而是将外存的内容成批地加载到内存中，因此外存较慢的存取速度对整个存储系统来说影响不大。

5.1.2 存储器的分类

存储器按存储介质分类，可分为磁表面存储器、光存储器和半导体存储器三大类。

磁表面存储器是将磁性材料涂敷于基体上，制成磁记录载体，通过磁头与基体之间的相对运动来读写记录的存储器。常见的磁表面存储器有磁带存储器、软磁盘存储器（简称软盘）、硬磁盘存储器（简称硬盘）。

光存储器是指用光学方法从光存储媒体上读取和存储数据的一种设备，一般指光盘机、全息存储器、光带机和光卡机等。光盘机是最为常见的光存储器，光盘则是最为常见的光存储媒体。光盘机和光盘多用于离线存储，例如作为防灾备份。

半导体存储器是一种用于数字数据存储的数字电子半导体器件。最早的半导体存储器使用无源器件（如电阻、电容等）制造，后来也使用二极管。随着新技术的出现，双极型晶体管和 MOS 管取代了二极管、电阻、电容，用于制造半导体存储器。现今，使用 CMOS（互补金属氧化物半导体）和 HMOS（高性能金属氧化物半导体）技术制造的低功耗集成电路型的半导体存储器具有更高的存取速度。半导体存储器是微型计算机的主要存储元件，用来存储程序和数据。半导体存储器在微型计算机中广泛使用，其中内存储器多采用半导体材质的随机存取存储器 RAM，而 BIOS 固件则采用半导体材质的只读存储器 ROM。随着技术的发展，出现了使用半导体存储器的固态硬盘。为了与固态硬盘相区分，将使用磁表面存储器的硬盘称为机械硬盘。过去机械硬盘是微型计算机外存储器的标准配置，但是固态硬盘在读写速度、功耗、重量等指标上都远远优于机械硬盘，只是价格较高，近年来固态硬盘逐渐有取代机械硬盘的趋势。

上述三种存储器各有其优点，分别用于存储系统的不同层次。其中，半导体存储器在微型计算机存储系统的构成中极为重要。微处理器只能直接访问存储在内存中的数据，外存中的数据必须先调入内存后才能被微处理器访问和处理。BIOS 保存着微型计算机最重要的基本输入/输出程序、开机自检程序和系统自启动程序，它也是微型计算机启动时运行的第一个软件。内存、BIOS 以及微处理器中的高速缓存都是半导体存储器，只是分属不同的类别。

半导体存储器按存取方式不同，又可分为随机存取存储器（Random Access Memory，RAM）和只读存储器（Read Only Memory，ROM）两大类。随机存取存储器的特点是：可以随意访问存储器中的任何一个存储单元，存取时间与存储单元的物理位置无关，存取速度较快，但掉电时所存储的内容会丢失，属于挥发性存储器（Volatile Memory）。只读存储器的特点是：正常工作时只能读取存储单元中的内容，而不能改写，但即使掉电所存储的内容也不会丢失，属于非挥发性存储器（Non-Volatile Memory）。

1. RAM

高速缓冲存储器以及内存储器采用的都是随机存取存储器。随机存取存储器 RAM 可进一步分为静态 RAM（Static RAM，SRAM）和动态 RAM（Dynamic RAM，DRAM）两大类。典型的 SRAM 需要用 4 个晶体管才能存储一位二进制信息，这 4 个晶体管形成两个交叉耦合的反相器，存储单元有两个稳定的状态，分别表示二进制的“0”和“1”，此外还需要两个晶体管为访问存储单元提供控制信号，因此 SRAM 至少需要 6 个晶体管才能存储和访问一位二进制信息，其单位存储单元的电路结构示意图如图 5-2 所示。

DRAM 的优点是结构简单，只需要一个晶体管和一个电容就可以存储一位二进制信息，用电容的充电和放电状态表示二进制数据，电路结构如图 5-3 所示。DRAM 的存取速度较慢，并且由于电容存在放电问题，一段时间后所保存的信息会逐渐消失，因此 DRAM 需要定时刷新，即每隔一段时间就将所存的信息读出再重新写入。

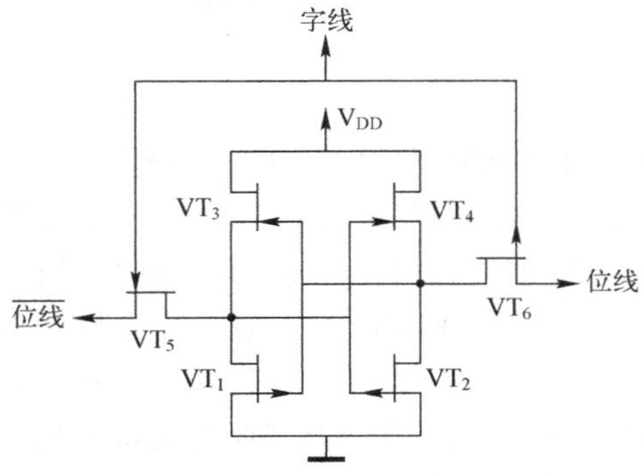

图 5-2　SRAM 存储单元电路结构示意图

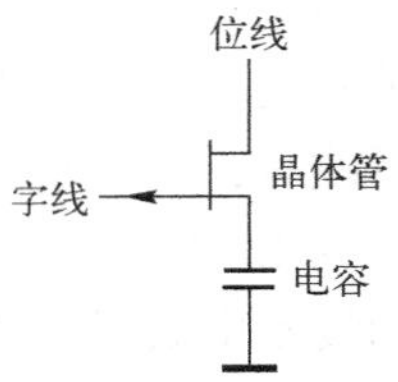

图 5-3　DRAM 存储单元电路结构示意图

与 DRAM 相比，SRAM 不需要定时刷新，访问速度明显快于 DRAM，但需要 6 个晶体管才能存储并访问一位二进制数据，电路比 DRAM 复杂，集成度低，且价格较高，因此多用于高速缓冲存储器。而 DRAM 具有价格低廉、集成度高等优点，内存条基本都采用了 DRAM 存储器。

2. ROM

只读存储器 ROM 通常用于存放微型计算机的基本程序和数据，例如 BIOS 程序。此外现在使用很广泛的移动存储 U 盘所采用的闪存就是 ROM 类型的存储器。ROM 存储器有多种类型，按照技术发展的进程，主要有以下几种。

（1）掩膜式 ROM（Mask ROM）

掩膜式 ROM 存储器中的数据是生产厂商根据用户需求，在制造存储芯片时写入的，其内容一旦写入便不可更改。由于芯片的设计制作周期较长，制作成本较高，只用于大批量生产的微机产品中。

（2）可编程 ROM（Programmable ROM，PROM）

由于掩膜式 ROM 存储器使用不灵活，并且只适用于大批量生产，因此 1956 年在美国空军的要求下 Wen Tsing Chow 发明了可编程 ROM 存储器。典型的 PROM 存储芯片在出厂时所有位均为“1”，每个位由一个熔丝连接，用户根据需要，编程将熔丝“烧断”，该位就为“0”了。由于烧断熔丝是不可逆的过程，因此 PROM 存储芯片只能写入一次，写入后其内容不能改写。

（3）可擦除可编程 ROM（Erasable Programmable ROM，EPROM）

1971 年，Intel 公司的工程师 Dov Frohman 发明了可擦除可编程 ROM 存储器（即 EPROM 存储器）。EPROM 存储芯片可以重复擦除和写入，解决了 PROM 存储芯片只能写入一次的问题。EPROM 存储芯片采用浮栅晶体管（Floating-gate Transistor）阵列，写入数据时存储芯片上所施加的编程电压远高于数字电路的正常工作电压，因此 EPROM 存储芯片不能在线改写，需要专门的设备才能写入，并且改写前需要先将存储芯片放置在较强的紫外线下照射，擦除掉存储芯片内容后，再写入新的内容。

（4）电可擦除可编程 ROM（Electrically-Erasable Programmable ROM，EEPROM）

为了解决 EPROM 存储芯片改写不够方便的缺点，工程师 Eli Harari 发明了 EEPROM 存储芯片。但 EEPROM 芯片的编程电压同样比数字电路的正常工作电压高，并且使用寿命有限，写入次数只能达到上万或几十万次，因此 EEPROM 只适用于存放较为固定不变的信息，例如硬件设备的配置信息等。

（5）闪存（Flash ROM）

1984 年，日本的舛冈富士雄博士在为东芝公司工作期间发明了快闪存储器，简称闪存。同年他在加州旧金山 IEEE 国际电子组件大会（International Electron Devices Meeting，IEDM）上发表了这项发明。闪存是可以重复擦写的只读存储器，技术上属于 EEPROM，但闪存以块为单位进行改写，其成本远远低于以字节为单位改写的 EEPROM。闪存具有能耗低、读取速度较快（与 EEPROM 比）、抗震性好（与硬盘比）、存储可靠性高等特点，这些特性使得闪存在移动设备中获得广泛的应用，U 盘、数码相机、笔记本、随身听等大都采用闪存作为存储介质，目前闪存是非挥发性存储器中应用最广泛的存储器。

5.1.3 存储技术的发展

存储技术的发展可以从几个方面来看，首先是个体存储器性能指标上的提升，例如容量更大、速度更快、价格更低、体积更小等，人们对这些性能指标的追求一直是存储技术发展的驱动力，固态硬盘可以说是这方面的代表。其次是多个存储器以某种方式组合起来以实现对现有的个体存储器性能指标的超越，例如个体存储器所无法达到的大存储容量、高访问速度、高可用性等，独立磁盘冗余阵列（RAID）技术是这方面的典型。最后是网络普及化之后，存储方式出现重大变革，例如与本机存储相对应的网络存储，以及在云计算概念上衍生发展出来的云存储等。

1. 固态硬盘

传统的硬盘是带有机械运动部件的磁表面存储器，因此也被叫作机械硬盘。固态硬盘的工作原理与之完全不同。固态硬盘（Solid-State Drive，SSD）是使用集成电路组件（例如Flash 存储器）来持久存放数据的固态存储设备。固态硬盘也被叫作固态盘、固态电子盘、固盘。

由于采用半导体存储器并且完全不含机械运行部件，固态硬盘的体积可以做得很小，功耗也非常低，非常适合空间紧凑的笔记本计算机和嵌入式系统。固态硬盘没有运行噪声，访问性能和可靠性也都远远高于机械硬盘，当然价格也较高，较高的价格是目前阻碍固态硬盘大规模应用的一个重要因素。完全采用固态硬盘的微型计算机还比较少见，一些微型计算机采取折中方案来平衡性能和价格：使用中小容量的固态硬盘作为系统盘和应用盘，存放需要高速访问的程序和游戏，而使用大容量的机械硬盘作为数据盘，存放不需要高速访问的海量文件存档。

随着技术的进步，固态硬盘的价格不断降低，其应用范围也在逐渐扩大。

2. 独立磁盘冗余阵列

独立磁盘冗余阵列（Redundant Array of Independent Disks，RAID）是一种数据存储虚拟技术，它将多个物理盘驱动器合并成一个或多个逻辑单元，以达到数据冗余或性能提升的目的，与此同时，相对单个物理驱动器而言，还可以实现存储容量的增加。

数据冗余是指通过使用额外的存储空间来增加磁盘的可靠度。这意味着，当有磁盘发生故障时，如果损坏磁盘上的数据在其他磁盘上曾经保存有备份，就可以从备份来恢复数据并继续运行。另一方面，如果数据只是在多个磁盘上保存而没有通过 RAID 技术做冗余，那么任一单个磁盘的损坏都将影响到全体数据。

RAID 是一种存储系统而不是文件系统。通常用以下关键点来评估一个 RAID 系统。

1）可靠度（Reliability）：系统能够容忍发生故障的磁盘个数。

2）可用性（Availability）：系统服务不中断运行时间占实际运行时间的比例。

3）性能（Performance）：响应时间、吞吐量等。

4）容量（Capacity）：N 个磁盘组成阵列后，能够提供给用户的可用容量大小。

RAID 技术有多种级别以适应不同的场景需要，有侧重于性能或容量的，有侧重于可靠度和可用性的，也有几者兼顾的。

RAID 0：通过将数据条带化（Striping）并分布在多个磁盘上来提高性能和增加容量，但没有数据冗余，系统不能容忍故障，任一单个磁盘发生故障都将破坏整个阵列的数据。

RAID 0 是唯一一个在故障时不能提供数据恢复的级别，它主要用于对性能和容量要求较高但对可靠度要求不高的场合。严格地讲，RAID 0 不算真正意义上的独立磁盘冗余阵列。

RAID 1：又叫作数据镜像，它将阵列中的磁盘分为两组，所有数据都会同时在两组磁盘中以完全相同的方式镜像存放，也就是说，每一组磁盘都存放着所有数据的完整副本且存放位置相同。当任意一组中的单个或多个磁盘发生故障时，都可以从另一组中完好的镜像磁盘恢复数据。只要不是两组中相对应的两个磁盘都发生故障，数据就不会丢失。在所有的RAID 级别中，RAID 1 的可靠度最高，其代价就是数据的存储空间翻倍，容量最低。由于数据存放使用镜像而不是条带化，读写性能不如 RAID 0。

RAID 3：由字节级数据条带构成，只需要一个额外的磁盘专门用来存放冗余数据（奇偶校验位码），只能容忍一个磁盘发生故障。实际应用中，RAID 3 将数据按字节进行条带化并分布在多个磁盘上，每一个数据条带都计算出对应的奇偶校验位码的字节，并存放到指定的冗余盘。奇偶校验位码字节的每一个位都是由数据条带中每一个字节的对应位计算得到。当某个磁盘发生故障时，通过数据条带在其他磁盘上的完好部分和奇偶校验位码就能计算出故障磁盘上对应的数据。奇偶校验位码的计算和读写会对性能产生一些影响，但相对 RAID 1 的高成本，这样的性能损失对低成本解决方案来说也在可接受的范围内。不过 RAID 3 现在已经很少使用，而被更好的 RAID 5 取代。

RAID 5：由块级数据条带构成，它将数据按块（即扇区）进行条带化并分布在多个磁盘上，奇偶校验位码分布式存放在阵列的所有磁盘上，通常是轮流使用各个磁盘，而不需要专门存放冗余数据的磁盘。RAID 5 也只能容忍一个磁盘发生故障，其读写性能优于字节级数据条带的 RAID 3。RAID 5 各方面性能比较均衡，多面全能又经济实惠，是目前应用最广泛的 RAID 级别。

RAID 6：与 RAID 5 类似，但要分布式存放两份校验结果在不同的磁盘上，能容忍两个磁盘发生故障。RAID 6 使用两种校验方法，其中一种与 RAID 5 相同，另一种是独立的数据检查算法。RAID 6 的可靠度高于 RAID 5，成本也高于 RAID 5，相同磁盘数量的阵列容量低于 RAID 5，写性能略低于 RAID 5。

RAID 10：也写作 RAID 1+0，被称为镜像条带化。RAID 10 由偶数个磁盘构成，它将磁盘按每两个一对的方式分成很多对，每一对的两个磁盘做 RAID 1，磁盘对之间做 RAID 0。由于兼具 RAID 1 的高可靠度和 RAID 0 的高读写性能，RAID 10 是既要求可靠度也要求性能场合的不二选择，唯一的缺点是成本过于高昂。

表 5-1 列出了常见的 RAID 级别及其主要关键点，其中 N 为组成 RAID 的磁盘数量，B 为单个磁盘能够提供的最大容量。组成同一个 RAID 的单个磁盘应该具有相同的容量和基本一致的性能指标。

表 5-1 RAID 性能指标

RAID 级别	最小磁盘数量	故障磁盘最大数量	可靠度	性 能	容 量
RAID 0	2	0	差	读写性能优	$N \times B$
RAID 1	2	$N/2$	优	读写性能良	$N \times B/2$
RAID 3	3	1	良	顺序读写性能良，随机读写性能差；大文件读写性能良，小文件读写性能差	$(N-1) \times B$

（续）

RAID 级别	最小磁盘数量	故障磁盘最大数量	可靠度	性　能	容　量
RAID 5	3	1	良	读写性能良	$(N-1)\times B$
RAID 6	4	2	良+	读性能良，写性能略低于 RAID 5	$(N-2)\times B$
RAID 10	4	$N/2$	优	读写性能优	$N\times B/2$

对于底层系统来讲，RAID 是非常透明的，这意味着对于主机系统来说 RAID 表现得像一个单个的大磁盘，这使得 RAID 可以替换一些较旧的技术而不用对已有代码做出太多修改。另一方面，这也使得 RAID 可以很容易地使用新技术对自身进行完善和提升。虽然 RAID 是伴随传统的机械硬盘的发展而产生的，但随着固盘的发展，能够使用固盘的 RAID 也已经出现。

3. 网络存储

通常情况下，程序和数据以文件方式存放在微型计算机的外存中，在运行时加载到内存。这里的内外是相对微处理器而言的，而对微型计算机来讲，外存仍然是内置在它的机箱中，属于内置存储，也叫本机存储或本地存储。当遇到一些特殊需求的时候（如文件共享、容灾备份、海量文件存档等），本地存储不够用，这时就需要用到各种外部存储方式，常见的有 DAS、NAS、SAN 和云存储。

DAS 的全称是直接附加存储（Direct Attached Storage）。DAS 的概念是相对 NAS 和 SAN 而提出的，它是指直接附加到计算机上供其访问的数字存储器。微型计算机内置的机械硬盘、固盘、光驱等都是 DAS，而通过机箱上的 USB、eSATA 等接口直接连接到微型计算机的 U 盘、外接硬盘、外接光驱等也是 DAS，只不过前者是内置存储，后者是外接存储。当内置 DAS 的容量不够，或需要将文件备份存档，或需要在不同微型计算机之间传递文件时，就会用到外接 DAS。DAS 的优点是访问速度快、便携性好，缺点是一次只能供一台微型计算机使用。只有少量文件需要传递或离线备份的个人用户大多会选用简单易用且价格低廉的外接 DAS。

NAS 的全称是网络附加存储（Network-attached Storage），它是通过计算机网络向各种客户端提供数据访问的数据存储服务器，这里的网络可以是有线局域网、无线局域网或 Internet 等基于 TCP/IP 的常见网络。NAS 提供的是文件级存储，由相关的硬件、软件和配置组成。NAS 的主要功能是向网络内的客户提供文件存储和共享，同时它也能够提供比本机存储更大的容量、更高的可靠度和可用性，通常使用 RAID 技术或类似机制实现。NAS 支持 NFS、SMB、AFP 等网络文件共享协议。受到网络特性的局限，NAS 的访问性能低于 DAS，但是因为性价比高，有大量文件需要共享或备份存档的家用和小型商用用户常常选择 NAS。

SAN 的全称是存储区域网络（Storage Area Network），它是提供访问统一数据存储的计算机网络。SAN 提供的是块级数据存储，用户直接访问到数据存储设备，这意味着在操作系统看来 SAN 设备与 DAS 设备没有区别。SAN 不使用 TCP/IP，而是采用小型计算机系统接口 SCSI（Small Computer Systems Interface）、基于 IP 的小型计算机系统接口 iSCSI（Internet Small Computer Systems Interface）或光纤通道（Fiber Channel）等专用协议来实现用户主机与 SAN 设备之间的网络连接。SAN 面向任务关键的企业级工作负载，提供了绝佳的访问性能、可靠度和可扩充性。对可靠度和可用性、性能、容量的要求都很高的大型商用和数据中心用户通常会选用 SAN，当然也只有他们才负担得起 SAN 的高昂成本。

云存储简单地说就是将数据存放在远程服务器群集构成的逻辑存储池（“云”）上，并通过 Internet 访问。自建并自用的是私有云存储，由主机公司管理运营并出售或出租给公众使用的是公有云存储。通过购买公有云存储的存储空间，无力自建云存储的个人和组织也能享受到云存储的好处。云存储在物理上可能跨越多个服务器，有时这些服务器还位于不同的地理位置，正因为如此，那些能够在不同地理位置存放多份数据副本的云存储常常成为异地容灾的首选方案。除此之外，随时随地可访问的便捷性、存储服务器有专门维护团队等，也是云存储吸引人的优点。云存储的缺点则主要是由于网络特性导致的访问性能低于 DAS，并且公有云存储还存在隐私泄露的安全风险。

5.2 内存储器的构成原理

5.2.1 存储器芯片的接口特性

了解各种常用存储器芯片的接口特性是设计或扩展微型计算机存储系统的基础，而了解存储器芯片的接口特性，实质上就是了解它有哪些信号线，以及这些信号线与总线的连接方法。

1. EPROM 的接口特性

典型的 EPROM 芯片有 Intel 公司的 2716、2732、2764、27128、27256 和 27512 等，容量分别为 2 K×8 位、4 K×8 位、8 K×8 位、16 K×8 位、32 K×8 位和 64 K×8 位。前两种为 24 引脚的双列直插式封装，后 4 种为 28 引脚的双列直插式封装，它们的外接信号线如图 5-4 所示。

27512	27256	27128	2764	2732	2716			2716	2732	2764	27128	27256	27512
64K×8	32K×8	16K×8	8K×8	4K×8	2K×8			2K×8	4K×8	8K×8	16K×8	32K×8	64K×8
A_{15}	→	→	V_{PP}			1	28			V_{CC}	←	←	←
→	→	→	A_{12}			2	27			$\overline{PGM}$	←	A_{14}	←
→	→	→	→	→	A_7	3(1)	(24)26	V_{CC}	V_{CC}	NC	A_{13}	←	←
→	→	→	→	→	A_6	4(2)	(23)25	A_8	A_8	←	←	←	←
→	→	→	→	→	A_5	5(3)	(22)24	A_9	A_9	←	←	←	←
→	→	→	→	→	A_4	6(4)	(21)23	V_{PP}	A_{11}	←	←	←	←
→	→	→	→	→	A_3	7(5)	(20)22	$\overline{OE}$	$\overline{OE}/V_{PP}$	←	←	←	←
→	→	→	→	→	A_2	8(6)	(19)21	A_{10}	A_{10}	←	←	←	←
→	→	→	→	→	A_1	9(7)	(18)20	$\overline{CE}/PGM$	←	$\overline{CE}$	←	←	←
→	→	→	→	→	A_0	10(8)	(17)19	D_7	←	←	←	←	←
→	→	→	→	→	D_0	11(9)	(16)18	D_6	←	←	←	←	←
→	→	→	→	→	D_1	12(10)	(15)17	D_5	←	←	←	←	←
→	→	→	→	→	D_2	13(11)	(14)16	D_4	←	←	←	←	←
→	→	→	→	→	GND	14(12)	(13)15	D_3	←	←	←	←	←

图 5-4 典型 EPROM 芯片的外接信号线

从图 5-4 可见，这几种芯片的引脚和外接信号线大同小异，在排列上也有一定的兼容性（“→/←”表示与箭头所指引脚名相同），各引脚功能如下。

地址线 —— $A_i \sim A_0$，具体 i 取值由芯片存储单元个数决定，存储单元个数 $=2^{i+1}$；

数据线 —— $D_7 \sim D_0$；

片选线 —— $\overline{CE}$；

输出允许线 —— $\overline{OE}$；

电源线 —— V_{CC}，接+5 V；

V_{PP}—— 编程电源。编程时需+20 V 左右，因产品不同而有所不同。

GND —— 地。

2. EEPROM 的接口特性

EEPROM 的突出特点是可以在线进行以字节为单位的读/写。常用的 EEPROM 芯片有 Intel 公司的 2816、2817 和 2816A、2817A、2864A 等。图 5-5 给出了 2816A 和 2817A 的引脚排列及功能。两者都是 2 K×8 位存储容量，数据引线和地址引线一样，差别只在于 2817A 比 2816A 多了一根说明存储芯片状态的信号线 RDY/$\overline{BUSY}$，该引脚为高电平时说明芯片准备就绪，为低电平则说明芯片处于忙碌状态。在写一个字节的过程中，该引脚为低电平，写完后变为高电平。这个功能使 2817A 可以在每写完一个字节后向 CPU 提出中断请求，或者 CPU 也可以通过查询该引脚，决定是否继续写入下一个字节。启动写操作时片选等控制信

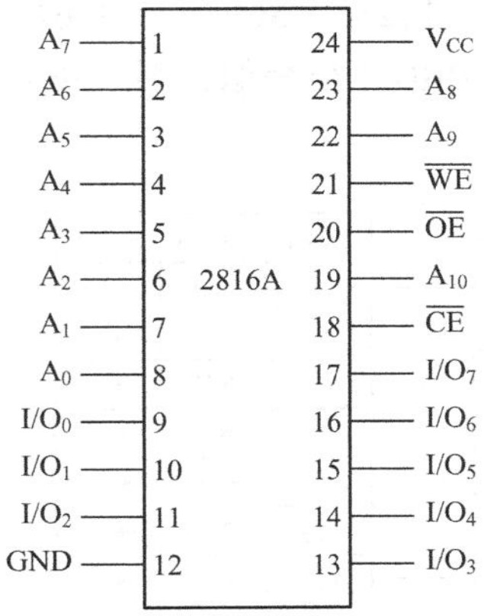

$A_0 \sim A_{10}$	地址线
$\overline{OE}$	读允许
$I/O_0 \sim I/O_7$	数据输入／输出线
$\overline{CE}$	片选
$\overline{WE}$	写允许

a)

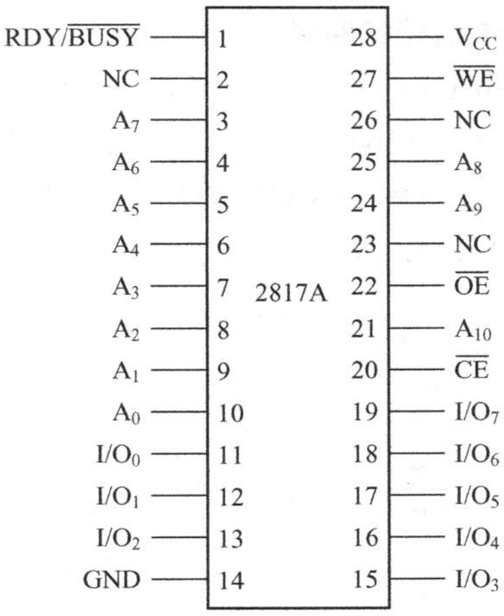

$A_0 \sim A_{10}$	地址线
$\overline{OE}$	读允许
$I/O_0 \sim I/O_7$	数据输入／输出线
$\overline{CE}$	片选
$\overline{WE}$	写允许
RDY/$\overline{BUSY}$	忙／闲输出

b)

图 5-5　常用 EEPROM 的外接信号线

a）2816A　b）2817A

号和数据信号只需要保持极短的时间，在写入过程中，其数据线（即 I/O_0 ~ I/O_7）始终呈高阻状态，不会影响 CPU 继续执行其他程序，因此，采用中断方式既可以在线修改其中存储的参数，又不会影响 CPU 实时工作，使得 2817A 比 2816A 在应用上更方便。

2816A 和 2817A 的工作方式分别见表 5-2 和表 5-3。

表 5-2　2816A 的工作方式

	$\overline{CE}$	$\overline{OE}$	$\overline{WE}$	I/O
读	0	0	1	DOUT
维持	1	X	X	高阻
字节擦除	0	1	0	DIN = VIN
字节写入	0	1	0	DIN
全片擦除	0	+10 ~ +15 V	0	DIN = VIN
不操作	0	1	1	高阻

表 5-3　2817A 的工作方式

	$\overline{CE}$	$\overline{OE}$	$\overline{WE}$	I/O
读	0	0	1	DOUT
维持	1	X	X	高阻
字节写入	0	1	0	DIN

3. SRAM 的接口特性

常用的 SRAM 芯片有 2 K×8 位（如 2128、6116）、4 K×8 位（如 6132、6232）、8 K×8（如 6164、6264、3264、7164）、32 K×8 位（如 61256、71256、5C256）和 64 K×8 位（如 64C512、74512）等。SRAM 的外部引脚信号设置与 EEPROM 很相似，图 5-6 给出了 2 KB、4 KB 和 8 KB SRAM 芯片的引脚配置。

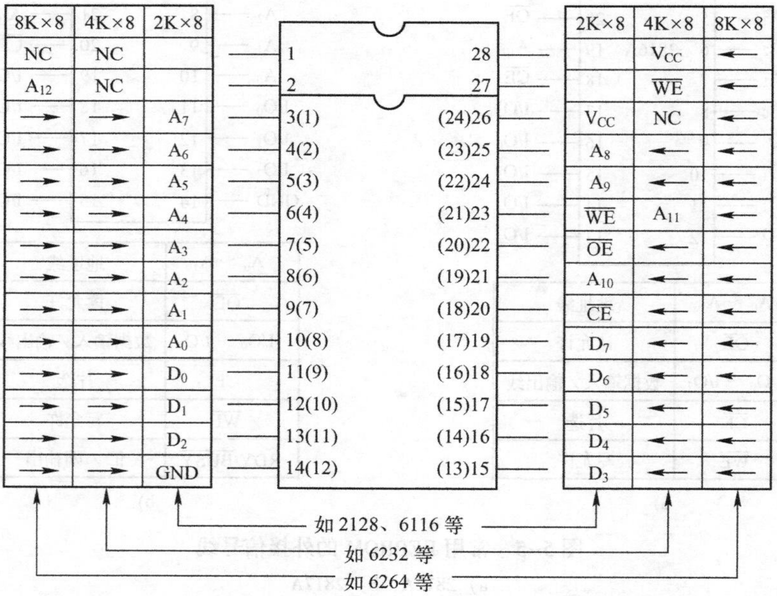

图 5-6　常用 SRAM 的外部信号线

2128、6116 等有两根读/写控制线，读允许控制信号线$\overline{OE}$和写允许控制信号线$\overline{WE}$；6232、6264 等只有一根读/写控制信号线$\overline{WE}$，当$\overline{WE}=0$ 时为写允许，而$\overline{WE}=1$ 时为读允许。

4. DRAM 的接口特性

常用的 DRAM 芯片有 64 K×1 位、64 K×4 位、256 K×1 位、256 K×4 位、1 M×1 位、1 M×4 位和 4 M×1 位等。图 5-7 给出了 64 K×1 位 DRAM 芯片 4564 的引脚和结构示意图。

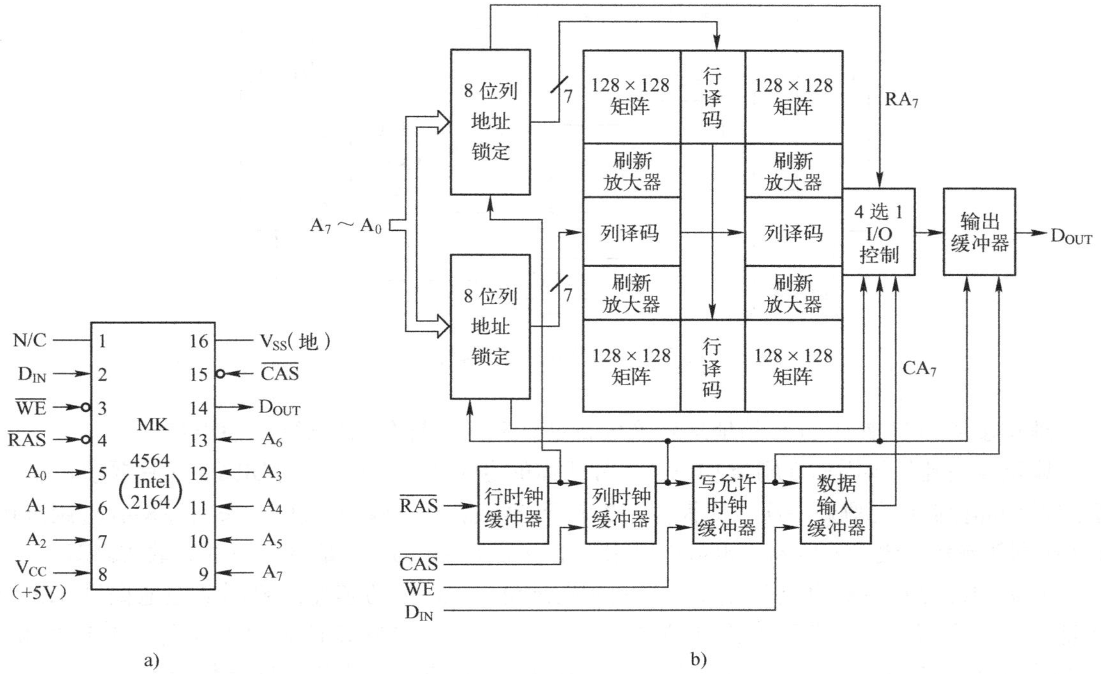

图 5-7　4564 的引脚配置与内部结构

a）引脚配置　b）内部结构

DRAM 芯片不设专门的片选信号线，用行选信号$\overline{RAS}$、列选信号$\overline{CAS}$兼作片选信号。只设置 1 根读/写控制信号$\overline{WE}$。

DRAM 芯片将全部存储单元（图 5-7 中是 64 K 位）排列为 4 个行/列矩阵（图 5-7 中是 4 个 128 行×128 列矩阵）。对图 5-7 所示电路，由 7 位行地址和 7 位列地址译码，在 4 个矩阵中各选中一个地址单元（每单元 1 位），再由行、列地址各 1 位（RA_7、CA_7）译码，从中选出所需的那个单元写入或读出数据。与此同时，4 个矩阵将在行地址控制下刷新，即每次刷新 128×4 个存储单元。芯片如果只加上行选通信号$\overline{RAS}$，不加列选通信号$\overline{CAS}$，可以把地址加到行译码器，使指定的 4 行存储单元只被刷新，而不进行读/写操作，这时数据输出端为高阻态。可见，每当芯片被选中时，都会产生一次刷新过程。由于芯片的刷新周期一般不能大于 2 ms，利用芯片的读/写实现刷新显然是不可靠的，必须为刷新提供专门的电路。这个电路能够在刷新时提供行选通信号，并且提供连续的行地址，保证在 2 ms 以内将全部行地址循环一次。

实现 DRAM 定时刷新的方法和电路有多种，可以由 CPU 通过一定控制逻辑实现，也可以用 DMA 控制器实现，还可以用专用 DRAM 控制器实现。

图 5-8 给出了一个由 CPU 控制刷新的 DRAM 接口逻辑框图。其接口电路主要由地址多路器、刷新定时器、刷新地址计数器、仲裁器、控制信号发生器和总线收发器等部分组成。

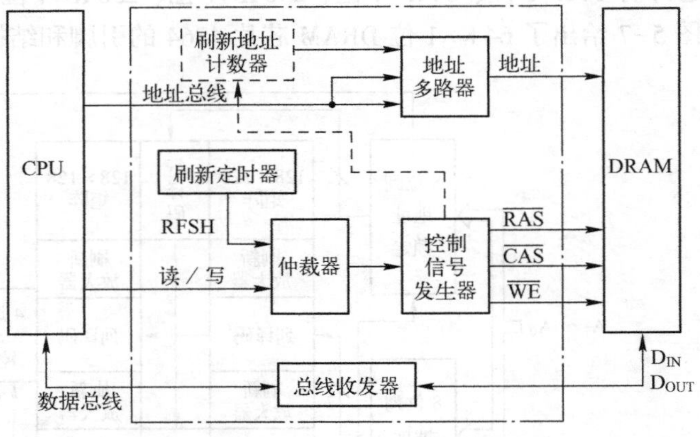

图 5-8　DRAM 接口逻辑框图

地址多路器将来自 CPU 的地址转换成行地址和列地址分两次送出给 DRAM。

刷新定时器提供周期性刷新 DRAM 芯片所需的定时功能。1M 位的 DRAM 芯片要求 8 ms 内必须对全部存储单元刷新一次，即提供 512 个行刷新地址。刷新方式可以采用每 8 ms 连续进行 512 次刷新操作的集中式刷新，也可以采用每 15.6 μs(8 ms÷512) 刷新一行的分散式刷新。

刷新地址计数器提供刷新操作所需的刷新地址。1 M 位的芯片需要周期性地提供 512 个地址，所以刷新地址计数器要由 9 位构成。而 256 K 位和 128 K 位芯片则分别要用 8 位和 7 位的计数器。256 K 位以上的 DRAM 芯片大多内部已具有这种刷新地址计数器。

当 CPU 访问存储器的请求与刷新定时器的刷新请求同时产生时，就要由仲裁器对两者的优先权进行判决。

控制信号发生器提供行地址选通信号$\overline{RAS}$、列地址选通信号$\overline{CAS}$、写允许信号$\overline{WE}$以及刷新地址计数器的计数输入信号，以满足对 DRAM 进行正常访问和刷新的要求。

总线收发器为 DRAM 的输入、输出数据提供 I/O 缓冲，所以也叫 I/O 数据缓冲器。

目前有专门的 DRAM 控制器芯片，将 DRAM 接口功能集于一体，如 W4006AF 芯片就是这样的控制器。只需要将 W4006AF 与 CPU 的信号直接相连，就可产生控制 DRAM 芯片的各种定时信号。此外还有 IRAM 芯片，进一步将动态刷新逻辑和地址多路复用逻辑集成于芯片内，从外部接口特性看就像 SRAM 一样，如 Intel 2186/2187，其电源电压为+5 V，工作电流为 70 mA，存取时间为 250 ns，外部引脚及功能如图 5-9 所示。2186 和 2187 的主要区别仅在引脚 1。2186 的引脚 1 为 RDY 信号端，是输出引脚，用于刷新检测，应用时一般与 CPU 的 READY 引脚相连；而 2187 的引脚 1 是刷新控制信号$\overline{REFRE}$，是输入引脚，用于对 2187 的刷新选通。

5. 单列直插式 DRAM 存储器的接口特性

微型计算机一般采用单列直插封装（SIMM）的内存条来构成具有 32 位或 64 位数据总线宽度的内存。内存条按容量分为 256 MB、512 MB 和 1 GB 等多种。按内存条上所装存储器的位数分有 9 位和 8 位两种。9 位的内存条带有奇偶校验位，功能全，对硬件的适应性好；而 8 位的内存条无奇偶校验位，成本相对较低。按电路板的引脚数又可分为 30 线和 72 线两种通用标准，30 线的内存条比较小巧，提供 8 位有效数据位和 1 位奇偶校验位；72 线的内存条体积比较大，可以提供 32 位的有效数据位和 4 位奇偶校验位（每字节 1 位）。

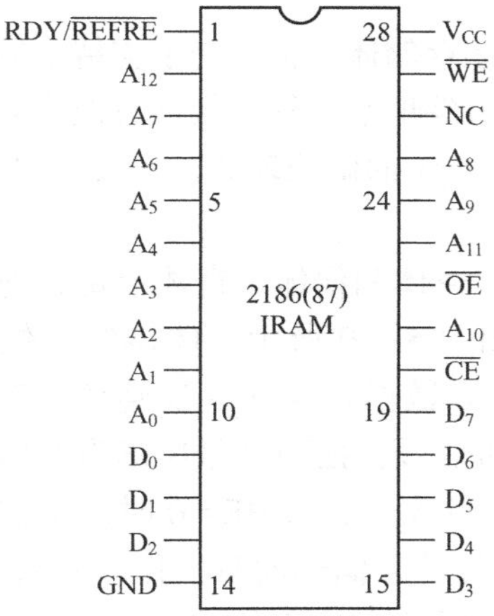

$A_0 \sim A_{12}$	地址线
$D_0 \sim D_7$	数据线
$\overline{CE}$	片选线
$\overline{OE}$	读允许线
$\overline{WE}$	写允许线
V_{CC}	+5V 电源
GND	地
RDY/$\overline{REFRE}$	RDY 为 2187 刷新检测（出） $\overline{REFRE}$ 为 2187 刷新选通（入）

图 5-9　2186/2187 的引脚配置

一般主板上内存条的安装插槽分为几个体（BANK），每个体（BANK）中有 2~4 个内存插槽。Pentium 及以上 CPU 的数据线为 64 位，可以从内存中一次存取 64 位数据，而一个 72 线的内存条只能提供 32 位有效数据，这样 CPU 就需要同时对两个 72 线的内存条进行读/写操作，因此 Pentium 级的主板一般要求成对安装内存条，即安装 2 条或 4 条 72 线的内存条。为了简化存储器的安装设计，国际上又进一步推出了 100 线的 51SIMM 接口标准，具有 64 位有效数据位和 8 位奇偶校验位，只安装一个内存条就能实现一次读/写 64 位数据。

为便于了解 SIMM 的接口特性，表 5-4 给出了 72 线 SIMM 标准的引脚分配及功能说明。

表 5-4　72 线 SIMM 标准的引脚分配及功能

引脚号	信号名称	功能说明
2，4，6，8，20，22，24，26，36	$D_0 \sim D_8$（双向）	$D_0 \sim D_7$ 为有效数据位，D_8 为奇偶位
49，51，53，55，57，61，63，65，37	$D_9 \sim D_{17}$（双向）	$D_9 \sim D_{16}$ 为有效数据位，D_{17} 为奇偶位
3，5，7，9，21，23，25，27，35	$D_{18} \sim D_{26}$（双向）	$D_{18} \sim D_{25}$ 为有效数据位，D_{26} 为奇偶位
50，52，54，56，58，60，62，64，38	$D_{27} \sim D_{35}$（双向）	$D_{27} \sim D_{34}$ 为有效数据位，D_{35} 为奇偶位
10，30，59	V_{CC}	+5 V 电源线

引脚号	信号名称	功能说明
12，13，14，15，16，17，18，28，31	$A_0 \sim A_8$	地址输入线
44	$\overline{RAS_0}$	分别为 0，1 和 2，3 字节行地址选通信号
34	$\overline{RAS_2}$	
40，43，41，42	$\overline{CAS_0} \sim \overline{CAS_3}$	分别为 0~3 字节列地址选通信号
47	$\overline{WE}$	写允许
67~70	$PD_1 \sim PD_4$	存在性检测
11，19，29，32，33，45，46，48，66，71	NC	空 可作扩充地址线用
1，39，72	V_{SS}	地线

5.2.2 内存储器的设计

内存储器的设计一般包括以下三项工作：存储器结构的确定、存储器芯片的选择和存储器的连接。

1. 存储器结构的确定

存储器结构的确定主要指采用单存储体结构还是多存储体结构。为了支持不同数据宽度的操作，存储器一般都以字节为基本单位构成，按字节编地址。外部数据总线为8位的微处理器，其存储器只需用单体结构；而外部数据总线为16位的微处理器，一般采用双体结构，即两个8位的存储体。

80286将16 MB的物理地址空间分为两个存储体：奇体和偶体。奇体由奇数地址的存储单元组成，偶体则包含所有偶数地址的存储单元，如图5-10所示。偶体的8位数据线与CPU数据总线$D_7 \sim D_0$连接，而奇体的8位数据线与CPU数据总线$D_{15} \sim D_8$连接。CPU地址总线的$A_{23} \sim A_1$同时连到两个存储体，A_0作为偶体的选通信号，控制信号$\overline{BHE}$为奇体的选通信号。当$A_0=0$，$\overline{BHE}=1$时，偶数地址的存储体工作；当$A_0=1$，$\overline{BHE}=0$时，奇数地址的存储体工作；当$A_0=0$，$\overline{BHE}=0$时，偶数地址和奇数地址的存储体同时工作。如果一个16位数据的低8位数据存放在偶体的存储单元中，高8位数据存放在奇体的存储单元中，则称为“规则字”，可以在一个总线周期完成16位数据的传送。如果低8位数据在奇地址的存储体中，高8位数据在偶地址的存储体中，则称为“非规则字”，需要两个总线周期才可完成16位数据传送。

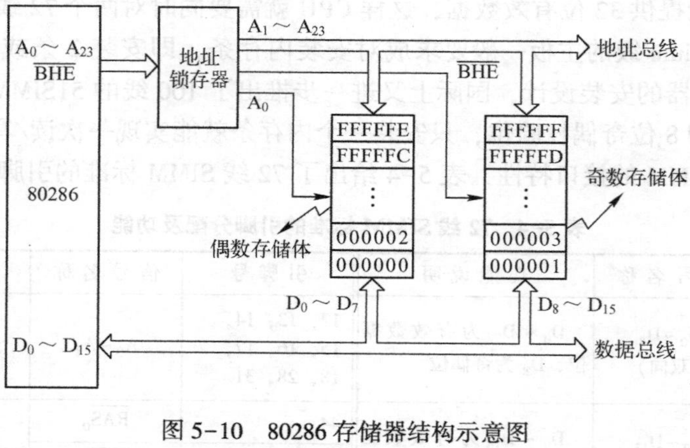

图5-10　80286存储器结构示意图

为了支持8位的字节操作、16位的字操作和32位的双字操作，80486等32位的微处理器一般采用4体结构。图5-11为80386/80486微处理器的存储器结构示意图，整个存储空间分成4个存储体，分别由$\overline{BE_3} \sim \overline{BE_0}$来选通，4个存储体可以构成32位数据。如果一个32位数据最低字节的地址能够被4整除，即$A_1A_0=00$，就称为“规则字”，可以在一个总线周期里完成32位数据的读/写操作，此时$\overline{BE_3} \sim \overline{BE_0}$同时有效。

2. 存储器的片选方法

如前所述，微型计算机的内存储器由一到多个存储体组成，而每个存储体由几个到几十个存储器芯片组成。为了简化存储器地址译码电路设计，一般选择同一型号的芯片构成存储体。存储芯片的地址线与 CPU 的低位地址总线直接相连，CPU 的高位地址信号线通过译码产生存储芯片的片选控制信号。

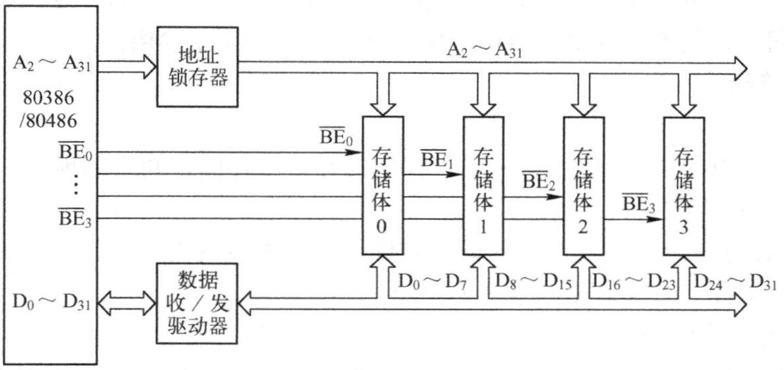

图 5-11　80386/80486 存储器结构示意图

高位地址信号线的译码方式有线选法、局部译码法和全译码法三种片选方法。线选法如图 5-12a 所示，高位地址线直接作为各个存储芯片的片选控制信号。每次寻址时，作为片选控制信号的地址线只能有 1 位有效，否则不能保证每次只选中一个芯片。

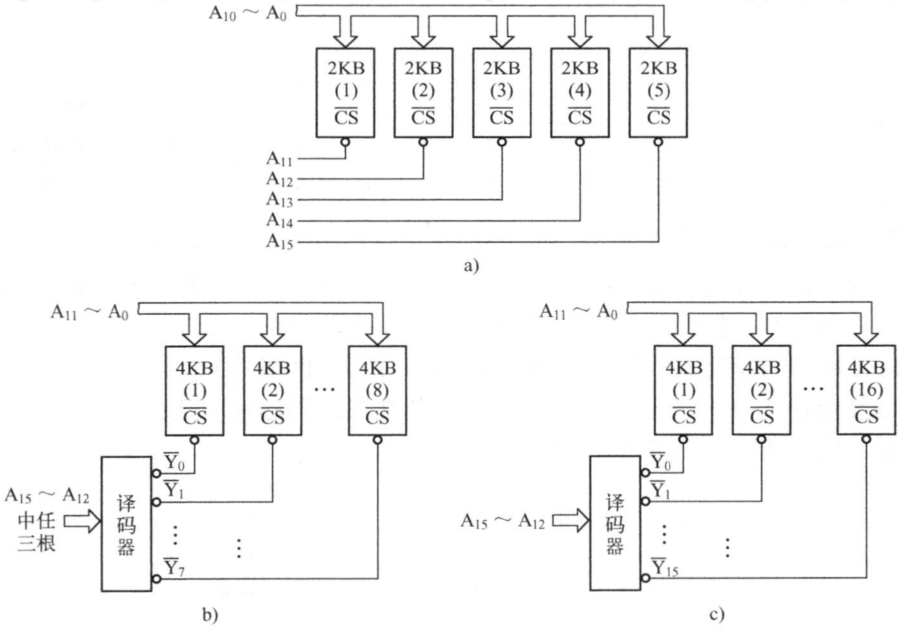

图 5-12　存储器的片选信号产生方法

a）线选法　b）局部译码法　c）全译码法

局部译码法是对高位地址线中的一部分（而不是全部）进行译码，以产生各存储器芯片的片选控制信号，如图 5-12b 所示。当地址线不够，不能采用线选法，而又不需要全部存储空间的寻址能力时，可采用这种方法。

线选法和局部译码法的共同优点是电路简单，尤其是线选法，不需要任何译码电路，缺点是存在地址不连续及地址重叠问题，没有利用全部的地址空间。全译码法是对全部高位地址线进行译码，译码输出作为各芯片的片选信号，如图 5-12c 所示。这种译码方法可以寻访整个地址空间，即使不需要使用全部存储空间，也可采用全译码法。

3. 存储器连接

存储器连接通常可按下列步骤进行：

1）根据系统实际装机存储容量，确定存储器在整个存储空间中的地址。

2）选择合适的存储芯片。

3）根据地址分配图表以及选用的译码器件，画出相应的地址位图，以此确定片选和片内单元选择的地址线，进而画出片选译码电路。

4）画出存储器的连接图。

例 5-1 为地址总线为 20 位的 8088 微处理器设计一个容量为 256 KB 的存储模块，要求 EPROM 区为 128 KB，地址从 80000H 开始，用 2 片 27512 芯片实现；RAM 区为 128 KB，地址从 A0000H 开始，用 2 片 74512 芯片实现。

分析：题目对存储模块的容量及其在存储空间的地址提出了明确要求，存储芯片信号也已给定，因此设计工作可从上述第 3）步画出地址分配表开始。地址分配表见表 5-5。

表 5-5 地址分配表

容量	芯片	地址线状态							地址范围
		A_{19}	A_{18}	A_{17}	A_{16}	A_{15}	…	A_0	
64 KB	27512(1)	1	0	0	0	X	…	X	80000 ~ 8FFFFH
64 KB	27512(2)	1	0	0	1	X	…	X	90000 ~ 9FFFFH
64 KB	74512(1)	1	0	1	0	X	…	X	A0000 ~ AFFFFH
64 KB	74512(2)	1	0	1	1	X	…	X	B0000 ~ BFFFFH

然后可根据地址分配表画出片选译码电路。由于采用的存储芯片 27512 和 74512 的存储容量相同，译码电路比较简单，用一个 74LS138 译码芯片就可以实现。

选 74LS138 作为译码器。由于 80000H ~ BFFFFH 地址区间的 A_{19} 始终为 1，因此 A_{19} 可与译码芯片的使能输入端 G_1 相连。A_{18}、A_{17}、A_{16} 分别与译码芯片的选择输入端 C、B、A 相连，存储模块的片选译码电路如图 5-13 所示。

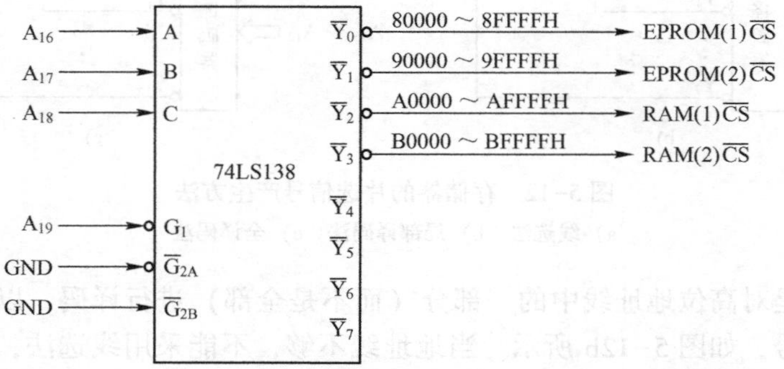

图 5-13 存储器接口电路

低位地址线 $A_{15} \sim A_0$ 直接与芯片的地址信号线相连。对于工作速度与 CPU 大体相当的存储芯片，读/写控制线的连接非常简单，只需将存储芯片的读/写控制端直接连到 CPU 总线或系统总线的相应功能端。

如果存储芯片的工作速度比较慢，以至于不能在 CPU 的读/写周期内完成读/写操作，那么 CPU 就需要在正常的读/写周期之外，再插入一个或几个等待周期，以实现读/写时序的匹配与操作的同步。这种情况下，存储模块的接口就必须能向 CPU 提供相应的等待信号。

5.3 内存条及其相关技术

5.3.1 内存条概述

大多数内存条采用的都是 DRAM 存储芯片，而内存条的类型有多种，例如 Asynchronous DRAM、Video DRAM（VRAM）、Window DRAM（WRAM）、Fast Page Mode（FPM）DRAM、Extended Data Out（EDO）DRAM 等。随着技术的不断进步，这些类型的内存条都已经被淘汰，目前 PC 大多采用 Synchronous DRAM（SDRAM），即同步动态内存，同步动态内存的技术也不断更新，产生了多种类型，目前主流的 DDR4 内存条就是同步内存的一种，其全称为 DDR4 SDRAM。

习惯上内存的访问时间以 ns 为单位，但同步动态内存的工作频率受时钟信号控制，即随着时钟信号的节拍进行读/写操作，因此同步动态内存的访问延迟时间（Latency）是时钟周期的（$1 \sim n$）倍。

SDRAM 内存由按行、列组织的存储单元阵列组成。需要访问某个存储单元时，内存控制器首先发出激活命令，送出行地址，经过几个时钟周期的延迟后，指定行被打开。此时控制器只要向内存发出列地址和读/写命令，就可以访问打开行中指定列的信息。如果要访问打开行的其他列，可继续发出列地址和读/写命令直接访问，但是要访问其他行则必须先发送预充（Precharge）命令，关闭当前打开的行，再发出激活命令打开新的行，预充命令也需要多个时钟周期才能完成。由于 SDRAM 内存的读/写操作都是由时钟信号控制的，因此，其性能指标中这些等待时间也都是内部总线时钟周期的（$1 \sim n$）倍。

5.3.2 内存条的主要性能指标

衡量内存条好坏的主要性能指标有说明容量、延迟时间以及内存带宽等。

1. 容量

容量是内存条最基本也是最直观的性能指标。由于计算机中的数据以二进制进行存储和运算，所以内存最小的存储单位为二进制位，英文为 bit，有时也音译为比特。最基本的存储单位为字节（byte），常用的数量级有千字节 KB（1 KB = 1024 B）、兆字节 MB（1 MB = 1024 KB）、吉字节 GB（1 GB = 1024 MB）。

2. CAS 延迟时间 t_{CL}

列地址选通（Column Address Strobe，CAS）延迟时间 t_{CL}，有时也直接称为 CL（CAS Latency），是反映内存读/写速度最重要的性能指标，指从控制器发出列地址选通命令给内存，到内存开始提供数据之间的时间延迟。随着内存条工作频率的提升，内存的 CL 参数设定所需的最少时钟周期个数也有所增加，例如 DDR-400 SDRAM 的 CL 一般为 2~3，而 DDR2-800 的 CL 则为 4~6。

3. RAS 到 CAS 延迟时间 t_{RCD}

行地址选通（Row Address Strobe，RAS）到列地址选通延迟时间 t_{RCD}（RAS to CAS Delay，RCD），指发出行地址选通 RAS 命令后，到发出列地址选通 CAS 命令之间的最小等待时间。

4. 行预充电时间 t_{RP}

在对一行的访问期间要访问另一行时，需要关闭当前打开的行，再打开另一行，所需的时间即为行预充电时间 t_{RP}（RAS Precharge，RP）。

5. 行激活时间 t_{RAS}

行激活时间 t_{RAS}（Row Active Time）。DDR SDRAM 内存一般将其设为 $t_{RCD}+t_{CL}+2$。

上述 4 个时序参数的数值越小，说明内存读/写的速度越快，花费的时间越少，其中最重要的参数是 CL。通常内存条会以 $t_{CL}-t_{RCD}-t_{RP}-t_{RAS}$ 的顺序说明上述参数，但有时会省略 t_{RAS} 参数，例如 2-3-3 指该内存条的 t_{CL} 为 2 个时钟周期，t_{RCD} 和 t_{RP} 都是 3 个时钟周期。

6. 内存带宽（Memory Bandwidth）

内存带宽是衡量内存吞吐率的性能指标，带宽越大越好。带宽与内存实际的数据传输频率相关，以核心频率（Core Frequency）为 200 MHz 的 DDR 内存为例来说，DDR 内存能够在时钟周期的上升沿和下降沿进行读/写操作，即在一个时钟周期内能进行两次读/写操作，其实际数据传输频率是内存核心频率的两倍，且每次可传输 64 位的数据，因此，DDR 内存的传输带宽可达 3.2 GB/s，计算公式如下：

200 MHz(内存核心频率)×2(双倍速率)×64/8 B=3200 MB/s

在内存技术的发展过程中，内存带宽指标和时序参数指标并不总是同时提升，出现过带宽提高（意味着性能提升），但是延迟时间增大（意味着性能下降）的情况，例如总体上 DDR2 内存条的性能优于 DDR，但是在相同的带宽下，DDR2 的时间延迟明显高于 DDR。

7. 串行存在探测 SPD

串行存在探测（Serial Presence Detect，SPD）是让计算机能够自动获取内存条相关配置信息的一种技术。固态技术协会 JEDEC 发布的第一个 SPD 规范是针对 SDR SDRAM 内存条的，自从 Intel 公司将该规范作为其 PC100 内存规范的一部分之后，内存生产厂商纷纷效仿，目前大多数内存条都支持 SPD。

为了实现 SPD，JEDEC 要求内存条中有 SPD EEPROM 芯片，内存条的相关参数存放在 EEPROM 芯片最低 128 字节中，包括时序参数、制造商、序列号以及其他有用信息。计算机开机时首先进行上电自检（Power-On Self-Test，POST），这个自检过程包括自动配置检测到的硬件，对于支持 SPD 的内存条，计算机就能够从内存条中读出参数设置，进而自动完成内存的参数设置，达到最稳定的性能。

5.3.3 单通道和多通道内存模式

RAM 内存通过内存总线与内存控制器相连，而内存控制器往往被集成到北桥芯片或微处理器中，内存通过内存总线与北桥芯片或微处理器相连。随着技术的发展，微处理器的运行频率和所能处理的数据带宽远远超出内存总线，使得两者之间的数据传输率（即带宽）变得不匹配，也就是说，内存总线的数据传输率跟不上微处理器的处理能力。

为了解决内存总线与微处理器之间数据传输率不匹配的问题，多通道内存架构应运而生。多通道内存架构通过在内存和内存控制器之间增加更多的通信通道来增加它们之间的数据传输率。理论上通道的数量代表着数据传输率提升的倍数，然而，现实中多通道内存架构的数据传输率还无法达到理论值，不过与单通道相比还是有了很大提升。

1. 单通道内存模式

最初的内存架构都是单通道模式。不论安装一个还是多个内存条，该模式都只提供单个通道带宽操作。单通道内存模式可以混插不同容量和规格的内存条。当内存条的速度不一样时，将使用最慢的那个内存时序。

2. 双通道内存模式

多通道内存架构应用得最早且最广泛的是双通道内存模式。双通道内存模式只有在两个通道上的内存条容量相同时才能开启，它能提供更高的吞吐量。当内存条的速度不一样时，将使用最慢的那个内存时序。DDR、DDR2、DDR3、DDR4 和 DDR5 内存都支持双通道内存模式。

双通道技术采用两个 64 位的内存控制器，理论上能够用两条同等规格的内存使内存带宽增长一倍。微处理器与北桥芯片之间的总线称为前端总线（Front-Side Bus，FSB），前端总线是微处理器与外界进行数据交换的最主要通道。外频是微处理器与主板之间的同步运行频率，也是整个微型计算机的基准频率。前端总线的速率指数据传输的速率，Intel Pentium 4 采用了四倍速率传输（Quad Data Rate，QDR）技术，其前端总线频率是外频的 4 倍，大大提高了传输带宽，这种情况下内存传输带宽的大小对于微处理器性能发挥至关重要。例如，微型计算机的外频为 133 MHz，微处理器的前端总线频率为 533 MHz，数据传输带宽为 4.2 GB/s，而在单通道内存模式下，DDR-266 内存所能提供的内存带宽为 2.1 GB/s，仅仅是微处理器总线带宽的一半，内存传输带宽成为限制系统性能的“瓶颈”。而双通道技术则能很好地解决这个问题，即用两条 DDR-266 内存条形成双通道，每个通道提供 2.1 GB/s 的内存带宽，两个通道一起就可以提供 4.2 GB/s 的内存带宽，恰好可以满足微处理器的传输需求。

双通道技术的实现首先要求主板支持双通道，其次内存条也需要成对配置，一般都采用相同的内存条，这样有利于达到最佳效果。双通道内存条的安装有一定的要求，主板上内存插槽的颜色和布局一般都有区分，如图 5-14 所示。主板上有 4 个内存插槽，每两根一组，每组颜色一般不一样，每一个组代表一个内存通道，只有当两组通道上都安装了内存条时，才能使内存工作在双通道模式下。

3. 三通道内存模式

三通道内存模式通过顺序访问内存条的方式来降低总体内存延迟，它要求 3 个通道上安装的内存条的容量和规格相同。

三通道内存模式定位比较尴尬，与双通道内存模式相比没有成本优势，与四通道内存模式相比没有性能优势，因而产品应用极少。仅有基于 Intel Socket LGA1366、LGA1356 平台的部分产品支持 DDR3 的三通道内存模式。

图 5-14　支持双通道的主板

4. 四通道内存模式

四通道内存模式要求 4 个通道上安装的内存条的容量和速度相同。

四通道内存模式最早见于 AMD Socket G34、Intel Opteron 6100 微处理器和为基于 LGA2011 平台的 i7 CPU 推出的 X79 芯片组。现在，几乎所有的发烧级微处理器，如 AMD Threadripper 或 Intel Xeon，都支持四通道内存模式。此外，还有一些微处理器，如 AMD Epyc 产品线和 Intel 的高端“Core X”系列 CPU 如 i7-9800X、i9-10920X 等，也支持四通道内存模式。

早期的四通道内存模式还只支持 DDR3，现在则支持 DDR4。随着 DDR5 的推出和流行，未来应该也会得到支持。

5.3.4　主流内存条简介

1. SDR SDRAM

SDR SDRAM 其实就是同步动态内存（SDRAM），有时也简称为 SDR。SDR 是“Single Data Rate”的缩写，即“单倍速率”，这个名称与后来出现的 DDR SDRAM 形成鲜明的对比。

“单倍速率”指在一个时钟周期内只能完成一次数据传输，其传输带宽为内存核心频率×64/8 MB/s。SDR 内存的频率主要有 66 MHz、100 MHz 和 133 MHz，对应的内存规范为 PC66、PC100 和 PC133，此时的内存规范是以内存的工作频率命名的。不支持 ECC（Error Checking and Correcting）校验的 SDR 内存一次可以读/写 64 位，而支持 ECC 校验的 SDR 内存一次可读/写 72 位数据，其中包括 8 个校验位。

SDR 内存的工作电压为 3.3 V，采用双列直插式内存模块（Dual-Inline-Memory-Modules，DIMM），有 168 个引脚，内存条上有 2 个缺口，如图 5-15 所示。由于接口上的引脚是金黄色的，所以俗称为“金手指”。

SDR 内存条，168 个引脚

图 5-15　SDR 内存条

2. DDR SDRAM

DDR 是“Double Data Rate”的缩写，即“双倍速率”，为了与后续的 DDR2、DDR3 内存相区别，有时也称为“DDR1”。双倍速率指在每个时钟周期可以完成两次读/写操作，即在时钟信号的上升沿和下降沿都可以读/写数据，该技术被称为“双泵”（Double Pumping）。DDR 内存的核心频率与实际的传输频率不一致，所以用术语“等效频率”说明该内存条的数据传输率，准确地说，等效频率不是时钟信号的频率，而是指一秒钟内完成的数据传输次数，单位应该是 MT/s，但由于等效频率是核心频率乘以相应的倍数得到的，所以常常也就用 MHz 作为单位。

DDR 内存的等效频率是核心频率的两倍，传输带宽为核心频率×2×64/8 MB/s。内存型号上标识的是等效频率，所以常见的 DDR-200、DDR-266、DDR-333 和 DDR-400 内存的核心频率分别为 100 MHz、133 MHz、166 MHz 和 200 MHz，对应的内存规范为 PC-1600、PC-2100、PC-2700 和 PC-3200，此时的内存规范不再以工作频率命名，而改用传输带宽命名了。

DDR 内存条的工作电压为 2.5 V，接口方式依然采用双列直插式，有 184 个引脚，内存条上有 1 个缺口，如图 5-16 所示。DDR 内存与工作电压为 3.3 V 的 SDR 内存互不兼容。

DDR 内存条，184 个引脚

图 5-16　DDR 内存条

3. DDR2 SDRAM

DDR2 内存是在 DDR 技术的基础上发展而来得，DDR2 内存同样采用了“双泵”技术，可以在时钟周期的上升沿和下降沿都传输数据，并且 DDR2 可以工作在更高的时钟频率上，其内部 I/O 总线频率为内存核心频率的两倍，两者结合起来，使得 DDR2 的等效频率是核心频率的 4 倍，也就是所谓的“4 位预取”（4-bit Prefetch）技术，所以 DDR2 内存传输带宽的计算公式为

核心频率×2(I/O 总线频率倍增)×2(双倍速率)×64/8 MB/s

有的地方将核心频率倍增后的 I/O 总线频率称为“工作频率”。DDR2 内存、DDR 内存以及 SDR 内存的频率对比如图 5-17 所示。

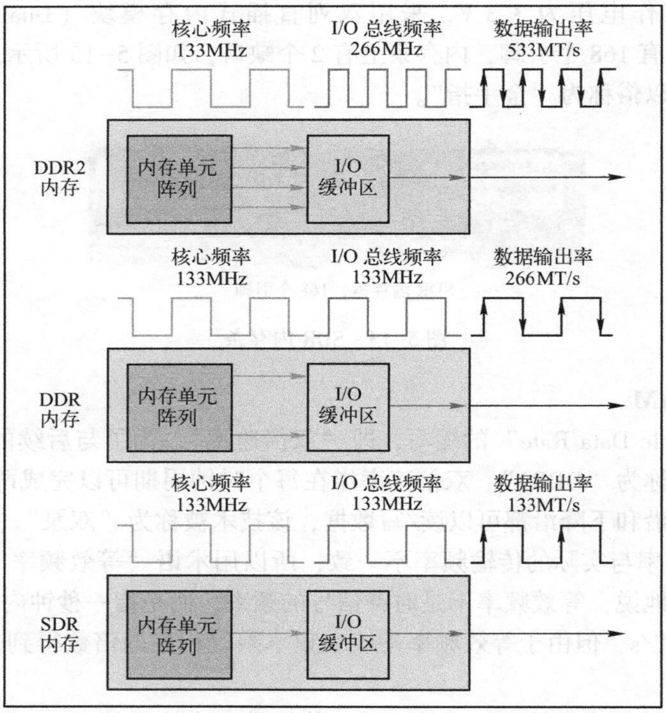

图 5-17 DDR2、DDR 和 SDR 内存的性能对比示意图

当核心频率为 100 MHz 时，DDR2 内存的传输带宽可达 3200 MB/s，其传输带宽远远高于同频率的 DDR 内存，但是在传输带宽相同的情况下，DDR2 内存的延迟时间大于 DDR 内存。例如传输带宽均为 3200 MB/s 时，DDR 的核心频率为 200 MHz，而 DDR2 的核心频率仅为 100 MHz，在时序参数值相同的情况下，DDR2 内存的延迟时间（ns）为 DDR 内存的两倍。

DDR2 内存同样采用等效频率进行标识，DDR2 内存典型的核心频率有 100 MHz、133 MHz、166 MHz、200 MHz 和 266 MHz，等效频率标称为 DDR2-400、DDR2-533、DDR2-667、DDR2-800 和 DDR-1066，对应的内存规范为 PC2-3200、PC2-4200、PC2-5300、PC2-6400 和 PC2-8500。根据时序参数值的不同，每种类型的 DDR2 内存又有更详细的型号，例如 DDR2-400B 的时序参数为 3-3-3，而 DDR2-400C 的时序参数为 4-4-4。

与 DDR 内存相比，DDR2 内存的工作电压进一步下降，仅为 1.8 V，同样是双列直插式内存，但引脚密度加大了，为 240 个引脚，并且缺口位置与 DDR 内存条也不一样，如图 5-18 所示，因此 DDR2 内存与 DDR 内存之间也互不兼容。

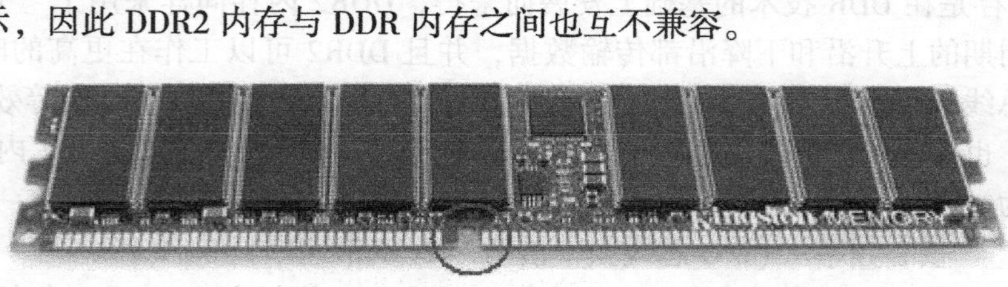

DDR2 内存条，240 个引脚

图 5-18 DDR2 内存条

4. DDR3 SDRAM

DDR3 内存进一步降低了能耗，工作电压从 DDR2 的 1.8 V 降到 1.5 V，与 DDR2 内存相比，其能耗下降大约 30%。此外 JEDEC 还发布了工作电压更低的 DDR3L，将工作电压进一步降低至 1.35 V，进一步降低了能耗。

与 DDR2 内存相比，DDR3 内存不但明显降低了工作电压和能耗，而且进一步提升了数据传输率，理论上 DDR3 内存的传输带宽可以达到 DDR2 内存传输带宽的两倍。通过频率倍增，DDR2 内存的 I/O 总线频率为核心频率的两倍，而 DDR3 内存的 I/O 总线频率为核心频率的 4 倍，达到了“8 位预取”，其等效频率为核心频率的 8 倍，传输带宽计算公式为

$$核心频率\times4(\text{I/O 总线频率倍增})\times2(双倍速率)\times64/8\ \text{MB/s}$$

DDR3 内存的典型核心频率有 100 MHz、133 MHz、166 MHz 等，等效频率标称为 DDR3-800、DDR3-1066 和 DDR3-1333，对应的内存规范为 PC3-6400、PC3-8500 和 PC3-10600。同 DDR2 一样，根据时序参数值的不同，每种 DDR3 内存又有更详细的型号，例如 DDR3-800D 的时序参数为 5-5-5，而 DDR3-800E 的时序参数为 6-6-6。

DDR3 也是 240 个引脚的双列直插式内存，但由于电气特性的差异，DDR3 与 DDR2 之间并不兼容，内存条上的缺口位置也有所差异，如图 5-19 所示。

图 5-19　DDR3 内存条

5. DDR4 SDRAM

2014 年发布了 DDR4 标准。DDR4 的总线时钟频率为 1066.67~2133.33 MHz，传输率为 2133.33~4266.67 MT/s，工作电压为 1.2 V，低工作电压版本低至 1.05 V，与 DDR3 相比，能耗最大下降了 25%~40%，而性能和带宽却增加了约 50%。DDR4 支持更高密度芯片和堆叠技术，单个内存模块的容量高达 32 GB。

按照 DDR3、DDR2 和 DDR 的规律，DDR4 应该达到“16 位预取”，然而这样的技术很难实现，因此实际上 DDR4 仍旧采用了 DDR3 的“8 位预取”，但是引入了 Bank Group 概念，每个 Bank Group 具备独立启动操作读、写等动作特性。DDR4 根据列宽可以有 2 个或 4 个 Bank Group，列宽×4 或×8 时分为 4 个 Bank Group，列宽×16 时分为 2 个 Bank Group。当 DDR4 分为 2 个 Bank Group 且每个 Bank Group 都进行“8 位预取”时，就等效于“16 位预取”。

DDR4 内存的典型核心频率有 100 MHz、133 MHz、150 MHz、166 MHz、200 MHz 等，等效频率标称为 DDR4-1600、DDR4-2133、DDR4-2400、DDR4-2666 和 DDR4-3200，对应的内存规范为 PC4-12800、PC4-17000、PC4-19200、PC4-21333 和 PC4-25600。

DDR4 是 288 个引脚的双列直插式内存，电气特性与 DDR3 不兼容，如图 5-20 所示。

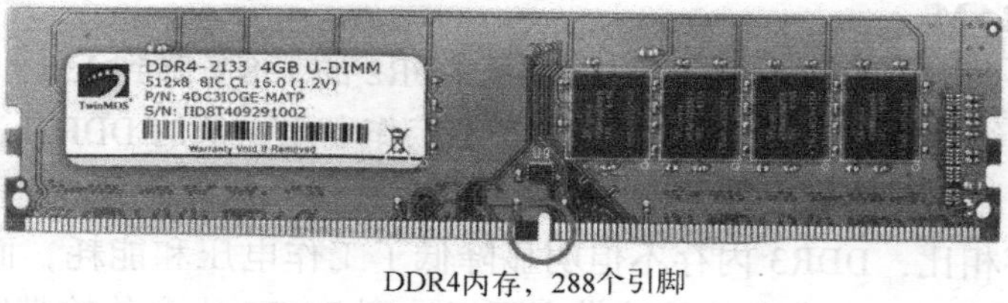

图 5-20　DDR4 内存条

6. DDR5 SDRAM

2020 年发布了 DDR5 标准。DDR5 工作电压为 1.1 V，能耗进一步降低。相对于 DDR4 来说，DDR5 的带宽翻倍。DDR5 每个模块有两个独立的 32 位通道，使得并行操作数量翻倍。Banks 数量从 16 翻倍到 32，Bank Group 也从 2 和 4 翻倍到 4 和 8，使数据总线更有效率。突发长度从 8 翻倍到 16，从“8 位预取”翻倍到“16 位预取”，数据传输率和总线效率更高。DDR5 支持更高密度芯片，单个内存模块的容量高达 128 GB，是 DDR4 的 4 倍。

DDR5 内存的典型核心频率有 133 MHz、150 MHz、166 MHz、200 MHz 等，等效频率标称为 DDR5-4800、DDR5-5600、DDR5-6400 和 DDR5-7200，对应的内存规范为 PC5-38400、PC5-44800、PC5-51200 和 PC5-57600。根据时序参数值的不同，每种 DDR5 内存又有更详细的型号，例如 DDR5-4800A 的时序参数为 34-34-34，而 DDR5-4800B 的时序参数为 40-40-40。

DDR5 也是 288 个引脚的双列直插式内存，但由于电气特性的差异，DDR5 与 DDR4 并不兼容，内存条上的缺口位置也有所差异，如图 5-21 所示。

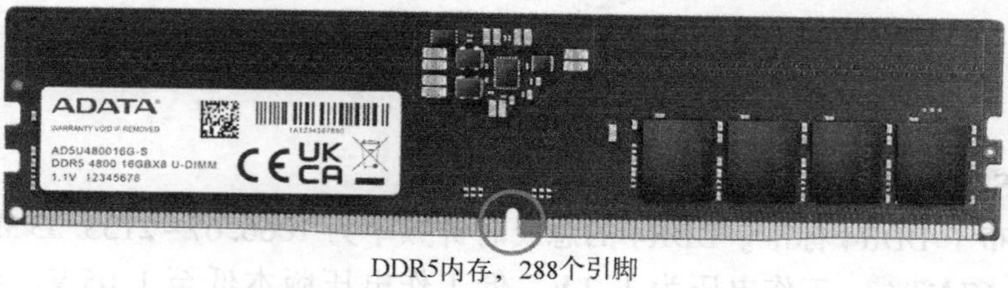

图 5-21　DDR5 内存条

5.4 虚拟存储器及存储管理

5.4.1 虚拟存储器的基本概念

虚拟存储器技术是为满足用户希望增大内存容量的需求而提出来的。该技术将硬件和软件相结合，达到扩大用户可用内存空间的目的。虚拟存储器由主存和辅存组成，辅存作为主存的扩充，由硬件和操作系统自动实现存储信息的调度和管理。对程序员来说，好像微型计算机有一个容量很大的主存。虚拟存储器技术使得整个存储系统的速度接近于主存，而价格接近于辅存，提高了整个存储系统的性价比。

1. 地址空间及地址

虚拟存储器中有 3 种地址空间，对应有 3 种地址。

- 虚拟地址空间，又称为虚存地址空间，是程序员编写程序时使用的地址空间，其地址称为虚地址或逻辑地址；
- 主存地址空间，又称为实地址空间，存储运行的程序和数据的空间，其地址称为主存地址、实地址或物理地址；
- 辅存地址空间，也就是磁盘存储器的地址空间，用来存放暂时不使用的程序和数据的空间，其地址称为辅存地址或磁盘地址。

保护方式下的 80486 具有 64 TB 的虚拟地址空间和 4 GB 的实地址空间，虚拟地址空间比实地址空间大得多，而 CPU 只能执行主存中的程序，因此需要按某种规则把在虚拟地址空间中编写的程序装到主存储器中，这个过程称为地址映像过程。程序装入主存后，还需要把虚地址变换成对应的实地址，CPU 才能访问，这一过程称作地址变换。

2. 工作原理

虚拟存储器的工作过程如图 5-22 所示，调度管理由硬件和操作系统自动实现，整个过程对于程序员来说是透明的。

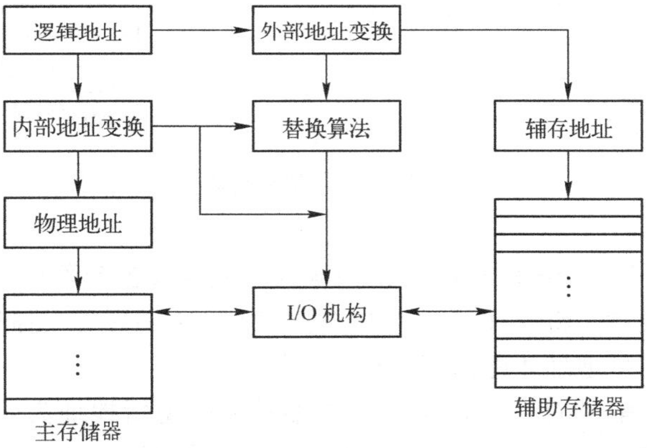

图 5-22　虚拟存储器的工作过程

程序员按照虚地址编写程序，访问存储器时给出逻辑地址（即虚地址）。CPU 首先对逻辑地址进行内部地址变换，将其分解为块号和块内地址，根据块号查地址变换表，确定该块是否在主存内。如果要访问的信息在主存中，则根据地址变换表中查到的物理地址访问主存；如果要访问的块不在主存中，就需要根据逻辑地址进行外部地址变换，得到辅存地址。如果主存中有空闲区域，就直接把辅存中的块送往主存；否则就需要根据替换算法，把主存中暂时不访问的某块信息通过 I/O 接口送出到辅存中，再把辅存中的块调入主存。

块是主存与辅存之间进行信息传送的基本单位。虚拟存储器的管理方式分为段式管理、页式管理和段页式管理。

5.4.2　80486 的段式存储器

段式管理根据程序需要将存储器划分为大小不同的块，称为段。由第 2 章可知一个段最小可为 1 个字节，最大长度与 CPU 有关。段式管理按照程序的逻辑意义划分段，一个程序由多个段组成，每个段实现的功能不同，段的大小也不同。当一个程序段从辅存调入主存后，只要系统说明了段基址，就可以根据段起始地址和相对偏移量，形成实际的物理地址。

使用虚拟存储器后需要通过地址映像和地址变换将虚拟地址变换为主存的物理地址，才能访问主存单元。

在段式存储器中，程序的每个段都有一个描述符，说明段的基本情况，其内容包括段基址、界限和访问控制等，称为段描述符。段基址是段的首地址，界限说明段的长度。一个程序的全部段描述符放在一起就形成了该程序的段描述符表（参见 2.1.2 节），如图 5-23 所示。

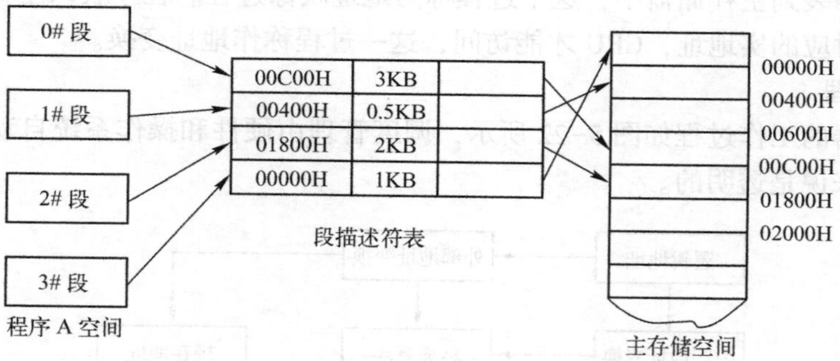

图 5-23 段描述符表

图 5-23 给出了具有 4 个段的程序 A 的段描述符表以及各个段在主存中的情况。从程序执行时地址变换的角度看，CPU 不能直接根据虚地址访问主存，还需要把虚地址变换为主存的物理地址，根据物理地址才能访问主存中的数据。

80486 的虚拟空间有 64 TB，在虚拟空间中编程用的逻辑地址为 46 位，其中低 32 位是偏移量，段寄存器中 $D_2 \sim D_{15}$ 位为逻辑地址的高 14 位，如图 5-24 所示。根据逻辑地址的高 14 位选择段描述符表中的段描述符，将段描述符中 32 位的段基址与逻辑地址中 32 位的偏移量相加得到 32 位的线性地址。在段式存储器管理模式中，线性地址就是 CPU 可直接访问的物理地址。

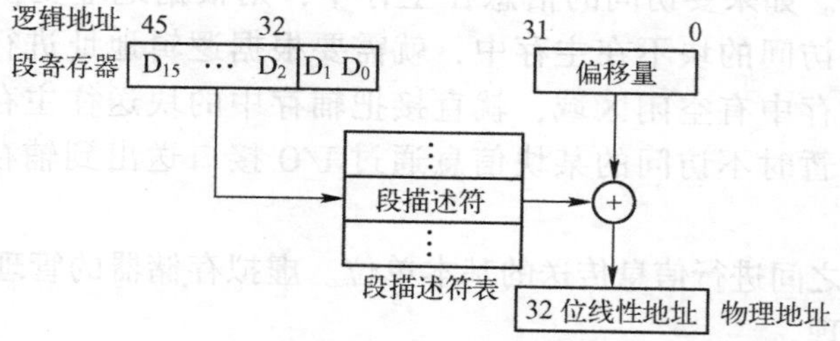

图 5-24 线性地址的生成

5.4.3 80486 的页式存储器

在页式存储器中，80486 微处理器把主存和辅存空间都划分为多个等长的块，每个块均为 4 KB，称为“页”，并按顺序编号。虚拟地址空间中的页称为虚页，主存地址空间中的页称为实页。

1. 地址映像与地址转换

80486 页式存储器通过页转换逻辑把线性地址转换为物理地址，此时的线性地址就是虚拟地址。虚拟地址由 20 位虚页号和 12 位页内偏移量组成，物理地址由 20 位实页号和 12 位页内偏移量组成。页地址转换涉及三个概念：页目录表、页表和物理存储页。

（1）页目录表

页目录表位于主存中，占用一个 4 KB 的物理存储页。通过页描述符地址寄存器 CR3 访问，CR3 寄存器给出页目录表的基地址，该基地址是 4 KB 的整数倍，即地址的低 12 位全部为 0，如图 5-25 所示。

31　　　　12	11　　0
页目录表基地址	保留位

图 5-25　CPU 的页描述符地址寄存器 CR3

页目录表中最多包含 1024 项，每项 4 个字节，其中包含一个页转换表的物理地址，如图 5-26 所示。页表地址×2^{12}即为对应页表的首地址，页目录项的低 12 位用来说明页表的控制状态信息。

31　　　　12	11　10　9	8	7	6	5	4	3	2	1	0
页表地址（A31 ～ A12）	预留	0	0	D	A	PCD	PWT	U/S	R/W	P

图 5-26　页目录项

“D”是修改位，该位只对页表有效，D 为 1 说明该页内容被修改。

“A”为访问位，系统访问该项时，A 位被置 1。

“D”和“A”为替换算法和多机系统的实现提供了方便。例如替换算法确定了被替换页后，如果被替换页的页表项的 D 位为 0，就可直接把待访问的页调入被替换页的位置，而无须把被替换页调入辅存，节省了系统开销。

“PCD”和“PWT”是高速缓冲存储器的控制方式位，在允许分页时，80486 微处理器的 PCD 和 PWT 引脚状态与这两位一致。

表 5-6　页面级保护属性

U/S	R/W	用户访问权限
0	0	无
0	1	无
1	0	只读
1	1	读/写

“U/S”“R/W”分别是“用户/超级管理员”位和“读/写”位。两位合起来为优先级最低的用户级（即特权级 3）设置分页优先级保护，见表 5-6。

“P”是存在位，P 为 1 说明该页在主存中。在地址变换过程中，若发现 P 为 0，则表示需要访问的页不在主存中，这种情形称作页面失效（页面故障）。支持页式存储器的系统对此会做如下的处理：

如果主存中还有空闲空间，操作系统直接把该页调入主存，把 P 置为“1”，并对其他相关控制位进行相应的操作；否则就要根据一定的替换算法把主存中的某页调入辅存，再把该页调入主存所腾出的空间。

(2) 页表

页表本身也是一页，存放在主存中。一个页表中包含 1024 项，每项占 4 个字节，其中高 20 位（即实页号）$\times 2^{12}$即为物理页的首地址。页表项的格式同页目录项一样，除了 D（修改）位的含义有所区别外，其他位含义一样。D（修改）位为 1 说明该物理页被修改过。

页目录表最多可以完成 2^{10}个页表的映射，每个页表完成 2^{10}个页的映射，每页固定为 4 KB，因此一个页表可完成 4 MB 的地址映射，即页目录表中的每个页目录项最终将 4 MB 的线性地址映射为对应的物理地址。页目录表中第 0 个页目录项完成线性地址 0000000H ~ 003FFFFFH 的地址映射，第 1 个页目录项完成线性地址 00400000H ~ 007FFFFFH 的地址映射，…，第 1023 个页目录项完成线性地址 FFC00000H ~ FFFFFFFFH 的地址映射。线性地址的最高 10 位为页目录表的索引值，查页目录表得到对应页表的物理地址；线性地址的 $D_{21} \sim D_{12}$ 位为页表的索引值，查页表得到对应物理页的基地址；线性地址的 $D_{11} \sim D_0$位为页内偏移量，与页的物理地址组合，即得到了 32 位的物理地址。线性地址转换成物理地址的地址转换过程如图 5-27 所示。

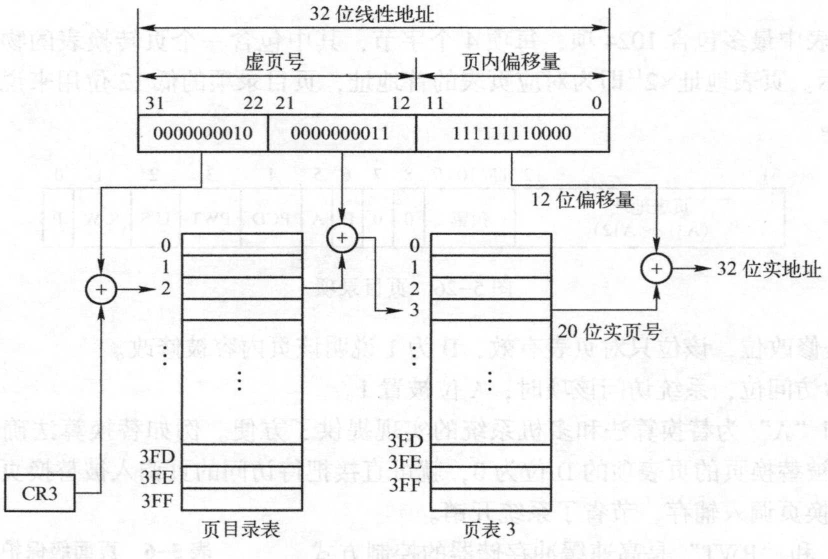

图 5-27　页式存储器的地址变换

2. 旁路转换缓冲区

页目录表和页表都存放在主存，进行地址变换时微处理器需要访问两次主存，一定程度上影响了微型计算机的性能。为了解决这个问题，80486 设有一个称为旁路转换缓冲区（Translation Loop-aside Buffer，TLB）的高速缓存，其中保存了 32 个最近使用过的页转换地址。这意味着若要访问相同的存储区域，其物理地址已经在 TLB 中，就不必访问页目录表和页表，其地址变换速度快，所以又把 TLB 称为快表，而存于主存中的页表称为慢表。

查快表和慢表的过程如图 5-28 所示。同时在慢表（页表目录、页表）和快表中查找虚页号，在快表中查到（即命中）后，就立即停止在慢表中的查找，并根据查到的页面基址与页内偏移量组合形成物理地址；如果快表中没有所需的虚页号（即未命中）时，就等待慢表的查找结果。如果找到了，就取出页面基址，形成物理地址，并把该页表项按一定规则存入快表；如果在慢表中也没有找到，就会产生一个页面故障，由操作系统处理。

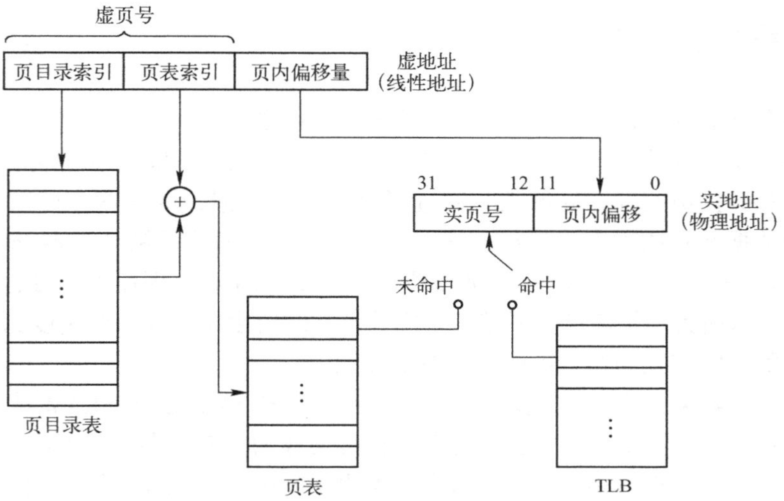

图 5-28　使用快表、慢表的地址变换

据统计，对于一般程序来说，80486 微处理器的 TLB 的命中率约为 98%，也就是说，需要访问主存中二级页表的情况只占 2%。由此可见，TLB 极大地提高了页式存储器的性能。

5.4.4　80486 的段页式存储器

段式存储器的模块化性能好，但主存利用率不高，辅存管理比较困难；页式存储器的主存利用率高，辅存管理容易，但模块化性能差。段页式存储器把主存空间分成固定大小的页，程序按模块分段，每个段再分成若干个页。段页式存储器的地址变换如图 5-29 所示，

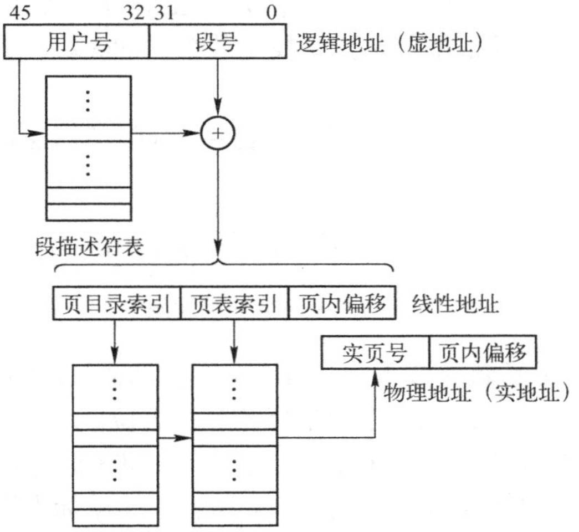

图 5-29　段页式存储器的地址变换

其逻辑地址为46位，与段式存储器中的逻辑地址格式一样，仅各字段的名称不同。段页式存储器尤其适用于多用户系统，逻辑结构清晰，每个用户都有一个逻辑名（用户号），程序可按程序段编写，每个程序段又可分为多个页，由于程序具有局部性，所以任何一个被激活的用户仅有少量页面驻留在主存中，系统效率较高。

5.5 高速缓冲存储器

高速缓冲存储器（Cache）是位于微处理器与主存之间的一种存储器，容量比主存小，速度比主存快。微处理器需要数据时首先在Cache中查找，Cache中没有才从主存中读取。由于程序执行和数据访问具有局域性，通过指令预测和数据预取技术，可以尽可能将CPU需要的指令和数据预先从主存中读出，存放在Cache中，据统计微处理器90%以上的存储器访问都发生在Cache中，只有不到10%的概率需要访问主存，即命中率可达90%以上，因此少量Cache可以极大地提高存储系统的访问速度，缓解由于主存存取速度比微处理器工作速度慢而产生的性能瓶颈问题，进而提高系统性能。

高速缓冲存储器采用存取速度较快的静态存储器SRAM，由于SRAM结构复杂体积较大，考虑到所占面积以及散热问题，微处理器内部集成的高速缓存容量不会太大。随着微处理器性能的提高，微处理器集成的高速缓存容量也不断增大，现在的微处理器通常集成有3级高速缓存，其中一级高速缓存容量最小，访问速度最快，并且区分为指令缓存和数据缓存。

80486微处理器内部集成有2级高速缓存，还有一个专门用于地址转换的Cache，即快表TLB。TLB中存放操作系统页表的一部分，通过它可以提高虚地址转换为实地址的地址转换速度。微处理器中完成地址转换的部件称为“存储器管理单元”（Memory Management Unit，MMU）。

5.5.1 高速缓存的工作原理

当CPU需要读/写主存单元时，首先检查Cache中是否有所需数据，如果有就直接访问Cache，称为“命中”；如果没有就访问主存，并将主存单元所在的块调入Cache。如果Cache中没有空闲的块，还需要根据替换算法找出某个Cache块，将其写回主存，并从主存调入新的块。

Cache块的大小是固定的，类似于虚拟存储器中的页，但Cache块的大小比页小得多。Cache块结构如图5-30所示。

标签(tag)	数据块(data block)	标志位(flag bits)

图5-30　Cache块结构图

数据块存放从主存单元复制的数据。Cache大小意味着Cache能够从主存调入的字节数，即所有Cache块中数据块的总和，不包括标签和标志位。

标志位说明Cache块的状态。指令Cache块有一个valid标志位，用于指示该块是否加载了有效数据。数据Cache块有valid标志和dirty标志，dirty标志说明该块数据是否被CPU修改过，修改过的“脏”数据块需要写回主存。

标签是存储单元地址的一部分，存储单元的地址从高到低划分为标签、索引和块内偏移，如图 5-31 所示。

标签	索引	块内偏移

图 5-31　存储单元地址结构图

设数据块字节数为 Dbytes，共有 Nblocks 个 Cache 块，则块内偏移地址位数 = $\log_2$Dbytes，索引地址位数 = $\log_2$Nblocks，索引值说明内存块被加载到第几个 Cache 块。

根据索引和标签的地址类型进行划分，高速缓存可以分为 4 种类型。

1）物理索引物理标签 PIPT：这种类型最简单，没有一致性问题，但速度最慢。CPU 在 Cache 中查询该地址前，需要先通过 MMU 将接收到的虚地址转换为物理地址。

2）虚拟索引物理标签 VIPT：能够降低访问延迟，但由于索引为虚地址，而标签是物理地址，因此需要更多的标签位。

3）虚拟索引虚拟标签 VIVT：由于不需要先通过 MMU 确定物理地址，这种机制可以更快地完成 Cache 查询。但是由于多个虚地址可能映射到同一个物理地址，这种类型会导致同一主存块在 Cache 中有多个不同的 Cache 块，进而带来一致性问题，要解决这个问题需要额外的硬件。

4）物理索引虚拟标签 PIVT：仅仅理论上存在该种类型。

5.5.2　地址映像

主存和 Cache 都被划分为多个大小固定的块，由于 Cache 的容量远远小于主存，因此一个 Cache 块要对应多个主存块，按某种规则将主存块调入 Cache 块中，称为“相联”（Associativity）。CPU 需要访问某个存储单元时，先搜索 Cache，根据索引值查找到对应的 Cache 块，再检查 Cache 块的标签与所要访问的存储单元标签是否匹配，匹配意味着“命中”，否则就需要将主存块调入 Cache。

1. 全相联（Fully Associative）映像

主存中的块可装入 Cache 中的任意块位置称为全相联，如图 5-32 所示。设 Cache 划分为 Nblocks 个块，主存划分为 Nmb 个块，全相联方式下，主存块调入 Cache 的方式有 Nmb×Nblocks 种。全相联方式具有块冲突低、空间利用率高的优点，但无法根据索引值定位 Cache 块，需要检查所有 Cache 块的标签，标签位数增大，查找时间长，地址变换速度慢，需要较复杂的硬件支持。

2. 直接映像（Direct Mapped）

主存中每一块只能装入 Cache 中唯一的特定块位置的方法称为直接映射。以 PIPT 类型为例，内存地址低位为块内偏移地址，高位为内存块地址 $Addr_{mblock}$，每个内存块都可以通过取模运算映射到唯一的 Cache 块，即

$$Addr_{cindex} = Addr_{mblock} \% Nblocks$$

其中 $Addr_{cindex}$ 为 Cache 块的索引值。这相当于按 Cache 大小把主存空间划分为许多区，区中的块仅能装入 Cache 中特定的块位置上，如图 5-33 所示。

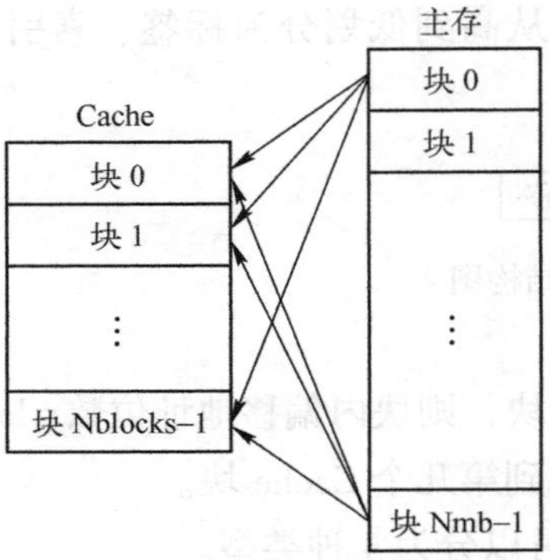

图 5-32　全相联

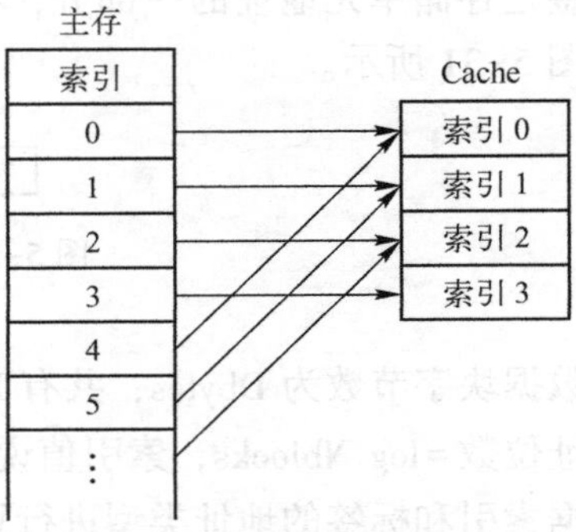

图 5-33　直接映射

直接映射中主存块与 Cache 块之间为 $N:1$ 的映射关系，具有地址变换速度快且实现简单的优点，但块冲突率高，空间使用效率低，如果 Cache 中某块已调入某个主存块，即使 Cache 还有空闲块，其他映射到该 Cache 块的主存块也无法调入 Cache。例如图 5-33 中，假设 Cache 索引为 0 的块已调入主存索引为 0 的块，则主存中索引为 4^i 的块都无法调入 Cache。

3. *N* 路组相联映像

为了克服直接映射的缺点，把 Cache 划分为多个组，每组有 N 个块，主存块与 Cache 组之间采用直接映像方式，与组内的 Cache 块之间采用全相联映像方式。图 5-34 显示了 2 路组相联的地址映像情况。

图 5-34 中主存块地址 $Addr_{mblock}\%2=0$ 的块都映射到 Cache 的组 0，主存块地址 $Addr_{mblock}\%2=1$ 的块都映射到 Cache 的组 1。CPU 首先根据块地址找到对应的 Cache 组，再将主存单元的高位地址与组内 Cache 块的标签进行比较，若有匹配的块，则 Cache 命中。

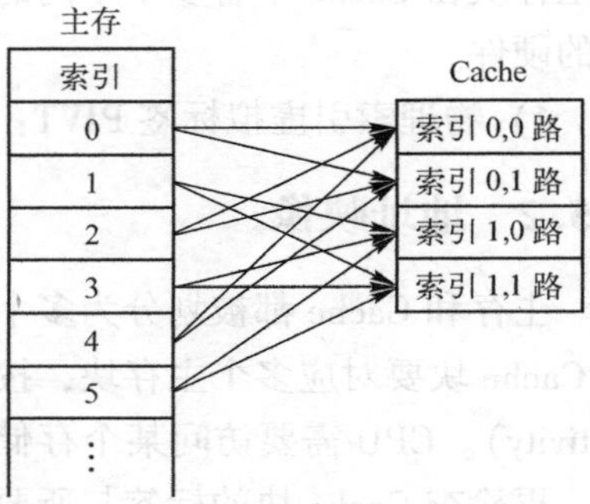

图 5-34　2 路组相联

5.5.3　替换算法和写策略

Cache 未命中且 Cache 已满时，需要根据某种规则找到一个 Cache 块，将待访问的主存块调入，替换选中的 Cache 块。替换算法有以下几种。

- 先进先出算法（First In First Out，FIFO）：替换掉最先调入的 Cache 块。
- 最久未使用算法（Least Recently Used，LRU）：替换掉未被访问时间最长的 Cache 块。
- 最近使用算法（Most Recently Used，MRU）：替换掉最近访问过的 Cache 块。
- 随机替换算法（Random Replacement，RR）：随机选择一个块进行替换。

Cache 块中的数据是内存块数据的副本，修改 Cache 块数据时需要保持内存块数据与 Cache 块数据的一致性。写策略决定何时将 Cache 块数据写回主存。

- 通写（Write-Through）：每次写 Cache 块时，同时写主存块。
- 回写（Write-Back）：写 Cache 块时设置 dirty 标志位。只有当该块被替换出 Cache 时，才根据 dirty 标志位决定是否要写回主存。

5.5.4 80486 微处理器的高速缓存

从 80486 微处理器开始，所有微处理器内部都集成有高速缓存，80486 微处理器带有 8 KB 的一级高速缓存 L1 和 256 KB 的二级高速缓存 L2。L2 集成在主板上，L1 集成在 CPU 内部。这时 L1 没有区分指令缓存和数据缓存。一个数据量较大的程序会很快占满高速缓存，导致没有空间用于缓存指令，因此后来的微处理器通常将一级高速缓存分为指令缓存和数据缓存，例如 Pentium 微处理器就集成有 8 KB 的指令缓存和 8 KB 的数据缓存。

1. 片内 Cache 的结构

80486 微处理器的片内 Cache 既可以存放指令代码，又可以存放数据。8 KB 的片内 Cache 采用 4 路组相联结构，每组包含 4 个 Cache 块，每块可存放 16 字节的数据，整个 Cache 共分为 2^9 个块，2^7 个组，块内偏移地址为 4 位，组内偏移地址（即索引）为 7 位，而 80486 主存的物理地址为 32 位，因此每个 Cache 块有 21 位标签，此外每组还有 7 个标志位。

2. 工作过程

CPU 需要访问某个主存单元时，首先根据主存地址中的索引位确定该主存块对应的组，然后用主存地址中的标签与组中各 Cache 块的标签进行比较，若匹配，意味着 Cache“命中”，否则需要将主存块调入该组某个 Cache 块。

当需要向 Cache 调入一块数据时，80486 首先检查对应组内是否还有空闲的 Cache 块，如果所有 4 个块都已经使用，则采用 LRU 替换算法选择替换的块。

图 5-35 中标志块的每一项与 Cache 地址的组内块号对应，它由 3 个 LRU 位（B_2，B_1，B_0）和 4 个有效位（i_3，i_2，i_1，i_0）组成，为“1”时说明对应块有效，为“0”无效。

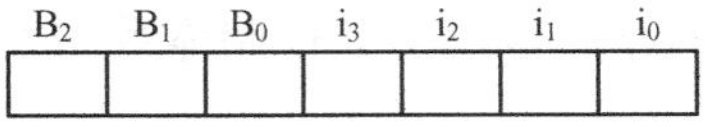

图 5-35 Cache 的标志位

每次 Cache 命中或进行替换时都会更新 3 个 LRU 位，以指示 Cache 块的最新使用状况。表 5-7 说明了 LRU 位更新的规律。

表 5-7 LRU 状态变化表

当前访问的块	B_2	B_1	B_0
0	X	1	1
1	X	0	1
2	1	X	0
3	0	X	0

LRU 算法首先根据索引值找到对应的组，然后确定该组中哪一个 Cache 块是最近最少使用的，作为替换块。当处理器被复位或高速缓冲被刷新时，标志块中的项都被复位。

3. 片内 Cache 的一致性问题

Cache 中的内容是主存部分存储单元的副本，当 CPU 改写了 Cache 存储单元而没有修改主存单元时就会出现不一致问题。用于解决一致性问题的写策略有回写和通写两种，80486 的片内 Cache 采用通写法。

此外当外设向主存单元写入信息时，如果该主存块已经调入 Cache 并且 valid 标志有效时，也会造成不一致问题，此时是 Cache 内容没能跟随主存变化。解决此问题的一般方法是使主存块对应的 Cache 块作废，即把 valid 标志位变为无效。80486 微处理器使 Cache 块作废有两种方法：一种方法是用专门指令清洗 Cache，这是软件方法，但这样 Cache 对系统程序员就不透明了；另一种方法是在外设向主存单元写入信息时，由专用硬件自动把对应的 Cache 块作废，这样 Cache 对程序员始终是透明的。

80486 的“地址保持请求”（AHOLD）和“有效外部地址”（$\overline{EADS}$）两个引脚可用作无效操作。当外设需向主存写信息时，立即发出 AHOLD 信号，强制 80486 在下一个时钟期间立即放弃其对系统地址总线的控制权；随后，在外设向主存写信息的同时，也发出$\overline{EADS}$信号，指明当前所写主存的物理地址已放置在 80486 的地址线上，此时，80486 读取其地址线上的地址，并迅速查询该地址内容是否已在片内 Cache 中。如果在，则把对应的 Cache 块置为无效。80486 的地址线 $A_{31} \sim A_4$ 是双向的，其输入功能仅在此种情况下有效。

80486 还可以通过硬件来清除片内 Cache 中所有块的“有效”位。当外部硬件使 80486 的“片内 Cache 刷新”（Flash）引脚持续一个时钟的低电平时，片内 Cache 的内容就全部作废了。

在 Cache 写未命中时，80486 只向主存写入信息，而不进行新的 Cache 分配。

5.6 习题

一、单项选择题

1. 存储体系中的（　　）的作用是提高了存储体系的存取速度，使其与 CPU 工作速度相匹配。

A. 光盘　　B. 辅存　　C. Cache　　D. 硬盘

2. 某存储器芯片的容量为 4 K×8 位，该芯片地址线为（　　）。

A. $A_0 \sim A_{10}$　　B. $A_0 \sim A_{11}$　　C. $A_0 \sim A_{12}$　　D. $A_0 \sim A_{13}$

3. 下列类型的存储芯片中，属于只读存储器的芯片是（　　）。

A. SRAM　　B. DRAM　　C. EPROM　　D. SDRAM

4. 下列类型的存储芯片中，需要定时刷新的是（　　）。

A. SRAM　　B. DRAM　　C. EPROM　　D. EEPROM

5. 内存地址为 94000H ~ BBFFFH，存储容量为（　　）。

A. 124 KB　　B. 160 KB　　C. 180 KB　　D. 224 KB

6. 存储容量为 8 K×8 位的 EPROM 芯片 2764，该芯片有（　　）个数据引脚、（　　）个地址引脚，用它组成 64 KB 的 ROM 存储区共需（　　）片芯片。

A. 12，12，8　　B. 12，13，8　　C. 8，13，8　　D. 8，12，8

7. 为了实现 32 位的数据访问，80486 微处理器采用（　　）个存储体的存储器结构。

A. 1　　B. 2　　C. 4　　D. 8

8. 80486 微处理器内部集成了（　　）容量的一级高速缓存。

A. 2 KB　　B. 4 KB　　C. 8 KB　　D. 16 KB

二、填空题

9. 在存储器的层次结构中，将存储器一共分为________层，其存取速度最快的是________。

10. 一片 256 KB 的 SRAM 芯片，有________根地址线。

11. DDR2 内存的等效频率是核心频率的________倍。

12. 存储器芯片的片选控制方法中，采用________和________会导致系统中各存储芯片间的地址不连续或发生部分地址重叠现象。

三、简答题

13. 某 RAM 芯片的存储容量是 4 K×4 位，该芯片引脚中有多少根地址线？多少根数据线？

14. 某半导体存储器芯片 SRAM 的引脚中有 10 根地址线和 8 根数据线，其存储容量为多少？

15. 存储器地址译码有几种方式？各有什么特点？

16. 为某 80286 微机设计存储器模块，用两片 EPROM 2732 芯片组成一个存储模块，其起始地址为 0F000H；用两片 SRAM 6232 芯片组成一个存储模块，其起始地址为 0C000H，画出接口电路图。

17. 半导体存储器可分为几类？高速缓存为哪种存储器，内存条为哪种存储器？

18. 衡量内存条性能的主要指标有哪些？内存访问延迟时间的单位是什么？

19. 什么是多通道技术？

20. 什么是等效频率？核心频率为 133 MHz 的 SDR、DDR 和 DDR2 内存的等效频率分别为多少？

21. 简述虚拟存储器技术的作用。

22. 简述高速缓存的作用。

23. 16 KB 的高速缓存，采用 4 路组相联结构，每个块为 16 字节，主存为 4 GB，高速缓存的块内地址、索引和标签分别为多少位？

第6章　输入/输出方式及中断系统

【本章导学】

众多的外部设备是如何与微处理器沟通的？本章介绍微型计算机输入/输出方式的基本概念，比较几种常用的输入/输出方法的特点，着重介绍中断系统和可编程中断控制器8259A的工作原理、内部结构、编程方法及简单应用等内容。

6.1　I/O接口

外部设备是微型计算机系统的重要组成部分，通常把微型计算机主机以外的设备（如键盘、鼠标、扫描仪、显示器、打印机和绘图仪）称为外部设备，简称外设。微型计算机通过外设与外部世界交换信息。外设种类繁多，原理各异，有机械式、电动式及电子式等；输入输出信息形式多样，可以是模拟量、数字量或开关量；工作速度差异也很大，从外设与微型计算机交换信息的角度看，外设本身有控制部件和独立的时序系统，速度上远比主机慢，数据格式也往往与主机的格式不同。因此，外设接入系统时必须使用输入/输出（Input/Output，I/O）接口，在接口电路的支持下实现数据的传送和操作控制。

6.1.1　I/O接口的基本概念

I/O接口是连接微型计算机与外设的逻辑控制部件，有硬件部件，也有软件部件，在微型计算机与外设间起着传输状态与命令信息，实现数据缓冲、数据格式转换等作用。接口的硬件部件是指起连接和转换等作用的逻辑电路及信号传输线等；接口的软件部件主要指控制接口电路工作的驱动程序及通过硬件部件完成信息传输的程序等。

1. I/O接口的主要功能

如上所述，由于外设的多样性和复杂性，I/O接口电路应具有如下功能。

1）进行译码选择。即在具有多个外设的系统中，正确寻址与微型计算机交换数据的外设，以使微型计算机能同某一指定的外设交换信息。

2）进行数据寄存和缓冲。协调微型计算机与慢速外设间的信息交换，避免信息丢失。

3）对外设进行控制和监视。即利用联络（应答）信号实现：将来自主机的各种控制命令向外设发出；将外设状态信息回送给主机，以保证主机与外设的同步。

4）实现数据格式转换。如串行与并行数据转换、模拟到数字转换等。

5）实现电平转换。如TTL电平与MOS电平的转换、正负逻辑的转换等。

对于不同的外设，要求的接口功能也不完全相同，但大多数接口一般都具有前3种功能。

2. I/O 接口的分类

外设的多样性决定了 I/O 接口的多样性，不可能对其进行十分准确的统一分类。对 I/O 接口的分类可以从几个不同的方面来进行。

（1）按接口与外设间信息传送的方式进行分类

按接口与外设间信息传送的方式可分为并行 I/O 接口和串行 I/O 接口。并行 I/O 接口可实现 CPU 与外设之间数据的并行传送，即按字长传送（8 位、16 位或 32 位二进制数同时传送）。串行 I/O 接口可实现数据的串行传送，即按位（一个二进制位）传送。

（2）按接口的可编程性进行分类

按接口的可编程性可分为可编程接口和不可编程接口。可编程是指，在不改动硬件的情况下，修改程序就可以改变接口的工作方式，以适应不同外设的接口要求。

（3）按接口的用途进行分类

按接口的用途可分为专用接口和通用接口。专用接口即为某种用途或为某类外设而专门设计的接口电路，如模/数转换器、DMA 控制器等。通用接口即多种外设均可使用的接口，它连接各种不同外设时可不必增加或只需增加少量附加电路。

3. I/O 接口的基本结构

CPU 与外设交换的信息主要有三类，即数据信息、状态信息和控制信息。外设的各种信息均需通过接口来实现与 CPU 间的相互交换，因此，就 I/O 接口的一般结构而言，应包含有数据端口、状态端口、控制端口及一些相关的逻辑电路。其 I/O 接口的一般结构框图如图 6-1 所示。

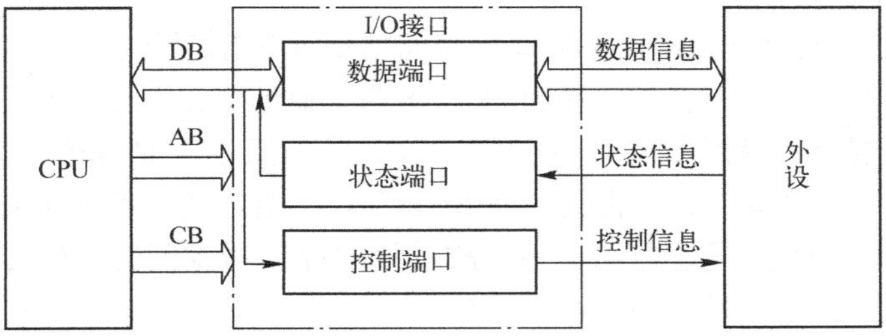

图 6-1　外设接口一般结构框图

（1）数据端口

该端口用于存放数据信息，包括数据输入寄存器和数据输出寄存器，由于外设与 CPU 处理数据的速度不同，通常把需传送的数据暂存在这些缓冲器中，以协调 CPU 和外设之间的数据传输速率。

（2）控制端口

该端口用于存放控制信息，控制信息是 CPU 通过接口传送给外设的，其主要作用是控制外设工作，如控制打印机的启/停等。对于可编程接口电路，控制信息还负责选择可编程接口芯片的工作方式等。

（3）状态端口

该端口用于存放状态信息，即反映外设当前工作状态的信息、输入设备是否准备好数据、输出设备是否空闲等，CPU 可通过读取这些信息，了解外设当前的工作情况。

状态信息、控制信息与数据信息是不同性质的信息，必须分别传送。在实际传送过程中，除数据信息外，状态信息和控制信息也是通过数据总线进行传送的。为了区分当前输入输出的是数据还是状态或控制信息，要求数据端口、状态端口和控制端口必须有各自独立的端口地址，以便操作。

以上三个端口并非所有的I/O接口电路都需要，通常需根据接口电路的作用而定。

6.1.2 I/O端口的编址方式

在一个微型计算机系统中，通常配置有多个外设，CPU与指定外设间的信息交换是通过访问与该外设相对应的端口来实现的，因此，对外设的访问实际上是对该外设相对应的端口的访问。CPU如何实现对这些端口的访问，则取决于这些端口的编址方式。通常有两种编址方式：存储器统一编址方式和I/O端口独立编址方式。

1. 存储器统一编址方式

在这种编址方式中，CPU将I/O端口与存储器单元同等对待，统一编址，每个端口占用一个存储单元地址，其I/O空间属于存储空间的一部分，如图6-2所示。此时，对I/O端口的操作与对存储器的操作可以使用完全相同的指令，而不必另设专门的I/O指令。由于该方式是将I/O地址映射到了存储器地址空间，所以也称为存储器映像方式。

使用统一编址的优点是：指令丰富、编程方便。缺点是：程序阅读不方便，因为对外设的访问与对存储器的访问指令一样，程序中不易看出操作对象是存储器还是外设；由于I/O端口地址占用存储单元地址，使存储器地址范围减小。

2. I/O端口独立编址方式

在这种编址方式中，CPU将I/O端口与存储器单元区别对待，独立编址。此时I/O空间不属于存储空间的一部分，存储器地址和I/O端口地址可以是重叠的。此时，CPU通过设置存储器和I/O端口选择信号线 $M/\overline{IO}$ 来区分其访问对象是存储器还是I/O端口，并用专门的I/O指令来操作I/O端口以防混淆。图6-3为I/O端口独立编址示意图。图中CPU具有20根地址信号线（AB）寻址存储空间，故寻址的存储器空间为1 MB，CPU用8根地址信号线寻址I/O空间，故可寻址的I/O端口数为256个。

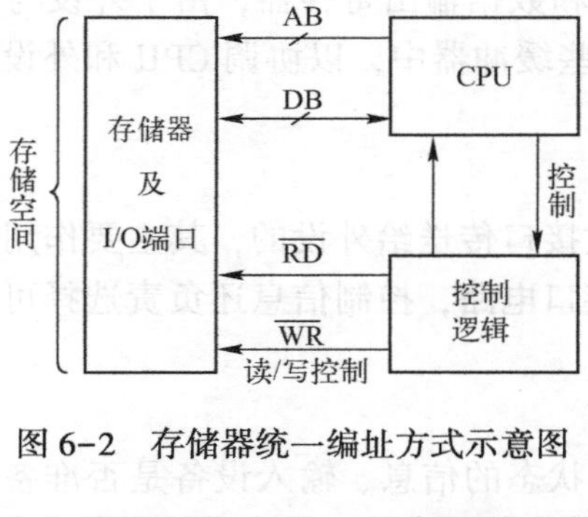

图6-2　存储器统一编址方式示意图

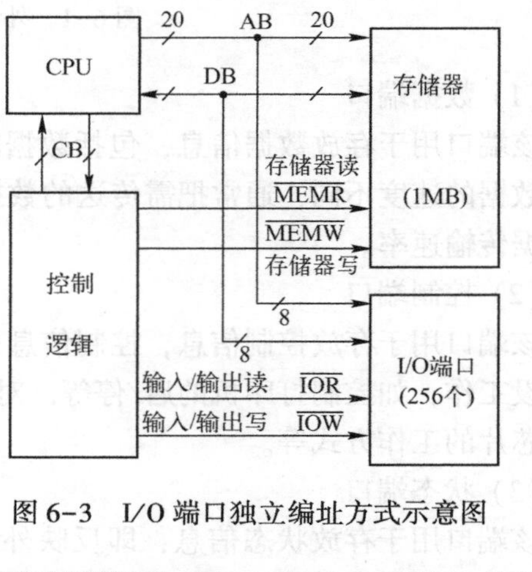

图6-3　I/O端口独立编址方式示意图

独立编址的优点是：程序阅读方便，可根据指令判断操作对象；由于I/O端口有自己的地址，不占用系统存储器地址空间，或者说存储器全部地址空间都不受I/O寻址的影响。缺点是：指令类型少，编程灵活性相对降低。

6.1.3 输入/输出指令执行的基本过程

在I/O端口独立编址方式下，如果CPU要对某I/O端口进行操作，就必须使用专门的输入（IN）/输出（OUT）指令。在输入/输出指令的执行过程中，怎样才能将CPU希望传送出的数据送给外设，外设又如何通过I/O端口将其数据（信息）传送给CPU是本节要讨论的主要问题。

1. 输入（IN）指令的执行过程

如第3章所述，输入指令格式为IN AL/(AX/EAX)，(端口地址)。

当端口地址在0000H~00FFH范围内时，其端口地址可以直接出现在指令中，如：IN AL，90H；否则端口地址将由寄存器DX提供，如：IN AL，DX。该指令的执行过程如下：

1）CPU将端口地址送上地址总线 $A_{15} \sim A_0$。通过地址译码器对地址信号的译码，找到待操作的I/O端口在I/O空间的物理位置。

2）CPU向I/O端口发出控制信号 $M/\overline{IO}$ 和 $W/\overline{R}$，并使其均为低电平。该信号的作用是通知被选中的外设将数据通过端口送上数据总线（DB）。

3）CPU采样数据总线（DB），获取数据。

4）CPU撤销发出的控制信息，一条输入指令执行完毕。

例6-1 如图6-4所示，现需对 $S_0 \sim S_7$ 这8个开关的状态进行检测（即检测这8个开关的状态，哪些是闭合？哪些是断开？），请编程实现（设该端口地址为210H）。

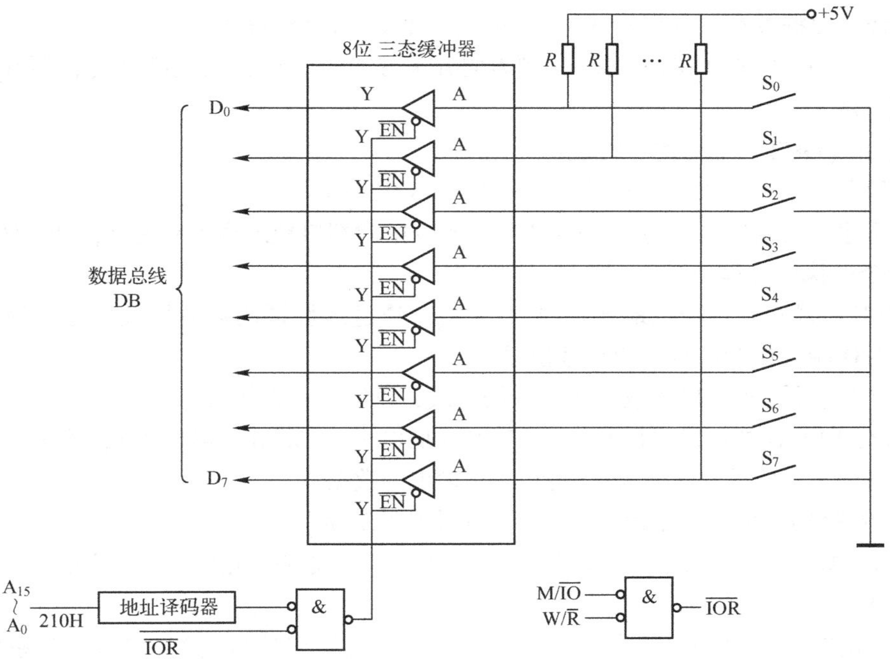

图6-4 例6-1题图

分析：由图 6-4 可知，外设（开关）的数据信号（即开关断开与闭合的状态信号）与 8 位三态数据缓冲器的输入相连，8 位三态数据缓冲器的输出与系统的数据总线（DB）的 $D_0 \sim D_7$相连，当使能端（输出允许）$\overline{EN}$有效时，8 位三态数据缓冲器的输入端数据送至输出端。执行 IN 指令时，微处理器发出端口地址有效信号及 I/O 读信号$\overline{IOR}$，通常端口地址有效信号和 I/O 读信号$\overline{IOR}$相负与后接至 8 位三态数据缓冲器的使能端（输出允许）$\overline{EN}$，此时，IN 指令的执行就将三态缓冲器数据输入端的数据，经数据总线传送至累加器 AL 中。

外设 $S_0 \sim S_7$这 8 个开关闭合时状态为低电平（逻辑 0），断开时状态为高电平（逻辑 1）；它们通过一输入接口（8 位三态数据缓冲器）与系统相连，由三态缓冲器的特点可知，当使能端$\overline{EN}$有效时，三态缓冲器的输出端 Y 的状态与输入端 A 的状态一致；使能端$\overline{EN}$无效时，输出端 Y 为高阻状态。由此便知，要想将 $S_0 \sim S_7$这 8 个开关状态送上数据总线，必须使$\overline{EN}$有效，该数据总线与 CPU 直接相连。下列指令的执行便可达到题目的要求。

```
MOV   DX,210H          ;端口地址 210H 送入 DX
IN    AL,DX            ;读取开关状态并存入 AL
```

如前所述，由于端口地址超出了 0000H～00FFH 的范围，故在输入/输出指令中，必须由寄存器 DX 提供其端口地址。

指令 IN　AL，DX 的执行过程如下：第一步，将端口地址 210H 送上地址线 $A_{15} \sim A_0$，通过译码使图 6-4 中地址译码器输出端为低电平；第二步，CPU 发出的控制信号 $M/\overline{IO}$为低电平、$W/\overline{R}$为低电平，使总线控制信号$\overline{IOR}$为低电平，此时图 6-4 中的三态缓冲器使能端有效（为低电平），将开关状态送上数据总线 DB；第三步，CPU 采样数据总线，得到外设送上数据总线的数据并存入寄存器 AL 中，由此一条输入指令执行完毕。

若此时 AL 中内容为 10101010B，则表明开关 S_7、S_5、S_3及 S_1是断开的，而 S_6、S_4、S_2及 S_0是闭合的。

2. 输出（OUT）指令的执行过程

输出指令格式为 OUT（端口地址），AL/(AX/EAX)。

同前所述，当端口地址超过 00FFH 时，指令中的端口地址由 DX 提供，如：OUT　DX，AL。该指令的执行过程如下：

1）CPU 将端口地址送上地址总线 $A_{15} \sim A_0$。通过地址译码器对地址信号的译码，找到待操作的 I/O 端口在 I/O 空间的物理位置。

2）CPU 将欲送至端口的数据送上数据总线，以等待外设接收。

3）CPU 向 I/O 端口发出控制信号 $M/\overline{IO}$（低电平）、$W/\overline{R}$（高电平），该信号使数据锁存至端口输出端，外设此时便可接收到 CPU 输出的数据。

4）CPU 撤销发出的控制信息，一条输出指令执行完毕。

例 6-2　如图 6-5 所示，设该端口地址为 212H，请编程控制图中 8 个发光二极管 $LED_0 \sim LED_7$的亮灭状态。

分析：由图 6-5 可知，外设（发光二极管）通过输出接口（74LS273）与系统总线相连；该 74LS273 是一个 8D 锁存器，它的 8 个数据输入端（D 端）与系统的数据总线相连，8 个数据输出端（Q 端）与外设（发光二极管）相连，控制端 CLK 的作用为决定是否将出

现在 $D_0 \sim D_7$上的数据写入 74LS273 进行锁存。当其控制端 CLK 有效时，该锁存器的输出端（Q 端）与输入端（D 端）状态一致；控制端 CLK 无效时，该锁存器输出端（Q 端）保持原状态不变，即对原状态进行锁存。

由于 74LS273 的输入端与数据总线相连，输出端与发光二极管 LED 相连。因此，要使 LED_i（$i=0\sim7$）发光，可通过向 74LS273 的数据输入 D_i 端发送一低电平（逻辑 0）即可，如果希望 8 个发光二极管全发光，其对应的程序段如下：

```
MOV     DX,212H          ;端口地址 212H 送入 DX
MOV     AL,00H
OUT     DX,AL            ;送 00H 给端口,使 8 个发光二极管发光
```

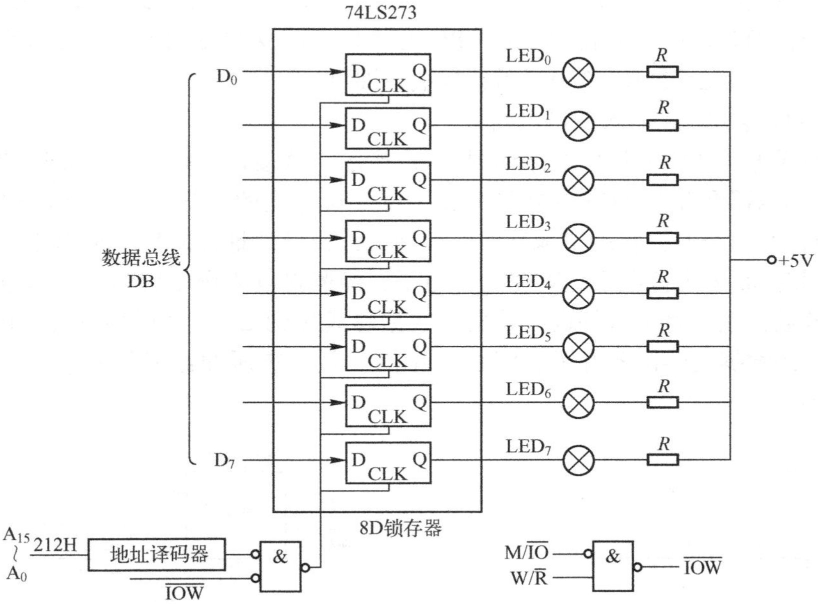

图 6-5　例 6-2 题图

指令 OUT　DX，AL 的执行过程如下：第一步，将端口地址 212H 送上地址线 $A_{15} \sim A_0$，通过译码使得图 6-5 中地址译码器输出端为低电平；第二步，CPU 将数据 00H 送上数据总线，即送到 74LS273 的输入端；第三步，CPU 发出的控制信号 $M/\overline{IO}$为低电平、$W/\overline{R}$为高电平，使总线控制信号$\overline{IOW}$为低电平，此时图 6-5 中的 8D 锁存器控制端 CLK 有效，将数据总线上的数据送至 8D 锁存器输出端，使发光二极管 $LED_0 \sim LED_7$发光，由此一条输出指令执行完毕。如希望 $LED_0 \sim LED_7$ 中的 $LED_0 \sim LED_3$ 发光，则可将上述程序段中的指令 MOV AL，00H 换为 MOV AL，0F0H 即可。

6.2　常用输入/输出方法

在微型计算机系统中，通过 CPU 与 I/O 接口之间的数据传送实现 CPU 对 I/O 设备的操作控制。针对各种不同的 I/O 设备，可采用不同的数据传送方式（输入/输出方法），实现 CPU 与 I/O 接口之间正确有效的数据传送。常见的 CPU 与 I/O 接口之间的数据传送方式有

无条件传送、查询传送、中断控制、直接存储器存取（Direct Memory Access，DMA）和I/O处理机传送方式。

6.2.1 无条件传送方式

无条件传送方式是针对一些简单、低速以及随时“准备好”的外设。这些外设工作方式十分简单，CPU可随时读出它们的数据，它们也可随时接收CPU输出的数据。例如，开关、发光二极管及继电器等均属这类外设。CPU在与这类外设进行数据传送时，不需要查询外设当前的状态就可以无条件地对其进行数据的输入/输出操作。在这种数据传送方式下，当CPU执行输入/输出指令时，外设则无条件地执行该指令所规定的相应操作。如例6-1中的开关状态，通过输入指令，随时可以准确读到开关的实时状态；例6-2中的发光二极管，通过输出指令，随时都可以接收到来自CPU的数据而改变发光状态。由此可知，能够支持无条件传送方式的I/O接口电路中只需数据端口即可。

（1）无条件传送方式输入接口电路

无条件传送方式的输入接口电路如图6-6a所示。该接口电路由一个数据端口（三态缓冲器）、地址译码器和相应的逻辑电路组成。设来自外设的数据已经送到数据端口的输入端，CPU执行IN指令时，将端口地址送上地址总线，经地址译码后，输出该数据端口地址有效信息；同时$M/\overline{IO}$为低电平；$W/\overline{R}$为低电平，经逻辑电路作用后输出一低电平信号选中数据端口，该数据端口将来自外设的数据经数据总线送到CPU。由此可见，CPU在执行IN指令时，外设的数据已经准备好了。例6-1中的8位三态缓冲器就是一个能完成输入接口任务的数据端口。

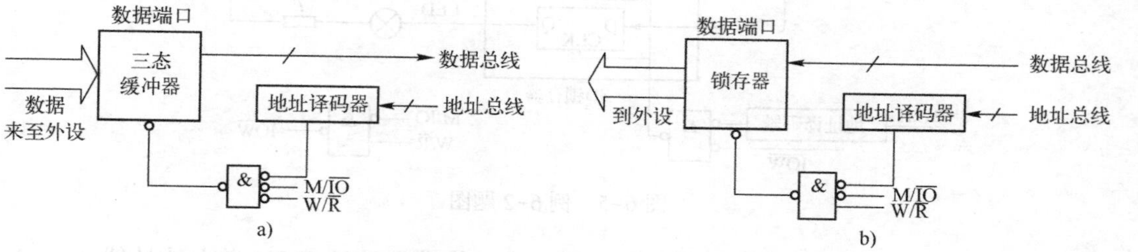

图6-6 无条件传送方式的输入接口电路示意图
a）无条件输入 b）无条件输出

（2）无条件传送方式输出接口电路

无条件传送方式的输出接口电路如图6-6b所示。该接口电路由一个数据端口（锁存器）、地址译码器和相应的逻辑电路组成。CPU执行OUT指令时，将端口地址送上地址总线，经地址译码后，输出该数据端口地址有效信息；同时$M/\overline{IO}$为低电平；$W/\overline{R}$为高电平，经逻辑电路作用后输出一低电平信号选中数据端口，CPU输出的信息经过数据总线送到数据端口锁存，并由外设取走。例6-2中的74LS273（8D锁存器）就是一个能完成输出接口任务的数据端口。

6.2.2 查询传送方式

查询传送方式也可称为有条件传送方式。该方式是针对那些工作速度远低于CPU工作速度的外设，这类外设在与 CPU 进行数据传送时，需在一定的条件下才能进行，即 CPU 无法随时读出它们的数据，它们也无法随时接收 CPU 输出的数据。CPU 在与这类外设进行数据传送之前，必须先检查外设的状态，若外设已准备就绪，则可以对外设进行数据传送，否则就需等待，直到外设准备就绪为止。由此可知，能支持查询传送方式的接口电路中除了有完成数据传送的数据端口外，还必须有传送状态信息的状态端口。

（1）查询式输入接口电路

查询式输入接口电路如图 6-7 所示。该接口电路由一个数据端口（8 位三态缓冲器）、一个状态端口（1 位三态缓冲器）、地址译码器和相应的逻辑电路组成。

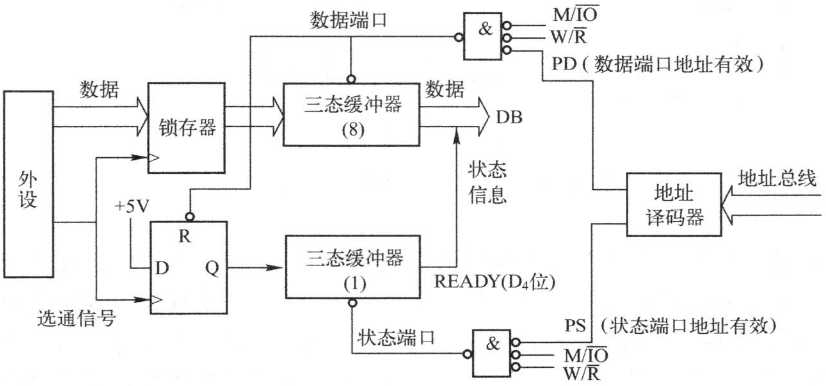

图 6-7　查询式输入的接口电路示意图

在该接口电路支持下，其查询式数据输入过程为：当外设将数据准备就绪后，便向接口电路发出选通信号，该信号将数据送到锁存器进行锁存，同时使 D 触发器的 Q 端置“1”，表示数据已准备好。CPU 执行指令 IN AL，SPORT（状态端口地址），由 M/$\overline{IO}$、W/$\overline{R}$、PS 信号经逻辑电路作用后输出一低电平选中状态端口（1 位三态缓冲器），此时 D 触发器 Q 端状态（即 READY 的状态）通过状态端口由数据总线 D_4 位读入。若 READY = 1，即 D_4 = 1，表示输入数据已经准备好，CPU 可以对其进行输入操作；执行指令 IN AL，DPORT（数据端口地址），使 M/$\overline{IO}$、W/$\overline{R}$、PD 信号经逻辑电路作用后输出一低电平选中数据端口（8 位三态缓冲器），将锁存器中的数据通过数据总线 D_7 ~ D_0 送到 AL，同时将 D 触发器的 Q 端置“0”，结束一次数据的输入传送过程。若 READY = 0，即 D_4 = 0，则表示输入数据未准备好，此时 CPU 则不能对数据端口进行读操作，直到 READY = 1 为止。

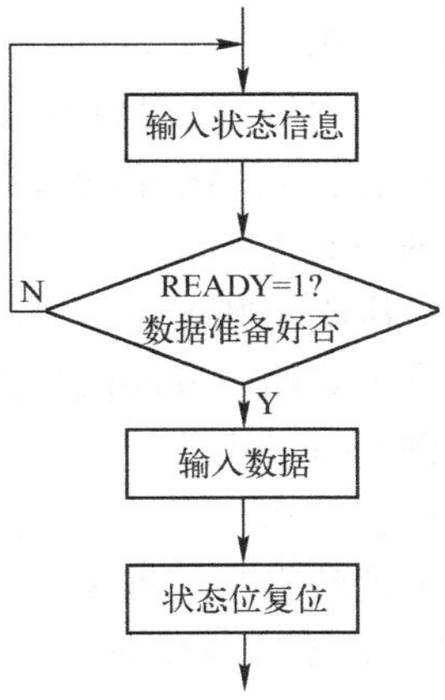

图 6-8　查询式输入程序流程图

查询式输入程序流程图如图 6-8 所示。对应的部分程序段如下：

```
AGAIN: IN     AL,SPORT     ;从状态端口读入信息
       TEST   AL,10H       ;检查 READY=1?
       JE     AGAIN        ;READY=0,转 AGAIN 继续读状态
       IN     AL,DPORT     ;READY=1,从数据端口读数据
```

(2) 查询式输出接口电路

查询式输出接口电路如图 6-9 所示。该接口电路与输入接口电路相似，由一个数据端口（8 位锁存器）、一个状态端口（1 位三态缓冲器）、地址译码器和相应的逻辑电路组成。

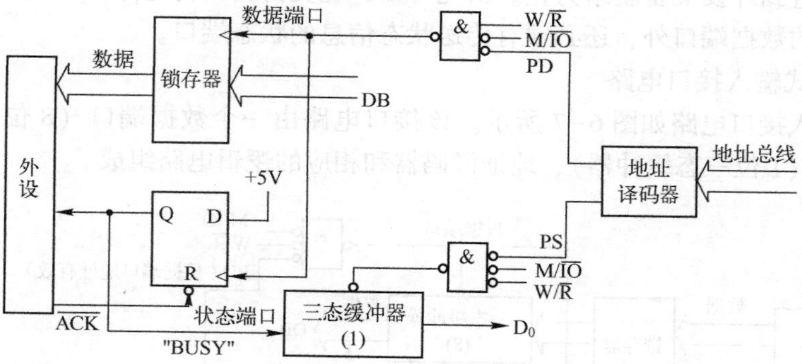

图 6-9　查询式输出的接口电路示意图

在该接口电路支持下，其查询式数据输出过程为：当 CPU 通过输出接口将数据输出以后，如果输出设备接收到该数据，则向输出接口发出响应信号$\overline{ACK}$，$\overline{ACK}$使 D 触发器的 Q 端置“0”，表示外设已取走数据，可以再次接收 CPU 发送的新数据。CPU 执行指令 IN　AL，SPORT（状态端口地址），由 M/$\overline{IO}$、W/$\overline{R}$、PS 信号经逻辑电路作用后输出一低电平选中状态端口（1 位三态缓冲器），此时 D 触发器 Q 端状态（即 BUSY 的状态）通过状态端口由数据总线 D_0位读入。若 BUSY = 1，即 $D_0 = 1$，表示外设尚未将数据取走，输出接口中数据端口不空，需继续等待；若 BUSY = 0，即 $D_0 = 0$，则表示输出接口中的数据端口为空，CPU 可以再次输出数据，执行指令 OUT　DPORT（数据端口地址），AL，使 M/$\overline{IO}$、W/$\overline{R}$、PD 信号经逻辑电路作用后输出一低电平选中数据端口（锁存器），AL 中的数据送入数据端口锁存，同时将 D 触发器的 Q 端置“1”，通知输出设备来取数。外设将数据取走，一次输出数据过程完成。

查询式输出程序流程图如图 6-10 所示。

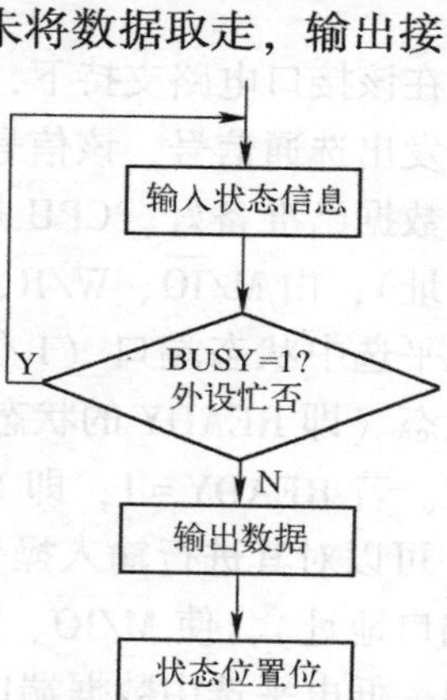

图 6-10　查询式输出程序流程图

例 6-3　外设与系统的接口电路如图 6-9 所示。当外设已经准备好可以接收数据时，其 BUSY = 0（为低电平），外设处于忙状态时，BUSY = 1（为高电平）。试编写程序实现将以 BUF 起始的 100 个字节单元中的数据通过该接口电路传送给外设。

分析：要想实现题目的要求，只能通过查询方式完成 100 个字节数据的传送工作。即首先查询外设的状态（BUSY = 0?），以确定是否能进行一次数据传送，完成一次数据传送后，还需判断 100 个数据是否已传送完毕？如未完则重复上述过程，否则结束整个数据传送过程。设数据端口地址为 10H，状态端口地址为 12H，能实现题目要求的程序段如下：

```
        ...
BUF     DB      11H,22H,33H,...
DPORT   EQU     10H
SPORT   EQU     12H
        ...
        LEA     BX,BUF          ;建立数据指针,指向待传送数据区
        MOV     CX,100          ;设置数据区长度
AGAIN:  IN      AL,SPORT        ;从状态端口读入状态信息
        TEST    AL,01H          ;检查外设状态,即 BUSY=0?
        JNZ     AGAIN           ;若 BUSY≠0,再读状态信息(外设正忙)
        MOV     AL,[BX]         ;BUSY=0,则取待传送数据至 AL 中
        OUT     DPORT,AL        ;数据从数据端口输出
        INC     BX              ;修改数据区地址指针
        LOOP    AGAIN           ;若 100 个数据未传送完,则重复上述过程
        ...
```

6.2.3 中断传送方式

如前所述，在微型计算机系统中，对于那些工作速度远低于 CPU 工作速度的外设，可采用查询传送方式实现 CPU 与这类外设之间的数据传送。但在查询传送方式中，CPU 将耗费大量的时间去检测外设状态，并等待外设准备就绪，真正用于数据传送的时间较少，从而降低了 CPU 的效率。如能做到在外设准备好之前，CPU 不去查询外设状态，而是继续执行其他程序，在外设准备好之后，由外设主动向 CPU 提出进行数据传送的请求，CPU 才去执行与外设间的数据传送工作，这便减少了 CPU 的等待时间，从而提高了 CPU 的利用率。这种在外设准备好后，向 CPU 发出数据传送请求（即中断请求），如果响应该请求的条件成立，CPU 则暂停正在执行的程序（即中断响应），去完成与外设的数据传送任务（即中断服务），然后恢复执行原来程序（即中断返回）的方式称为中断传送方式。

能支持中断传送方式的接口电路中除有数据端口外，还必须要有控制端口以实现 CPU 是否接收外设提出的中断请求。能实现中断传送方式的输入接口电路如图 6-11 所示。该接口电路由一个数据端口（8 位三态缓冲器）、一个控制端口（中断允许触发器）、中断请求触发器、地址译码器和相应的逻辑电路组成。该接口电路中，中断请求触发器的作用是保持外设向 CPU 发出的中断请求信号，直到 CPU 响应为止。中断允许触发器的作用是决定外设发出的中断请求信号是否传递给 CPU。当向控制端口写入 01H 的时候，中断允许触发器置“1”，此时允许向 CPU 提出中断请求。如向控制端口写入 00H，则中断允许触发器清“0”，禁止向 CPU 提出中断请求。

中断方式输入接口电路的工作过程为：当输入设备数据准备好之后，发出输入选通信号，把数据写入锁存器中，同时将中断请求触发器置“1”，在中断允许触发器置“1”的前提下，通过 INTR 向 CPU 提出中断请求。CPU 响应中断后，转而执行中断服务程序，在服务程序中，执行一条针对该端口的输入指令，即可选中数据端口。一方面强令中断请求触发器复位（清“0”），另一方面打开三态缓冲器，把锁存器中的数据送到 CPU 数据线 DB，完成一次数据输入操作。

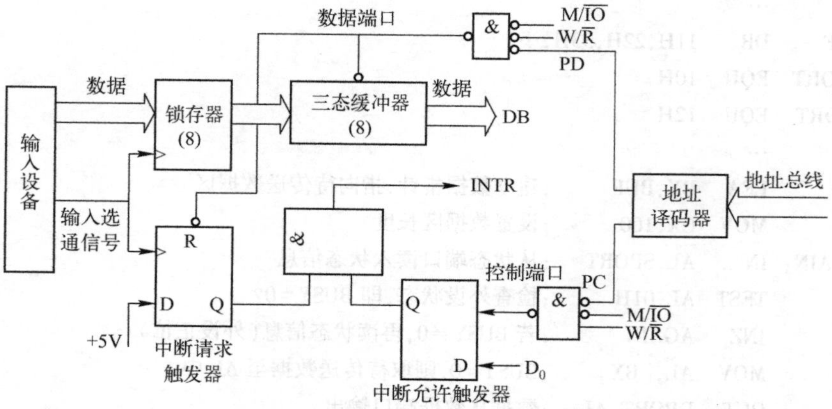

图 6-11　中断传送方式输入接口电路示意图

有关中断传送方式的详细内容请见 6.3 节。

6.2.4　直接存储器存取方式（DMA）

如前所述，对一些简单的、随时“准备好”的外设可采用无条件传送方式完成 CPU 与外设之间的数据传送；对一些反应不及时的外设可利用查询传送方式完成 CPU 与外设之间的数据传送，由于查询传送方式会花费大量的时间在等待外设“准备好”的过程中，因此，可采用中断传送方式来实现 CPU 与外设之间的数据传送。对于那些未随时处于“准备好”状态的外设而言，中断传送方式虽可以大大提高 CPU 的利用率，但与无条件传送方式和查询传送方式一样，数据的传送过程均需通过 CPU 执行程序来实现，即 CPU 执行对存储器的读写指令或输入/输出指令将数据从内存（或外部端口）读取到累加器，然后写入外部端口（或内存）中；就中断方式而言，每进行一个数据传送还需要保护断点、保护现场等。这对一些高速外设及批量数据交换（如磁盘与内存的数据交换）来说，速度上不能满足要求。

因此，对需要高速数据传送的设备而言，希望不通过 CPU 而是通过硬件来实现外设与内存间的直接数据传送，这种方式称为直接存储器存取（DMA）传送方式。DMA 方式的基本思想是在外设与主存储器之间开辟直接的数据传送通路。为实现这种传送方式而设计的专用控制芯片，称为 DMA 控制器（DMAC），如 Intel 公司的 8237A。

DMA 方式的优点是速度快，由于 CPU 不参与传送操作，因此省去了 CPU 取指令、指令译码、存取数据等过程；缺点是增加了硬件电路的复杂性。

6.2.5　I/O 处理机传送方式

引入 DMA 方式之后，数据的传送速度和响应速度均有很大提高，但是数据输入之后或输出之前的运算和处理，如数据的交换、装配、拆卸和数码的校验等，还是要由 CPU 来完成。为了减轻 CPU 控制输入/输出信息的负担，又提出了 I/O 处理机传送方式，即把原来由 CPU 完成的 I/O 操作与控制交给 I/O 处理机（IOP）去完成。

I/O 处理机是与主 CPU 不同的处理器，它有自己的指令系统，可以执行程序来实现对数据的处理。

6.3　中断及中断控制器 8259A

6.3.1　中断

1. 中断的基本概念

所谓“中断”是指 CPU 在正常运行程序期间，由于内部或外部某个非预料事件的发生，使 CPU 暂停正在运行的程序，而转去执行引起中断事件的程序（中断服务程序），然后返回被中断了的程序，继续执行，这个过程就是中断。其执行流程如图 6-12 所示。

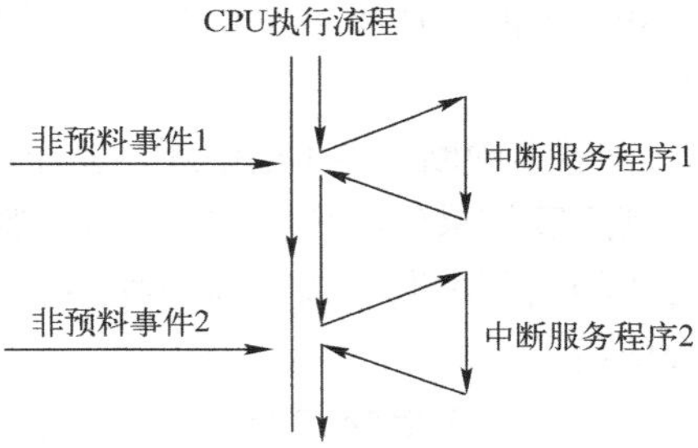

图 6-12　CPU 中断执行流程示意图

（1）中断源

能够向 CPU 发出中断请求的中断来源称为“中断源”。常见的中断源如下：

1）一般的输入/输出设备，如键盘、打印机及显示器等。

2）数据通道中断源，如硬盘、U 盘等。

3）实时时钟，如各种可编程和不可编程的定时器/计数器等。

4）故障信号，如电源掉电等。

5）程序执行软件中断指令，如 INT n 等。

6）CPU 执行指令产生异常，如单步调试、除数为零或运算结果溢出等。

（2）中断系统的功能

为满足中断技术的要求，中断系统应具备的主要功能可归结如下：

1）中断处理，包括接收中断请求、实现中断响应、进行中断处理及中断返回。

2）中断控制，用于实现中断嵌套及多中断源时的中断优先级排队和管理。

（3）中断系统的作用

在微型计算机系统中，中断的主要作用如下：

1）使 CPU 与 I/O 设备实现并行工作。

2）处理异常事故，如电源掉电或其他情况的报警等。

3）实现实时操作，即对某个突发事件尽可能及时地进行处理。

（4）中断类型

80X86 微型计算机的中断系统中最多可以有 256 种不同的中断源。按中断源的性质可以将其划分为内部中断（软中断）和外部中断（硬件中断）两大类。内部中断是由 CPU 执行某些指令（如 INT 指令）或执行程序过程中产生的某些异常所引起的中断；外部中断则是由外部硬件引起的中断。这 256 个中断源分别对应的中断类型编号为 0~255。

1）内部中断。内部中断也称为软中断，它和外部硬件无关，主要由 CPU 执行了某条指令或者在程序执行过程中出现某些需要处理的异常而产生的中断。在 80X86 系统中，其内部中断主要有以下 6 类：

① 除法出错中断——0 型中断。CPU 在执行除法指令（DIV 或 IDIV）时，若发现其除数为 0 或商过大（即商的值超过了用于存放它的寄存器所能表示的最大范围），将产生除法出错中断，该中断的中断类型号为 0。

② 单步中断——1 型中断。单步中断是专门为调试程序而设置的中断。单步是一种调试程序的方法，它可较方便地找到程序的错误所在。单步调试过程中，CPU 每执行一条指令便会产生一次单步中断，以跟踪程序的执行过程。使标志寄存器中的单步（陷阱）标志 TF=1 时，CPU 便可工作在单步方式下，单步中断的中断类型号为 1。

③ 断点中断——3 型中断。同单步中断一样，断点中断也是专门为调试程序而设置的中断。断点是程序调试的又一种方式，将一条断点指令 INT 3 插入程序中，就可使 CPU 执行到断点处时，产生一个中断类型号为 3 的中断，以方便程序员检查某一程序段执行后的情况。

④ 溢出中断——4 型中断。溢出中断是由指令 INTO 引起的。当某次算术运算指令执行后，其运算结果使溢出标志 OF=1，紧跟其后的一条 INTO 指令的执行，将会产生中断类型号为 4 的内部中断。该中断为程序员提供了处理溢出手段。通常 INTO 指令与算术运算指令配合使用。

⑤ BOUND 指令中断——5 型中断。它是数组边界检查指令。在该指令的执行过程中，若带符号数组下标超出范围将产生中断类型号为 5 的中断。因此，利用该指令可确保带符号的数组下标是在由包含上界和下界的存储器块所限定的范围内，否则将产生中断。

⑥ INT n 指令中断——n 型中断。该类中断由安排在程序中的 INT n 指令所引起，其中 n 为中断类型号，INT n 中断产生时，CPU 将调用系统中相应的中断服务程序来完成中断服务功能。

2）外部中断。外部中断主要是由外部硬件设备或 I/O 接口引起的中断。80X86 CPU 具有 NMI 和 INTR 两根外部中断请求输入线，凡是希望向 CPU 提出中断请求的外设，均需通过这两根信号线将其中断请求信号送入 CPU。

① 非屏蔽中断（NMI）。非屏蔽中断请求是用来告之 CPU，系统发生了紧急故障，如电源掉电、存储器读/写出错或总线奇偶位出错等，因此，对外部中断而言，它的优先级最高。

非屏蔽中断属于边沿触发输入，由 CPU 的 NMI 端上升沿触发（由 0 跳变到 1）产生。它不受 CPU 内部的中断允许标志 IF 的限制，其中断类型号为 2。

当 NMI 端接收到一个由低到高的正跳变电压时，即向 CPU 发出一个非屏蔽中断请求。此时，CPU 不执行中断应答周期，而是立即转去为 NMI 中断请求服务（如果没有其他更高级别的中断在响应）。在执行 NMI 服务过程时，80X86 不再为后面的 NMI 请求或 INTR 请求服务，直至执行中断返回指令（IRET）或 CPU 复位。如果在为某一 NMI 服务的同时又出现新的 NMI 请求，则将新的请求保存起来，待执行完第一条 IRET 指令后再为其提供服务。在 NMI 中断开始时 IF 位被清零，以禁止 INTR 引脚上产生的中断请求。

② 可屏蔽中断（INTR）。由外设提出的中断请求大多数都是可屏蔽中断。CPU 对可屏蔽中断不是有求必应的，只有在响应可屏蔽中断请求条件成立的情况下，才予以响应。

可屏蔽中断的中断请求信号从 CPU 的 INTR 端引入，高电平有效。它受 CPU 内部的中断允许标志 IF 的限制，即当 IF=1 时，允许中断，CPU 可以响应 INTR 中断请求；当 IF=0 时，禁止 INTR 中断请求；通过指令 STI 或 CLI 的执行，可使 IF 标志为 1 或 0。可屏蔽中断的中断类型号可为 32~255。

由于 80X86 CPU 只有一个可屏蔽中断请求引脚，因此，在一个实际系统中是通过中断控制器（如 8259A 等）对多个可屏蔽中断源进行管理。

(5) 中断向量和中断向量表

由于中断的产生是随机的，因此，对中断请求的处理就不可能通过现行程序来完成，而是只有当 CPU 接收到来自内中断源或外中断源的中断请求时，才转向相应的中断服务程序进行中断处理。80X86 中断系统中，有 256 个中断源，每个中断源都对应一个中断服务程序，存放在内存中；CPU 若想根据中断请求信号响应某中断源的中断请求，就必须找到该中断源对应的中断服务程序的入口地址，以便转向执行对应的中断服务程序进行中断处理。中断服务程序的入口地址（段基址和偏移地址）被称为中断向量，用于存放各中断服务程序入口地址（中断向量）的表就称为中断向量表。

1）实模式下的中断向量表。实模式下，80X86 中断系统在内存的最低 1 KB 空间建立了一张可存放 256 个中断向量的中断向量表，如图 6-13b 所示。每个中断类型号对应一个中断向量，每个中断向量占 4 个字节，前两个字节（低地址单元）存放中断服务程序入口地址的有效地址（偏移地址），后两个字节（高地址单元）存放相应的段基址。例如，中断类型为 n 的中断向量存放在中断向量表中的地址为以中断向量表首地址（00000H）+n×4 起始的连续 4 个字节单元中，如图 6-13a 所示。CPU 响应某中断请求时，自动从中断向量表的对应位置取出有效地址装入 IP，段基址装入 CS，以使 CPU 执行相应的中断服务程序。

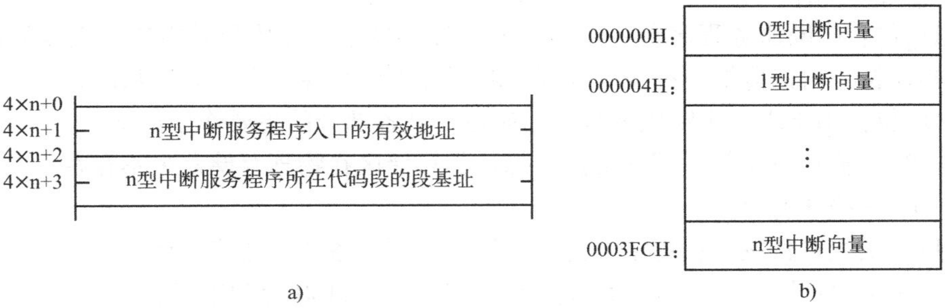

图 6-13　中断向量和中断向量表

a）n 型中断向量　b）中断向量表

2）保护模式下的中断向量表。保护模式下，中断向量表的内容和存放位置发生了变化。每个中断源对应一个中断描述符，用于说明中断服务程序的入口地址及中断服务程序的属性，所有中断描述符均存放在中断描述符表（Interrupt Descriptor Table，IDT）中。此时，由中断描述符取代了中断向量，中断描述符表（IDT）取代了中断向量表。

IDT 可位于内存空间中的任何位置，它在内存空间中的起始地址由中断描述符表寄存器（IDTR）指定。IDTR 共有 48 位，它的高 32 位保存了 IDT 的基地址，低 16 位保存 IDT 的界限即表长度。

IDT中可存放256个中断描述符，每个中断描述符有64位，共8个字节，其中与中断服务程序入口地址有关的占6个字节，它包括段选择符（2个字节）和偏移地址（偏移量）（4个字节）；中断服务程序的相关属性占2个字节。

中断描述符又称为“门描述符”。门描述符有4种，分别称为调用门描述符、中断门描述符、陷阱门描述符和任务门描述符。所谓“门”可形象地表示为：只要通过这道“门”就能进入相关的服务程序。调用门描述了某个子程序的入口；中断门和陷阱门描述了中断（外部中断）/异常（软中断）处理程序的入口；任务门一般用在任务的切换，任务门内的选择符必须指示全局描述符表（GDT）中的任务状态段（TSS）描述符，任务的入口保存在TSS中。与中断相关的“门”有中断门、陷阱门和任务门。通过中断门和陷阱门对中断进行处理时，其中断服务程序与当前正在执行的程序在同一任务中；而通过任务门对中断进行处理时，其中断服务程序与当前正在执行的程序不在同一任务中。保护模式下，若想调用一个远过程（即子程序的段间调用）或者调用一个中断服务程序，硬件首先要进行特权级检查和其他保护性检查，只有通过检查，才能调用相关的程序。

中断描述符格式如图6-14所示，图中各位的主要作用如下。

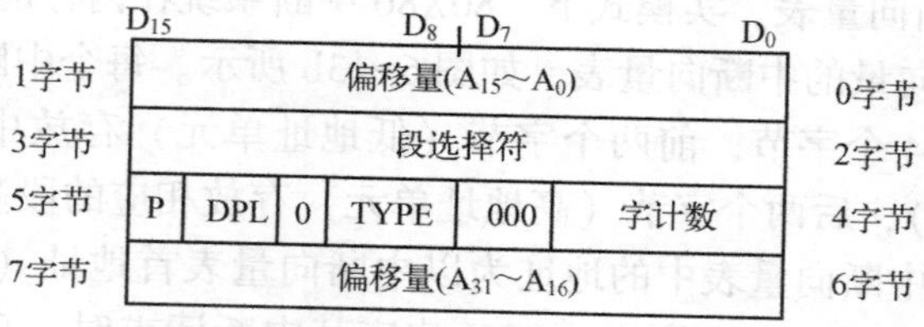

图6-14　中断描述符格式

D_0~D_{15}位：中断服务程序入口地址中的低16位偏移地址。

D_{16}~D_{31}位：中断服务程序所在段的段选择符，根据它可从全局描述符表或局部描述符表取出段描述符，由该段描述符便可得到中断服务程序所在代码段的段基址。

D_{32}~D_{47}位：用于表征中断服务程序的属性。其各部分的主要作用如下。

P位：P=0描述符无效，即该描述符描述的存储区在物理存储器中不存在。

P=1描述符有效。

DPL位：描述符特权级；规定了访问该门所必须具备的最低特权级。

TYPE：门类型码。TYPE=0101为任务门；TYPE=1100为调用门。

TYPE=1110为中断门；TYPE=1111为异常门。

字计数：只对调用门有效，对中断门无效，计数范围为0~31，它说明在调用子程序时，需从调用程序堆栈区复制到子程序堆栈区中的参数个数。

D_{48}~D_{63}位：中断服务程序入口地址中的高16位偏移地址。

由图6-14中的段选择符和32位偏移量可获得中断服务程序或子程序的入口地址。

3）中断向量表的设置。由前所述可知，CPU响应中断时，将从中断向量表（实模式下）或中断描述符表（保护模式下）中读取中断服务程序入口地址的段基址和偏移量送给CS和IP，使其转去执行中断服务程序。因此，在执行中断服务程序前，必须将中断服务程序的入口地址填入系统的中断向量表（实地址下）或中断描述符表（保护模式下）中。实模式下填充中断向量表的方法主要有两种。

① 用程序来设置中断向量。设某中断的中断类型为32H，而INTSUB为中断服务程序入口处的标号，则设置中断向量的参考程序段如下：

```
            …
MOV         AX,0000H
MOV         DS,AX                   ;中断向量表段基址送入DS
MOV         BX,4×32H                ;中断类型号×4送入BX
MOV         AX,OFFSET   INTSUB      ;中断服务程序入口地址的偏移量送入AX
MOV         [BX],AX                 ;填入中断向量表中
MOV         AX,SEG   INTSUB         ;中断服务程序入口地址的段基址送入AX
MOV         [BX+2],AX               ;填入中断向量表中
…
```

② 当新的中断功能只供用户使用或使用用户编写的中断服务程序去替换原系统中断服务程序时，则需先保存原中断向量，再设置用户的中断向量，程序结束前，恢复原中断向量。

此时可用DOS调用功能实现，即利用INT　21H的35H号功能可实现保存原中断向量。所取的中断向量放在ES：BX中。利用INT　21H的25H号功能可实现设置新的中断向量（要求新中断向量放在DS：DX中）。

（6）中断优先级与中断嵌套

80486中断系统有256个中断源，当有2个或2个以上的中断源同时申请中断时，CPU同一时刻只能响应一个中断源的申请，究竟先响应谁的中断申请，应按各中断源的轻重缓急来确定它们的响应次序，即优先级别的问题。在中断优先级已定的前提下，CPU总是首先响应优先级最高的中断请求。而且当CPU正在响应某一中断源的请求，执行为其服务的中断服务程序时，有优先级更高的中断源发出请求，CPU会中断正在执行的服务程序而转入为高级别中断源服务，高级别服务过程结束后，再返回到被中断的服务程序，直至所有中断处理结束后返回主程序。这种中断套中断的过程称为中断嵌套。中断嵌套可以有多级，其嵌套的级数受控于堆栈区的大小（因为中断处理前后均需要保护断点和现场，而断点信息和现场数据的保护是通过堆栈来完成的）。图6-15给出的是3级中断嵌套的示意图。4级、5级甚至更多级中断嵌套的原理可依次类推。

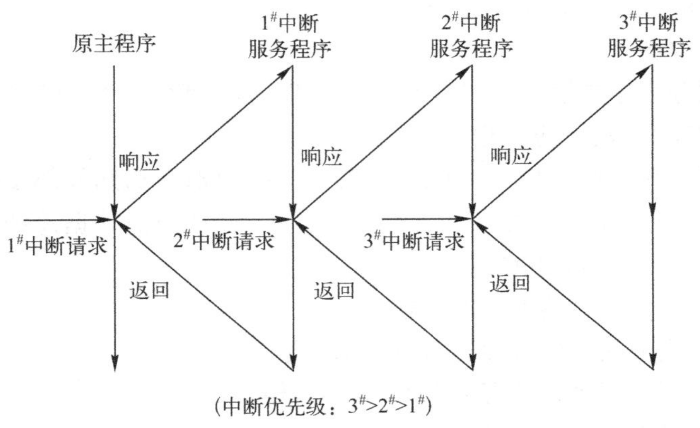

图6-15　3级中断嵌套示意图

2. 中断响应的过程

（1）CPU 响应中断的条件

当 CPU 接收到中断请求后，并非立即响应，所有类型的中断请求都必须在 CPU 执行完当前指令后才予以响应。对于可屏蔽中断（INTR）请求，通常还必须满足以下条件才能响应。

① CPU 内部中断是开放的。在 CPU 内部有一个中断允许触发器 IF，只有当它为“1”，即 CPU 中断开放时，CPU 才能响应外部中断；否则中断被关闭，即使 INTR 上有中断请求，CPU 也不响应。中断允许触发器的状态可由指令 STI 和 CLI 指令来置“1”或清“0”。CPU 复位时，中断允许触发器被清“0”，即中断是关闭的，使用STI 指令才能打开中断；每当中断响应后，CPU 又会自动关闭中断，所以，如果希望在某个中断服务过程中能响应更高优先级 INTR 中断请求，必须在该中断服务程序中用 STI 指令来开中断。

② 现行指令内无总线请求，没有高优先级的中断请求正在被响应或正发出、正挂起。在多中断源的中断系统中，同一时刻只能响应一个中断请求，当有较高优先级的中断请求存在或被响应时，较低优先级的中断请求不能被响应。

③ CPU 在现行指令结束后，即运行到最后一个机器周期的最后一个 T 状态时，才能采样 INTR 线而响应可能提出了的外中断请求。

（2）中断响应过程

在有了中断请求且 CPU 响应中断的条件成立后，CPU 便响应中断请求，并自动关中断，然后进入相应的中断服务程序。不同类型的中断源提出的中断请求，其中断响应过程略有不同。实模式下中断响应过程如下。

1）内中断及 NMI 中断响应过程。

① CPU 自动产生中断类型号 n。

② SP-2→SP，标志寄存器 F 内容入栈。

③ SP-2→SP，当前代码段寄存器 CS 内容入栈。

④ SP-2→SP，当前指令指针寄存器 IP 内容入栈。

⑤ IF=0（禁止 INTR 中断），TF=0（禁止单步中断）。

⑥ 从中断向量表中取中断服务程序入口地址，即将 00000H+4×n 单元的字内容送 IP，00000H+(4×n+2) 单元里的字内容送 CS。

⑦ 转中断服务程序。

⑧ 执行中断服务程序并返回，弹出 IP、CS、F，返回断点，继续执行。

2）外中断（INTR）的响应过程。

① CPU 发出两个中断响应信号$\overline{INTA}$，发第 1 个$\overline{INTA}$时，通知外部硬件准备好待提供的中断类型号，并送上数据总线；发第 2 个$\overline{INTA}$时，CPU 从当前数据总线上取中断类型码 n（通常由管理 INTR 的控制器 8259A 提供）。

② SP-2→SP，标志寄存器 F 内容入栈。

③ SP-2→SP，当前代码段寄存器 CS 内容入栈。

④ SP-2→SP，当前指令指针寄存器 IP 内容入栈。

⑤ IF=0（禁止 INTR 中断），TF=0（禁止单步中断）。

⑥ 从中断向量表中取中断服务程序入口地址，即将 00000H+4×n 单元的字内容送 IP，

00000H+(4×n+2) 单元里的字内容送 CS。

⑦ 转中断服务程序。

⑧ 执行中断服务程序并返回，弹出 IP、CS、F，返回断点，继续执行。

保护模式下的 CPU 响应中断并进入中断服务程序的过程如图 6-16 所示。

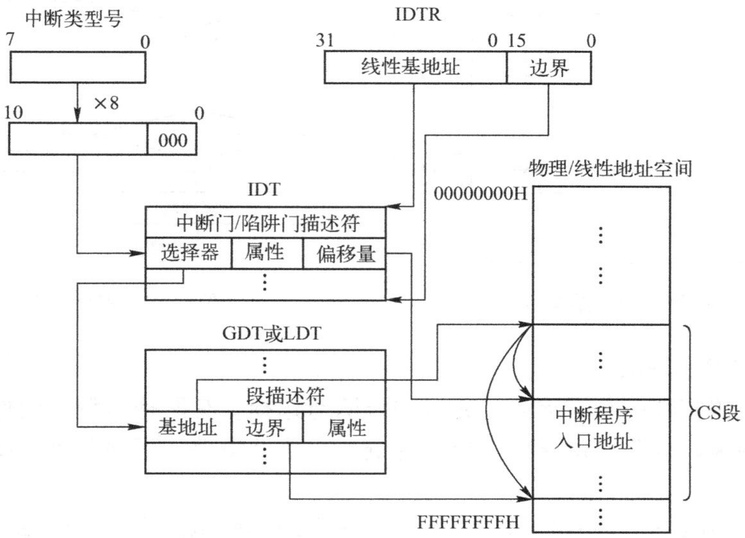

图 6-16 80486 保护模式下中断/异常处理程序进入过程示意图

3. 多中断源的中断源识别与优先级管理

在有多个中断源的微型计算机系统中，完全有可能在某一时刻有多个中断源同时向 CPU 提出中断请求，而一个 CPU 在同一时刻又只能为一个中断请求服务，此时 CPU 该怎样确定先响应哪个中断请求呢？

当有多个中断源向 CPU 发出中断请求时，首先将所有中断请求信号进行锁存（锁存在中断请求锁存器中），然后对这些请求进行识别，选择出优先级最高的中断请求予以响应。这种识别和选择既可通过软件查询式方法实现，也可通过硬件电路来实现。

（1）软件查询法

该软件查询式中断结构示意图如图 6-17 所示。图中有 8 个中断源，即 0#～7#。由图 6-17 可知，当 8 个中断源中有 1 个及以上的中断源发出中断请求时，则会通过微型计算机系统的中断控制器向 CPU 发出中断请求，若 CPU 响应中断的条件成立，则会回送中断响应信号$\overline{IAC}$，此时，便可通过软件将中断请求锁存器的状态读入，然后进行逐位查询，以达到识别中断请求源的目的。当查询到某位状态有效时，便转入相应的中断服务程序，为该中断源服务。显然，其查询次序便决定了各中断源的中断优先级，即最先查询的位所对应的中断源优先级最高，反之优先级最低。查询式中断流程如图 6-18 所示。这种排优方法的优点是硬件电路简单，程序层次分明，要想改变某中断源的优先级，不需要改变其硬件电路，而是只改变程序中查询的顺序即可。但当系统中断源较多时，其响应时间会较长。所以这种方法一般只用在中断源不多、实时性要求不高的场合。

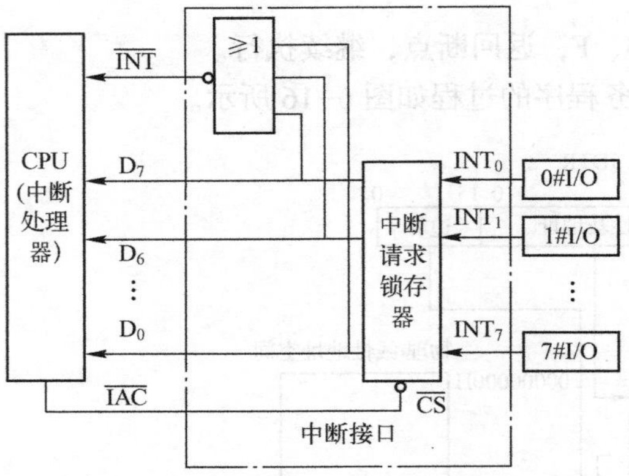

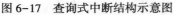

图 6-17　查询式中断结构示意图

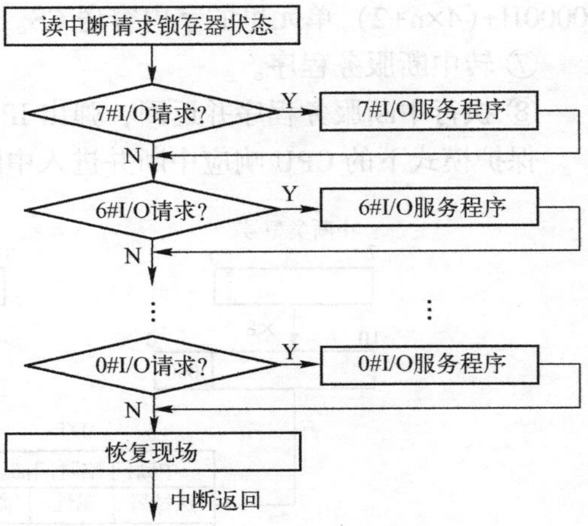

图 6-18　查询式中断流程图

（2）硬件电路实现法

采用硬件电路实现中断请求源优先级的排队与选择。有两种典型的硬件优先级排队电路：中断优先级编码电路和菊花环（或称为链式）排队电路。下面分别介绍这两种优先级排队电路。

1）中断优先级编码电路如图 6-19 所示，优先级编码电路由优先级编码器、比较器和优先级寄存器等组成。8 个外部中断请求源分别与或门和 8-3 优先级编码器相连，优先级编码器输出的结果与 CPU 当前正在响应的中断源编码（响应时寄存于优先级寄存器中）比较，根据比较结果确定是否向 CPU 发出中断请求。

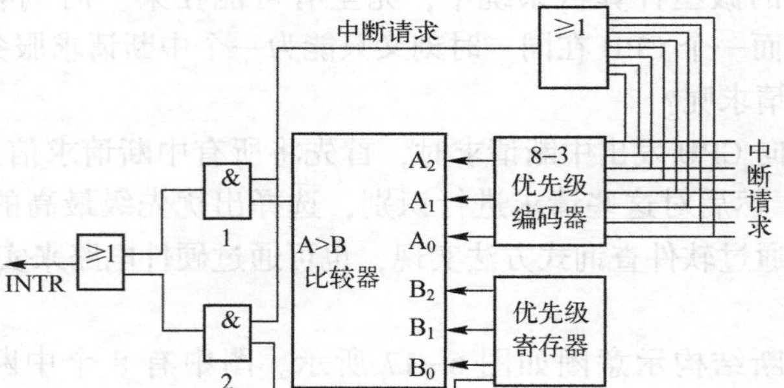

图 6-19　中断优先级编码电路

设优先级编码器输出的编码 111 对应最高优先级，000 对应最低优先级，CPU 正在响应的中断优先级编码被保存在优先级寄存器中。在多个中断源同时产生中断请求时，优先级编码器只输出优先级最高的中断源编码，8 个中断源，任一个产生中断请求时，通过“或”门，即可有一个中断请求信号产生，但能否通过 INTR 送至 CPU，受比较器输出控制。当 CPU 没有为任何中断源服务时，驱动优先级无效信号为高电平，任一中断请求都能通过“与门 2”送至 CPU，并将该中断源编码存于优先级寄存器中；当 CPU 正在响应某中断时，优先级无效信号为低电平，此时，若有新的中断请求产生，新的中断请求经过 8-3 优先级编码器编码后，与正在响应的中断的中断源编码通过比较器进行比较，如果 A≤B，则比较器输出低电平，封锁“与门 1”，此时产生的中断请求优先级比 CPU 正在响应的中断优先级低，或门的中断请求不能送至 CPU。如果 A>B，比较器输出高电平，开放“与门 1”，中断请求通过 INTR 送至 CPU。

某中断源被响应时，优先级编码 $A_2A_1A_0$ 存于优先级寄存器中，并且在中断响应周期中通过数据线送到 CPU，以使 CPU 能根据该编码转入相应的中断服务程序执行。

2）菊花环（或称为链式）优先级排队电路如图 6-20 所示。该电路支持向量式中断（所谓向量式中断是指，一旦有中断发生，CPU 就会自动跳转到相应的地址去执行程序）。在图 6-20 电路中，每个中断源除有中断请求逻辑外，还有一个中断向量发生器。各种中断源的中断请求信号 IR_1 ~ IR_n 以“线或”的方式通过中断请求线 INTR 将中断请求传递给 CPU。中断请求产生时，若响应中断的条件成立，CPU 响应中断，并发出中断响应信号 IACK。若中断请求来自 1 号，则 1 号中断向量发生器将对应的中断类型号送上数据总线，使程序转向 1 号中断服务程序入口执行，且有 OUT_1 为 0（低电平），封锁下面各级的中断请求输出；若中断请求来自 2 号（1 号无请求），则 OUT_1 输出 1（高电平），2 号中断向量发生器将对应的中断类型号送上数据总线，使程序转向 2 号中断服务程序入口执行，此时，OUT_2 输出 0（低电平），封锁下面各级的中断请求输出。若中断请求端 3 或 4 上有中断请求，分析与此类似。

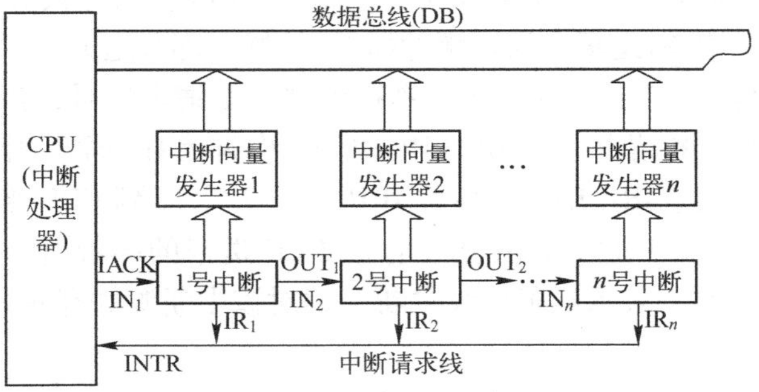

图 6-20 菊花环优先级排队电路

综上所述，在链式排队电路中，排在链的最前面的中断源优先级最高，上级的 OUT 为“0”，则屏蔽了本级和所有低级中断；若上级的 OUT 为“1”，在本级有中断请求时，则转去执行本级的服务程序，且使本级的 OUT 为“0”，屏蔽所有低级中断；若本级没有中断请求，则本级的 OUT 为“1”，允许下一级中断。要改变中断请求源的优先级，只有改变链式电路的连接顺序。

这种利用硬件电路实现中断请求的识别与判优，可自动进行判优及提供中断向量，不需要花费时间去查询状态位，所以中断响应速度较快，处理器利用率较高，且被越来越多的微处理器和微型计算机所采用。

对于有些微处理器芯片或微处理器模块，在其内部已有优先级固定的中断控制器，用户只需根据中断的优先级情况，对应地将不同中断源接到不同的中断请求输入端，而无须另行考虑中断源的识别和优先级问题。

但对多数微型计算机系统而言，往往会有外部中断源的个数多于 CPU 所提供的中断输入线数的现象，故需另设中断控制器来管理和识别外部中断源。在 80X86 微型计算机中通常是以一片或多片 8259A 作为中断控制器，用以管理 CPU 的外部可屏蔽中断源。

6.3.2 中断控制器 8259A

8259A 是 Intel 公司专为控制优先级中断而设计的可编程序中断控制器。它的内部集成了几乎与中断控制有关的所有基本功能电路，既支持查询式中断，也支持向量式中断，且具有较强的中断管理功能。8259A 的主要功能如下。

1）每一片 8259A 可以支持和管理 8 级优先权中断（即管理 8 个中断源），通过多片 8259A 的级联，最多可管理 64 级优先中断控制系统（即管理 64 个中断源）。

2）8259A 能对它所管理的每个中断源进行单独的允许与禁止，通过编程实现。

3）具有多种优先权管理方式：完全嵌套方式、自动循环方式、特殊循环方式、特殊屏蔽方式和查询方式 5 种，可通过程序动态地选择这些管理方式。

4）中断响应时能够自动提供中断类型号，CPU 通过中断类型号可快速得到中断服务程序入口地址。

1. 8259A 的内部结构与引脚功能

（1）内部结构

8259A 的内部结构如图 6-21a 所示。由图可见，8259A 由 8 位中断请求寄存器（IRR）、8 位中断屏蔽寄存器（IMR）、8 位中断服务寄存器（ISR）、优先权分析器（PR）、控制逻辑、数据总线缓冲器、读/写逻辑和级联缓冲器/比较器 8 部分组成。

1）中断请求寄存器（IRR）。IRR 用于锁存外部中断请求信号，当通过 IR_0 ~ IR_7 引脚连接的任一外部中断源有中断请求［即 IR_0 ~ IR_7 中任一引脚上有一个上升沿（由低电平变为高电平）或高电平信号］时，IRR 中的相应位 IRR_i 置“1”，直到 CPU 响应该中断请求为止。

2）中断屏蔽寄存器（IMR）。IMR 用于存放 CPU 送来的屏蔽信号，当该 8 位寄存器中的某一位 IMR_i 为“1”时，表示屏蔽该级中断（即对该中断源的有效请求置之不理），否则开放该级中断。

3）中断服务寄存器（ISR）。ISR 用于寄存所有正在处理中的中断级别。当 CPU 正为某个中断请求服务时，8259A 将使 ISR 中的相应位 ISR_i 置“1”。若 ISR 为全“0”，表示 CPU 没响应任何中断请求。

4）优先权分析器（PR）。PR 主要用于管理和识别各中断源的优先级别，当有中断请求发生时，向 CPU 发出中断请求信号 INT，选择出优先级最高的中断请求送出对应中断类型号，并将其中断级别保存于 ISR 中。

优先权分析器 PR 选择最高优先级别中断请求的步骤如下。

① 择优的对象：没有被中断屏蔽寄存器 IMR 屏蔽的所有中断请求 IRR_i。

② 择优的时间：接收到 CPU 发出的第一个中断响应信号 $\overline{INTA}$ 信号时。

③ 择优的方式：由编程决定。

④ 择优的结果：找出优先级别最高的中断源，送出中断类型号，并将 ISR 对应位 ISR_i 置“1”。

5）控制逻辑。控制逻辑的主要作用是根据 CPU 对 8259A 编程设定的各种工作方式，产生 8259A 内部的控制信号，并根据优先权分析器的请求，向 CPU 发出中断请求信号 INT，同时接收 CPU 发来的中断响应信号$\overline{\text{INTA}}$，并做出相应处理，如置位 ISR 中的相应位、释放中断类型码到总线 D_7 ~ D_0以及清除 INT 信号等。

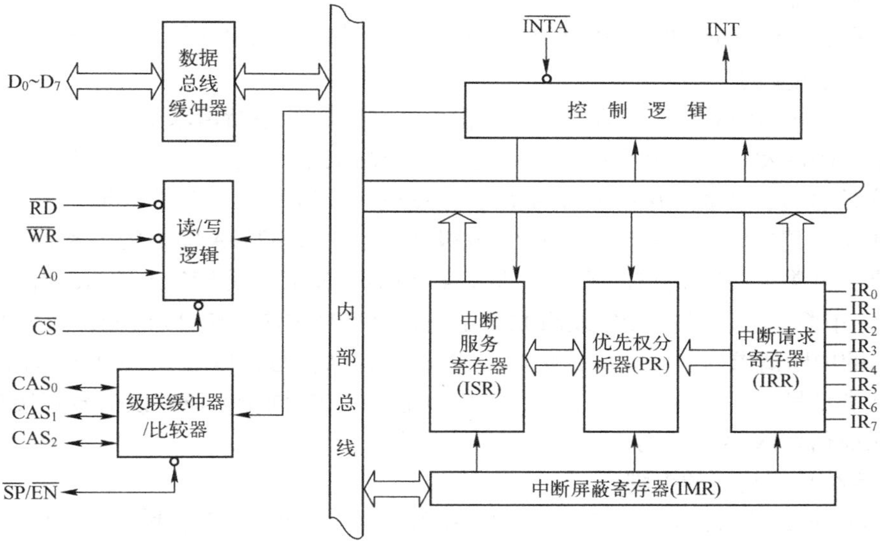

a)

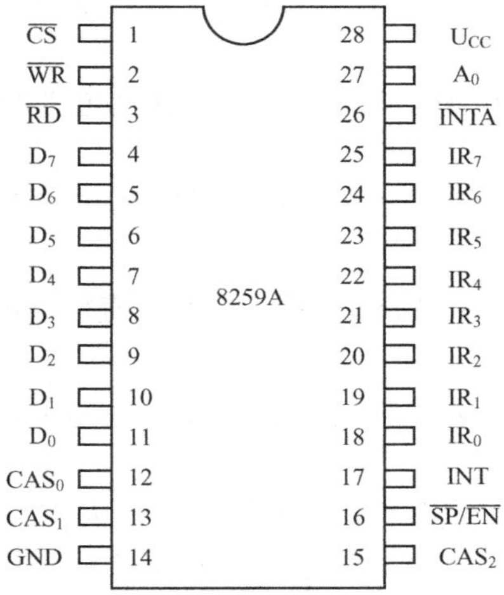

b)

图 6-21　8259A 的内部结构与引脚图

a）8259A 的内部结构框图　b）8259A 引脚图

6）数据总线缓冲器。数据总线缓冲器是 8 位双向三态缓冲器，是 8259A 与系统总线的接口，即用于完成 8259A 内部总线与系统数据总线的连接，以实现 CPU 对 8259A 编程时的控制字写入、8259A 的状态信息的读出以及 CPU 响应中断时中断类型号的读出等。

7）读/写逻辑。读/写逻辑主要接收 CPU 发出的读/写命令，以实现将 CPU 初始化时送来的初始化命令字 ICW1 ~ ICW4、操作命令字 OCW1 ~ OCW3 送入内部对应的寄存器。同时通过数据缓冲器完成 CPU 对 8259A 所有的读/写操作。

8）级联缓冲器/比较器。级联缓冲器用于实现多片 8259A 级联，使中断源由原来的 8 级可扩展到最多 64 级。多片级联时，只有一片 8259A 为主片，其余均为从片。

（2）引脚功能

8259A 有 28 个外部引脚，采用双列直插式封装，如图 6-21b 所示。

1）与中断相关的引脚。

① $IR_0 \sim IR_7$外部中断请求输入：用于连接外部中断源的中断请求信号，当引脚 IR_i 上连接的某外部中断源发出一个上升沿（由低电平变为高电平）或高电平（和中断触发方式有关）的请求信号后，便表示该中断源希望通过 8259A 向 CPU 发出中断请求。

② INT 中断请求线：为 8259A 向 CPU 或级联中上一级 8259A 输出的中断请求信号，在 80X86 系统中通常与 CPU 的可屏蔽中断请求信号 INTR 或上一级 8259A 的 IR_i 相连。

③ $\overline{INTA}$中断响应信号：CPU 或级联中上一级 8259A 的中断响应信号，当 CPU 接收到 8259A 发出的中断请求信号且要响应时，便会发出$\overline{INTA}$信号，以通知 8259A 送出被响应中断源的中断类型号，并响应该中断，为使 8259A 能与 CPU 同步，通常该信号直接与 CPU 对应的中断响应信号$\overline{INTA}$直接相连。

2）与系统总线相连的引脚。

① $D_0 \sim D_7$数据信号线：8 位双向三态数据线，它与系统数据总线相连，用于实现 CPU 与 8259A 间的数据传送（如控制字、端口数据的输入输出等）。

② $\overline{RD}$读控制信号：低电平有效。当该信号为低电平时，表明 CPU 将对 8259A 进行读操作。

③ $\overline{WR}$写控制信号：低电平有效。当该信号为低电平时，表明 CPU 将对 8259A 进行写操作。

④ $\overline{CS}$片选信号：低电平有效。只有当该信号为低电平时，CPU 才能对 8259A 进行读或写操作。

⑤ A_0地址信号：用于对片内端口选择，一般可直接与地址总线 A_0或其他地址线相连。

3）与级联相关的引脚。

① $\overline{SP}/\overline{EN}$（从编程/缓冲器允许）：该信号线为一输入/输出信号线，在不同场合其作用不相同。

当 8259A 工作于非缓冲方式下时，该信号为输入信号，用于区分级联中 8259A 的主从关系，即对主片 8259A，$\overline{SP}=1$（该引脚接高电平），对从片 8259A，$\overline{SP}=0$（该引脚接低电平）。

当 8259A 工作在缓冲方式下时，$\overline{EN}$为输出信号，用于选通 8259A 与系统数据总线间的数据总线缓冲器。

② $CAS_0 \sim CAS_2$（级联信号）：级联中从片的 INT 与主片的 IR_i 相连，主片的级联信号 $CAS_0 \sim CAS_2$与从片的级联信号 $CAS_0 \sim CAS_2$对应相连。对主片 8259A，该级联信号 $CAS_0 \sim CAS_2$为输出线，对从片 8259A，该级联信号 $CAS_0 \sim CAS_2$为输入线。在 CPU 响应中断时，主 8259A 在接收到第 1 个$\overline{INTA}$时通过 $CAS_0 \sim CAS_2$送出 3 位识别码，而和此识别码相符的从 8259A 将在接收第 2 个$\overline{INTA}$时送出中断类型号到数据总线，使 CPU 进入相应的中断服务程序。

4）电源和接地引脚。

① V_{CC}：电源（通常与+5 V 相连）。

② GND：地（与数字地相连）。

（3）接口技术

由于 8259A 内部具有三态数据总线缓冲器，因而 8259A 的数据信号线可直接同对应的系统总线相连，片选、地址及控制信号也可与系统总线中的对应信号相连。图 6-22 为 8259A 与 IBM PC 总线的接口电路示意图。

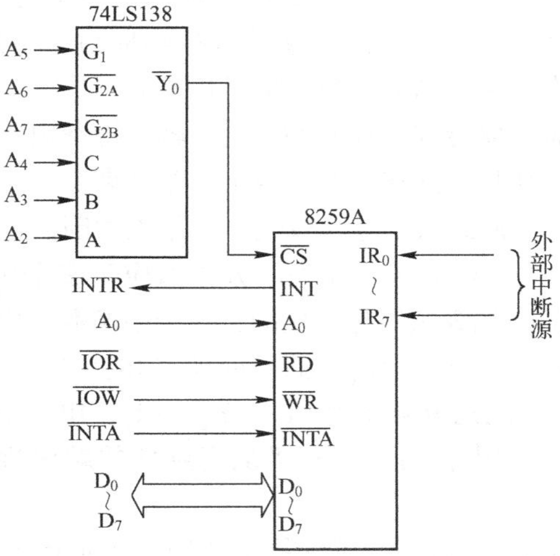

图 6-22　8259A 与 IBM PC 总线的接口电路示意图

由图 6-22 可见，$A_7 \sim A_5$为 001，$A_4 \sim A_2$为 000（A_9、A_8、A_1因未直接与 8259A 相连故可为任意值）时，地址译码器 74LS138 的$\overline{Y}_0$端输出为 0，故 8259A 的片选信号$\overline{CS}$为低电平（即有效）。此时，CPU 便可对该 8259A 进行读/写操作，设 A_9、A_8、A_1这 3 根地址信号线为 0 时，该 8259A 的 2 个端口地址分别为 20H 和 21H。

2. 8259A 的工作方式

8259A 可通过编程设置的工作方式有 5 类。

（1）中断优先级管理方式有关的工作方式

8259A 有 4 种优先级管理方式，所有的优先级管理方式均可通过编程来设置。

1）中断嵌套方式。针对系统中 8259A 的级（片）数有两种中断嵌套方式：全嵌套方式和特殊全嵌套方式。

① 全嵌套方式。全嵌套方式是 8259A 最常用的工作方式，也是 8259A 默认的工作方式。这种方式在初始化后，中断优先级是固定的，优先级从高到低的顺序为 IR_0、IR_1、IR_2、IR_3、IR_4、IR_5、IR_6、IR_7。当一个中断被响应时，8259A 会将中断类型码送上数据总线，并将当前中断服务寄存器 ISR 中的对应位置“1”，且屏蔽同级或较低级别的中断请求，但能产生较高级别的中断请求。

全嵌套方式适合于在单级（片）8259A 的系统中使用。

② 特殊全嵌套方式。特殊全嵌套方式一般用在多片 8259A 级联的系统中。主片选择

特殊全嵌套方式时，从片应选择为其他工作方式如全嵌套方式。对主片来说，从片的 8 个中断源属同一优先级别，但对从片而言，它的 8 个中断源存在优先级别差异。因此在特殊全嵌套方式下，当一个中断被响应时，只屏蔽较低级别的中断请求，不屏蔽同级别的中断请求。

主 8259A 通过中断请求输入线接收来自从 8259A 的所有中断请求，当从 8259A 接收到一个中断请求时，便将该中断请求传递到主 8259A。

与全嵌套方式相比，其特殊性主要表现如下：

- 在特殊全嵌套方式下，从 8259A 要传递的中断请求可能与主 8259A 正在处理的中断的优先级别相同。因此，当从片的中断请求被响应后，主片不封锁从片的 INT 输入端，以使从片中优先级别更高的中断请求可被响应。
- 在从片中断快结束时，要检查从片的 ISR 的内容，检查刚服务完的中断是否为该从片唯一的中断请求源，如是，则连续发出两个中断结束命令，使从片、主片相继结束中断；否则，只发一个中断结束命令，仅使从片结束中断。

2）自动循环优先级方式。自动循环优先级方式适应于多个中断源优先级相同的场合。在这种方式下，各中断源的优先级顺序是变化的，一个中断源的中断请求得到服务以后，其优先级将自动降为最低。如 CPU 响应 IR_6中断，处理完 IR_6中断后，IR_6将自动降为最低优先级，此时 IR_7为最高优先级，优先级顺序为 IR_7、IR_0、IR_1、IR_2、IR_3、IR_4、IR_5、IR_6，依次类推。在自动循环优先级方式中，初始优先级从高到低的顺序规定为 IR_0、IR_1、IR_2、…、IR_6、IR_7。

3）特殊循环优先级方式。特殊循环优先级方式即为指定优先级顺序方式。它可通过对 8259A 编程指定某中断源的优先级为最低，其他自动循环。比如指定 IR_5为最低优先级，那么 IR_6就是最高优先级，则优先级顺序为 IR_6、IR_7、IR_0、IR_1、IR_2、IR_3、IR_4、IR_5。

4）特殊屏蔽方式。在一些应用场合中，需要允许较低级别的中断请求能够暂停 CPU 正在响应的较高级别中断请求的处理，特殊屏蔽方式能支持这些应用。与特殊全嵌套方式和全嵌套方式必须在 8259A 初始化时进行选择不同，特殊屏蔽方式可以在系统运行过程的任何时候根据需要进行设置或禁止。当设置特殊屏蔽方式时，只有与当前正在被处理中断级别相同的中断请求被禁止，所有的其他中断请求（高级别或低级别）都被允许通过。

（2）与中断结束方式有关的工作方式

当 8259A 管理的某一中断被 CPU 响应时，8259A 中的 ISR 对应位 ISR_i 将被置“1”，表示 CPU 正在执行 ISR_i 为 1 的中断服务程序。当该中断请求被 CPU 处理完毕之后，则应该将 ISR 中的对应位 ISR_i 清“0”，以便让同一级别或较低级别的中断请求能被允许处理。为此，8259A 设置了两种中断结束方式，使 CPU 在中断返回时将 ISR_i 清“0”。这两种中断结束方式分别称为自动中断结束（AEOI）方式和非自动中断结束（EOI）方式。

1）自动中断结束（AEOI）方式。该方式中，8259A 在接收到第 2 个中断响应信号 $\overline{INTA}$时就会自动将 ISR 中的对应位 ISR_i 清“0”。这种方式只能用在系统中只有一片 8259A 且没有中断嵌套的场合。

2）非自动中断结束（EOI）方式。该方式是指在中断服务程序末尾向 8259A 发出中断结束命令，使 ISR 中的对应位 ISR_i 为“0”，表示该中断服务已经结束。非自动中断结束

（EOI）方式有两种，分别为一般中断结束方式和特殊中断结束方式。

① 一般中断结束方式。一般中断结束方式也称普通 EOI 命令方式，该方式下 8259A 在接收到普通 EOI 命令时，便会将 ISR 中最高优先级位对应的 ISR_i 清“0”，结束当前正在处理的中断。该方式仅适用于 8259A 工作在全嵌套方式下的场合。

② 特殊中断结束方式。特殊中断结束方式也称特殊 EOI 命令方式，当 8259A 工作在非全嵌套方式下，可选特殊 EOI 命令方式。该方式下，可通过命令使 ISR 中的指定位 ISR_i 清“0”，结束当前中断。

（3）与中断请求触发方式有关的工作方式

8259A 的中断触发方式有两种，分别为边沿触发方式和电平触发方式。

1）边沿触发方式。该触发方式下，当引脚 IR_i 接收到一个上升沿（由低电平变为高电平），便表示外部有中断请求。

2）电平触发方式。该触发方式下，当引脚 IR_i 上为一高电平，便表示外部有中断请求。此时须注意，该方式下 CPU 在发出 EOI 命令和再次开放中断前，必须保证已经被响应的中断请求 IR_i 为低电平，以防出现虚假中断被响应现象（即同一中断请求被响应两次及以上）。

（4）程序查询方式

当设置 8259A 工作在该方式下时，CPU 可利用软件查询方式来响应与 8259A 相连的 8 级中断请求，此时，8259A 的 INT 引脚不与 CPU 的 INTR 引脚相连，或者处于关中断状态，即 CPU 不能响应中断，而是通过对 8259A 发送一个查询命令后，再读 IRR 寄存器内容，以识别外部是否有中断请求及优先级最高的中断请求。

（5）读 8259A 相关内部寄存器状态方式

8259A 内部的 IRR、ISR、IMR 三个寄存器内容均可通过相应的输入命令读入 CPU 中。

① 读 IRR、ISR 寄存器内容。CPU 在读入 IRR、ISR 寄存器内容之前，先对 8259A 的偶数地址写入一读 IRR 或 ISR 命令，然后对 8259A 的偶数地址执行一条输入指令，便可读得 IRR 或 ISR 寄存器内容，以供用户了解 8259A 的工作状态。

② 读 IMR 寄存器内容。对 8259A 奇地址的一条输入指令，便可直接读到 IMR 寄存器内容，而无须事先对 8259A 写入任何命令。

3. 8259A 的中断处理过程

当 8259A 进入工作状态后，对外部中断请求的响应和处理过程如下。

1）当外部中断源有一到多个中断请求时，中断请求输入线 $IR_0 \sim IR_7$ 中就有 1 根或多根信号变高，此时中断请求寄存器 IRR 的对应位被置“1”。

2）若 8259A 的中断屏蔽寄存器 IMR 的对应位为“0”，则表明该中断请求未被屏蔽，IRR 中的中断请求直接进入优先级分析器 PR。此时，是否由 8259A 的 INT 引脚直接向 CPU 发出中断请求信号有两种情况。

① 若 8259A 工作在特殊屏蔽方式下，则由 8259A 的 INT 引脚向 CPU 发出中断请求信号。

② 若 8259A 工作在中断嵌套方式下、自动循环优先级方式下或特殊循环优先级方式下，优先级分析器 PR 根据新进入的中断请求和 ISR 的内容，决定是否向 CPU 发中断申请信号：

- 如果新进入的中断请求比 ISR 中记录的中断优先级高，则通过 8259A 的 INT 引脚向

CPU 发出中断请求信号。

- 如果新进入的中断请求与 ISR 中记录的中断优先级同级或更低，则不向 CPU 发中断请求信号。

3）若 8259A 向 CPU 发出了中断请求信号，且 CPU 处于中断允许状态，则 CPU 将响应该中断请求，并连续发出两个中断响应信号 $\overline{INTA}$。

4）8259A 在接收到 CPU 发出的第 1 个 $\overline{INTA}$ 信号后，将最高优先级对应的 ISR_i 位置“1”，将相应的 IRR_i 清“0”。该周期 8259A 没有驱动数据总线。

5）8259A 在接收到 CPU 第 2 个周期发出的 $\overline{INTA}$ 信号后，通过数据总线向 CPU 发送一个 8 位的中断类型号；CPU 获得该中断类型号后，经过相应的处理，获得中断服务程序入口地址，转入对应的中断服务程序执行。

6）至此，便完成了整个中断响应周期。若 8259A 工作在自动中断结束（AEOI）方式下，则在 CPU 发出的第 2 个 $\overline{INTA}$ 信号结束时，将刚置位的 ISR_i 清“0”；否则，将在中断服务程序结束时，发出 EOI 命令将 ISR_i 清“0”。

4. 应用编程

在掌握了中断控制器 8259A 的内部结构、接口技术及工作方式后，如何使用该中断控制器 8259A，则是读者应该进一步掌握的内容。

如前所述，要使某应用系统中的中断控制器 8259A 工作，首先必须通过 CPU 对该 8259A 写入相关的命令，以规定 8259A 的各种工作方式，即对 8259A 进行初始化编程；在 8259A 的工作过程中，要想改变某种工作方式（如从全嵌套方式换为自动循环优先级方式），CPU 也将对 8259A 写入相关操作命令，即对 8259A 进行操作编程。那么怎样实现对 8259A 进行初始化编程和操作编程呢？下面将针对这一问题进行讨论。

中断控制器 8259A 内部有 9 个可读写的寄存器，分别是：初始化命令寄存器 ICW1、ICW2、ICW3、ICW4；操作命令寄存器 OCW1（IMR）、OCW2、OCW3；中断服务寄存器 ISR；中断请求寄存器 IRR。中断控制器 8259A 内部有两个 I/O 端口地址：即 $A_0=0$ 时，偶地址端口；$A_0=1$ 时，奇地址端口。对这 9 个寄存器的读/写操作均可通过这两个端口实现。对 8259A 进行初始化编程或操作编程，实质上就是对 4 个初始化命令寄存器和 3 个操作命令寄存器按一定顺序进行写入操作的过程。

（1）8259A 的初始化编程

对 8259A 的初始化编程是通过对初始化命令寄存器写入初始化命令字 ICW1～ICW4 来实现的，其写入顺序如图 6-23 所示。

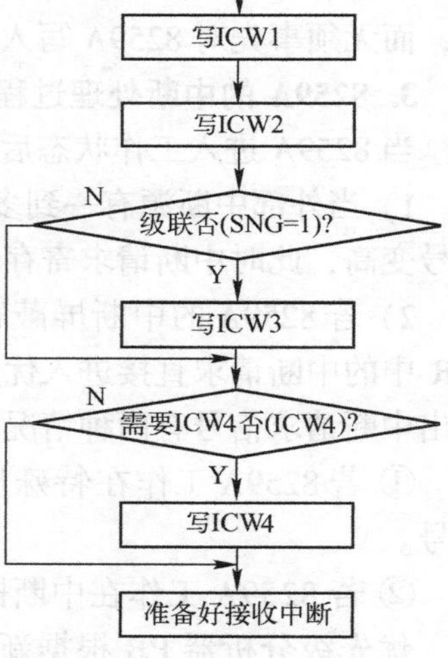

图 6-23　8259A 初始化命令字的写入顺序

1）初始化命令字 ICW1。ICW1 主要用于确定中断源的中断触发方式、系统中的 8259A 是单片还是多片级联，固定设置中断优先级为全嵌套方式，即优先级从高到低的顺序为 $IR_0 \to IR_1 \to \cdots \to IR_7$，将中断屏蔽寄存器清零等。

ICW1 命令字格式如图 6-24 所示。当 $A_0=0$（偶地址）时，若对 8259A 写入一个 $D_4=1$ 的字节数，则启动了其初始化编程。写入的这个字节被当作 ICW1，$D_4=1$ 是 ICW1

命令字的特征位，其余各位的作用如下。

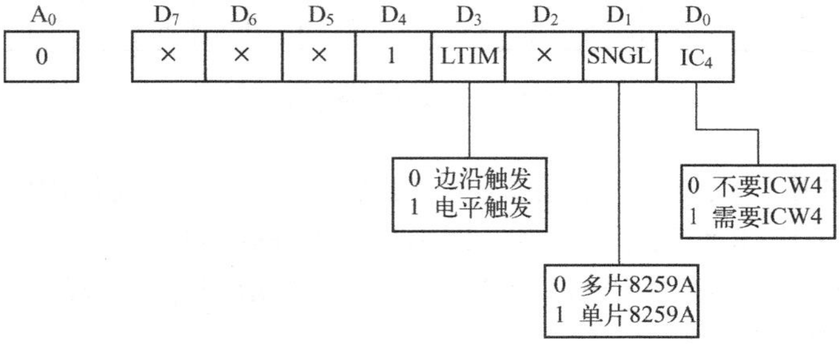

图 6-24　ICW1 命令字

① D_3规定 $IR_7 \sim IR_0$的触发方式。$D_3 = 1$ 为高电平触发，$D_3 = 0$ 为上升沿触发。

② $D_1 = 0$ 表示系统中有多片 8259A，$D_1 = 1$ 表示系统中只有单片 8259A。

③ $D_0 = 1$ 表示需要写 ICW4，$D_0 = 0$ 表示不需要写 ICW4。在不写 ICW4 时，ICW4 的各位默认值均为零。

④ 在 80X86 模式下，D_7、D_6、D_5、D_2无意义，编程时可设为 0。

2）初始化命令字 ICW2。ICW2 为中断向量寄存器，主要用于设定 80X86 模式系统的中断向量号（中断类型号）的高 5 位 $T_7 \sim T_3$。

ICW2 命令字格式如图 6-25 所示。在对 8259A 写入 ICW1 命令字后，再对 8259A 的奇地址（$A_0 = 1$）写入一个字节数，该字节被当作 ICW2。ICW2 各位的作用如下。

A_0		D_7	D_6	D_5	D_4	D_3	D_2	D_1	D_0
1		T_7	T_6	T_5	T_4	T_3	×	×	×

图 6-25　ICW2 命令字

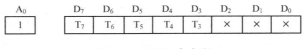

① $D_7 \sim D_3$：设定中断向量（类型）号的高 5 位。

② $D_2 \sim D_0$：不需编程，中断响应时 8259A 会将中断源序号自动填入。因此，用户可以通过对 $D_7 \sim D_3$的编程，设置 8 个中断请求的中断向量（类型）号。如将 ICW2 的高 5 位设置为 00001，低 3 位设置为任意值，此时，8259A 会自动形成 8 个连续的中断向量（类型）号 08H～0FH 分配给 8 个外部中断源，即与 $IR_0 \sim IR_7$相连的 8 个外部中断源的中断向量（类型）号分别为 08H～0FH。如某时刻与 IR_2引脚相连的外部中断源有中断请求，且被 CPU 响应，那么在中断响应周期内，当 8259A 收到第 2 个$\overline{INTA}$信号时，便将与 IR_2对应的中断向量（类型）号 0AH 送上数据总线，CPU 根据该中断向量（类型）号便可转向对应的中断服务程序执行。

3）初始化命令字 ICW3。ICW3 是 8259A 的级联命令字，单片 8259A 工作时不需写入。多片 8259A 级联时，有主片和从片之分，需要分别写入主、从 8259A 的 ICW3。其命令字格式如图 6-26 所示。

主片 ICW3 的 $D_7 \sim D_0$分别表示对应的 8 条中断请求线 $IR_7 \sim IR_0$上有无从片级联，当 IR_i中断请求线上接有从片时，$d_i = 1$；否则，$d_i = 0$。

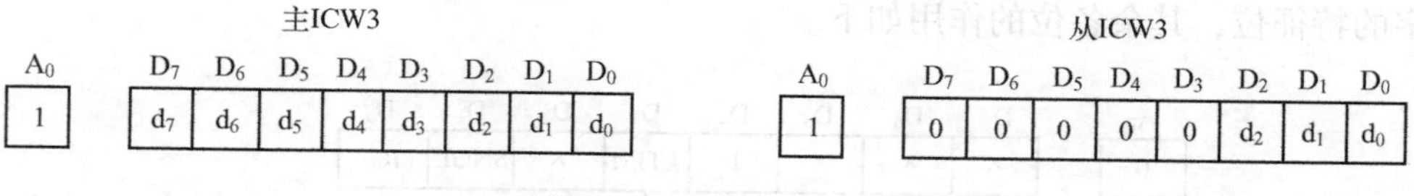

图 6-26　ICW3 命令字

各从片的 ICW3 中，仅 $D_2 \sim D_0$有意义，作为其从片标识码，高位固定为 0，这个从片标识码须和本片所接主片 IR 线的序号一致，即标识码为 000～111 的从片的 INT 应分别对应连接在主片的 $IR_0 \sim IR_7$上。如某从片的 INT 连接于主片的 IR_3上，则该从片的 ICW3 命令字的低 3 位，即 $d_2d_1d_0$为 011。

在中断响应时，主片通过级联线 $CAS_2 \sim CAS_0$送出被允许中断的从片标识码。各从片用自己的 ICW3 与 $CAS_2 \sim CAS_0$比较，二者一致的从片被确定为当前中断源，才可发送自己的中断类型号。

4）初始化命令字 ICW4。ICW4 主要用于确定 8259A 选用何种中断嵌套方式、中断结束方式；系统中使用的 CPU 是 8080/8085 还是 80X86；8259A 的数据线与系统总线之间是否需要数据缓冲器等。

ICW4 命令字格式如图 6-27 所示。该命令字中 D_7、D_6、D_5未用，一般可取为 0，其余各位作用如下。

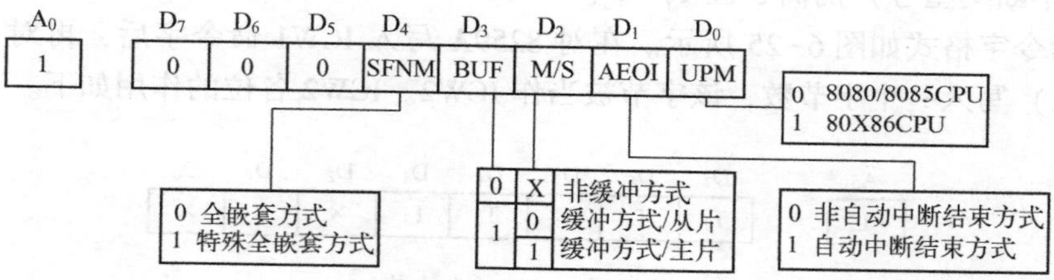

图 6-27　ICW4 命令字

① D_4：指定中断的嵌套方式。$D_4=0$ 时，指定 8259A 工作于全嵌套方式；$D_4=1$ 时，指定 8259A 工作在特殊全嵌套方式。

② D_3：数据缓冲选择。$D_3=1$ 时，8259A 的数据线与系统总线之间需加三态缓冲器，此时，8259A 的$\overline{SP}/\overline{EN}$引脚变成输出线，以控制缓冲器的接通。$D_3=0$ 时，8259A 的数据线与系统总线之间不加三态缓冲器。

③ D_2：当 $D_3=0$ 时，D_2位无意义。当 $D_3=1$ 时，D_2用于说明此时的 8259A 是主片还是从片，$D_2=0$ 时，8259A 为从片；$D_2=1$ 时，8259A 为主片。

④ D_1：确定中断结束方式。$D_1=0$ 时，选择非自动中断结束方式；$D_1=1$ 时，选自动中断结束方式。

⑤ D_0：指定系统中所用的 CPU 类型。$D_0=0$ 时，CPU 为 8080/8085；$D_0=1$ 时，CPU 为 80X86。

当严格按照图 6-23 顺序完成 8259A 的初始化编程后，8259A 便可接收中断输入端的中断请求信号，并进入工作状态了。此时，8259A 所管理的中断优先级固定为 IR_0最高，IR_7最低。如要在 8259A 工作过程中改变其优先级顺序等，就需对 8259A 进行操作编程。

（2）8259A 的操作编程

对 8259A 的操作编程是通过对操作命令寄存器写入操作命令字 OCW1 ~ OCW3 来实现，8259A 操作命令字可根据需求在 8259A 工作过程中多次写入。

1）操作命令字 OCW1。OCW1 又称为中断屏蔽字，用于设置或清除对中断源的屏蔽，其命令字格式如图 6-28 所示。

A_0	D_7	D_6	D_5	D_4	D_3	D_2	D_1	D_0
1	M_7	M_6	M_5	M_4	M_3	M_2	M_1	M_0

图 6-28　OCW1 命令字

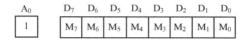

在 OCW1 中，当某位 $M_i=0$，则对应的中断源 IR_i 被开放，若 $M_i=1$，则对应的中断源 IR_i 被屏蔽。如 OCW1 = 01010000B，则表示 IR_6 和 IR_4 中断被屏蔽，此时，若仅有 IR_6 和 IR_4 端有中断请求，8259A 也不发出 INT 信号，即不向 CPU 发出中断请求。

在 8259A 的工作过程中，通过编程多次改变 OCW1 命令字内容，则可达到在程序中的任何位置实现对某些中断源的屏蔽或开放的目的。

3 个操作命令字中仅 OCW1 占有奇地址（$A_0=1$）。在初始化开始时，默认屏蔽字的各位全为 0。

2）操作命令字 OCW2。OCW2 又称为中断方式命令字，用于设置部分中断优先级方式及中断结束方式，其命令字格式如图 6-29 所示。当 $A_0=0$（偶地址）时，若对 8259A 写入一个 $D_4=0$、$D_3=0$ 的字节数，则是写入的操作命令字 OCW2。$D_4=0$、$D_3=0$ 是 OCW2 命令字的特征位，其余各位在不同的组合下，有不同的功能，见表 6-1。

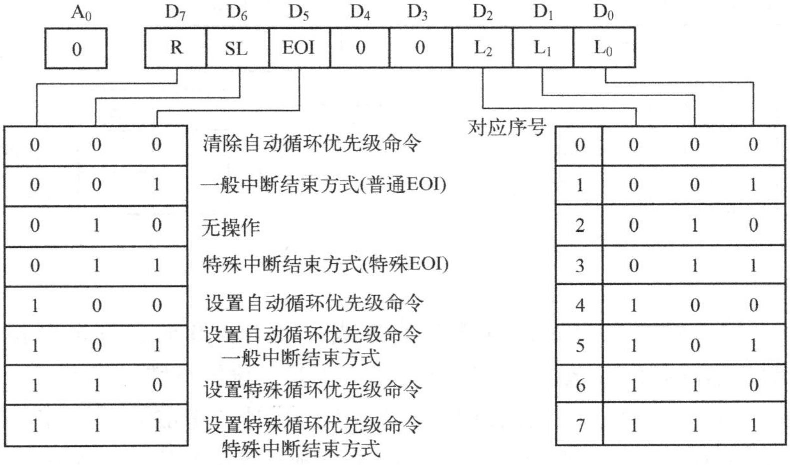

图 6-29　OCW2 命令字

由表 6-1 可见，OCW2 命令字的 $D_2 \sim D_0$ 位的作用是，在特殊循环优先级方式下，指定最低优先级 IR_i。在特殊中断结束方式中，指定清除 ISR 中的对应位 ISR_i。

表 6-1　OCW2 的 $D_7 \sim D_0$ 位的功能说明

$D_7 \sim D_0$	功　能
00100×××	选用一般中断结束，用于全嵌套方式。中断结束时，清除 ISR 中优先级最高的服务位
$01100L_2L_1L_0$	特殊中断结束方式，适用于一般的中断优先级方式。中断结束时，清除由 $L_2L_1L_0$ 指定给出的 ISR 中的对应位，如 $L_2L_1L_0$ 为 010，则是使 ISR 中的 ISR_2 位为 0
10100×××	设置自动循环优先级方式，选择一般中断结束方式。中断结束时，清除 ISR 中优先级最高的服务位，并将该中断源的优先级降为最低
10000×××	设置自动循环优先级方式（自动结束方式下）
00000×××	清除自动循环优先级命令
$11100L_2L_1L_0$	设置特殊循环优先级方式，指定 $L_2L_1L_0$ 所对应的中断源级别降为最低；选择特殊中断结束方式，中断结束时，清除由 $L_2L_1L_0$ 指定给出的 ISR 中的对应位
$11000L_2L_1L_0$	特殊循环优先级设置命令，指定 $L_2L_1L_0$ 所对应的中断源级别降为最低
01000×××	无操作

3）操作命令字 OCW3。OCW3 操作命令字用于设置查询方式、特殊屏蔽方式以及读 8259A 的 IRR、ISR 的当前状态。其命令字格式如图 6-30 所示。当 $A_0=0$（偶地址）时，若对 8259A 写入一个 $D_4=0$、$D_3=1$ 的字节数，则是写入的操作命令字 OCW3。$D_4=0$、$D_3=1$ 是 OCW3 命令字的特征位，其余各位功能如下。

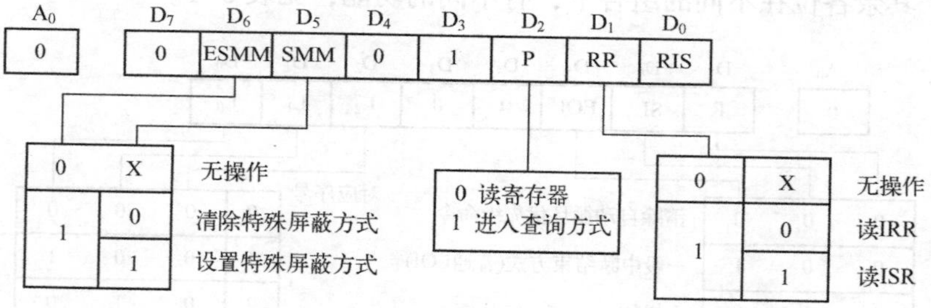

图 6-30　OCW3 命令字

① D_6、D_5：用于确定是否选择特殊屏蔽方式，当 $D_6=0$ 时，不选择特殊屏蔽方式。$D_6=1$，$D_5=0$ 时，清除特殊屏蔽方式；$D_6=1$，$D_5=1$ 时，设置特殊屏蔽方式。

② D_2：$D_2=1$ 时，8259A 工作在查询方式下；$D_2=0$ 时，读 8259A 的内部寄存器。

③ D_1、D_0：在 $D_2=0$ 时，用于指定读取 8259A 哪个寄存器状态，D_1D_0 为 10 读取 IRR；D_1D_0 为 11 读取 ISR。

向 8259A 送入 $D_2=0$、$D_1D_0=10$ 的 OCW3 命令后，向 8259A 的 $A_0=0$（偶地址）的读指令即可读入中断请求寄存器 IRR 的内容；若是 $D_1D_0=11$，则可读入中断服务寄存器 ISR 的内容。

例：设 8259A 的端口地址为 20H 和 21H，若要读取 8259A 的 IRR 内容，指令如下：

```
MOV     AL,0AH
OUT     20H,AL          ;写 OCW3 命令,使 8259A 进入读状态
IN      AL,20H          ;AL←IRR 的内容
```

若要读取 8259A 的 ISR 内容，指令如下：

```
MOV     AL,0BH
OUT     20H,AL          ;写 OCW3 命令,使 8259A 进入读状态
IN      AL,20H          ;AL←ISR 的内容
```

若要读取 8259A 的 IMR 内容，则无须发 OCW3 命令，直接对 8259A 的 $A_0=1$（奇地址）的读指令即可读出 IMR 的内容。

若令 8259A 的 D_2为 1（即 P=1），便可使 8259A 进入查询工作方式（非中断方式），根据读指令的内容便可编程转入相应的处理程序。

若需使 8259A 工作在查询方式下完成它所管理的 8 个中断源的中断处理，可由以下程序段实现：

```
MOV   AL, 0 0 0 0 1 1 0 0 B     ;令 OCW3 的 D2=1(即 P=1),8259A 进入查询方式
OUT   20H,AL
IN    AL,20H                    ;对 A0=0(偶地址)执行的读操作,获取相关信息
```

以上 3 条指令中，首先写操作命令字 OCW3，使 8259A 进入查询方式，其后的读指令读回一个字节信息于 AL 中。此时，AL 中的 8 位二进制信息形式为 $I\times\times\times\times W_2W_1W_0$，其中最高位 I 的状态用于表示系统中是否有中断请求（I=1，表示有中断请求；I=0，表示没有中断请求），低 3 位为编码号，即所有提出中断请求的中断源中，优先级别最高的那个中断源的编码号；此处的编码号与前所述的中断类型号相同，用户可根据这编码号编程实现转入相应处理程序（利用多分支结构程序实现）。如外部中断源有中断请求，则该读指令的执行还完成了以下操作：

① 清除 IRR 中优先级最高的请求位 IRR_i。

② 将 ISR 中的相应位 ISR_i 置“1”。

③ 获得一个中断类型号。

由此可见，8259A 不仅仅是工作在中断方式下才能实现对多个外部中断源的管理和识别，在查询方式下同样可以配合用户程序实现对多个中断源的管理和识别。

6.3.3 中断控制器 8259A 应用举例

1. 8259A 初始化编程举例

例 6-4 某 8086 系统中，利用一片 8259A 管理了 8 个中断源，对应的中断向量（类型）号为 10H~17H，端口地址为 20H 和 21H。中断请求信号为电平触发，采用全嵌套、非缓冲以及自动结束中断方式。请完成该 8259A 的初始化编程。

分析：由题目要求可知：

① 该 8259A 为单片，中断信号采用电平触发、中断结束方式为自动结束方式，所以要写 ICW4，则 ICW1 命令字如下：

×	×	×	1	LTIM	×	SNGL	IC_4
0	0	0	1	1	0	1	1

即 ICW1 为 1BH。

② 8 个中断源对应的中断向量（类型）号为 10H~17H，即 00010000B~00010111B，则 ICW2 命令字如下：

T_7	T_6	T_5	T_4	T_3	×	×	×
0	0	0	1	0	0	0	0

即 ICW2 为 10H，初始化 ICW2 时，原理上低 3 位可给任意值，8259A 会自动将低 3 位按 000~111 的顺序分配给 IR_0~IR_7。所以一片 8259A 管理的 8 个中断源的中断向量（类型）号一定是连续的。

③ 由于中断请求采用全嵌套、非缓冲以及自动结束中断方式，CPU 为 8086，则 ICW4 命令字如下：

0	0	0	SFNM	BUF	M/S	AEOI	UPM
0	0	0	0	0	0	1	1

即 ICW4 为 03H。

④ 由于没有级联，故无须写入 ICW3。根据图 6-23 对 8259A 初始化编程的顺序，符合题目要求的初始化程序段如下：

```
MOV     AL,1BH        ;将 ICW1 写入 A0=0(偶地址)
OUT     20H,AL
MOV     AL,10H        ;将 ICW2 写入 A0=1(奇地址)
OUT     21H,AL
MOV     AL,03H        ;将 ICW4 写入 A0=1(奇地址)
OUT     21H,AL
```

若在 8259A 工作过程中不改变其优先级及其他工作方式等，便可不写操作命令字 OCW1~ OCW3。

例 6-5　设某微型计算机系统中的中断控制器 8259A 已完成初始化编程，在程序的运行过程中根据系统要求需开放 IR_2的中断请求，其他中断请求保持原初始化时的状态，请编制相应程序段。设该 8259A 的端口地址为 20H 和 21H。

分析：① 要想屏蔽或开放系统中 8259A 的某中断源，则需将 OCW1 的对应位置“1”或清“0”。

② 由于题目要求在开放 IR_2的中断时，其他中断源的中断开放与屏蔽状态需保持不变，故必须先读回原 IMR 寄存器的内容，然后将 IR_2中断的对应位清“0”，其他保持不变，最后写回 IMR 寄存器，以达到改写 OCW1 命令字的目的。

③ 能实现题目要求的程序段如下：

```
IN      AL,21H        ;读回原 IMR 寄存器内容(如前所述,直接对 8259A 的奇地址读指令即
                       可读得 IMR 寄存器内容)
```

```
AND   AL,11111011B     ;D2=0,允许 IR2的中断申请
OUT   21H,AL           ;写入 IMR 寄存器
```

例 6-6　同例 6-5，只是将开放 IR_2中断请求，改为屏蔽 IR_4中断请求，其他中断状态保持不变，请编程实现。设该 8259A 的端口地址为 20H 和 21H。

分析：① 与例 6-5 相同，只要改变 IMR 寄存器内容即可实现。

② 如前所述，要屏蔽 8259A 的某中断请求，只需将 IMR 中对应位置“1”即可。

③ 为使其他中断源的中断状态保持不变，仍需先读回 IMR 的内容，修改后再写回 IMR。

④ 能实现题目要求的程序段如下：

```
IN    AL,21H             ;读回原 IMR 寄存器内容
OR    AL,00010000B       ;D4=1,屏蔽 IR4的中断申请
OUT   21H,AL             ;写入 IMR 寄存器
```

例 6-7　设某 8086 系统中，有两片 8259A 采用主从连接方式，管理了 15 个外部中断源，从片的 INT 与主片的 IR_3相连。从片的中断类型码为 70H~77H，端口地址为 A0H 和 A1H；主片的中断类型码为 08H~0FH，端口地址为 20H 和 21H。中断请求信号为边沿触发，采用全嵌套、缓冲、非自动结束中断方式。试完成相应的初始化程序段设计。

分析：① 由于系统中有两片 8259A，故每片 8259A 均需进行初始化，题目规定，中断信号采用边沿触发、非自动结束中断方式，则主、从片的 ICW1 命令字如下：

×	×	×	1	LTIM	×	SNGL	IC_4
0	0	0	1	0	0	0	1

即主、从片的 ICW1 命令字均为 11H。

② 主片 8 个中断源对应的中断向量（类型）号为 08H~0FH，则主片 ICW2 命令字如下：

T_7	T_6	T_5	T_4	T_3	×	×	×
0	0	0	0	1	0	0	0

从片 8 个中断源对应的中断向量（类型）号为 70H~77H，则从片 ICW2 命令字如下：

T_7	T_6	T_5	T_4	T_3	×	×	×
0	1	1	1	0	0	0	0

即主片 ICW2 命令字为 08H，从片 ICW2 命令字为 70H。

③ 由于从片的 INT 与主片的 IR_3相连，则有主、从片的 ICW3 命令字如下：

主ICW3

D_7	D_6	D_5	D_4	D_3	D_2	D_1	D_0
d_7	d_6	d_5	d_4	d_3	d_2	d_1	d_0
0	0	0	0	1	0	0	0

从ICW3

D_7	D_6	D_5	D_4	D_3	D_2	D_1	D_0
0	0	0	0	0	d_2	d_1	d_0
0	0	0	0	0	0	1	1

即主片 ICW3 命令字为 08H，从片 ICW3 命令字为 03H。

④ 由于中断请求采用全嵌套、缓冲、非自动结束中断方式，CPU 为 8086，则主、从片的 ICW4 命令字如下：

主片的ICW4

0	0	0	SFNM	BUF	M/S	AEOI	UPM
0	0	0	0	1	1	0	1

从片的ICW4

0	0	0	SFNM	BUF	M/S	AEOI	UPM
0	0	0	0	1	0	0	1

即主片 ICW4 命令字为 0DH，从片 ICW4 命令字为 09H。

⑤ 符合题目要求的初始化程序段如下：

主片初始化程序段

```
MOV    AL,11H      ;写 ICW1
OUT    20H,AL
MOV    AL,08H      ;写 ICW2:中断类型码为 08H~0FH
OUT    21H,AL
MOV    AL,08H      ;写 ICW3:IR3 上连接从片
OUT    21H,AL
MOV    AL,0DH      ;写 ICW4
OUT    21H,AL
```

从片初始化程序段

```
MOV    AL,11H      ;写 ICW1
OUT    0A0H,AL
MOV    AL,70H      ;写 ICW2:中断类型码为 70H~77H
OUT    0A1H,AL
MOV    AL,03H      ;写 ICW3:从片的识别地址,即主片的 IR3
OUT    0A1H,AL
MOV    AL,09H      ;写 ICW4
OUT    0A1H,AL
```

80X86 PC 在上电初始化期间，BIOS 已设定 8259A 的初始化命令字，用户不必设定。

2. 8259A 应用举例

例 6-8 8259A 与 IBM PC 硬件连接示意图如图 6-31 所示。若要求每按一次开关 S，则在 PC 屏幕上输出字符串“8259A INTERRUPT!”，请编程实现（设中断类型号为 50H）。

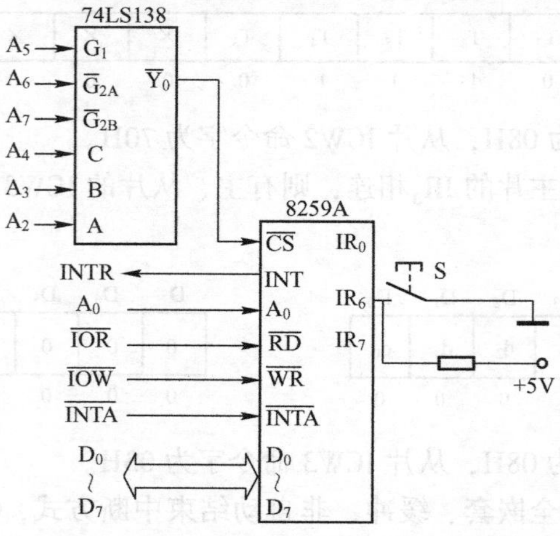

图 6-31　例 6-8 8259A 与 IBM PC 硬件连接示意图

分析：① 由图 6-31 可见，每按一次开关 S，即向 8259A 的 IR_6引脚发出一脉冲，该脉冲信号便可通过 8259A 向 CPU 发出一中断请求。按题目要求每按一次开关 S，即 CPU 每响应一次中断，便在屏幕上输出一字符串。

② 系统中只有一片 8259A，若设未与系统总线相连的地址信号为 0，则该 8259A 的端口地址为 20H 和 21H。设中断请求信号选边沿触发、全嵌套、非自动结束方式中的一般中断结束方式，中断类型号为 50H，开放 IR_6的中断，由此可得出：ICW1 = 00010011B = 13H；ICW2 = 50H；ICW4 = 00000001B = 01H；OCW2 = 00100000B = 20H。

③ 能实现题目要求的程序流程图如图 6-32 所示。

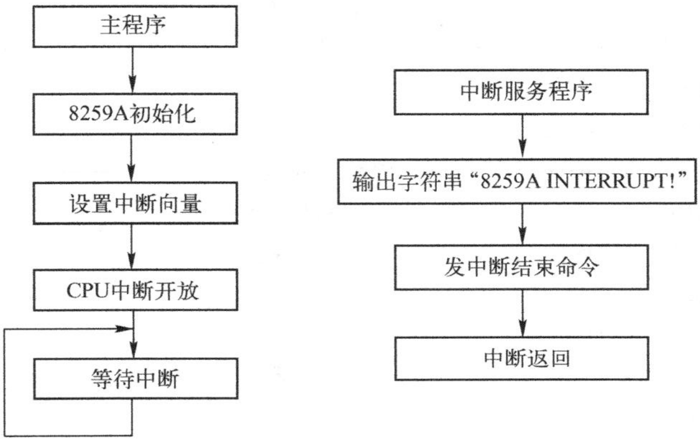

图 6-32　例 6-8 程序流程图

④ 能实现题目要求的汇编语言源程序如下：

```
DATA    SEGMENT
MESS    DB '8259A INTERRUPT! ',0AH,0DH,$'
DATA    ENDS
CODE    SEGMENT
        ASSUME    CS:CODE, DS:DATA
START:  CLI                      ;关中断
        MOV     AX,DATA
        MOV     DS,AX
;------------------------------ 8259A 初始化 ----------------------------
        MOV     AL,13H
        OUT     20H, AL          ;写 ICW1
        MOV     AL, 50H          ;中断类型号 50H
        OUT     21H,AL           ;写 ICW2
        MOV     AL,01H           ;非自动结束
        OUT     21H,AL           ;写 ICW4
;---------------------------- 设置中断向量 ----------------------------
        MOV     AX,0
        MOV     DS,AX
        MOV     BX,4*50H         ;中断类型号 50H 乘以 4
```

```
        MOV     AX,OFFSET INT-P  ;中断服务程序入口偏移地址送 AX
        MOV     [BX],AX          ;将中断服务程序入口偏移地址填入中断向量表中
        MOV     AX,SEG INT-P     ;中断服务程序入口段基址送 AX
        MOV     [BX+2],AX        ;将中断服务程序入口段基址填入中断向量表中
;------------------------- 填写中断屏蔽字 OCW1 ---------------------------
        IN      AL,21H           ;读 IMR
        AND     AL,0BFH          ;允许 IR6 请求中断
        OUT     21H,AL           ;写中断屏蔽字 OCW1
;------------------------------ 开放 CPU 中断 ------------------------------
        STI                      ;开中断
;-------------------------------- 等待中断 --------------------------------
WAIT:   HLT
        JMP     WAIT
;------------------------------- 中断服务程序 -------------------------------
INT-P   PROC    FAR              ;中断服务程序
        PUSH    DS               ;保护现场
        PUSH    AX
        PUSH    DX
        STI                      ; 开中断
        MOV     AX,DATA
        MOV     DS,AX
        MOV     DX,OFFSET MESS
        MOV     AH,09H           ;在屏幕上显示字符串
        INT     21H
        MOV     AL,20H           ;写 OCW2，送中断结束命令 EOI
        OUT     20H,AL
        POP     DX               ;恢复现场
        POP     AX
        POP     DS
        IRET                     ;中断返回
        INT-P   ENDP
        CODE    ENDS
        END     START
```

3. 8259A 在 IBM PC 中的应用

(1) 8259A 在 IBM PC/XT 中的应用

在 IBM PC/XT 系统中 CPU 是 8086，系统中只有一片 8259A，可管理 8 个可屏蔽外部中断源，硬件连接如图 6-33 所示。系统中各中断源名称、中断类型号及在系统 BIOS 中的中断服务程序过程名和入口地址见表 6-2。其中过程名为 D_{11} 的程序不执行任何具体的操作，仅对是否是外部中断进行判断，若是外部中断，就必须在中断服务程序中发 EOI 命令。

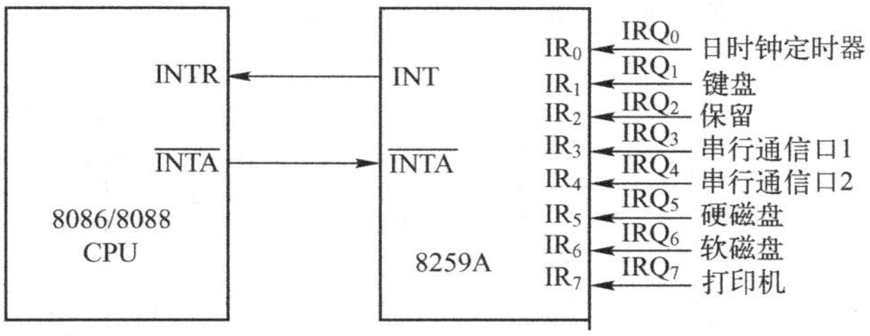

图 6-33　8259A 在 IBM PC/XT 中连接示意图

表 6-2　IBM PC/XT 8 级外部中断源一览表

中断输入端	中断类型码	中断源名称	BIOS 中的中断服务程序过程名（段地址：偏移地址）
IR_0	08H	日时钟定时器	TIMER-INT（F000：FFA5H）
IR_1	09H	键盘	KB-INT（F000：E987H）
IR_2	0AH	保留	D_{11}（F000：FF23H）
IR_3	0BH	串行通信口 1	D_{11}（F000：FF23H）
IR_4	0CH	串行通信口 2	D_{11}（F000：FF23H）
IR_5	0DH	硬磁盘	HD-INT（C800：0760H）
IR_6	0EH	软磁盘	DISK-INT（F000：EF57H）
IR_7	0FH	打印机	D_{11}（F000：FF23H）

在 IBM PC/XT 外部中断系统中，用户中断只能与 IR_2端相连，系统分配给 8259A 的 I/O 端口地址为 20H 和 21H，8259A 采用边沿触发、全嵌套、缓冲，非自动中断结束方式。

系统对 8259A 的初始化程序如下：

```
INTA00    EQU    020H          ;8259A 端口地址 0
INTA01    EQU    021H          ;8259A 端口地址 1
          MOV    AL,13H        ;写 ICW1:边沿触发,单片 8259A,要写 ICW4
          OUT    INTA00,AL
          JMP    INTR1         ;延时,等待 8259A 操作结束,下同
INTR1:    MOV    AL,08H        ;写 ICW2:设定中断类型号,即 IR0 的类型号为 08H
          OUT    INTA01,AL
          JMP    INTR2
INTR2:    MOV    AL,09H        ;写 ICW4:设全嵌套、缓冲、非自动中断结束方式
          OUT    INTA01,AL
```

（2）8259A 在 IBM PC/AT 中的应用

在 IBM PC/AT 系统中 CPU 是 80286，系统中使用了两片 8259A，采用级联方式连接，共管理 15 个外部可屏蔽中断源，其硬件连接如图 6-34 所示。由图 6-34 可见，从片的 INT 与主片的 IR_2相连，即在主片的 IR_2端扩展了 8 个中断请求端；主片的 INT 直接与 CPU 的 INTR 端相连，用于中断请求信号输入；主、从 8259A 的 CAS_0 ~ CAS_2依次连接，主片 8259A 的 CAS_0 ~ CAS_2作为输出信号，从片 8259A 的 CAS_0 ~ CAS_2作为输入信号；从片中有 5 个保留端可供用户使用。系统中主片 8259A 的端口地址为 20H 和 21H，从片 8259A 的端口地址为

A0H 和 A1H。各中断源与中断类型的对应关系见表 6-3。

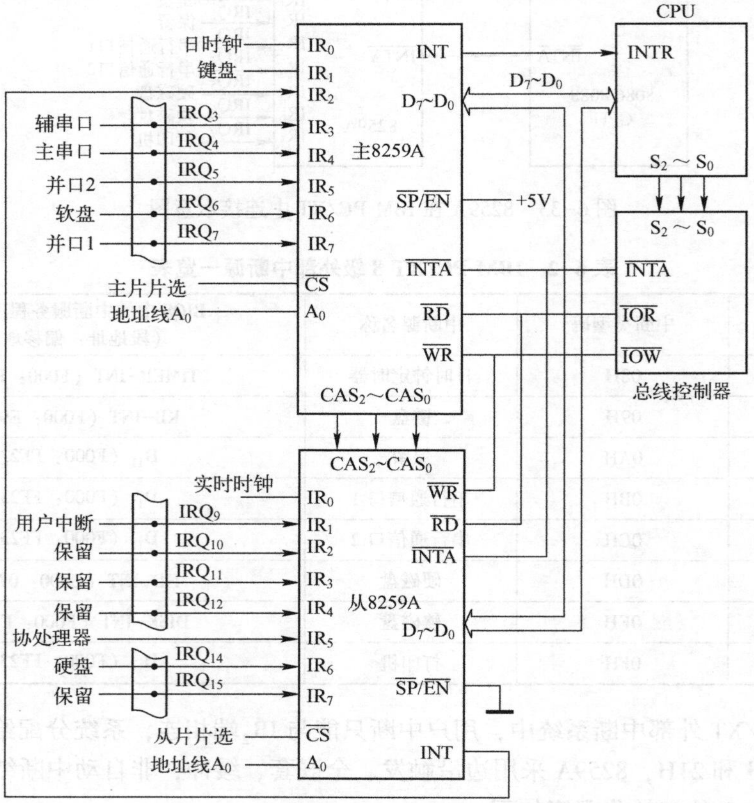

图 6-34　8259A 在 IBM PC/AT 中连接示意图

表 6-3　8259A 各中断请求的功能分配情况

引脚编号	中断类型号	中断功能	引脚编号	中断类型号	中断功能
IRQ_0	08H	日时钟	IRQ_8	70H	实时时钟
IRQ_1	09H	键盘	IRQ_9	71H	为用户预留
IRQ_2	0AH	接从 8259A	IRQ_{10}	72H	保留
IRQ_3	0BH	串行口 2（COM_2）	IRQ_{11}	73H	保留
IRQ_4	0CH	串行口 1（COM_1）	IRQ_{12}	74H	保留
IRQ_5	0DH	并行口 2	IRQ_{13}	75H	协处理器
IRQ_6	0EH	软盘	IRQ_{14}	76H	硬盘
IRQ_7	0FH	并行口 1	IRQ_{15}	77H	保留

系统上电期间，ROMBIOS 会对两片 8259A 分别进行初始化编程，其相应的初始化程序段如下：

```
INTA00    EQU    020H    ;8259A 主片端口地址 0
INTA01    EQU    021H    ;8259A 主片端口地址 1
EOI       EQU    20H     ;中断结束命令
```

```
INTB00      EQU     0A0H            ;8259A 从片端口地址 0
INTB01      EQU     0A1H            ;8259A 从片端口地址 1
INT-TYPE    EQU     070H            ;8259A 从片起始中断类型号
;--------------------------- 初始化 8259A 主片 ---------------------------
            MOV     AL,11H          ;写 ICW1:边沿触发,多片级联,要写 ICW4
            OUT     INTA00,AL;
            JMP     INTR1           ;延时,等待 8259A 操作结束,下同
INTR1:      MOV     AL,08H          ;写 ICW2:设定主片 IR0~IR7 的中断类型号为 08H~0FH
            OUT     INTA01,AL
            JMP     INTR2
INTR2:      MOV     AL,04H          ;写 ICW3:主片 IR2端接从片
            OUT     INTA01,AL
            JMP     INTR3
INTR3:      MOV     AL,01H          ;写 ICW4:非缓冲、全嵌套、8086 系统
            OUT     INTA01,AL
            JMP     INTR4
INTR4:      MOV     AL,0FFH         ;屏蔽所有中断请求
            OUT     INTA01,AL
            …
;--------------------------- 初始化 8259A 从片 ---------------------------
            MOV     AL,11H          ;写 ICW1:边沿触发,多片级联,要写 ICW4
            OUT     INTB00,AL;
            JMP     INTR5
INTR5:      MOV     AL,INT-TYPE     ;写 ICW2:设定从片中断类型号从 70H 开始
            OUT     INTB01,AL
            JMP     INTR6
INTR6:      MOV     AL,02H          ;写 ICW3:从片接主片 IR2 端
            OUT     INTB01,AL
            JMP     INTR7
INTR7:      MOV     AL,01H          ;写 ICW4:非缓冲、全嵌套、8086 系统
            OUT     INTB01,AL
            JMP     INTR8
INTR8:      MOV     AL,0FFH         ;屏蔽所有中断请求
            OUT     INTB01,AL
```

通过阅读以上 BIOS 对系统 8259A 的初始化程序，可归纳以下几点：

① 中断触发方式采用边沿触发。

② 中断优先级管理采用全嵌套方式，即 IR_0最高，IR_7最低。

③ 中断结束采用一般中断结束方式。

使用中只需根据中断类型号填充中断向量表及写中断屏蔽寄存器（IMR）即可。

在系统完成对 8259A 的初始化后，若 8259A 的外部请求线 IR_n有正跳变信号，而且该中断未被屏蔽，8259A 便会将中断请求寄存器 IRR 相应位置“1”；此时，优先级比较电路工作，从同时提出请求的中断源中挑出最高优先级与中断服务寄存器 ISR 的内容相比较，若新

请求的中断级别比服务中的级别高，则发出中断请求信号 INT，即向 CPU 发出中断请求 INTR；当 CPU 检测到 INTR 端有请求信号并做出响应，通过总线控制器送出第 1 个$\overline{INTA}$时，主 8259A 将 $IR_0 \sim IR_7$ 中优先级最高的送入 ISR；并将其内容编译成级联地址码输出到 $CAS_2 \sim CAS_0$。从 8259A 接收此级联地址，与自己的级联地址码（$CAS_2\,CAS_1\,CAS_0 = 010$，对应于 IR_2）进行比较（本质上是译码选通），若相同，说明中断请求是从片管理的 $IRQ_8 \sim IRQ_{15}$中某个发出的，于是在第 2 个$\overline{INTA}$周期将中断向量（类型）号通过系统数据总线送到 CPU；若不相同，说明中断请求是主片直接管理的 7 个中断源 IRQ_0、IRQ_1、$IRQ_3 \sim IRQ_7$之一发出的，于是在第 2 个$\overline{INTA}$周期由主 8259A 将相应中断向量（类型）号送给 CPU。CPU 收到中断向量（类型）号，作为中断类型码，将其乘以 4 后，从中断向量表中取得中断服务程序的入口地址，转入中断服务。中断服务程序结束前，必须给 8259A 写一个中断结束命令 EOI，以复位 ISR 中的相应位，然后才可中断返回。以下形式是硬件中断服务程序的常用结尾。

对主 8259A，有：

```
MOV   AL,20H      ;EOI 命令,因为是一般的中断结束方式,忽略 OCW2 中 L2~L0的值
OUT   20H,AL      ;写主片的 OCW2
IRET
```

对从 8259A，有：

```
MOV   AL,20H      ;EOI 命令,因为是一般的中断结束方式,忽略 OCW2 中 L2~L0值
OUT   0A0H,AL     ;写从片的 OCW2
IRET
```

在实际应用中，有时需要 CPU 在中断响应后转入用户开发的中断服务程序。此时，应修改中断向量表，事先将用户中断服务程序的入口地址填入中断向量表中，可通过功能号为 AH=25H 的 DOS 系统功能调用实现。

6.4 习题

一、单项选择题

1. 支持无条件传送方式的接口电路中，至少应包含（　）。

A. 数据端口、控制端口　　B. 状态端口、数据端口

C. 数据端口　　D. 控制端口

2. 为保证数据传送正确进行，CPU 必须先对外设进行状态检测。这种数据传送方式是（　　）。

A. 无条件传送方式　　B. 查询传送方式

C. 中断传送方式　　D. DMA 传送方式

3. 当需对大量成批的数据进行传送时，所采用的数据传送方式是（　　）。

A. 无条件传送方式　　B. 查询传送方式

C. 中断传送方式　　D. DMA 传送方式

4. 按与存储器的关系，I/O 端口的编址方式分为（　）。

A. 线性和非线性编址　　B. 集中与分散编址
C. 统一和独立编址　　D. 重叠与非重叠编址

5. 状态信息是通过（　　）总线传送给 CPU 的。

A. 数据　　B. 地址　　C. 控制　　D. 状态

6. 80X86 的中断源可分为外部中断和内部中断两类，80X86 的中断源共有（　　）。

A. 64 种　　B. 128 种　　C. 256 种　　D. 512 种

7. 中断向量表中存放的是（　　）的中断服务程序的入口地址。

A. INTR　　B. NMI　　C. 内中断　　D. 所有中断

8. 可编程芯片 8259A 的作用是（　　）。

A. 定时/计数　　B. 中断控制　　C. 数/模转换　　D. 并行输入/输出

9. 中断控制器 8259A 上电复位时，自动选择的优先级管理模式为（　　）。

A. 完全嵌套　　B. 自动循环　　C. 特殊循环　　D. 特殊屏蔽

二、填空题

10. 将 I/O 设备端口内容读入 AL 中的指令助记符是________。

11. 8086 CPU 引脚信号中，中断请求两个信号名称为________和________。

12. 接口电路中一般有________、________和________三种端口。

13. CPU 与 I/O 设备之间数据传送方式有________、________、________、________和________。

14. 单片 8259A 中断控制器可管理________级中断，用 9 片 8259A 级联可构成________级主从式中断管理系统。

三、简答题

15. I/O 接口的主要功能有哪些？有哪两种编址方式？

16. 试说明 80486 CPU 在实模式下，执行 INT 40H 指令的过程。

17. 什么是中断？采用中断技术有哪些好处？

18. 80X86 的中断系统中将中断分为内中断与外中断两大类，哪些中断被归为内中断？

19. CPU 响应可屏蔽中断的条件是什么？

20. 什么叫中断优先级？有哪些解决中断优先级的办法？

21. 中断处理过程一般包括哪些步骤？

22. 如果 80486 CPU 在实模式下，某中断向量的存放地址为 0000H：0028H，则对应的中断类型号是多少？

23. 图 6-35 为采用查询方式工作的输入接口，地址译码器中 $A_{15} \sim A_1$ 直接接或门输入。看图并回答下列问题：

（1）输入设备在向接口传送 8 位数据的同时，还通过$\overline{STB}$传送负脉冲，该信号的作用是什么？

（2）D 触发器的作用是什么？

（3）编程序，利用查询方式将输入设备的一个数据读入 CPU 的 BL 中。

24. 某输入接口地址为 0E54H，输出接口地址为 01FBH，分别利用 74LS244 和 74LS273 作为输入和输出接口。试编程实现，当输入接口的第 1、4、7 位同时为 1 时，CPU 将内存中 DATA 为首地址的 20 个单元的数据从输出接口输出，否则等待。

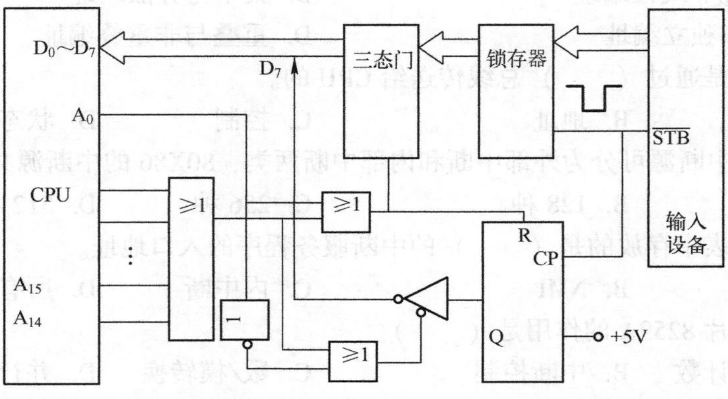

图 6-35　第 23 题图

25. 8259A 的主要功能是什么？内部主要有哪些寄存器？分别完成什么功能？

26. 某微机系统中，采用一个 8259A 进行中断管理。设定 8259A 工作在全嵌套方式，发送 EOI 命令结束中断，采用边沿触发方式请求中断，IRO 对应的中断向量号为 90H。另外，8259A 在系统中的 I/O 地址是 OFFDCH（A0＝0）和 OFFDEH（A0＝1）。请编写 8259A 的初始化程序段。

27. 下面一段程序读出的是 8259A 的哪个寄存器？

```
MOV   AL,0BH
OUT   20H,AL
NOP
IN    AL,20H
```

四、综合题

28. 银行自助设备防护舱是专为客户在银行 ATM 机存取款服务的系统，其为客户提供独立操作空间且具有一定防护能力，主要目的是保证银行客户在自助存取款时的生命财产安全并提供舒适的存取款环境。

某型号的银行自助设备防护舱由舱体、舱门、电动锁、舱外按钮、舱内按钮、人体感应模块、照明灯、风扇及控制系统等部分组成。其功能为：若检测到舱外按钮按下，进一步根据人体感应模块检测到的信号判断舱内是否有人，没有人则开电动锁，照明灯亮；有人则不开电动锁。有人开门进入舱内，人体感应模块检测到后，关电动锁，开风扇。当客户办理完业务之后按下舱内按钮，则电动锁打开，风扇停。客户走出防护舱后，关电动锁，照明灯灭。

各信号定义如下：

$V_{按钮外}=1$，舱外按钮按下；$V_{按钮外}=0$，舱外按钮释放。

$V_{按钮内}=1$，舱内按钮按下；$V_{按钮内}=0$，舱内按钮释放。

$V_{有人}=1$，人体感应模块检测到舱内有人；

$V_{有人}=0$，人体感应模块检测到舱内无人。

$V_{锁}=1$，控制关锁；$V_{锁}=0$，控制开锁。

$V_{风扇}=1$，开风扇；$V_{风扇}=0$，关风扇。

$V_{灯}=1$，开照明灯；$V_{灯}=0$，关照明灯。

请完成：

（1）在电动锁、舱外按钮、舱内按钮、人体感应模块、照明灯和风扇中，哪些是输入外设，哪些是输出外设？

（2）选用 8 位三态缓冲器 74LS244、8D 锁存器 74LS273、地址译码器 74LS138，完成银行自助设备防护舱各信号与 CPU 之间的接口电路设计。（要求输入端口地址为 314H，输出端口地址为 317H）

（3）编制出完成相应功能的汇编语言源程序。

第7章 可编程接口芯片

【本章导学】

什么是可编程接口芯片？怎样选择及使用它们？本章重点讲述常用的几种可编程接口芯片，包括可编程定时器/计数器8254、并行输入/输出接口芯片8255A、串行输入/输出接口芯片8250、DMA控制器8237的工作原理、内部结构、编程方法和典型应用。

如前所述，按I/O接口的可编程性来进行分类，可分为可编程接口和不可编程接口，能实现其功能的接口芯片就称为可编程接口芯片和不可编程接口芯片。

不可编程接口芯片中的接口电路比较简单，它的作用是将那些功能简单的外设与CPU相连。对于一些较复杂的应用系统而言，它希望多个外设可通过一个接口芯片与CPU相连，并且要求一个接口芯片能实现多种接口功能（如既可以输入也可以输出等），即实现不同硬件电路的工作状态，用户需要在使用中通过计算机的指令来选择需连接哪几个外设以及接口中各硬件电路的工作状态，以达到满足不同应用系统要求的目的。这种通过计算机的指令来进行选择的操作，称为“编程控制”。

可编程接口芯片的学习方法：

1）了解该可编程接口芯片的主要功能（即：能做什么）是否满足系统需求。

2）内部结构。了解它内部的主要结构，其目的是便于在以后的使用中，该如何进行相关的操作。

3）了解该芯片的引脚功能及接口电路设计方法。

4）使用方法。完成了接口电路的设计之后，便应了解该芯片的使用方法；使用方法中首先要了解它有哪些工作方式？使用时如何进行选择？其次，在使用它之前，应对它进行一些什么样的操作或者编程，也称为初始化；第三，初始化之后，该如何使用该芯片？

本章主要学习可编程接口芯片必须掌握的内容和方法。

7.1 可编程定时器/计数器8254及其应用

定时控制在计算机系统中具有极为重要的作用。例如，计算机中的系统日历时钟，DRAM定时刷新和扬声器音调控制，计算机控制系统中常用的定时中断、定时检测、定时扫描等都采用了定时控制技术。

在计算机系统中能实现定时功能的方法主要有软件定时方法和硬件定时方法。

所谓软件定时即是通过执行一个固定的程序段来实现定时。由于CPU执行每条指令都需要一定的时间，因此执行一个固定的程序段就需要一个固定的时间。定时或延时时间的长短可通过增加或减少该固定程序段的执行次数来加以控制。这种方法比较简单，实现容易，使用方便，但如果定时时间较长，则会占用大量的 CPU 时间，使 CPU 的利用率降低。

硬件定时又可分为不可编程的硬件定时和可编程硬件定时。不可编程的硬件定时是指用一些中小规模集成电路器件来构成的定时电路。如利用 555 定时器等，利用它们和外接电阻、电容的结合，以实现在一定时间范围内的定时功能。这种硬件定时方法不占用 CPU 时间，且电路也较简单，但电路一经连接好后，其定时或延时时间就为一定值，若要根据系统需求灵活地改变其定时或延时时间则不易实现。

可编程硬件定时是对不可编程硬件的定时加以改进的一种定时方法，它可利用软件方便地确定和改变定时时间和定时范围。可编程定时电路一般都是用可编程计数器来实现，因此它既可计数又可定时，故称为可编程定时器/计数器电路。本节以 IBM PC 系列微型计算机使用的 Intel 8253 和 8254 可编程定时器为例，介绍可编程定时器/计数器的工作原理及应用。

7.1.1 Intel 8254 内部结构及引脚功能

Intel 8254/8253 是在微型计算机系统中起定时或计数作用的可编程定时器/计数器。每个 8254/8253 芯片内部均有 3 个独立的 16 位计数器，每个计数器有 6 种工作方式，可通过软件编程来进行选择，其计数方式可采用二进制或十进制（BCD 码）方式。

Intel 8254 与 8253 的内部工作方式和外部引脚完全相同，唯一差别是 8254 增加了一个读回命令和状态字，由此可说 8254 是功能更强的 8253。下面以 8254 为例进行讨论。

(1) 内部结构

8254 的内部结构如图 7-1 所示。由图 7-1 可看出，8254 主要由 3 个 16 位计数器、数据总线缓冲器、读/写控制逻辑和控制字寄存器组成。

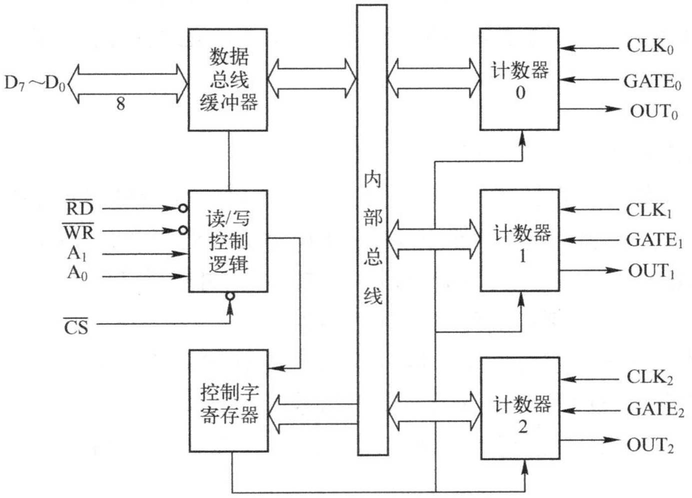

图 7-1 8254 的内部结构

1) 计数器。8254 内部的 3 个计数器是相互独立的，它们可按各自的工作方式进行工作。每个计数器的内部结构完全相同，如图 7-2 所示。它们均有一个 16 位减 1 计数器、一个 16 位计数初值寄存器和一个输出锁存器。计数开始前写入的计数初值存于计数初值寄存器；在计数过程中，计数器每接收到一个来自 CLK 引脚的脉冲信号，减 1 计数器则会将计数初值减 1，并将当前计数值存于输出锁存器，当减 1 计数器将计数初值减为 0 时，表明一次定时或计数工作完成，此时会通过 OUT 引脚输出一结束信号。因此，利用中断或查询方式可知 OUT 引脚是否有结束信号，即该计数器的计数初值是否被减为 0。

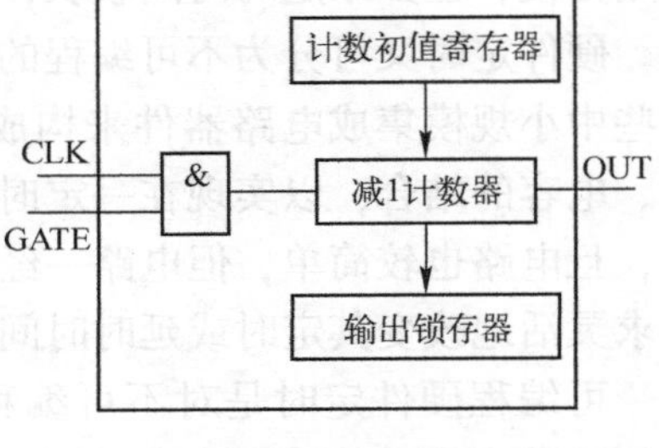

图 7-2 计数器内部结构示意图

8254 计数器的功能实际上是通过对来自 CLK 引脚的脉冲信号进行计数实现的，当来自 CLK 引脚的脉冲为一标准的时钟信号时，该计数器起到的是一个定时器的作用（如 CLK 引脚的脉冲信号是周期为 1 s 的标准时钟信号，对其数 5 次后所花时间即为 5 s）；若来自 CLK 引脚的脉冲为非标准周期的脉冲信号，该计数器起到的是一个计数器的作用（如对 CLK 引脚的脉冲数了 5 次，只能说明数到了 5 个脉冲，不能肯定是用了 5 s 时间）。

8254 定时器/计数器的计数方式可按二进制方式计数，也可以按十进制（BCD 码）方式计数。它们的主要区别是计数范围不一样，如果采用二进制计数，其计数范围为 0000H ~ FFFFH；如果用十进制（BCD 码）计数，其计数范围为 0000 ~ 9999。计数过程受门控信号 GATE 的控制。

2）控制字寄存器。控制字寄存器专门用于存放能对 8254 内部计数器的工作方式和计数方式等进行选择的控制字。即控制电路可根据控制字的内容来确定计数器的工作方式及计数方式。该寄存器是只写寄存器，其内容由 CPU 在对 8254 进行初始化编程时写入。

3）数据总线缓冲器。数据总线缓冲器为 8 位的双向三态缓冲器，可作为 8254 与 CPU 数据总线之间相连的接口。CPU 通过该数据总线缓冲器可对 8254 进行读/写操作。

4）读/写控制逻辑。读/写逻辑接收来自系统总线的地址及读/写控制信号，以控制整个芯片的工作。

（2）引脚功能

8254 的外部引脚如图 7-3 所示。

CLK：时钟输入信号。在计数过程中，此引脚上每输入一个时钟信号（下降沿），计数器的计数值减 1。连接该引脚的脉冲频率最高为 10 MHz（8253 为 2 MHz）。

GATE：门控输入信号。这是控制计数器工作的一个外部输入信号。在不同工作方式下，其作用不同，可分成电平控制和上升沿控制两种类型。

OUT：计数器输出信号。当一次计数过程结束（计数初值被减为 0），OUT 引脚上将会根据计数器的工作方式不同而产生不同的输出信号。

$D_0 \sim D_7$：数据信号线。8 位双向三态数据线，用于实现 CPU 与 8254 间的数据传送（如控制字、计数初值等）。

$\overline{RD}$：读控制信号。低电平有效。当该信号为低电平时，表明 CPU 将对 8254 进行读操作。

$\overline{WR}$：写控制信号。低电平有效。当该信号为低电平时，表明 CPU 将对 8254 进行写操作。

$\overline{CS}$：片选信号。低电平有效。只有当该信号为低电平时，CPU 才能对 8254 进行读或写操作。

A_1、A_0：地址信号。用于对 3 个计数器及控制字寄存器进行选择，具体规定见表 7-1。

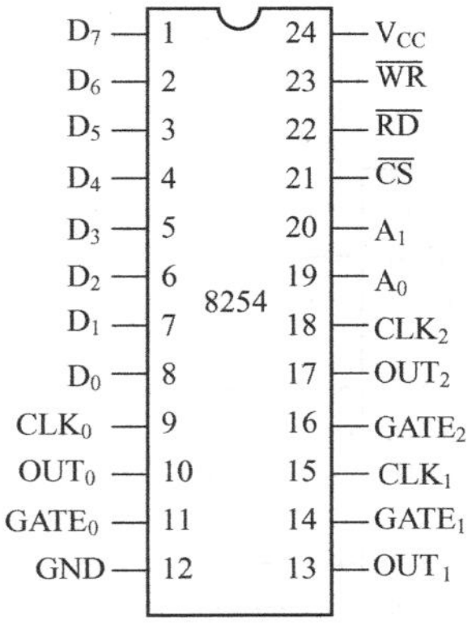

图 7-3　8254 的引脚图

表 7-1　计数器的选择

A_1	A_0	选　　择
0	0	计数器 0
0	1	计数器 1
1	0	计数器 2
1	1	控制字寄存器

表 7-2 归纳了 8254 控制信号与各计数器间的读/写操作关系。

表 7-2　控制信号功能表

$\overline{CS}$	$\overline{RD}$	$\overline{WR}$	A_1	A_0	操作功能
0	1	0	0	0	写计数器 0 的计数初值寄存器
0	1	0	0	1	写计数器 1 的计数初值寄存器
0	1	0	1	0	写计数器 2 的计数初值寄存器
0	1	0	1	1	写控制字寄存器
0	0	1	0	0	读计数器 0 的输出锁存器
0	0	1	0	1	读计数器 1 的输出锁存器
0	0	1	1	0	读计数器 2 的输出锁存器
0	0	1	1	1	无操作
1	×	×	×	×	禁止使用
0	1	1	×	×	无操作

（3）接口技术

由于 8254 具有三态数据总线缓冲器，所以 8254 的数据信号线可直接与对应的系统总线相连，片选、地址及控制信号也可与系统总线中的对应信号相连。图 7-4 为 8254 与 IBM PC 总线的接口电路示意图。

由图 7-4 可见，A_9~A_7为 100，A_4~A_2为 011（A_6、A_5因未直接与 8254 相连故可为任意值）时，地址译码器 74LS138 的$\overline{Y}_3$端输出为 0，故 8254 的片选信号$\overline{CS}$为低电平（即有效）。此时，CPU 便可对该 8254 进行读/写操作。当假设 A_6、A_5两条地址信号线为 0 时，该 8254 的 3 个计数器及控制字寄存器的地址分别为 20CH~20FH，该地址也可称为 8254 的端口地址，由表 7-1 可知，此时计数器 0 的地址为 20CH、计数器 1 的地址为 20DH、计数器 2 的地址为 20EH、控制字寄存器的地址为 20FH。

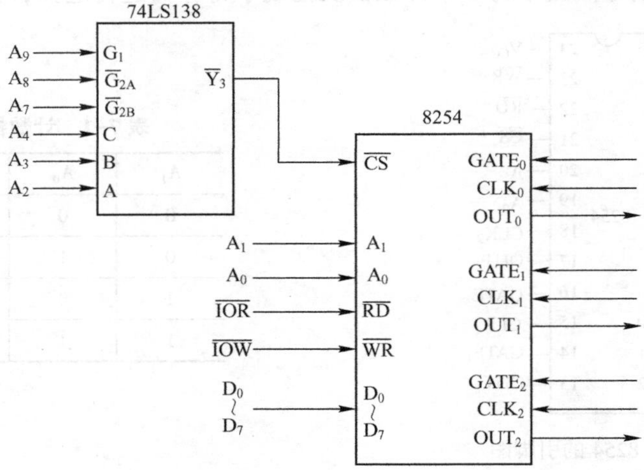

图 7-4　8254 与 IBM PC 总线的接口电路示意图

7.1.2　工作方式

8254 各计数器均有 6 种工作方式。不同的工作方式下，各计数器的启动方式、OUT 引脚输出的结束信号等也各不相同，下面分别加以介绍。

1. 方式 0：计数结束中断方式

方式 0 的典型用法是作为事件计数器，该方式中，当 CPU 对计数器写入控制字之后，OUT 引脚变为低电平，并一直保持到计数初值被减为 0 为止。在 GATE 为高电平的前提下，当 CPU 将计数初值写入计数初值寄存器后，计数器并未开始工作（即计数），而是在其后的下一个 CLK 脉冲下降沿才开始工作（软件启动），即当 CLK 引脚上每输入一个脉冲信号（下降沿），计数器的计数值被减 1。当计数值减为 0 即计数结束时，OUT 引脚由低电平变为高电平，并且一直保持到该计数器再次写入计数初值或重新写入控制字。由于计数结束，OUT 端输出一个从低到高的信号，故该信号可作为中断请求信号使用，所以方式 0 被称为“计数结束中断”方式。

门控信号 GATE 用于允许或停止计数。GATE 为高电平时，允许计数；低电平时，暂停计数。当 GATE 重新为高电平时，将接着当前的计数值继续计数。

在计数器计数期间，若再给计数初值寄存器装入新的计数初值，该计数器则会在写入新的计数初值后重新开始计数过程。

方式 0 下计数器的工作时序如图 7-5 所示，图中写信号 $\overline{WR}$ 的波形仅是示意（下同）。

2. 方式 1：硬件可重触发单稳方式

工作在方式 1 下的计数器相当于一个可编程的单稳态电路，其触发输入信号为 GATE。该方式中，在 CPU 对计数器写入控制字之后，OUT 引脚变为高电平，在 CPU 将计数初值写入计数初值寄存器后，计数器并未开始工作（即计数），而是等待外部门控脉冲 GATE 启动（硬件启动）。当 GATE 信号由低变高（上升沿起触发作用）后的下一个 CLK 脉冲下降沿时，该计数器开始工作（即计数），当 CLK 引脚上每输入一个脉冲信号（下降沿），计数器的计数值被减 1，同时 OUT 引脚变为低电平，并一直保持到计数值被减为 0 时恢复为高电平。此时在 OUT 引脚上便得到一个负脉冲，该负脉冲的宽度等于计数初值乘以 CLK 脉冲周期。若外部 GATE 再次触发启动，则可以再产生一个负脉冲，由此可见该方式是允许多次重复触发的工作方式。

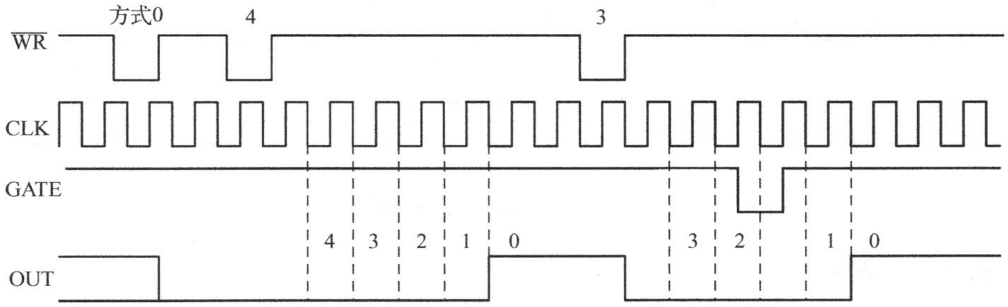

图 7-5　工作方式 0 的波形示意图

在计数器工作过程中，GATE 信号由高电平变为低电平时，不影响计数器工作；GATE 信号由低电平变为高电平（即再次触发启动）时，计数器将对已输入的计数初值重新进行计数。

计数器工作期间，当对计数初值寄存器写入新的计数初值时，不会影响当前计数器工作；当 GATE 信号由低电平变为高电平（即触发启动）时，则按新输入的计数值开始计数。该方式下的工作时序如图 7-6 所示。

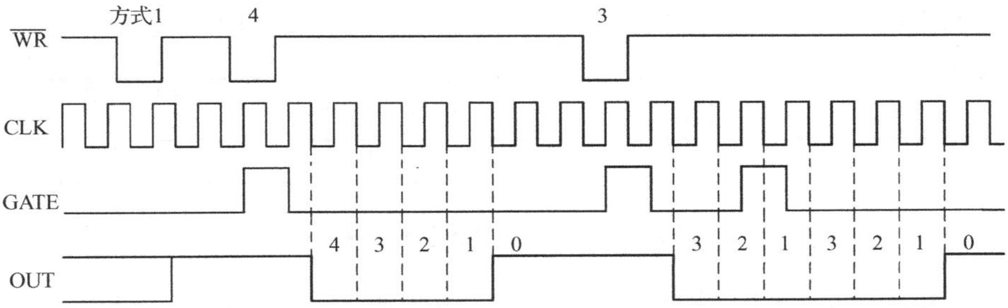

图 7-6　工作方式 1 的波形示意图

3. 方式 2：频率发生器

工作在方式 2 下的计数器相当于一个频率发生器。该方式中，CPU 对计数器写入控制字后，OUT 引脚变为高电平；在 GATE 为高电平的前提下，当 CPU 将计数初值写入计数初值寄存器后的下一个 CLK 脉冲下降沿，该计数器开始计数（软件启动），其 OUT 引脚保持高电平不变；当计数器的计数值被减为 1 时，OUT 引脚由高电平变为低电平，持续一个 CLK 周期后，OUT 引脚恢复为高电平，且计数器开始重新计数，如图 7-7 所示。

在计数过程中如装入新的计数值，将不影响当前计数过程，但从下个周期开始将按新计数初值进行计数。GATE 为低电平，将禁止计数，并使 OUT 输出高电平。GATE 变高电平，计数器将重新装入预置计数初值，开始计数。

方式 2 的一个特点是能够在不重新写入控制字或计数初值的前提下连续工作。如果计数初值为 N，则每输入 N 个 CLK 脉冲，OUT 引脚输出一个负脉冲。此时，该方式就像一个频率发生器，故方式 2 也被称为“频率发生器”方式。

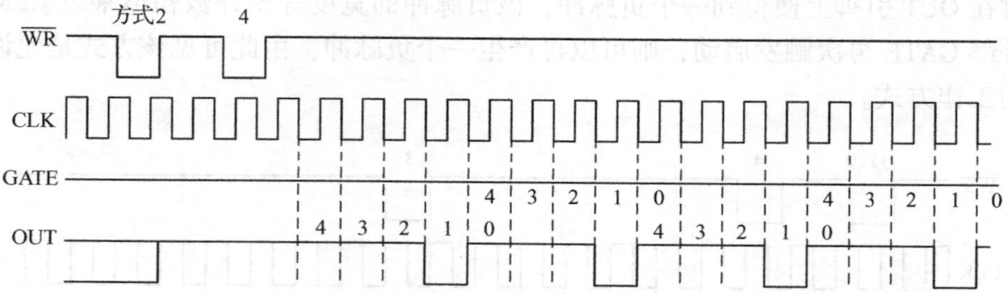

图 7-7　工作方式 2 的波形示意图

4. 方式 3：方波发生器

工作在方式 3 下的计数器相当于一个方波发生器。该方式中，在 CPU 向计数器写入控制字后，OUT 引脚输出高电平；在 GATE 为高电平的前提下，当 CPU 将计数初值写入计数初值寄存器后就自动开始计数（软件启动），其 OUT 引脚仍输出高电平；当计数到计数初值的一半时，OUT 引脚变为低电平；直到计数值被减为 0 时，OUT 引脚输出又变为高电平，并重新开始计数，如图 7-8 所示。

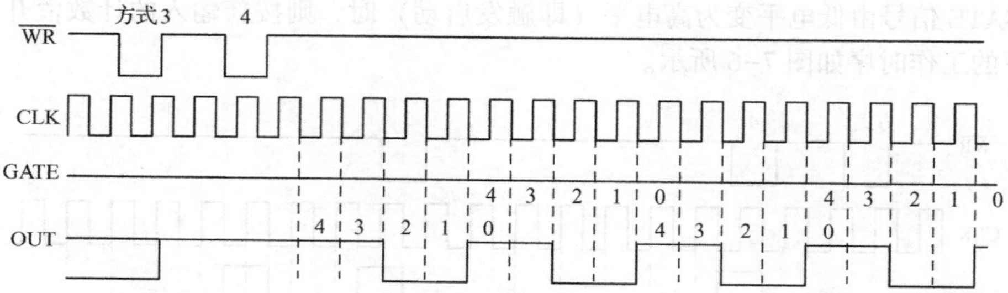

图 7-8　工作方式 3 的波形示意图

如计数初值为偶数，OUT 引脚前一半输出为高电平，后一半输出为低电平；如计数初值为奇数，则 OUT 引脚输出为高电平的时间比输出低电平的时间多一个 CLK 周期。

方式 3 和方式 2 比较相似，它们的启动方式相同（软件启动），且 OUT 引脚输出的都是周期性的脉冲串。其主要区别是：方式 3 和方式 2 的 OUT 引脚上输出的脉冲串的形状不完全一样，一个是方波而另一个不是。

5. 方式 4：软件触发选通方式

在该方式下，当 CPU 向计数器写入控制字后，OUT 引脚变为高电平；在 GATE 为高电平的前提下，CPU 将计数初值写入计数初值寄存器后的下一个 CLK 脉冲下降沿开始计数（软件启动），当计数初值被减为 0 时，OUT 引脚由高电平变为低电平；经过一个 CLK 周期，OUT 引脚又由低电平变为高电平；计数器停止计数。方式 4 和方式 0 类似，均是在一次计数过程完成后就不再重新计数了，只有在对计数初值寄存器重新写入新的计数初值（或重写控制字）后，才开始新的计数，如图 7-9 所示，计数过程中重新装入新值，将不影响当前计数。GATE 为低禁止计数，变为高则计数器重新装入计数初值，开始计数。方式 4 与方式 0 的主要区别在于 OUT 引脚的输出波形不同。

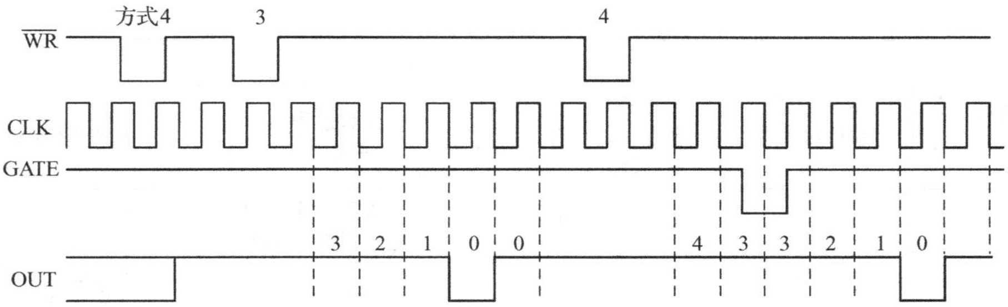

图 7-9　工作方式 4 的波形示意图

6. 方式 5：硬件触发选通方式

方式 5 与方式 4 类似，其主要区别是启动方式不同。方式 5 下，CPU 向计数器写入控制字后，OUT 引脚变为高电平；在 CPU 将计数初值写入计数初值寄存器后，计数器不计数，只有当 GATE 由低电平变为高电平（上升沿）时，开始计数（硬件启动）。当计数初值被减为 0 时，OUT 引脚由高电平变为低电平，经过一个 CLK 脉冲，OUT 引脚又由低电平变为高电平并停止计数，如图 7-10 所示。

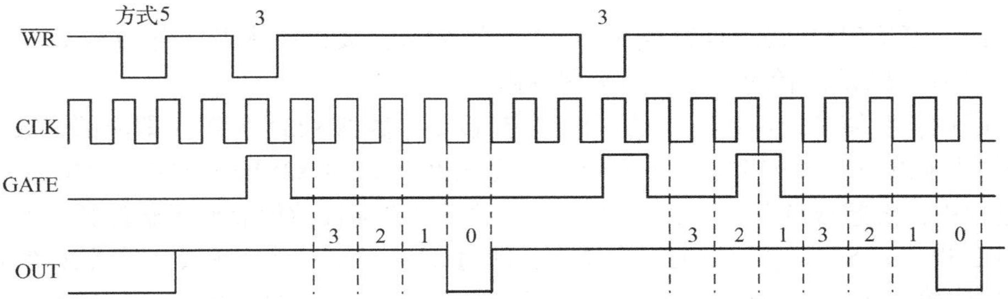

图 7-10　工作方式 5 的波形示意图

计数过程中重新装入计数初值，将不影响当前计数。当 GATE 又由低电平变为高电平信号时，计数器将按重新装入的计数初值，从头开始计数。

表 7-3 归纳了 8254 计数器工作方式。

表 7-3　8254 计数器工作方式一览表

工作方式	功能				
	启动方式（软件启动时 GATE=1）	计数过程中，终止计数的条件	初值自动重装	计数过程中更新初值	OUT 输出波形
0	软件（写入初值）	GATE=0	否	立即有效	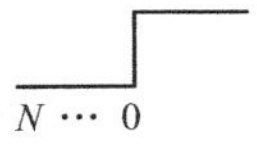
1	硬件（GATE 上升沿）		否	GATE 触发后有效	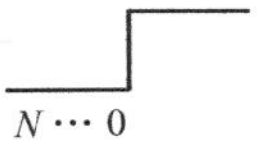
2	软件（写入初值）	GATE=0	是	减 1 计数器的值到 1 时有效	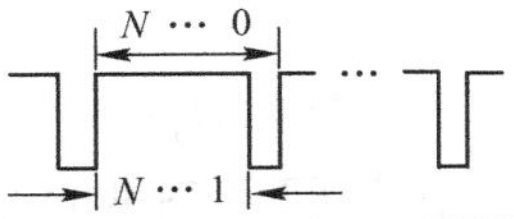

（续）

工作方式	功能				
	启动方式（软件启动时GATE=1）	计数过程中，终止计数的条件	初值自动重装	计数过程中更新初值	OUT 输出波形
3	软件（写入初值）	GATE=0	是	从下一个计数操作周期开始有效（$N/2$ 为一个计数操作周期）	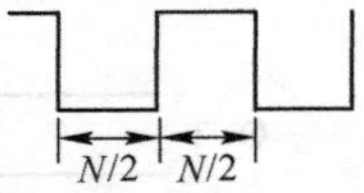
4	软件（写入初值）	GATE=0	否	立即有效	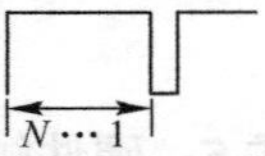 宽度为CLK周期的负脉冲
5	硬件（GATE 上升沿）	否		GATE 触发后有效	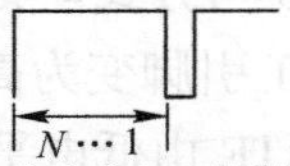 宽度为CLK周期的负脉冲

7.1.3 应用编程

在掌握了可编程定时器/计数器 8254 的内部结构、接口技术及工作方式后，如何使用 8254 接口芯片，则是读者应该进一步掌握的内容。

如前所述，要使某应用系统中的可编程定时器/计数器 8254 工作（即内部计数器开始计数），必须由 CPU 对该 8254 写入控制字和计数初值，即对 8254 进行初始化编程。在 8254 的工作过程中，要想改变某计数器的计数初值或读取当前计数值以便了解计数器的当前工作情况，CPU 也将对 8254 进行相关写入操作，即对 8254 进行工作编程。那么怎样实现对可编程定时器/计数器 8254 进行初始化和工作编程呢？下面将针对这一问题进行讨论。

1. 方式控制字

可编程定时器/计数器 8254 的每个计数器都需要写入方式控制字后，才能工作。方式控制字由 8 位二进制数构成，其格式如图 7-11 所示。该方式控制字应写入控制字寄存器，即 $A_1A_0=11$ 的端口地址（控制字寄存器地址）。

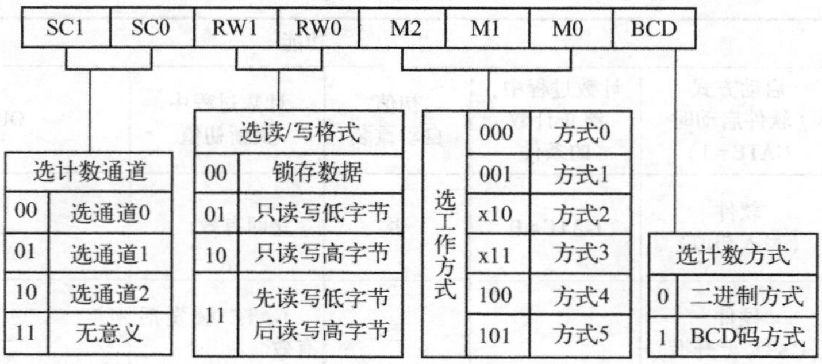

图 7-11　8254 的方式控制字

（1）D_7、D_6——计数器选择

在对 8254 内部的各计数器进行初始化时，由这两位的不同状态来区分当前所写入的控

制字是针对的哪个计数器。如：$D_7D_6=00$，则表明此时是对计数器 0 写控制字。

（2）D_5、D_4——读/写格式

由于 8254 的数据线为 8 位，一次只能进行一个字节的数据交换；但 8254 内部的 3 个计数器是 16 位的，如希望写入 16 位计数初值，则需进行两次写入操作才能实现。实际应用中，有时可能只需用 8 位计数器就能满足要求，为了适应各种情况，8254 设计了几种不同的读/写计数初值的格式。

若计数初值介于 1~256 之间，则用 8 位计数器即可，这时可以令 $D_5D_4=01$ 只读/写低 8 位，而高 8 位自动置 0。若计数初值虽介于 0001H~FFFFH 之间，但低 8 位为 0，则可令 $D_5D_4=10$，只读/写高 8 位，低 8 位自动为 0。若计数初值介于 0001H~FFFFH 之间，且低 8 位不为 0，则令 $D_5D_4=11$，但此时就必须按先读/写低 8 位、后读/写高 8 位的顺序写入计数初值或读取计数当前值。

$D_5D_4=00$ 时是锁存命令，即将当前计数值锁存进“输出锁存器”，供以后读取。

（3）D_3、D_2、D_1——工作方式选择

8254 的每个通道可以有 6 种不同的工作方式，由这三位来决定。

（4）D_0——计数方式选择

如前所述，8254 的每个通道都有两种计数方式：二进制计数方式和十进制（BCD 码）计数方式。采用二进制计数方式时，读写的计数值都是二进制数形式，例如，64H 表示计数值为 100。选用十进制计数方式时，读写的计数值均采用 BCD 码，例如，64H 表示计数值为 64。

2. 写入计数初值

当仅将方式控制字写入计数器的控制字寄存器后，计数器还不能工作（即开始计数），只有将计数初值也写入计数初值寄存器后，计数器才有可能工作，因此，写入计数初值是对 8254 进行初始化的必要条件之一，那么如何得到相关的计数初值呢？

若 8254 中某计数器作定时器使用，此时有

$$T_{定时}=t_{CLK}\times N \tag{7-1}$$

式中，$T_{定时}$为定时时间；t_{CLK}为由 CLK 接入脉冲的周期；N 为计数初值。

由式（7-1）可得计数初值

$$N=T_{定时}/t_{CLK} \tag{7-2}$$

将计数初值 N 写入对应的计数器，该计数器才有可能开始工作。

例 7-1 设 8254 的计数器 0 作定时器，定时时间为 20 ms，若 CLK_0 引脚接入的脉冲频率 f_{CLK}为 2 kHz，问此时的计数初值 N 为多少？

分析： 由题可知，$T_{定时}=20\ \text{ms}$，$t_{CLK}=1/f_{CLK}$，由式（7-2）得计数初值 $N=40$。

若 8254 的计数器 0 作计数器使用，此时计数初值 N 为其所需计的脉冲个数。如设 8254 的计数器 0 作计数器，需计 100 个脉冲，则此时的计数初值 N 就等于 100。

将计数初值 N 写入计数初值寄存器时，应按照方式控制字中规定的格式进行。此外，因为计数器是先减 1，再判断是否为 0，所以，写入 0 实际上代表最大计数值。选择二进制时，0000H 是最大值，代表 65536。选择十进制（BCD 码）时，其 0000 代表最大值 10000。

3. 读取计数值

8254/8253 的读操作只能读取计数值，不能读控制字。通过对计数器端口地址的读操

作，可以读取计数器的当前计数值。若要读取 16 位计数值则需分两次进行，先读低 8 位，后读高 8 位。

由于计数在不断进行，在前后两次执行读操作的过程中，计数值可能已经变化。所以，如果计数过程可以暂停，可在读取计数值时使 GATE 信号为低；否则应该将当前计数值先进行锁存，然后读取，过程如下：

先向 8254 写入锁存命令（使方式控制字 $D_5D_4=00$，用 D_7D_6 确定锁存的计数器，其他位没有用），将计数器的当前计数值锁存（计数器可继续计数）进输出锁存器。然后，CPU 读取锁存的计数值。

4. 8254 的读回命令

8254 与 8253 的主要差别之一就是多了一个读回命令，这个命令可以令 3 个计数器的计数初值和状态同时被锁存或锁存其中一个或两个计数器的计数初值和状态，其命令格式如图 7-12 所示。8254 的每个计数器都有一个状态字可由读回命令将其锁存后，供 CPU 读取。

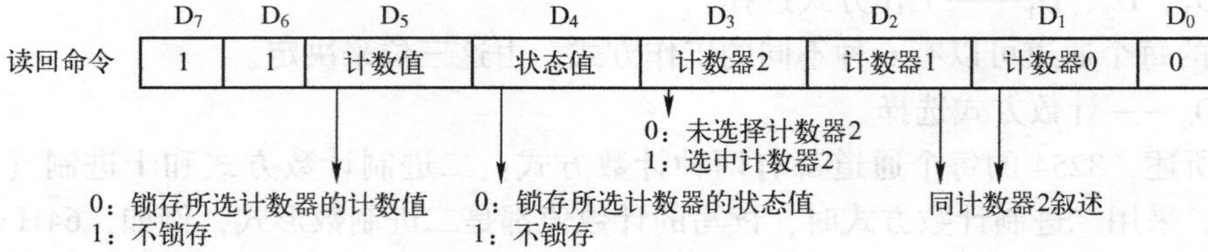

图 7-12　8254 的读回命令

读回命令写入 8254 的控制端口，如果使读回命令的 D_5和 D_4 位都为 0，即被选中的计数器的计数值和状态字均被锁存，此时，计数器的状态字及当前计数值并没有送入 CPU 内部的任何一个寄存器，只有再对着计数器的端口地址执行输入指令，方可得到该计数器的状态字及计数值。读取的顺序是：第一条输入指令的执行读取状态字，状态字的格式如图 7-13 所示，第二条输入指令的执行读取 8 位的计数值（若为 16 位计数值，则须执行第三条输入指令，读取高 8 位计数值）。

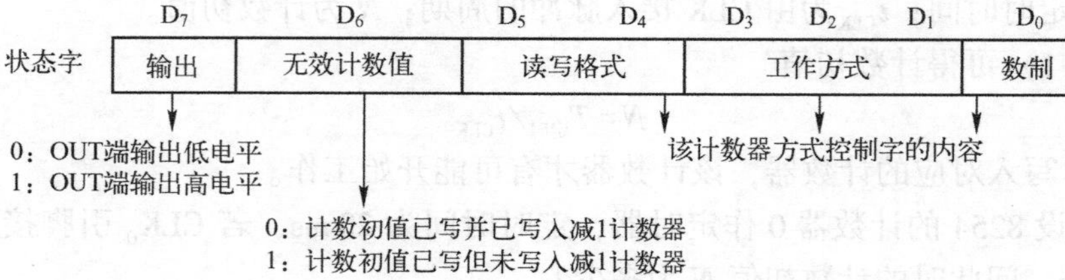

图 7-13　8254 的状态字

7.1.4　应用举例

1. 8254 的初始化编程

8254 的初始化编程包括两部分，一是写各计数器的方式控制字，二是设置计数初值。

例 7-2　设 8254 与 CPU 的接口电路如图 7-4 所示，如要求该 8254 的计数器 0 为计数方式，每计 50 个脉冲中断一次；计数器 1 为定时方式，定时时间为 20 ms（设 CLK_1引入的时钟频率为 2 MHz），请编制出有关的初始化程序。

分析：① 由题可知，因需计数器 0 连续工作，故其工作方式可选择方式 2 或方式 3；题目要求计数 50 个脉冲，由 7.1.3 节可知，计数初值为 50，计数方式可选用二进制计数方式或十进制计数方式；如使计数器 0 选用工作方式 2，十进制（BCD 码）计数方式，则方式控制字为如下：

SC1	SC0	RW1	RW0	M2	M1	M0	BCD
0	0	0	1	0	1	0	1

即计数器 0 的方式控制字为 15H；计数初值 50D 转换为 BCD 码为 01010000BCD，也可用 50H 表示。

② 按题目要求，计数器 1 计数初值 N 可由式（7-2）得，即

$$N = T_{定时}/t_{CLK} = 20\ \text{ms}/0.5\ \mu\text{s} = 40000$$

故计数器 1 可选工作方式 2；二进制计数方式（因计数器初值超过了 4 位十进制数可表示的范围），计数初值需分两次写入；由此可得其方式控制字为

SC1	SC0	RW1	RW0	M2	M1	M0	BCD
0	1	1	1	0	1	0	0

即计数器 1 的方式控制字为 74H。

③ 由图 7-4 可知，该 8254 的各计数器及控制字寄存器的端口地址为 20CH～20FH，能实现题目要求的初始化程序段如下：

```
MOV   DX,20FH              ;计数器 0 初始
MOV   AL,00010101B
OUT   DX,AL
MOV   DX,20CH              ;计数器 0 送 N
MOV   AL,50H
OUT   DX,AL
MOV   DX,20FH              ;计数器 1 初始
MOV   AL,01110100B
OUT   DX,AL
MOV   DX,20DH              ;计数器 1 送 N
MOV   AX,40000D
OUT   DX,AL                ;先写低字节
MOV   AL,AH
OUT   DX,AL                ;后写高字节
```

2. 8254 应用举例

例 7-3　8254 与系统连接示意图如图 7-14 所示。已知计数器 0 的 CLK_0 引脚输入的信号频率为 2 MHz，若希望通过该 8254 的计数器输出如图所示的周期性秒脉冲信号，请编程实现。

分析：已知计数器 0 的 CLK_0 引脚输入的频率为 2 MHz，若令其计数初值为最大（65536），由式（7-1）可知，其定时时间 T 为

$$T = 65536/2\ \text{MHz} = 32.768\ \text{ms}$$

由此可见，此时由 OUT_0 输出的脉冲信号的最大周期为 32.768 ms，而不是 1 s。那么如何达到题目的要求，使该 8254 的 OUT 引脚输出周期为 1 s 的脉冲信号呢？这就是本例要解

决的主要问题。

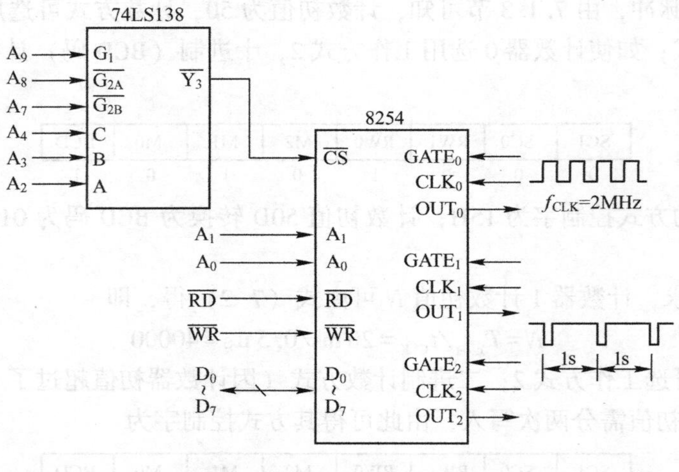

图 7-14　例 7-3 电路示意图

方法：要想通过该 8254 得到周期为 1 s 的脉冲信号，可通过计数器 0 和计数器 1 串联使用，即将 OUT_0 与 CLK_1 相连（如图 7-15 所示），来达到扩大输出脉冲周期的目的。

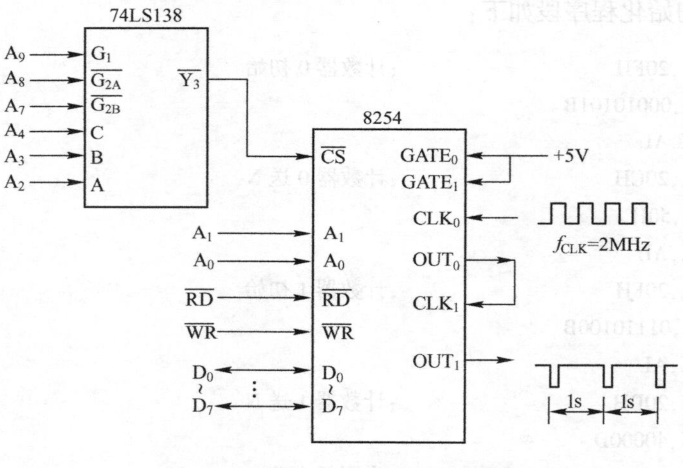

图 7-15　例 7-3 电路连接示意图

若令计数器 0 定时 20 ms，当计数器 0 开始工作后，就可以在 OUT_0 引脚上输出周期为 20 ms 的脉冲信号；令计数器 1 计数，计数 50 次，则可在 OUT_1 引脚上输出周期为 1 s 的脉冲信号；由此可使计数器 0 工作在方式 3 下，定时时间 20 ms；计数器 1 工作在方式 2 下，计数 50 次。

由例 7-2 可得，计数器 0 的计数初值为 40000，控制字为 00110110B，即 36H；计数器 1 的计数初值为 50，控制字为 01010100B，即 54H；该 8254 的各端口地址为 20CH~20FH，能实现题目要求的程序段如下：

```
MOV  DX,20FH          ;计数器 0 初始
MOV  AL,36H
```

```
OUT   DX,AL
MOV   DX,20CH            ;计数器0送N
MOV   AX,40000D
OUT   DX,AL              ;先写低字节
MOV   AL,AH
OUT   DX,AL              ;后写高字节
MOV   DX,20FH            ;计数器1初始
MOV   AL,54H
OUT   DX,AL
MOV   DX,20DH            ;计数器1送N
MOV   AL,32H
OUT   DX,AL
```

以上程序执行后，便可通过 OUT_1 输出周期为 1 s 的脉冲信号，实际中可利用该例实现定时 1 s 的功能。

若某小灯控制系统中需每隔 1 s 改变一次小灯状态，这时便可通过中断或查询方式来判断 OUT_1 引脚上是否有一由低到高的电平变化，如有就改变一次小灯状态，以达到每秒改变一次小灯状态的目的。

7.1.5 8254/8253 在 IBM PC 系列机上的应用

PC 系列微型计算机中使用一片 8254/8253，其 3 个计数通道分别用于日历时钟计时、动态存储器 DRAM 定时刷新和控制扬声器发声。图 7-16 为 PC 系列微型计算机中的 8254/8253 与 PC 的连接图。

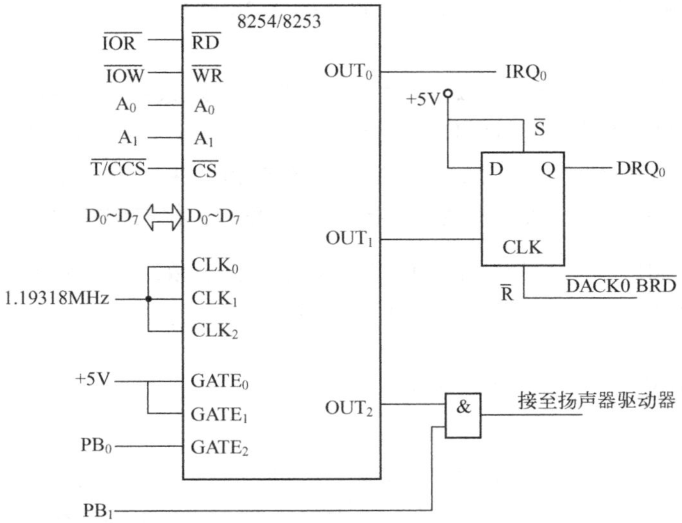

图 7-16 PC 上的 8254/8253

根据 PC 微型计算机中主机板的 I/O 地址译码电路可知，当 $A_9A_8A_7A_6A_5=00010$ 时，定时器片选信号有效，所以 8254/8253 的 I/O 地址范围为 040H~05FH。再由片上 A_1A_0 连接方法可知，计数器 0、计数器 1 和计数器 2 的计数器地址分别为 40H、41H 和 42H，而控制字

的端口地址为 43H。其他端口地址为重叠地址，一般不使用它们。

3 个计数器的时钟输入 CLK 均连接到频率为 1.19318 MHz（周期为 0.838 μs）的时钟信号上，3 个计数器在系统中的作用分述如下。

1. 计数器 0

在 PC 系列机的定时系统中，8254/8253 的计数器 0 是一个产生实时时钟信号的系统计时器。它采用工作方式 3，计数值写入 0 产生最大计数值 65536。根据方式 3 的工作原理可知，OUT_0 输出频率为 1.19318 MHz÷65536 = 18.206 Hz 的方波信号。结合硬件连接，门控 $GATE_0$ 接+5 V 为常启状态，该方波信号将周而复始不断产生。由于 OUT_0 端在系统主板上与 8259A 的中断请求信号 IRQ_0 相连，故每秒将会产生 18.206 次中断请求，或说每隔55 ms（54.925493 ms）申请一次中断。

DOS 系统利用计数器 0 这个特点，通过 08 号中断服务程序实现了日历时钟计时功能，即每记录 18 次中断，就是 1 s 时间。在 PC 系列微型计算机中对 8254/8253 计数器 0 的初始化编程如下：

```
MOV   AL,36H        ;计数器 0 为方式 3,采用二进制计数,写双字节计数初值
OUT   43H,AL        ;方式控制字写入控制寄存器
MOV   AL,0          ;选最大计数值为(65536)
OUT   40H,AL        ;写低 8 位计数值
OUT   40H,AL        ;写高 8 位计数值
```

2. 计数器 1

PC 系列微型计算机中 8254/8253 的计数器 1 专门用于对 DRAM 的定时刷新控制，此时门控 $GATE_1$ 接+5 V 为常启状态。PC/XT 要求在 2 ms 内进行 128 次刷新操作，PC/AT 要求在 4 ms 内进行 256 次刷新操作。由此可算出每隔 2 ms÷128 = 15.6 μs 必须对 DRAM 进行一次刷新操作。

将计数器 1 设定为方式 2，计数初值为 18，则可由计数器 1 的 OUT_1 输出周期为 18×0.838 μs≈15 μs 的脉冲信号。当 OUT_1 从低变高使 D 型触发器置“1”时，Q 端输出的高电平信号便可作为 DRAM 定时刷新的请求信号，一次刷新结束，响应信号将触发器复位。由此循环便可每隔 15 μs 产生一次刷新请求，满足刷新要求，相关初始化程序如下：

```
MOV   AL,54H        ;计数器 1 为方式 2,采用二进制计数,只写低 8 位计数初值
OUT   43H,AL        ;方式控制字写入控制寄存器
MOV   AL,18         ;计数初值为 18
OUT   41H,AL        ;写入计数初值
```

3. 计数器 2

要使 PC 系列微型计算机内部的扬声器发出不同音调的声音，可通过给扬声器送不同频率的方波达到这一目的。PC 系列微型计算机内部的 8254/8253 的计数器 2 便能实现这一功能，即将计数器 2 的 OUT 端接扬声器，便可控制扬声器发声，作为机器的报警信号或伴音信号。实际中计数器 2 的工作与否还受控于门控信号 $GATE_2$，系统中输出一定频率的方波，经滤波后得到近似的正弦波，便可推动扬声器发声。系统中计数器 2 的门控信号 $GATE_2$ 接至并行接口 8255 的 PB_0 位，相关实现方法在完成了并行接口芯片 8255 的学习后再介绍。

7.2 可编程并行输入/输出接口芯片 8255 及其应用

计算机系统的信息交换有两种方式：并行数据传输方式和串行数据传输方式。并行数据传输是以计算机的字长为传输单位，通常是 8 位、16 位、32 位或 64 位等，一次可同时在总线上传输一个字长的数据。串行数据传输是用一根传输线逐位顺序传送数据。能使微型计算机与 I/O 设备间按照并行或串行方式进行数据传送的接口称为并行接口或串行接口。

通过并行接口或串行接口连接的 I/O 设备可以以并行或串行方式与微型计算机进行数据传送，其实这里所讲的并行和串行传送方式，仅指 I/O 接口与 I/O 设备之间的数据传送方式可以是并行或者串行的，但就接口与 CPU 之间的数据传送而言，无论是并行接口还是串行接口都以并行方式进行数据传送，如图 7-17 所示。

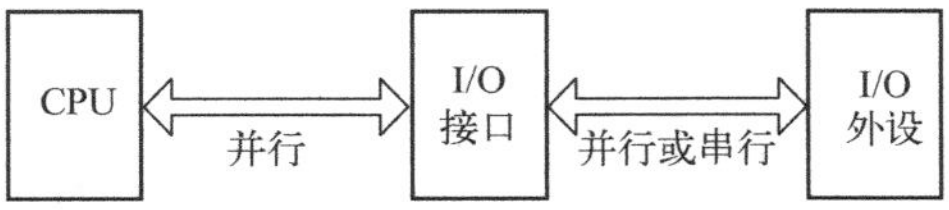

图 7-17　CPU 与外设连接示意图

从图 7-17 可看出，并行接口和串行接口在结构和功能上的主要差别是：在 CPU 与 I/O 设备间的数据传送过程中，串行接口需要进行串行和并行之间的相互变换，即需将来自 CPU 的并行数据信号转换为串行数据信号传送给 I/O 设备，或将来自 I/O 设备的串行数据信号转换为并行数据信号传送给 CPU；并行接口则无须实现这些变换。

并行接口与串行接口的结构示意图如图 7-18 所示。图 7-18 中的并行接口除有 *N* 根（*N* 为 CPU 的字长）数据线与并行 I/O 设备相连，实现 *N* 位数据与 I/O 设备间的数据传送外，还有相应的联络信号线和一根地线。串行接口除有两根数据线分别为数据输出线和数据输入线外，还有一根公共地线；它将来自 CPU 的并行数据转换成位数据流，利用数据输出线每次向串行 I/O 设备传送一位数据；或者通过一根数据输入线一位一位地接收来自串行 I/O 设备的数据，然后转换为并行数据后一次传送给 CPU。由此可看出串行接口所需连线少，无论数据传输宽度是多少，一般只需一根 3 芯电缆即可，实现成本低；但传输速率慢，适应于速度要求不高或传输距离较远的场合。并行接口传输速率快，一次可同时传送一个字长的数据，但所需连线多，适应于短距离高速传输场合。并行传输方式是微型计算机系统中最基本的信息交换方式，例如，系统板上各部件之间（CPU 与存储器、CPU 与外设接口电路等）、I/O 通道扩充板上各部件之间的数据交换都是并行传输。

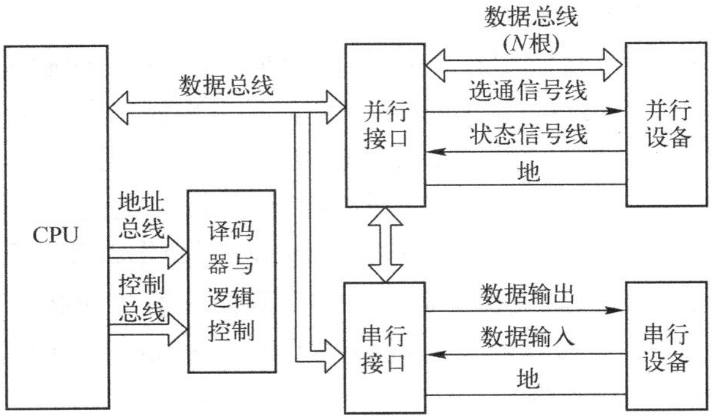

图 7-18　并行接口与串行接口结构示意图

下面以 Intel 8255 为例，介绍可编程并行输入/输出接口芯片的功能及其应用。

7.2.1 Intel 8255 内部结构及引脚功能

Intel 8255 是在微型计算机系统中起并行输入或输出作用的可编程并行输入/输出接口芯片。每个 8255 接口芯片内部均有 3 个 8 位的输入/输出端口以实现各端口与外设间的信息传送；接口电路中的控制电路和总线缓冲器等部件用于实现接口电路与 CPU 之间的信息传送。与其他可编程接口芯片一样，该 8255 接口芯片可以在不改变硬件的情况下，通过软件编程来改变芯片的功能。

（1）内部结构

8255 的内部结构如图 7-19 所示。由图 7-19 可知，8255 由 3 个 8 位的数据端口、两组控制电路、数据总线缓冲器以及读/写控制逻辑组成。

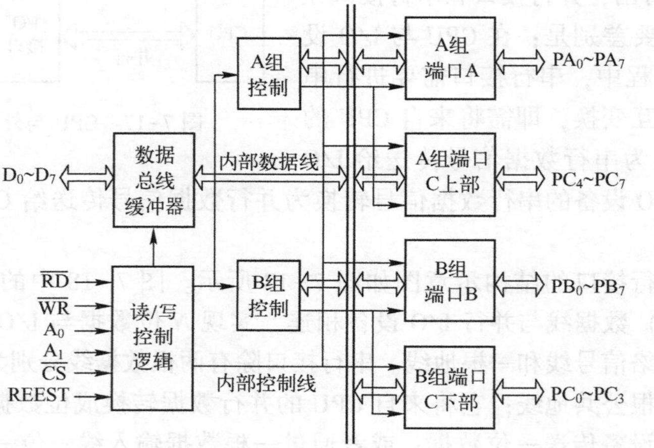

图 7-19　8255 的内部结构示意图

1）数据端口。8255 内部的 3 个 8 位数据端口分别为 A 口、B 口和 C 口，它们均可通过编程设定为输入口或输出口。A 口和 B 口内部均有输入和输出锁存器，以实现数据锁存功能，C 口仅有输出锁存器，故 C 口只有输出锁存功能，没有输入锁存功能。实际使用中，可将 A 口、B 口和 C 口作为 3 个独立的 8 位数据输入/输出口，也可将 C 口通过编程分为两个 4 位的数据输入/输出口，每个 4 位口均可单独定义为输入口或输出口，用于传送数据。同时 C 口还具有可以对其进行按位操作的特点。

2）控制电路。8255 内部有两组控制电路，分别称为 A 组控制电路和 B 组控制电路。8255 的 3 个数据端口被分成两组，即 A 组和 B 组。A 组控制电路控制端口 A 和端口 C 的上（高）半部分（PC_4~PC_7）；B 组控制电路控制端口 B 和端口 C 的下（低）半部分（PC_0~PC_3）。从图 7-19 可看出，这两组控制电路既接收来自读/写控制逻辑的读/写命令，又接收由数据总线输入的控制字，分别控制 A 组和 B 组的读/写操作以及各数据端口的工作方式。

3）数据总线缓冲器。数据总线缓冲器为 8 位的双向三态缓冲器，可作为 8255 与系统数据总线间相连的接口，CPU 通过该数据总线缓冲器可对 8255 进行读/写操作，如对 8255 发送控制字、传递数据和状态信息等。

4）读/写控制逻辑。读/写控制逻辑用于管理数据信息、控制字和状态字的传送，它接收来自系统总线的地址及读/写控制信号，以控制整个芯片的工作。

(2) 引脚功能

8255 有 40 个外部引脚，采用双列直插式封装，如图 7-20所示。

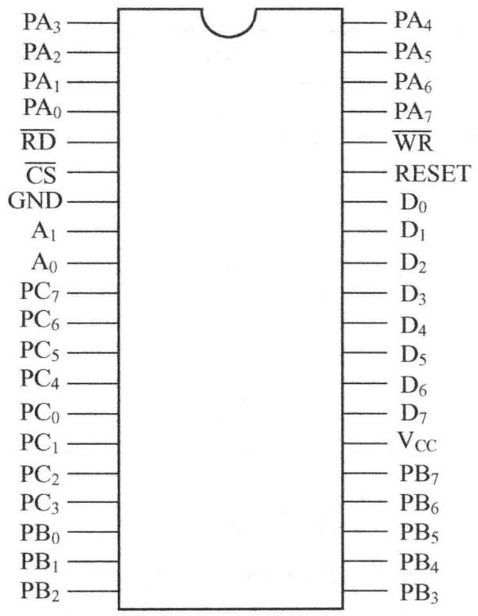

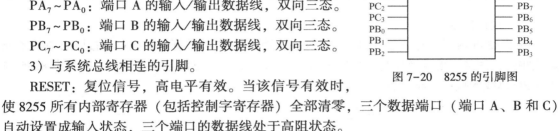

图 7-20　8255 的引脚图

1) 电源和接地引脚。

V_{CC}：电源（通常与+5 V 相连）。

GND：地（与数字地相连）。

2) 与外设相连的引脚。

$PA_7 \sim PA_0$：端口 A 的输入/输出数据线，双向三态。

$PB_7 \sim PB_0$：端口 B 的输入/输出数据线，双向三态。

$PC_7 \sim PC_0$：端口 C 的输入/输出数据线，双向三态。

3) 与系统总线相连的引脚。

RESET：复位信号，高电平有效。当该信号有效时，使 8255 所有内部寄存器（包括控制字寄存器）全部清零，三个数据端口（端口 A、B 和 C）自动设置成输入状态，三个端口的数据线处于高阻状态。

$D_0 \sim D_7$：数据信号线。8 位双向三态数据线，它与系统数据总线相连，用于实现 CPU 与 8255 间的数据传送（如控制字、端口数据的输入/输出等）。

$\overline{RD}$：读控制信号。低电平有效。当该信号为低电平时，表明 CPU 将对 8255 进行读操作。

$\overline{WR}$：写控制信号。低电平有效。当该信号为低电平时，表明 CPU 将对 8255 进行写操作。

$\overline{CS}$：片选信号。低电平有效。只有当该信号为低电平时，CPU 才能对 8255 进行读或写操作。

A_1、A_0：地址信号。用于对 3 个数据端口及控制字寄存器的选择，具体规定见表 7-4。

表 7-4　8255 端口的选择

A_1	A_0	选　择
0	0	端口 A
0	1	端口 B
1	0	端口 C
1	1	控制字寄存器

表 7-5 归纳了 8255 控制信号与各数据端口间的读/写操作关系。

表 7-5　控制信号功能

$\overline{CS}$	$\overline{RD}$	$\overline{WR}$	A_1	A_0	操 作 功 能
0	1	0	0	0	对端口 A 进行写入操作
0	1	0	0	1	对端口 B 进行写入操作
0	1	0	1	0	对端口 C 进行写入操作

（续）

$\overline{CS}$	$\overline{RD}$	$\overline{WR}$	A_1	A_0	操作功能
0	1	0	1	1	写控制字寄存器
0	0	1	0	0	对端口 A 进行读操作
0	0	1	0	1	对端口 B 进行读操作
0	0	1	1	0	对端口 C 进行读操作
0	0	1	1	1	非法操作
1	×	×	×	×	禁止使用
0	1	1	×	×	无操作

（3）接口技术

由于 8255 内部具有三态数据总线缓冲器，因而 8255 的数据信号线可直接同对应的系统总线相连，片选、地址及控制信号也可与系统总线中的对应信号相连。图 7-21 为 8255 与 IBM PC 总线的接口电路示意图。

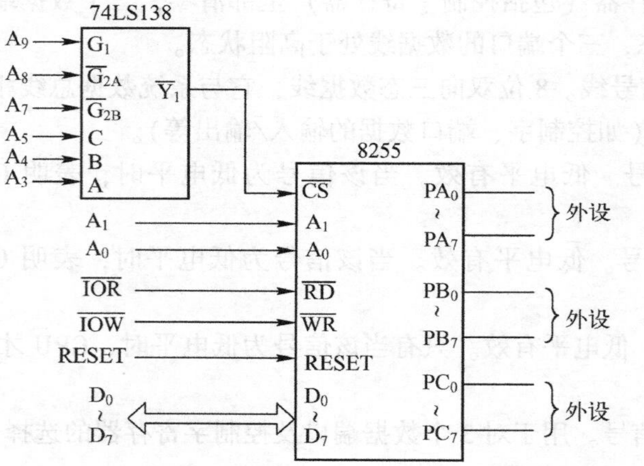

图 7-21　8255 与 IBM PC 总线的接口电路示意图

由图 7-21 可见，A_9~A_7 为 100，A_5~A_3 为 001（A_6、A_2 因未直接与 8255 相连故可为任意值）时，地址译码器 74LS138 的 $\overline{Y}_1$ 端输出为 0，故 8255 的片选信号 $\overline{CS}$ 为低电平（即有效）。此时，CPU 便可对该 8255 进行读/写操作，设 A_6、A_2 两条地址信号线为 0 时，该 8255 的 3 个数据端口及控制字寄存器的地址分别为 208H~20BH，由表 7-4 可知，此时端口 A 的地址为 208H、端口 B 的地址为 209H、端口 C 的地址为 20AH、控制字寄存器的地址为 20BH。

7.2.2　工作方式

8255 有 3 种工作方式，分别为方式 0、方式 1 和方式 2。

（1）方式 0：基本输入/输出方式

8255 的 3 个端口都可以工作在方式 0 下。该方式下，端口与外设间不需要联络信号，因此不需要状态端口，3 个端口均为数据端口。3 个端口都可由程序（写控制字）来选定作输入或输出。

当 8255 的端口工作在方式 0 下时，CPU 只要用输入或输出指令就可以实现与外设间的数据交换。因此，方式 0 也称为无条件的输入/输出方式。

（2）方式 1：选通输入/输出方式

这种方式下，只有端口 A 和端口 B 可以作为 8 位的输入或输出端口，端口 C 的部分位主要作为 A、B 两个端口输入/输出时的联络信号，端口 C 余下的位，仍可作为输入或输出数据线使用。

该方式下，CPU 与 8255 间可以用中断方式或查询方式进行数据交换。此时，端口 A 和端口 B 无论输入或输出都有数据锁存功能。

1）选通输入方式。端口 A 和端口 B 工作于方式 1 的输入状态时，其引脚（控制信号）和时序关系示意图如图 7-22 所示。

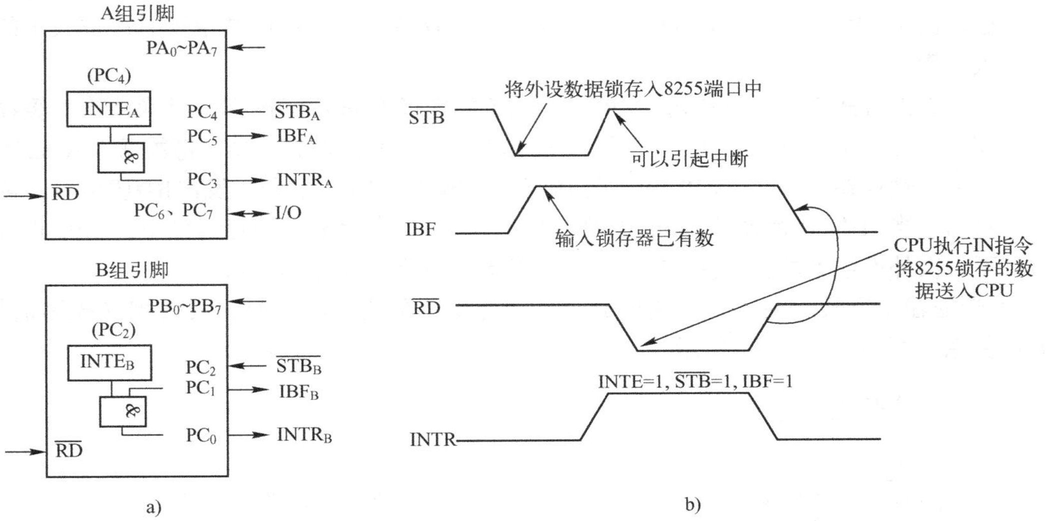

图 7-22　方式 1 输入状态时的控制信号和时序关系示意图

a）控制信号　b）时序关系

输入时，端口 A 和端口 B 都有 3 根联络信号线$\overline{STB}$、IBF 和 INTR，芯片内还有 1 根内部控制线 INTE，端口联络信号线的作用及意义如下。

① $\overline{STB}$（Strobe）：选通信号，低电平有效。该信号是由外设发送给 8255 的选通信号。当外设数据已准备好时，便可通过$\overline{STB}$向 8255 送一个负脉冲信号（见图 7-22），该信号的前沿（下降沿）将外设送来的数据送入 8255 的端口 A 或端口 B 的输入缓冲器并锁存，后沿（上升沿）可使中断请求信号 INTR 为 1，引起中断。

② IBF（Input Buffer Full）：输入缓冲器满信号，高电平有效。该信号是 8255 发送给外设的回答信号。外设将数据送入输入锁存器后，该信号有效，此后，若 CPU 执行输入指令，在$\overline{RD}$信号由低变为高时，该信号失效（见图 7-22）。

③ INTR（Interrupt Request）：中断请求信号，高电平有效。当外设将数据送入端口输入锁存器后，IBF 变为高电平（即有效），在$\overline{STB}$变为高电平，同时 INTE（中断允许信号）

为 1 的前提下，INTR 变为高电平，此时 8255 可向 CPU 发出中断请求。

④ INTE（Interrupt Enable）：中断允许信号，端口 A 的中断允许信号为 $INTE_A$，端口 B 的中断允许信号为 $INTE_B$，将端口 C 的 PC_4 或 PC_2 位置 1，就可使 $INTE_A$ 或 $INTE_B$ 为 1。在方式 1 的输入状态下，PC_4 或 PC_2 的位操作只影响 INTE 的状态，不影响 PC_4 或 PC_2 引脚的状态。

在方式 1 下，外设通过 8255 将数据输入至 CPU 的过程为：当外设发来选通信号 $\overline{STB}$ 时，它将外设数据送入端口输入锁存器锁存，并使 IBF 有效（变为高电平），即告诉外设 8255 已将数据读入，并阻止新的数据输入，此时有两种方法可实现将已锁存至 8255 端口的数据传送给 CPU。

- 利用中断方式实现数据传送。当选通 $\overline{STB}$ 信号无效（变为高电平）后，如果允许中断（INTE=1），INTR 信号有效，向 CPU 提出中断请求，CPU 响应中断后，执行输入（IN）指令，发出 $\overline{RD}$ 读信号，把数据读入 CPU。当 $\overline{RD}$ 信号失效（为高电平）时，数据已读至 CPU，IBF 变为低电平，表示输入锁存器已空，从而结束了一次方式 1 的输入过程。
- 利用查询方式实现数据传送。CPU 对 8255 的端口 C 进行读操作，以确认输入缓冲器满信号 IBF 是否有效（为高电平），若 IBF 为高电平，表明外设已将数据送入 8255 端口输入锁存器，此时，CPU 可通过执行一条输入（IN）指令，发出 $\overline{RD}$ 读信号，读取数据。当 $\overline{RD}$ 信号无效后，IBF 失效（为低电平），表示输入锁存器已空，CPU 将等待下一次外设数据的输入使 IBF 有效，进行新一次的数据输入过程。

2）选通输出方式。端口 A 和端口 B 工作于方式 1 的输出状态时，其引脚（控制信号）和时序关系示意图如图 7-23 所示。

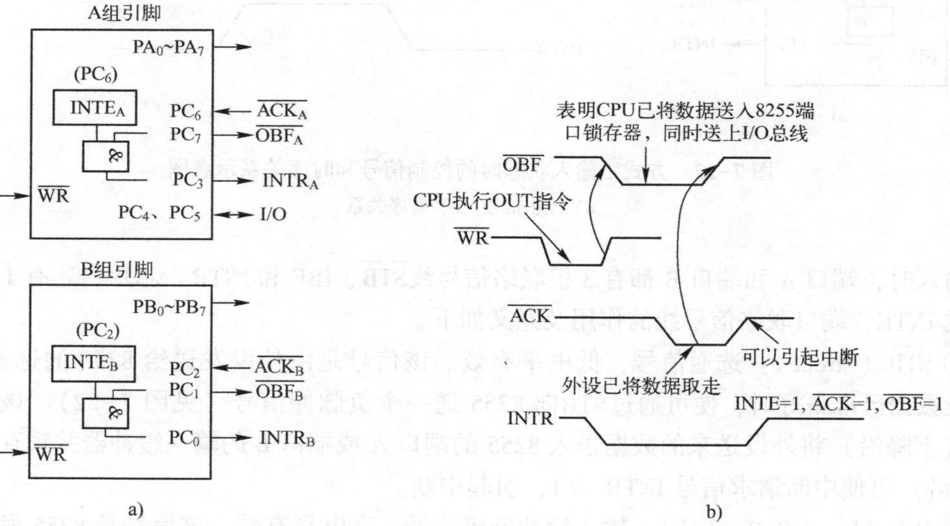

图 7-23　方式 1 输出状态时的控制信号和时序关系示意图

a）控制信号　b）时序关系

输出时，端口 A 和端口 B 也都有 3 根联络信号线 $\overline{ACK}$、$\overline{OBF}$ 和 INTR，芯片内仍有 1 根内部控制线 INTE，端口联络信号线的作用及意义如下。

① $\overline{OBF}$（Output Buffer Full）：输出缓冲器满信号，低电平有效。它是 8255 发送给外设的一个联络信号，有效时，表示 CPU 已将数据输出至 8255 的端口输出锁存器，同时也送到端口的输入/输出数据线上。CPU 执行 OUT 指令时所产生的$\overline{WR}$信号的上升沿使该信号有效，而外设发送的响应信号$\overline{ACK}$使该信号失效（见图 7-23）。

② $\overline{ACK}$（Acknowledge）：响应信号，低电平有效。它是由外设发送给 8255 响应信号（见图 7-23），该信号为低电平时，将 8255 端口的数据取走，同时使$\overline{OBF}$无效，表明 8255 的端口数据已被外设接收；该信号的后沿（由低变高）可引起中断。

③ INTR（Interrupt Request）：中断请求信号，高电平有效。当外设将数据从 8255 的输出锁存器取走后，$\overline{OBF}$变为高电平（即无效），在$\overline{ACK}$变为高电平，同时 INTE 为 1 的前提下，INTR 变为高电平，此时 8255 可向 CPU 发出中断请求。

④ INTE（Interrupt Enable）：中断允许信号，同方式 1 输入状态时一样，此时，端口 A 的中断允许信号为 $INTE_A$，端口 B 的中断允许信号为 $INTE_B$。$INTE_A$的状态由端口 C 的 PC_6 控制，$INTE_B$的状态由端口 C 的 PC_2 控制。

在方式 1 下，CPU 通过 8255 向外设输出数据的过程是：当 CPU 执行输出（OUT）指令时，发出$\overline{WR}$信号，CPU 将数据送至 8255 的端口输出锁存器，$\overline{WR}$信号的后沿（由低变高时）使$\overline{OBF}$有效（变为低电平），表明 CPU 已将数据送入端口锁存器，同时送达端口的输入/输出数据线，此时，等待外设接收数据，并阻止 CPU 向端口输出新的数据。当外设接收数据并允许 CPU 向 8255 端口输出新数据时，会发送一响应信号$\overline{ACK}$，该信号有效（为低电平）时，使$\overline{OBF}$无效（变为高电平），同时该信号的上升沿又使 INTR 有效（允许中断的情况），发出新的中断请求。此时，CPU 可通过两种方式向 8255 端口输出新的数据，即中断方式和查询方式，中断方式下，CPU 响应中断，执行输出（OUT）指令，输出数据给 8255；查询方式下，通过端口 C 查询$\overline{OBF}$的状态是否为 1（即高电平），为 1 时，CPU 执行输出指令，输出数据给 8255。从而结束一次方式 1 下的输出过程。

（3）方式 2：双向选通传送方式

方式 2 是一种同一端口既能输出又能输入的工作方式。该方式将方式 1 的选通输入/输出功能组合成一个双向数据端口，外设利用这个端口既能发送数据，又能接收数据。与方式 1 相同，在方式 2 下可利用查询方式或中断方式实现数据的输入/输出操作，输入和输出的数据都被 8255 锁存。

8255 中只有端口 A 可以工作于方式 2，此时，端口 B 可工作于方式 0 或方式 1。

端口 A 工作在方式 2 的引脚（控制信号）如图 7-24 所示。各引脚的作用及意义与方式 1 相同。

由图 7-24 可看出，方式 2 下的输出时，其中断允许信号为 $INTE_1$，由 PC_6 的状态控制；输入时的中断允许信号为 $INTE_2$，由 PC_4 的状态控制。

方式 2 下的数据输入过程与方式 1 下的数据输入过程完全相同；方式 2 下的数据输出过程与方式 1 下的输出则不完全相同。方式 2 下，数据输出时，8255 不是在$\overline{OBF}$有效时将数据送到端口的输入/输出

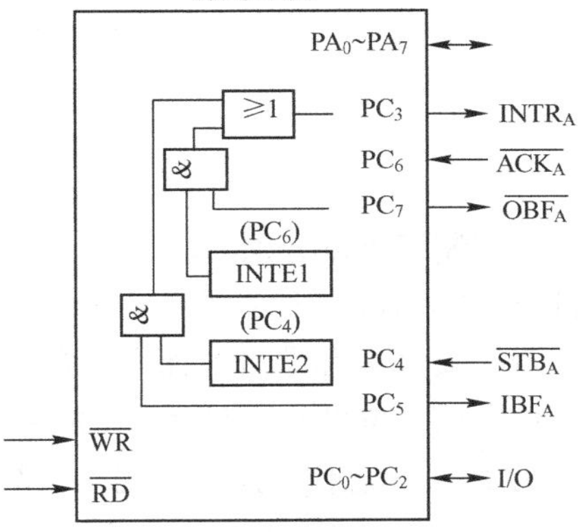

图 7-24　方式 2 的控制信号

数据线，而是在外设发送响应信号$\overline{ACK}$时才将数据送到端口输入/输出数据线上，这一点与方式 1 输出不一样。

在 8255 的三个端口中，端口 A 可工作在方式 0、方式 1 和方式 2 下；端口 B 可工作在方式 0 和方式 1 下；端口 C 只能工作在方式 0 下。

7.2.3 应用编程

在掌握了可编程并行输入/输出接口芯片 8255 的内部结构、接口技术及工作方式后，如何使用该 8255 接口芯片，则是读者应该进一步掌握的内容。

同 7.1 节，要利用 8255 来实现数据的输入/输出操作时，除完成了硬件接口电路的设计外，还必须对 8255 芯片进行“初始化”。其初始化过程有两步：

1）由 CPU 对 8255 写入方式选择控制字，用以规定 8255 各端口的工作方式及输入/输出状态。

2）由 CPU 对 8255 写入端口 C 按位置位/复位控制字，用以设置中断允许信号的状态，确定该 8255 是否允许以中断方式与 CPU 进行数据传送。这两个控制字共用一个端口地址。

（1）方式选择控制字

方式选择控制字由 8 位二进制数构成，其格式如图 7-25 所示。该方式控制字应写入控制字寄存器，即 $A_1A_0=11$ 的端口地址（控制字寄存器地址）。

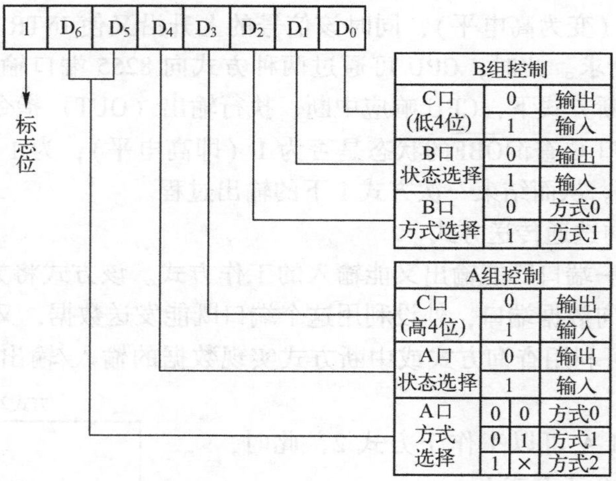

图 7-25 方式选择控制字

该控制字可以分别规定端口 A 和端口 B 的工作方式及输入/输出状态，端口 C 分上、下两部分，随端口 A 和 B 的工作方式定义。

对于端口 A 和端口 B 而言，在设定工作方式时，应以 8 位为一个整体来进行，而端口 C 高 4 位和低 4 位可分别选择不同的输入/输出状态。

① D_7：标志位。用以说明该控制字为方式选择控制字。

② D_6、D_5：端口 A 工作方式选择位。端口 A 有 3 种工作方式，可由这两位来进行选择。

③ D_4：端口 A 状态选择。此位为 1，表示端口 A 为输入口；为 0，表示端口 A 为输出口。

④ D_3：端口 C 高 4 位状态选择。此位为 1，表示端口 C 高 4 位为输入；为 0，表示端口 C 高 4 位为输出。

⑤ D_2：端口 B 工作方式选择位。此位为 0，选方式 0；为 1，选方式 1。

⑥ D_1：端口 B 状态选择。此位为 1，表示端口 B 为输入口；为 0，表示端口 B 为输出口。

⑦ D_0：端口 C 低 4 位状态选择。此位为 1，表示端口 C 低 4 位为输入；为 0，表示端口 C 低 4 位为输出。

当 RESET 引脚信号处于高电平时，所有端口均被置成方式 0 输入；当 RESET 恢复为低电平后，若仍让所有端口工作在输入方式，则不必进行方式选择控制字设置。

（2）端口 C 按位置位/复位控制字

端口 C 的 8 位中的每一位，均可由端口 C 按位置位/复位控制字来置位（置 1）或复位（清 0），其格式如图 7-26 所示。该控制字也应写入控制字寄存器，即 $A_1A_0=11$ 的端口地址（控制字寄存器地址），不能写入端口 C。

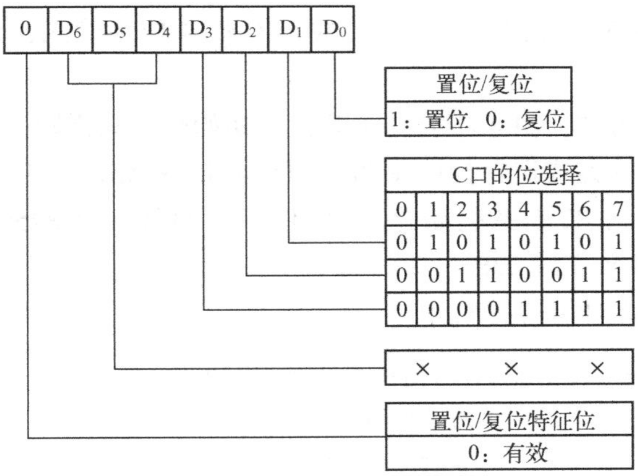

图 7-26 端口 C 置位/复位控制字

① D_7：标志位。用以说明该控制字为端口 C 按位置位/复位控制字。

② D_6、D_5、D_4：这 3 位未用，可为任意数。

③ D_3、D_2、D_1：端口 C 位选择。这 3 位的 8 种组合（000 ~ 111）分别对应选取 $PC_0 \sim PC_7$。

④ D_0：置位/复位信号。该位为 1 对所选取的 PC_i（$i=0\sim7$）位置 1；为 0，则 PC_i 清 0。

（3）读状态字

在方式 0 下，端口 C 可以和外设传送数据，在方式 1 或方式 2 时，端口 C 的部分位作为和外设的联络信号，同时也是外设和 8255 的状态信息，8255 允许读取端口 C 的内容以检查它们的状态，判断它们的工作情况，并根据它们确定相应的程序流程。

状态字格式如图 7-27 所示。

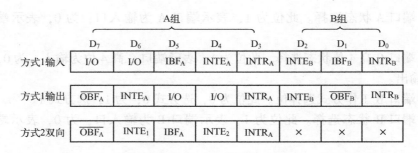

	A组					B组		
	D_7	D_6	D_5	D_4	D_3	D_2	D_1	D_0
方式1输入	I/O	I/O	IBF_A	$INTE_A$	$INTR_A$	$INTE_B$	IBF_B	$INTR_B$
方式1输出	$\overline{OBF_A}$	$INTE_A$	I/O	I/O	$INTR_A$	$INTE_B$	$\overline{OBF_B}$	$INTR_B$
方式2双向	$\overline{OBF_A}$	$INTE_1$	IBF_A	$INTE_2$	$INTR_A$	×	×	×

图 7-27　端口 C 的读出内容

7.2.4　应用举例

1. 8255 的初始化编程

8255 的初始化编程包括：写入方式选择控制字、写中断允许信号（通过对端口 C 某位的置 1 实现使 INTE = 1），如不需以中断方式完成数据传送，则初始化时可不写中断允许信号。

例 7-4　设 8255 与 CPU 的接口电路如图 7-21 所示，若规定端口 A 为方式 1 输出，端口 C 高 4 位为输出，端口 B 为方式 0 输入，端口 C 低 4 位为输入，请编制出有关的初始化程序。

分析：由题目要求可知，由于不需要中断，故初始化时只需写入方式选择控制字，根据题目规定可得符合要求的方式选择控制字为 10100011B 或 A3H，将该控制字写入 8255 的控制字寄存器，即完成了对 8255 的初始化。由图 7-21 可知，该 8255 的端口地址为 208H ~ 20BH，其中控制字端口地址为 20BH。

符合题目要求的初始化程序段如下：

```
MOV   DX, 20BH               ;控制端口的地址为 20BH
MOV   AL, 0A3H               ;方式选择控制字
OUT   DX, AL                 ;送到控制端口
```

例 7-5　若将例 7-4 中端口 B 的工作方式改为方式 1 输入，且允许中断，其他不变，请完成相应的初始化程序设计。

分析：由例 7-4 可知，该初始化中除需对 8255 写入方式选择控制字外，还需将中断允许信号 $INTE_B$ 置 1，由于 $INTE_B$ 对应端口 C 的 PC_2，故利用端口 C 置位/复位控制字即可将 PC_2 置 1（即 $INTE_B$ = 1），由图 7-26 可知将 PC_2 置 1 的控制字为 00000101B 或 05H，方式选择控制字为 10100111B 或 A7H。

符合题目要求的初始化程序段如下：

```
MOV   DX,20BH                ;控制端口的地址为 20BH
MOV   AL,0A7H                ;方式选择控制字
OUT   DX,AL                  ;送到控制端口
MOV   AL,05H                 ;PC2 置"1",即使 INTEB = 1 的端口 C 置位/复位控制字
OUT   DX,AL                  ;送到控制端口
```

2. 8255 应用举例

例 7-6 8255 与系统连接示意图如图 7-28 所示。要求开关 S_i 每拨动一次，其 LED_i 便随 S_i 改变一次状态（S_i 闭合，LED_i 亮；S_i 断开，LED_i 灭）。请编制出能实现题目要求的程序段。

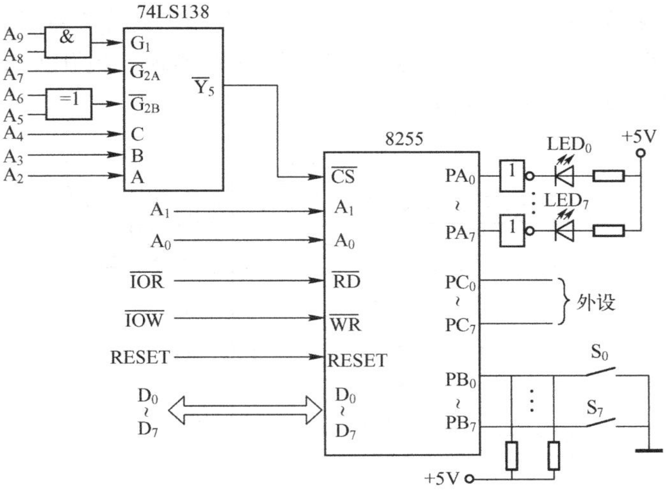

图 7-28 例 7-6 电路示意图

分析： ① 端口地址的确定。由图 7-28 可知，地址译码器 74LS138 的输出端$\overline{Y}_5$与 8255 的片选信号$\overline{CS}$相连，因此要选中 8255，$\overline{Y}_5$ 必须为低电平（即$\overline{Y}_5=0$），即地址线 $A_9 \sim A_2$ 应为 11000101B，当 8255 的端口选择地址线 A_1A_0 分别为 00、01、10、11 时，选中 8255 各端口，故该 8255 的端口 A、B、C 和控制口地址分别为 314H、315H、316H、317H。

② 工作方式的选择及方式选择控制字的确定。图 7-28 中，没有涉及选通信号$\overline{STB}$、响应信号$\overline{ACK}$和中断请求信号 INTR 等，故 8255 的各端口的工作方式均可选为方式 0；端口 A 接 LED，为输出状态；端口 B 接开关 S，为输入状态；端口 C 未用可任意取值。故该 8255 的端口 A 应工作于方式 0 输出、端口 B 工作于方式 0 输入、端口 C 任意（如假设为输出），其方式控制字为 10000010B（82H）。

③ 操作方式的选择。由图 7-28 分析得出，当开关 S_i 闭合时，其 PB_i 状态为 0，而要使 LED_i 发光，应通过 PA_i 送出 1 信号，所以当将端口 B 读得的信息求反后通过端口 A 送出，即可达到当开关 S_i 闭合，LED_i 便发光的目的。

能满足题目要求的程序段如下：

```
----------------------- 初始化程序------------------------------------
        MOV  DX,317H              ;控制端口的地址为 317H
        MOV  AL,82H               ;方式选择控制字
        OUT  DX,AL                ;送到控制端口
-------------------- 能实现题目要求的程序段-----------------------------
AGAIN:  MOV  DX,315H              ;端口 B 地址为 315H
        IN   AL,DX                ;读端口 B(了解开关 Si 状态)
```

```
NOT   AL
MOV   DX,314H        ;端口 A 地址为 314H
OUT   DX,AL          ;输出到端口 A(改变 LEDi 状态)
JMP   AGAIN
```

例 7-7　电路结构如图 7-29 所示，要求电路中各发光二极管按照图 7-30 的规律依次发光，其发光持续时间 t_1（设 $t_1=1\,s$）由 8254 的计数器 0 实现。当开关 S 闭合时结束程序。请编制出能满足题目要求的汇编语言源程序。

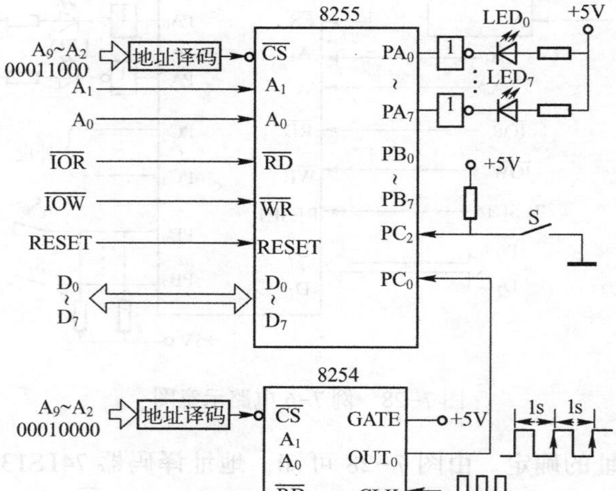

图 7-29　例 7-7 电路示意图

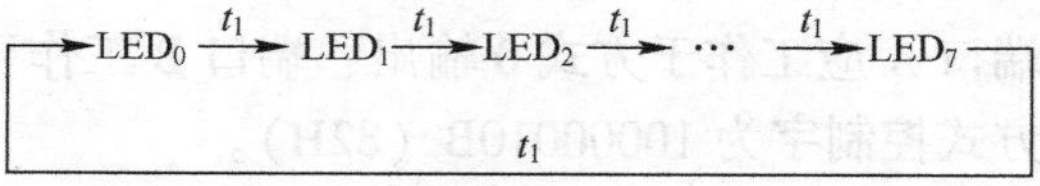

图 7-30　发光二极管变化顺序图

分析：① 端口地址的确定。由图 7-29 的电路可知，当地址线 $A_9 \sim A_2$ 为 00011000B 时选中 8255，由地址线 A_1 和 A_0 选择 8255 的端口，所以 8255 的端口 A、B、C 和控制字寄存器的地址分别为 60H、61H、62H 和 63H；当地址线 $A_9 \sim A_2$ 为 00010000B 时选中 8254，由地址线 A_1 和 A_0 选择 8254 的各计数器，故 8254 的计数器 0、1、2 和控制字寄存器的地址分别为 40H、41H、42H 和 43H。

② 8255 的工作方式及初始化命令字的确定。由题及图 7-29 可知，8255 的端口 A 接发光二极管，未连接联络信号线，故端口 A 应选工作方式 0 输出状态；端口 C 的 PC_0 接来自 8254 OUT_0 的信号，PC_2 接开关 S，故端口 C 低 4 位为输入，高 4 位未用（可假设为输出）；端口 B 未用（可假设为方式 0 输出），对应的方式选择控制字为 10000001B(89H)。

③ 8254 的工作方式及初始化命令字的确定。题目要求 8254 完成定时 1 s，由图 7-29 可知，定时 1 s 任务由 8254 计数器 0 实现，由于每隔 1 s 需送出一"时间到"信号给 PC_0（见

图 7-29)，故计数器 0 可选工作方式 3，计数初值 $N=500\ \text{Hz}\times 1\ \text{s}=500$，方式控制字为 00110110B (36H)。

④ 初始化程序段。8255 的初始化程序段如下：

```
        MOV     AL,89H          ;8255 的方式选择控制字
        OUT     63H,AL          ;送到 8255 的控制端口,控制端口地址为 63H
--------------------------- 8254 的初始化程序段---------------------------
        MOV     AL,36H          ;8254 的方式控制字
        OUT     43H,AL          ;送到 8254 的控制字寄存器,控制字寄存器地址为 43H
        MOV     AX,500          ;计数器 0 定时 1 s 的计数初值
        OUT     40H,AL          ;写计数初值低 8 位到计数器 0
        MOV     AL,AH           ;计数初值高 8 位送入 AL
        OUT     40H,AL          ;写计数初值高 8 位到计数器 0
```

⑤ 1 s 时间到的测试程序段。由图 7-29 可知，1 s “时间到” 可通过 PC_0 引脚上信号的变化获得，即当 PC_0 引脚上有一个由低到高的电平变化时，便是 1 s 时间到了。其相关程序段如下：

```
        …
AGAIN:  IN      AL,62H          ;读 8255 的端口 C,端口 C 地址为 62H
        TEST    AL,01           ;对 PC0 引脚信号进行测试
        JNZ     AGAIN           ;不是低电平,继续监测 PC0 引脚信号
NEXT:   IN      AL,62H          ;是低电平,则等待高电平的到来,读端口 C
        TEST    AL,01           ;对 PC0 引脚信号进行测试
        JZ      NEXT            ;是低电平,继续监测 PC0 引脚信号
        …                       ;是高电平,则表明 1 s 时间到
```

⑥ 使 LED_i 发光的程序段。由图 7-29 可知，欲使某 LED_i 发光，需通过端口 A 的 PA_i 输出 1，相关程序段如下：

```
        …
        MOV     AL,i            ;(i 可为 01H、02H、04H、08H、10H、20H、40H、80H)
        OUT     60H,AL          ;由 8255 端口 A 输出,使 LEDi 发光,端口 A 地址为 60H
```

⑦ 满足题目要求的汇编语言源程序：

```
------------------------------ 段定义程序段------------------------------
DATA    SEGMENT
MESS    DB'BEGIN    PROGRAM','$'    ;设程序开始运行时,在屏幕上显示
DATA    ENDS                        ;BEGIN PROGRAM
CODE    SEGMENT
        ASSUME  CS:CODE,DS:DATA
------------------------------- 程序初始化-------------------------------
START:  MOV     AX,DATA
        MOV     DS,AX           ;给数据段寄存器赋初值
        LEA     DX,MESS
```

```
        MOV    AH,09H
        INT    21H                   ;在屏幕上显示“BEGIN PROGRAM”
----------------------------- 8254 初始化程序-----------------------------
        MOV    AL,36H
        OUT    43H,AL
        MOV    AX,500
        OUT    40H,AL
        MOV    AL,AH
        OUT    40H,AL
----------------------------- 8255 初始化程序-----------------------------
        MOV    AL,89H
        OUT    63H,AL
----------------------------- 发光二极管循环发光程序-----------------------
        MOV    AH,01H                ;给 LEDi 初态
AGAIN:  MOV    AL,AH
        OUT    60H,AL                ;LEDi 发光
--------------------------------------------------------------------------
AGAIN1: IN     AL,62H                ;1 s 时间到否程序段
        TEST   AL,01
        JNZ    AGAIN1
NEXT:   IN     AL,62H
        TEST   AL,01
        JZ     NEXT
        ROL    AH,1                  ;1 s 时间到,改变 LED 的状态
        IN     AL,62H                ;读端口 C,判断开关 S 是否闭合
        TEST   AL,04H
        JNZ    AGAIN                 ;未闭合,转 LED 循环发光
        MOV    AH,4CH                ;否则,结束程序
        INT    21H
CODE    ENDS
        END    START
```

例 7-8 设系统机外扩了一片 8255 和相应的实验电路，如图 7-31 所示。要求每按一次 S 键，则使发光二极管 LED_i 的状态随开关 S_i 的状态变化（S_i 闭合，LED_i 亮；S_i 断开，LED_i 灭）。主机键盘有任意键按下结束。

分析：① 端口地址。由图 7-31 的电路可知，当地址线 $A_9 \sim A_2$ 为 00100000B 时选中 8255，由地址线 A_1 和 A_0 选择 8255 的端口，所以 8255 的端口 A、B、C 和控制口的地址分别为 80H、81H、82H 和 83H。

② 工作方式选择。由图 7-31 可知，当 S 键按下（即$\overline{STB_B}$有效）后，$S_0 \sim S_7$ 的状态信息被锁存至端口 B 的数据寄存器，CPU 应读取端口 B 信息，并根据该信息，输出相应数据到端口 A，使 $LED_0 \sim LED_7$ 的状态随之而变。因此，8255 的端口 B 应工作在方式 1 输入，端口 A 方式 0 输出。

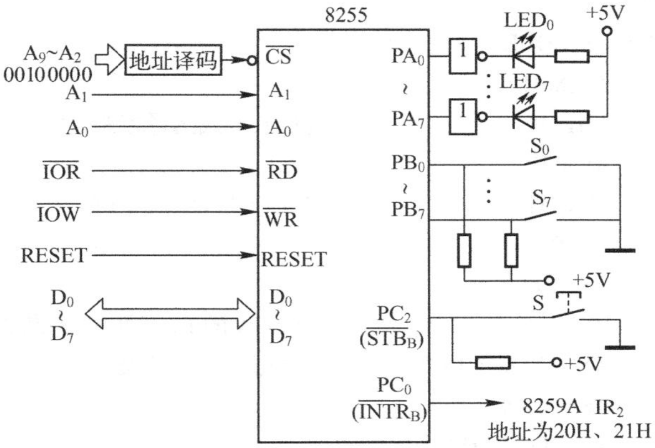

图 7-31 例 7-8 电路示意图

③ 初始化命令字。本例可采用查询方式或中断方式完成 CPU 对发光二极管状态的控制。

利用查询方式时，仅需设置方式选择控制字；利用中断方式除需设置方式选择控制字外，还必须设置中断允许命令字，即令 $INTE_B$ 为 1。

方式选择控制字为 10000110B，即 86H。

使 $INTE_B$ 为 1，即将 PC2 置“1”，其控制字为 00000101B 或 05H。

按查询方式完成该例的程序清单如下：

```
CODE    SEGMENT
        ASSUME CS:CODE
MAIN:   MOV     AL,86H
        OUT     83H,AL          ;写入方式选择控制字
AGAIN:  MOV     AH,1
        INT     16H             ;主机键盘有键按下否
        JNZ     DONE            ;有,转 DONE
        IN      AL,82H          ;读 8255 端口 C
        TEST    AL,00000010B    ;测试 PC1(即 IBFB)状态
        JZ      AGAIN           ;若 IBFB=0(即未发 STBB信号,未操作按钮 S)
                                 则表明外设未将数据准备好,继续返回等待
        IN      AL,81H          ;读 8255 端口 B
        NOT     AL
        OUT     80H,AL          ;输出到 8255 端口 A
        JMP     AGAIN
DONE:   MOV     AH,4CH
        INT     21H
CODE    ENDS
        END     MAIN
```

按中断方式完成该例的程序清单如下：

```
CODE    SEGMENT
        ASSUME CS:CODE
MAIN:   MOV     AL,86H
        OUT     83H,AL                  ;写入方式选择控制字
        MOV     AL,05H
        OUT     83H,AL                  ;PC2=1(INTEB=1)
        MOV     AX,0
        MOV     DS,AX
        MOV     BX,0AH * 4              ;8259A 的 IR2 对应的中断类型号为 0AH
        MOV     AX,OFFSET INTSUB        ;填充中断向量表
        MOV     [BX],AX
        MOV     AX,SEG INTSUB
        MOV     [BX+2],AX
        IN      AL,21H                  ;读 8259A 的 IMR
        AND     AL,11111011B
        OUT     21H,AL                  ;开放 8259A IR2 的中断
        STI                             ;开中断
AGAIN:  MOV     AH,1
        INT     16H                     ;主机键盘有键按下否
        JNZ     DONE                    ;有,转 DONE
        NOP
        JMP     AGAIN                   ;等待中断
DONE:   MOV     AH,4CH
        INT     21H                     ;返回 DOS 操作系统
INTSUB  PROC    FAR
        IN      AL,81H                  ;读 8255 端口 B
        NOT     AL
        OUT     80H,AL                  ;输出至 8255 端口 A
        MOV     AL,20H
        OUT     20H,AL                  ;中断结束命令
        IRET                            ;中断返回
INTSUB  ENDP
CODE    ENDS
        END     MAIN
```

例 7-9　电路结构示意图如图 7-32 所示。要求图中发光二极管 LED_i 的状态随开关 S_i 的状态变化（S_i 闭合，LED_i 亮；S_i 断开，LED_i 灭），当开关 $S_0 \sim S_3$ 全部闭合时结束程序，请编制相应的汇编语言程序段。

分析：由图 7-32 可知，电路中的 8255 端口 A 应工作于方式 2（选通双向方式），如 7.2.2 节所述，双向方式下，要想获得外设送来的信号，外设必须通过 $\overline{STB_A}$ 发送一负脉冲信号（操作图中按钮 S_4 可实现），此时，外设才将开关当前状态送入 8255 端口 A 的输入锁存器；当 CPU 执行输出指令将数据送到端口 A 的输出锁存器时，在外设通过 $\overline{ACK_A}$ 发送一负脉冲信号（操作图中按钮 S_5 可实现），此时才将 CPU 输出的数据送到 LED 上。

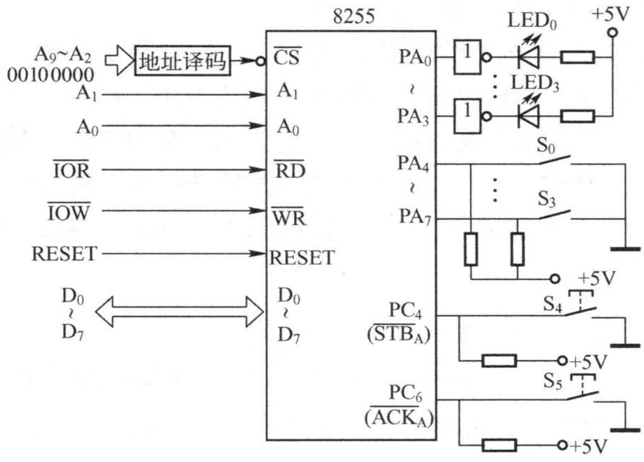

图 7-32 例 7-9 电路示意图

设该 8255 的端口地址为 80H~83H，在查询方式下，能实现题目要求的程序如下：

```
CODE    SEGMENT
        ASSUME CS:CODE
START:  MOV     AL,11000000B    ;8255 端口 A 双向方式,端口 B 未用
        MOV     DX,83H          ;8255 控制端口地址为 83H
        OUT     DX,AL           ;方式选择控制字送控制端口
        MOV     DX,82H          ;8255 端口 C 地址为 82H
L1:     IN      AL,DX           ;读端口 C
        TEST    AL,00100000B    ;测试 PC5(即 IBFA)状态
        JZ      L1              ;若 IBFA=0(即未发STBA信号,未操作按钮 S4),
                                 则表明外设未将数据准备好,继续返回等待
        MOV     DX,80H          ;8255 端口 A 地址为 80H
        IN      AL,DX           ;若 IBFA=1(即外设准备好),读开关状态
        AND     AL,0F0H
        JZ      EXIT            ;若 S0~S3 全闭合,则退出程序
        SHR     AL,4
        NOT     AL
        OUT     DX,AL           ;将数据输出至端口 A
        MOV     DX,82H
L2:     IN      AL,DX
        TEST    AL,80H          ;测试 PC7(即OBFA)状态
        JZ      L2              ;若OBFA=0,则表明外设未取走数据(即未发ACKA信号,
                                未操作按钮 S5),等待外设接收数据
        JMP     L1              ;返回重复由开关 Si 决定 LEDi 状态的操作
EXIT:   MOV     AH,4CH          ;结束程序
        INT     21H
CODE    ENDS
        END     START
```

3. 8255 在 IBM PC/XT 微机系统中的应用

IBM PC/XT 微机系统使用一片 8255 管理键盘、控制扬声器和输入系统配置开关的状态等。这片 8255 的端口 A、B、C 和控制口的地址分别为 60H、61H、62H 和 63H。

在 XT 机中，8255 工作在基本输入/输出方式。端口 A 为方式 0 输入，用来读取键盘扫描码。端口 B 工作于方式 0 输出，PB_6 和 PB_7 控制键盘接口电路、PB_0 和 PB_1 控制扬声器发声。端口 C 为方式 0 输入，存放系统配置开关的状态。由此，系统对 8255 的初始化编程如下：

```
MOV    AL,10011001B        ;8255 的方式控制字 99H
OUT    63H,AL              ;设置端口 A 和端口 C 为方式 0 输入、端口 B 为方式 0 输出
```

如 7.1.5 节所述，为控制 PC 系列微型计算机内部的扬声器发出不同音调的声音，其实现方法是：将 8254 的通道 2 与 PC 系列微型计算机系统中的扬声器相连，由通道 2 工作于方式 3 产生一定频率的方波信号去驱动扬声器按一定频率发声。其原理如图 7-33 所示。从图中可见，系统使用 8255 中端口 B 的最低两位来控制该发声驱动系统：PB_0 作为 8254 通道 2 的门控信号 $GATE_2$，控制通道 2 定时计数的启停；PB_1 与通道 2 的 OUT_2 信号相与后去控制扬声器的接通与断开。由此可见，要使扬声器发声，PB_0 置 1，通道 2 才能工作；PB_1 置 1，OUT_2 上产生的一定频率的方波信号才能通过与门送到驱动器，从而使扬声器发声。要想使扬声器发出不同音调的声音，通过改变 OUT_2 上输出方波的频率即可。

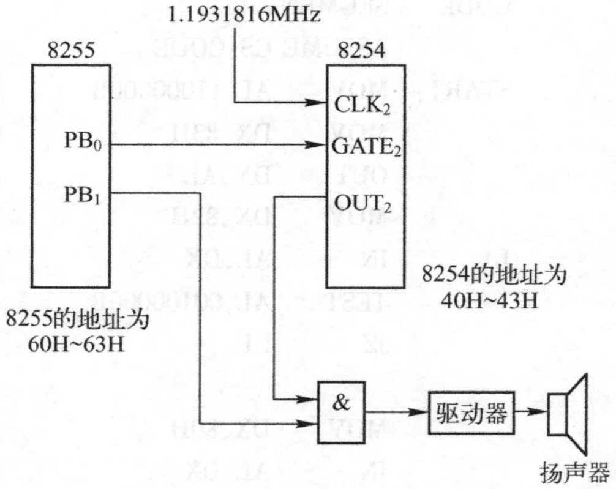

图 7-33　扬声器驱动电路原理图

80286 以上的微机系统中，由其他的多功能芯片取代了 8255 的功能，为了保证和低档微型计算机的兼容性，系统仍使用 8255 的口地址，仍然可从 60H 端口地址读取按键扫描码，可使用 61H 端口的 PB_0 和 PB_1 来控制发声系统。

7.3　可编程串行输入/输出接口芯片 8250 及其应用

如 7.2 节所述，微型计算机系统内部的 CPU 与 I/O 接口间的数据传送方式均为并行传送方式，但微型计算机系统内部的 I/O 接口与外设之间的数据传送则会因外设的不同而有并行传送和串行传送之分。若外设与 I/O 接口间采用并行传送方式来进行数据传送，则可利用与可编程接口芯片 8255 一样的并行接口电路（芯片）实现；但若某外设与 I/O 接口间每次只能发送或接收一位二进制数据，则需利用串行接口电路（芯片）来实现。串行接口电路的作用是将微型计算机输出的一组并行数据（如 8 位二进制数）转换成串行数据传送给外设，并将接收到的外设串行数据转换成并行数据输入给微型计算机。本节将以可编程接口 8250 为例，介绍可编程串行输入/输出接口芯片的功能及其应用。

7.3.1 串行通信基础

1. 实现串行通信要解决的一些基本问题

通信的直接目的是将发送端要发送的数据正确无误地传送到接收端，串行通信作为数据通信的一种形式，当然也不能例外。为了达到这个目的，在计算机之间或计算机与其他设备之间实现串行通信要解决许多基本问题，这里罗列其中部分问题如下，以帮助读者思考。

（1）并/串或串/并转换的问题

微型计算机内部数据总线为并行，而串行外设通常只能发送或接收串行数据，这造成了微机和串行外设间数据格式的不匹配。因此，当串行接口作为发送端时，一般应具备“并入串出”功能；而当串行接口作为接收端时，一般应具备“串入并出”功能。通常可考虑具备移位寄存器的接口电路来实现上述功能。

（2）发送方与接收方同步的问题

为保证串行通信中每一比特（位）的可靠接收，需要在正确的时刻（通常是在每一个比特的中间位置）对收到的电平根据事先已约定好的规则进行 0 或 1 的判定，这项工作通常称为比特同步或位同步。

然而，仅有位同步还不够，还需要将各个字符正确地识别出来。也就是说，需要保证字符间的正确分割，避免在接收端把甲字符的数据位装配到乙字符上的问题。这项工作被称为字符同步。

此外，由于串行通信中一至多个字符组成帧，并以帧为单位进行发送，这里还有一个“帧同步”的问题。若某一个帧有差错，以后可以重传这个出错的帧。因此一个帧应当有明确的界限，也就是说，要有帧定界符。接收端在收到比特流后，必须能够正确地找出帧定界符，以便知道哪些比特构成一个帧。接收端找到了帧定界符并确定帧的准确位置，就是完成了“帧同步”。

同步问题的解决与同步方式、串行数据格式和传输速率等有关。

（3）信号衰减和畸变的问题

由于物理通道上存在衰减、传输延迟、干扰等问题，使传输线上传送的原始比特流可能会出现差错，接收端因此可能收到错误的数据，甚至根本就收不到有效数据。解决这些问题涉及信号的调制解调技术、检错和纠错技术等。

（4）串行通信接口标准的问题

采用串行通信的设备之间接口的特性，如接头的大小及形状、引脚定义及分布、电压高低、通信规程等，需要符合一定的标准，才能让其与另一台符合该标准的设备互联互通。一些著名的串行通信接口标准如 RS-232C、RS-485、USB 等。

总而言之，上述这些问题需要从硬件、软件或硬件与软件协同的角度来解决。而解决思路与标准的不同，造就了不同的串行通信接口技术。

2. 串行通信相关的基本概念

（1）单工、半双工、全双工

单工数据通信只支持数据沿一个固定的方向传输（见图 7-34a）。即数据只能从通信双方的一方发往另一方，而不能反过来，因此这种方式不能实现双向通信。典型的例子如广播。

半双工数据通信允许数据在不同时刻分别在不同方向上传输；但是，在某一具体的时刻，只允许数据在一个方向上传输（见图 7-34b）。它实际上是一种可以切换方向的单工通信，在同一时刻只可以有一方接收或发送信息，可以实现双向通信。典型的例子如对讲机。

全双工数据通信允许数据同时在两个方向上传输，因此，全双工通信是两个单工通信方式的结合，它要求发送设备和接收设备都有独立的接收和发送能力；在同一时刻可以同时接收和发送数据，实现双向通信（见图 7-34c）。典型的例子如电话通信。

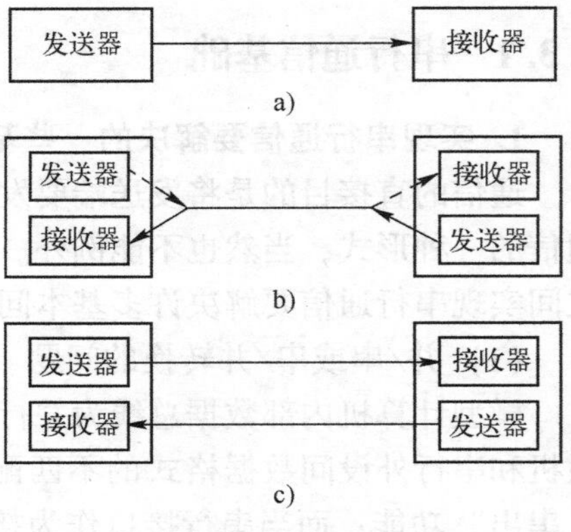

图 7-34 数据通信的方向
a）单工 b）半双工 c）全双工

（2）比特率与波特率

比特率是单位时间内每秒发送或接收的比特数，通常表示为比特每秒（bit/s）。波特率是每秒可能发生的事件或数据转换的数量。在本节中涉及的基本有线数字传输中，每个数据转换周期代表一个数据位，比特率和波特率是相同的。在一般使用中，波特率一词也常常与比特率一词混用。但在某些场合，比如在电话线上，高速调制解调器在每个数据转换期间使用移相等技术对多个比特进行编码，导致波特率低于比特率。

（3）信号的调制与解调

串行通信线通常利用现有的电话线，但由于电话线的频率响应范围一般为 300 Hz～3 kHz，若直接传输数字信号，衰减很大（特别是脉冲信号中的高频分量）。一种解决方法就是把数字信号转换为适合在电话线路上传送的模拟信号，这就是调制（Modulating）；经过电话线路传输后，在接收端再将模拟信号转换为数字信号，这就是解调（Demodulating）。多数情况下，通信是双向的，即半双工或全双工方式，因此一般将具有调制和解调功能的器件放在同一个装置中，形成调制解调器。

未受调制的周期性振荡信号称为载波。根据调制时所控制的载波信号参量的不同，调制可分为调幅、调频和调相三种方式。调幅是使载波的幅度随着调制信号的大小变化而变化，但频率和相位保持不变的调制方式；调频是使载波的瞬时频率随着调制信号的大小而变，而幅度和相位保持不变的调制方式；调相则是利用调制信号控制载波信号的相位，而频率和幅度保持不变的调制方式。

3. 两种基本的串行通信方式

（1）异步串行通信

异步串行通信是以字符为单位进行传输，采用起始位开始、停止位结束的异步通信协议，其字符传输格式如图 7-35 所示。

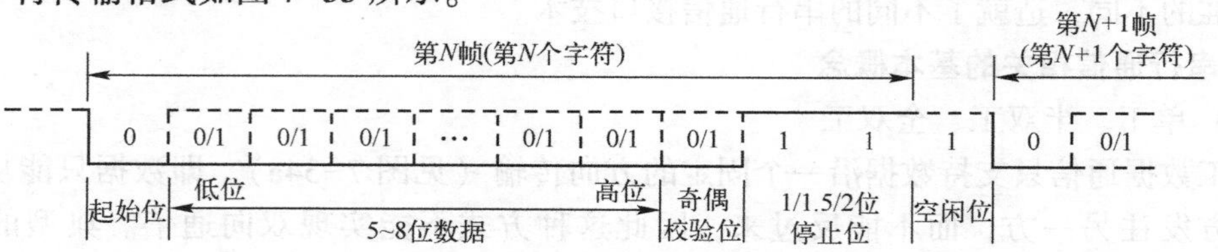

图 7-35 异步串行通信格式

由图 7-35 可见，在异步串行通信中，一帧数据是以起始位开头，后跟数据位、奇偶校验位，最后以停止位结束。其中，起始位为逻辑 0 电平；数据位长度 5～8 位可选，按照先低位后高位的顺序逐位传送；奇偶校验位用于错误检测，为 1 位，也可以没有；停止位长度在 1、1.5、2 位中可选。各帧之间可以根据需要填充数量不等的空闲位。

起始位的作用是通知接收端字符已开始传送。当接收端收到起始位后，就开始装配一个字符。因此，起始位可以使接收端与发送端同步工作。

停止位和空闲位均为逻辑 1 电平，以便下一个字符的起始位（逻辑 0 电平）在通信线路上容易被识别。

异步通信中，每一字符内部的每一位占有相同的固定时间。但在两个被传送的字符之间，其间隔的时间是不固定的（间隔时间是由空闲位填充的）。也就是说，每个字符出现在数据流中的相对时间是随机的，接收端预先并不知道，而每个字符一旦开始发送，收发双方则以预先固定的时钟速率传送各位。

（2）同步串行通信

同步串行通信方式以一个数据块（称为“帧”）为传输单位进行传输，通常采用 1 个或 2 个同步字符开始，中间是连续发送的多个字符数据，最后以校验字符结束。图 7-36 为常见的同步串行通信数据传输格式。

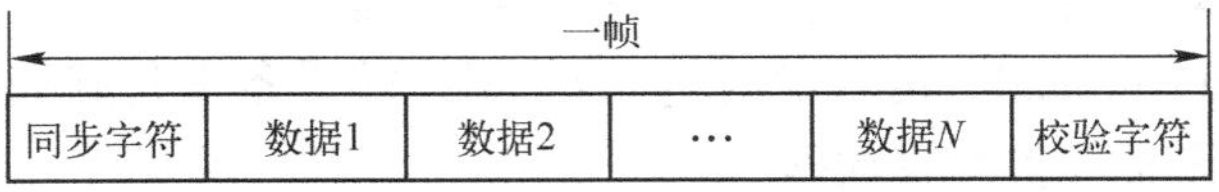

图 7-36　常见的同步串行通信数据传输格式

在异步串行通信中，在每传送一个字符时都要附加起始位和停止位等信息，这些信息占用了相当多的传输时间，因此传输效率不高。同步串行通信的数据传输效率较之异步串行通信要高，传输速率也较高，但同步串行通信要求发送端和接收端时钟严格同步，因而硬件电路比较复杂。

4. 串行通信接口标准

RS-232C 是美国电子工业协会（Electronic Industry Association，EIA）于 1969 年公布的数据通信标准，它是串行异步通信中广泛使用的总线接口标准之一。该标准主要定义了串行通信中电气、机械、功能、规程等方面的特性。

（1）RS-232C 的信号定义

RS-232C 接口标准使用一个 25 针连接器 DB-25，但绝大多数设备只使用其中 9 个信号，所以就发展出使用更为广泛的 9 针连接器 DB-9（见图 7-37）。

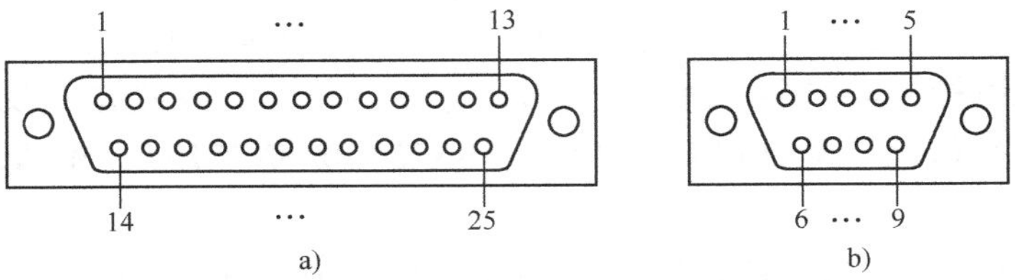

图 7-37　RS-232C 串口连接器外观及引脚示意图

a）DB-25（插头）　b）DB-9（插头）

表 7-6 给出了微型计算机中常用的 RS-232C 接口信号。

表 7-6 微型计算机中常用的 RS-232C 接口信号

9 针连接器接口信号	25 针连接器接口信号	名 称	方 向	功 能
3	2	TxD	输出	发送数据
2	3	RxD	输入	接收数据
7	4	RTS	输出	请求发送
8	5	CTS	输入	允许发送
6	6	DSR	输入	数据设备准备好
5	7	GND		信号地
1	8	CD	输入	载波检测
4	20	DTR	输出	数据终端准备好
9	22	RI	输入	振铃指示

1）TxD（Transmitted Data，发送数据）：串行数据的发送端，数据由数据终端设备向数据通信设备发送数据，在不传送数据时保持逻辑 1。

2）RxD（Received Data，接收数据）：串行数据的接收端。

3）RTS（Request To Send，请求发送）：当数据终端设备准备好送出数据时，RTS 信号有效，通知数据通信设备准备接收数据。

4）CTS（Clear To Send，允许发送）：当数据通信设备已准备好接收数据终端设备的传送数据时，CTS 信号有效，以允许再次发送。

5）DTR（Data Terminal Ready，数据终端准备好）：通常当数据终端设备上电，该信号就有效，表明数据终端设备准备就绪。

6）DSR（Data Set Ready，数据装置准备好）：通常表示数据通信设备（即数据装置）已接通电源连到通信线路上，并处在数据传输方式，而不是处于测试方式或断开状态。

7）GND（Ground，信号地）：为所有的信号提供一个公共的参考电平。

8）CD（Carrier Detected，载波检测）：当本地调制解调器接收到来自对方的载波信号时，就从该引脚向数据终端设备提供有效信号。该引脚名称也可记为 DCD。

9）RI（Ring Indicator，振铃指示）：当调制解调器接收到对方的拨号信号期间，该引脚信号作为电话铃响的指示，保持有效。

（2）RS-232C 的电气特性

RS-232C 接口标准规定：逻辑 0 为 3～15 V，逻辑 1 为 -15～-3 V。以上标准称为 EIA 电平，它是负逻辑定义的信号电平，RS-232C 采用这样的逻辑电平标准是为了增强抗干扰能力。该标准与计算机使用的 TTL 电平不兼容，因此在实现 RS-232C 接口时，需要进行电平转换。MC1488/MC1489、SN75150/SN75154、MAX232 等芯片可以进行这种转换。

此外，RS-232C 的最大传输距离一般不超过 30 m，最高传输速率一般不超过 20 kbit/s。

时至今日，串口及 RS-232C 在个人计算机上大多已被 USB 等高速接口取代，成为一种可选的部件。但在工业和商业等领域，依然有包括工控计算机、商用计算机和各种外围设备在内的大量设备需要使用串口及 RS-232C 兼容接口，这是因为 RS-232C 标准本身足够稳定和维护简易。

7.3.2 8250 内部结构及引脚功能

为简化和方便串行通信程序的设计，一些芯片厂商设计和制造了一些特殊的可编程接口芯片，用以支持串行通信。其中，专门支持异步通信的接口芯片通常称为 UART（Universal Asynchronous Receiver-Transmitter，通用异步收发器）。8250 就是这样一款专用于支持异步通信（无同步通信能力）的串行接口芯片。该芯片对从其他设备或 Modem 接收到的数据执行串行到并行转换，并对从 CPU 接收到的数据执行并行到串行转换。CPU 可以读取 UART 的完整状态。它的突出优点是可编程能力非常强，内部有 10 个寄存器可被访问。

它的可编程能力主要体现在：

1）传输速率可在 50~56 kbit/s（波特）范围内编程选择。

2）传输的数据格式可选择：

- 5、6、7 或 8 位字符；
- 奇校验、偶校验或无校验位；
- 1、1.5 或 2 位停止位。

3）具有控制 Modem 功能和完整的状态报告功能。

4）具有线路隔离、故障模拟等内部诊断功能。

5）具有中断控制和优先权判决能力。

6）可以支持半双工或全双工工作。

1. 8250 的内部结构

由图 7-38 可看出，8250 由数据总线缓冲器、选择与控制逻辑（读/写控制逻辑）、数据发送器、数据接收器、波特率发生器、调制解调器（Modem）控制逻辑、中断控制逻辑以及内部寄存器组等构成。

1）数据总线缓冲器。数据总线缓冲器为 8 位的双向三态缓冲器，可作为 8250 与系统数据总线之间相连的接口。CPU 通过该数据总线缓冲器可对 8250 进行读/写操作。

2）选择与控制逻辑。选择与控制逻辑接收来自系统总线的地址及读/写控制信号，以控制 8250 内部寄存器的读/写操作。

3）数据发送器。数据发送器由发送保持寄存器、发送移位寄存器和发送同步控制电路等组成。CPU 将待发送数据写入发送保持寄存器中，在内部控制命令的作用下，从发送保持寄存器取出一个字节的数据送入发送移位寄存器，在发送同步控制电路的控制下，将发送移位寄存器中的数据逐位移出，并送上 S_{OUT}引脚。可通过中断或者查询方式实现多个字符数据的正确发送。

4）数据接收器。数据接收器由接收缓冲寄存器、接收移位寄存器和接收同步控制电路等组成。在内部控制命令的作用下，接收移位寄存器将外部送至 S_{IN}信号引脚的串行数据移入接收移位寄存器，并根据初始化时定义的数据位数确定接收到了一个完整的数据后会立即将数据自动并行传送到接收缓存寄存器 RBR。可通过中断或者查询方式实现 CPU 对多个字符数据的正确读取（接收）。

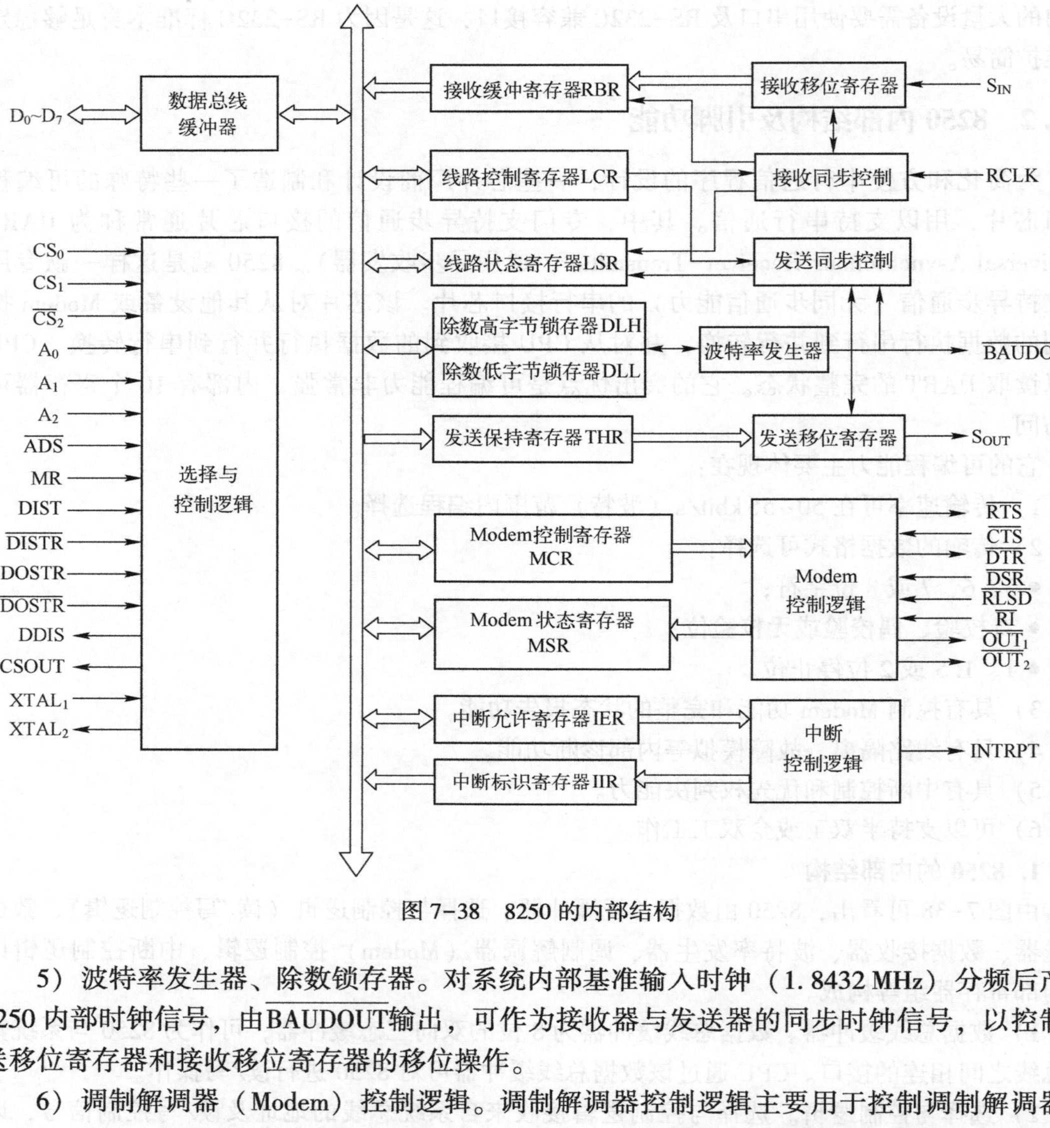

图 7-38　8250 的内部结构

5）波特率发生器、除数锁存器。对系统内部基准输入时钟（1.8432 MHz）分频后产生 8250 内部时钟信号，由$\overline{BAUDOUT}$输出，可作为接收器与发送器的同步时钟信号，以控制发送移位寄存器和接收移位寄存器的移位操作。

6）调制解调器（Modem）控制逻辑。调制解调器控制逻辑主要用于控制调制解调器的工作，如果 8250 与调制解调器（Modem）相连，则其控制信号由调制解调控制电路产生。

7）中断控制逻辑。8250 的中断控制逻辑部分由中断允许寄存器、中断识别寄存器和中断控制逻辑电路组成。由于 8250 支持多种类型的中断，故可由中断允许寄存器规定允许或禁止的中断类型。通过中断识别寄存器的内容，CPU 可判别出当前的中断类型。

8）内部寄存器组。8250 内部的寄存器组主要涉及数据缓冲及一系列格式、状态等信息的选择、定义和识别等，各寄存器的主要作用将在 7.3.3 节进行介绍。

2. 8250 的引脚功能

如图 7-39 所示，可编程串行通信接口 8250 的外部引脚共有 40 根，其引脚信号可分为面向系统的引脚、面向外部设备的引脚以及其他引脚三大类。下面分别介绍它们的功能。

（1）面向系统的引脚

1）D_0~D_7：双向数据线，与系统数据总线相连，用于写入控制字或者欲发送的数据，读出状态字或者拼装好的接收数据。

2）CS_0、CS_1、$\overline{CS_2}$：芯片选择信号，只有 $CS_0=1$、$CS_1=1$、$\overline{CS_2}=0$ 时，芯片才被选中。

3）A_0、A_1、A_2：内部寄存器选择信号，CPU 通过在地址信息中向 A_0、A_1、A_2 输出不同的编码来选择所访问的 8250 内部寄存器。具体见表 7-7。需要说明的是，8250 内部有 10 个 8 位寄存器，而寄存器选择输入线 A_2、A_1、A_0 一共只能提供 8 个不同地址。为了解决这一矛盾，芯片中采用了两条措施：其一，是让发送保持寄存器和接收缓冲寄存器共用一个地址，以“写入”访问前者，而“读出”访问后者；其二，借用线路控制寄存器的最高位 DLAB 位来区分，访问除数寄存器时，令 DLAB 位为“1”，而访问接收缓冲寄存器、发送保持寄存器和中断允许寄存器时，则将 DLAB 位置“0”。

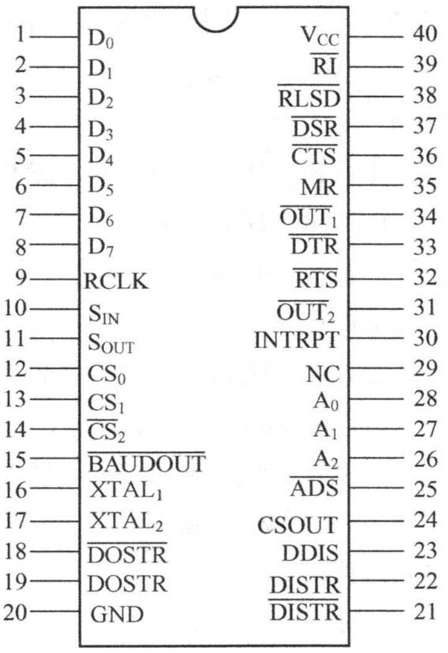

图 7-39　8250 引脚图

表 7-7　寄存器地址及名称

DLAB	A_2	A_1	A_0	传输方向	寄存器	COM_1 地址	COM_2 地址
0	0	0	0	只读	接收缓冲寄存器（RBR）	3F8H	2F8H
0	0	0	0	只写	发送保持寄存器（THR）	3F8H	2F8H
0	0	0	1	读/写	中断允许寄存器（IER）	3F9H	2F9H
无关	0	1	0	只读	中断标识寄存器（IIR）	3FAH	2FAH
无关	0	1	1	读/写	线路控制寄存器（LCR）	3FBH	2FBH
无关	1	0	0	读/写	Modem 控制寄存器（MCR）	3FCH	2FCH
无关	1	0	1	读/写	线路状态寄存器（LSR）	3FDH	2FDH
无关	1	1	0	读/写	Modem 状态寄存器（MSR）	3FEH	2FEH
1	0	0	0	读/写	除数低字节锁存器（DLL）	3F8H	2F8H
1	0	0	1	读/写	除数高字节锁存器（DLH）	3F9H	2F9H

4）$\overline{ADS}$：地址选通信号。此信号的上跳沿将锁存 CS_0、CS_1、$\overline{CS_2}$以及 $A_2\sim A_0$ 引脚的输入状态，这为读/写操作期间提供了一个稳定的地址。若确认在对芯片进行读/写操作时，不会出现地址不稳定现象，则不必锁存，将该输入脚直接接地即可。

5）CSOUT：芯片被选中指示输出脚，当 8250 的 CS_0、CS_1、$\overline{CS_2}$同时有效时，该引脚输出一个高电平。

6）DISTR、$\overline{DISTR}$：数据输入选通信号，两者作用完全相同，DISTR 是高电平有效，$\overline{DISTR}$是低电平有效。当它们其中任一个有效时，被选中的 8250 寄存器内容可被 CPU 读出。一般将$\overline{DISTR}$与系统总线上的$\overline{IOR}$相连，而将 DISTR 接地固定为低电平，使其无效。

7）DOSTR、$\overline{DOSTR}$：数据输出的选通信号，DOSTR 是高电平有效，$\overline{DOSTR}$是低电平有效。当它们其中任一个有效时，CPU 可向被选中的 8250 寄存器写入数据或控制字，一般将$\overline{DOSTR}$与系统总线上的$\overline{IOW}$相连，而将 DOSTR 接地固定为低电平，使其无效。

8）DDIS：驱动器禁止信号，输出，高电平有效。每当 CPU 从 8250 读取信息时，DDIS

变为低电平。平时 DDIS 输出高电平，可用来禁止外部的数据收发器。

9）MR：主复位信号，高电平有效。此信号接至系统的复位信号 RESET，当其有效时，除接收缓冲器、发送缓冲器和除数锁存器外，其余寄存器与控制逻辑均被复位，同时信号 S_{OUT}、INTR、$\overline{OUT_1}$、$\overline{OUT_2}$、$\overline{RTS}$、$\overline{DTR}$均受主复位的影响。

10）INTRPT：中断请求信号，输出，高电平有效。该信号送往 CPU 的 INTR 或中断控制器（如 8259 芯片）的输入端。

（2）面向外设的引脚

8250 共包括 8 个面向外设的信号引脚，其中 2 个串行数据信号的收/发引脚 S_{IN}/S_{OUT}，6 个用于连接 Modem 的握手信号$\overline{RTS}$、$\overline{CTS}$、$\overline{DTR}$、$\overline{DSR}$、$\overline{RLSD}$和$\overline{RI}$。

1）串行数据输入 S_{IN}：外设或其他系统传送来的串行数据由该端进入 8250 移位寄存器。

2）串行数据输出 S_{OUT}：移位寄存器发送的串行数据输出端，主复位信号 MR 可使其变为高电平。

3）请求发送信号$\overline{RTS}$（Request To Send）：输出，低电平有效。它是 8250 向外设发出的发送数据请求信号。

4）清除发送信号$\overline{CTS}$（Clear To Send）：输入，低电平有效。当它有效时，表示提供$\overline{CTS}$信号的设备可以接收 8250 发送的数据，它是提供$\overline{CTS}$信号的设备对 8250 的$\overline{RTS}$信号回送的应答信号。

5）数据终端准备好信号$\overline{DTR}$（Data Terminal Ready）：输出，低电平有效。它表示 8250 已准备好，可以接收数据。

6）数据装置准备好信号$\overline{DSR}$（Data Set Ready）：输入，低电平有效，表示接收数据的外设已准备好接收数据。它是对$\overline{DTR}$信号的应答。

7）接收线路信号检测信号$\overline{RLSD}$（Receive Line Signal Detect）输入，低电平有效，表示 Modem 已检测到数据载波信号。该信号也称为$\overline{DCD}$（Data Carrier Detect）信号。

8）振铃指示信号$\overline{RI}$（Ring Indicator）：输入，低电平有效，表示 Modem 已接收到一个电话振铃信号。

（3）其他引脚

1）外部时钟输入端 $XTAL_1$、$XTAL_2$：输入信号，这两端可接晶振或直接由 $XTAL_1$ 输入外部时钟信号。所引入的时钟信号经 8250 内部波特串发生器（分频器）分频后产生发送时钟，并经$\overline{BAUDOUT}$引脚输出。

2）接收时钟信号 RCLK：输入信号，该输入信号的频率为接收数据波特率的 16 倍，可由外部时钟源提供，也可直接由 8250 自己的$\overline{BAUDOUT}$输出信号提供。

3）波特率输出信号$\overline{BAUDOUT}$：输出信号，该端输出的是主参考时钟频率除以 8250 内部分频寄存器中的分频值后所得到的频率信号。这个频率信号就是 8250 的发送时钟信号，是发送数据波特率的 16 倍。若将信号接到 RCLK 上，可同时作为接收时钟使用。

4）$\overline{OUT_1}$、$\overline{OUT_2}$：输出信号，低电平有效。这是两个可由用户编程控制的输出信号，可通过对 Modem 控制寄存器的位 2 和位 3 编程使其输出有效信号，这两个输出信号是备用信号，可作为串行通信控制的辅助控制信号或状态指示信号。

除上述引脚外，还有电源线（V_{CC}，40 号引脚）、地线（GND，20 号引脚）以及未用的 29 号引脚。至此，所有引脚介绍完毕。

3. 8250 在 PC/XT 中的连接情况

由于 8250 引脚功能丰富，使其在电路连接上较为灵活。图 7-40 是 8250 在 PC/XT 中与系统总线和 RS-232C 接口的连接示意图。其中，有些引脚固定接地或接高电平，有些引脚则未连接，有些引脚之间有一定联系（如发送时钟信号 $\overline{BAUDOUT}$ 直接连到接收时钟信号 RCLK 引脚，而 $\overline{OUT_2}$ 信号则控制了 INTRPT 信号的通断），读者可以结合引脚功能自行分析。

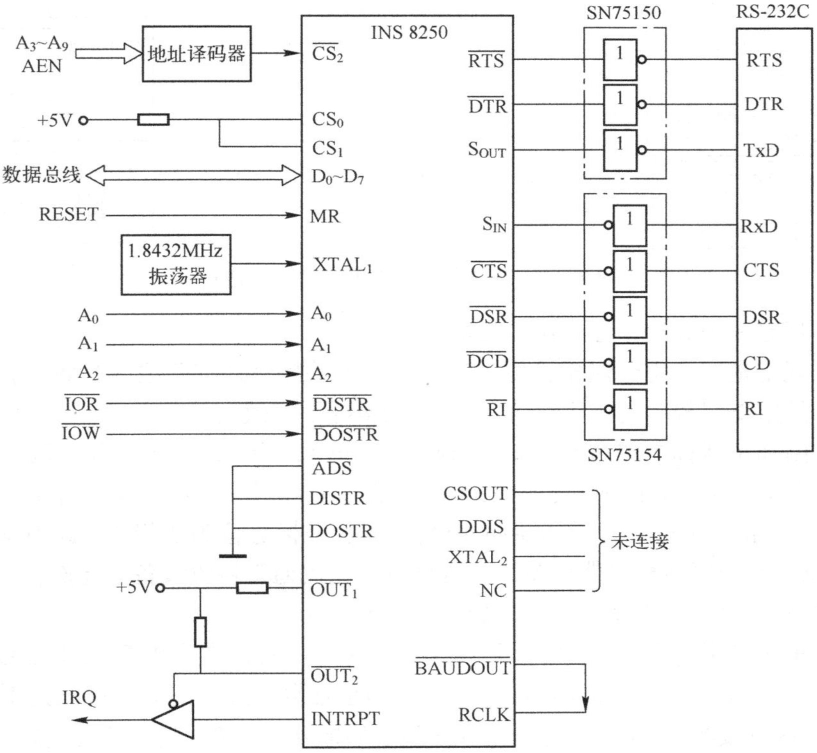

图 7-40　8250 在 PC/XT 中的连接示意图

7.3.3　8250 的内部寄存器

1. 发送保持寄存器（Transmitter Holding Register，THR）

发送保持寄存器是一个 8 位的寄存器，专门用于存放将要输送给外部通信设备的数据。发送数据时，CPU 将数据写入发送保持寄存器 THR，在内部硬件作用下，该数据自动送入发送移位寄存器，以便通过 S_{OUT} 引脚串行移出给外部通信设备。

2. 接收缓冲寄存器（Receiver Buffer Register，RBR）

接收缓冲寄存器是一个 8 位的寄存器，专门用于存放外部通信设备输入的数据。外部通信设备通过引脚将数据串行输入给接收移位寄存器，接收移位寄存器接收到一个完整的字符时，便会将该字符以并行方式存入接收缓冲寄存器 RBR 中。

3. 线路控制寄存器（Line Control Register，LCR）

程序员可以通过线路控制寄存器来指定异步串行通信的数据交换格式，也可以通过其设置实现对除数锁存器的访问。其格式如图 7-41 所示。

1）D_0、D_1：规定一帧数据中数据位的位数。

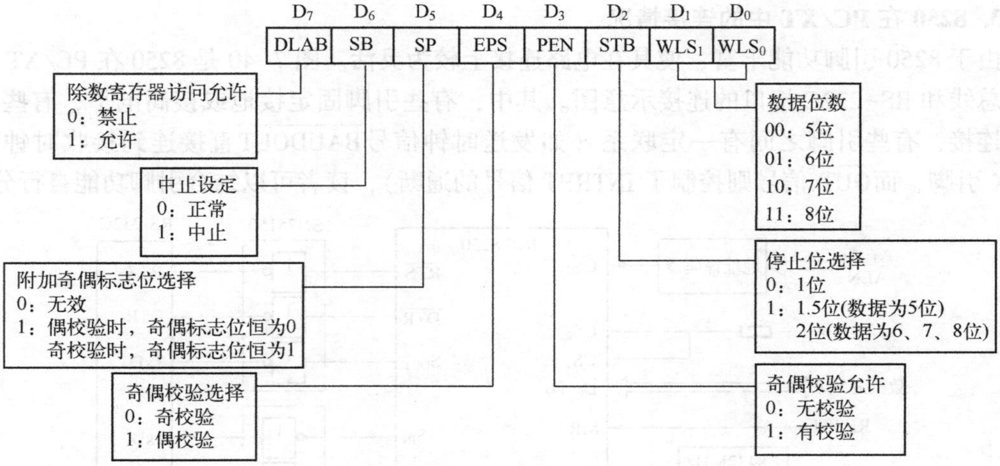

图 7-41　8250 线路控制器（LCR）格式

2）D_2：规定一帧数据中停止位的位数。

3）D_3：规定是否产生奇偶校验位（发送时）或检验奇偶校验位（接收时）。

4）D_4：规定奇偶校验的类型（在 D_3 为 1 的情况下有效）。

5）D_5：附加奇偶标志位选择位 SP（Stick Parity），当 PEN=1（有奇偶校验）时，若 SP=1，则说明在奇偶校验位和停止位之间插入了一个奇偶标志位。在这种情况下，若采用偶校验，则这个标志为逻辑 0，若采用奇校验，则这个标志位为逻辑 1。选用这一附加位的作用是发送设备把采用何种奇偶校验方式也通过数据流通知接收设备。显然，当收发双方已约定奇偶校验方式下，就不需要这一附加位并使 SP=0。

6）D_6：中止设定。当该位为“1”时，S_{OUT} 将停止发送数据帧并送出连续的“0”电平。当接收方收到连续“0”电平的时间超过一帧正常数据的时间后，就知道对方已经停止发送数据帧，这时接收方 CPU 可进行相应处理。如果此位为 0，则正常发送数据。

7）D_7：DLAB 位，参与内部寄存器的选择（参见表 7-7）。访问除数寄存器时，此位必须置位。

4. 线路状态寄存器（Line Status Register，LSR）

线路状态寄存器的主要作用：提供串行异步通信的当前状态，供 CPU 读取和处理。LSR 还可以写入（除 D_6 外），设置某些状态，用于系统自检。其格式如图 7-42 所示。

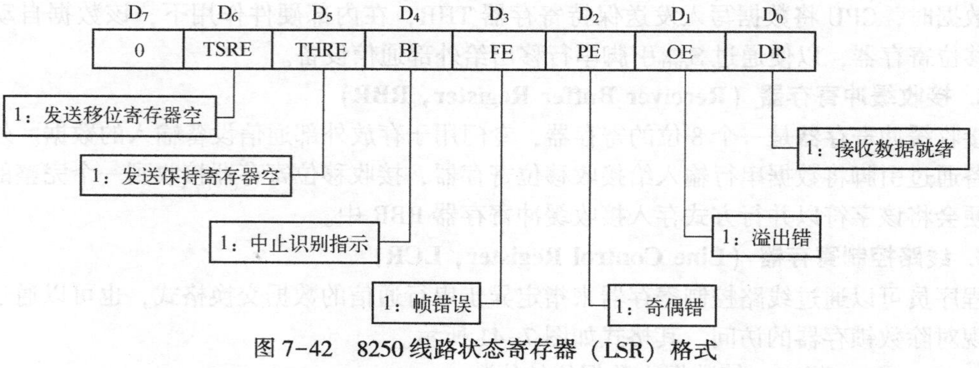

图 7-42　8250 线路状态寄存器（LSR）格式

1）D_0：此位为 1 时表示 8250 已接收到一个完整的字符，CPU 可以从 8250 的接收缓冲寄存器中读取。一旦读取后，此位即变为 0。

2）D_1：溢出错标志，即数据输入是否越限。若越限，则该位为 1。（当接收数据寄存器中的前一数据还未被 CPU 读走，而后一个数据已经到来将其破坏，则为越限。）

3）D_2：奇偶校验是否出错。在 8250 对收到的一个完整的字符编码进行奇偶校验时，若发现其值与规定的奇偶校验不同，则使此位为 1，表示数据可能有错。

4）D_3：帧格式是否出错。当接收到的数据停止位不正确时，此位置 1。

5）D_4：中止识别标志。若在一个完整的字符编码的时间间隔中收到的均为空闲状态，则该位置 1，表示线路信号中止。

请注意，$D_1 \sim D_4$位在 CPU 读线路状态寄存器时，均会变为 0。

6）D_5：发送数据保持寄存器 THR 是否为空，若为空，该位置 1；CPU 将数据写入 THR 后，此位清 0。

7）D_6：发送移位寄存器 TSR 是否为空，若为空，该位置 1；当 THR 的数据送入 TSR 时，此位清 0。

8）D_7：此位固定为 0。

5. 除数锁存器（Divisor Latch，DL）

该锁存器为 16 位，可分为高 8 位 DLH 和低 8 位 DLL。外部时钟被除数锁存器中的除数相除，可以获得所需的波特率。如果外部时钟频率已知，而 8250 所要求的波特率也已确定。那么

$$\text{除数锁存器应锁存的除数} = \text{基准时钟频率}/(16\times\text{波特率}) \tag{7-3}$$

例如，在 PC 中异步通信适配器的 8250 芯片输入的基准时钟频率通常为 1.8432 MHz，若要求使用 1200 bit/s 波特率来传送数据，则由式（7-3）可得，除数应为 96。除数锁存器为 16 位，故写入时需分两次进行，在写入除数前，应先将线路控制寄存器 LCR 的 D_7（DLAB）位置 1，然后将 16 位除数的低 8 位和高 8 位分别写入 DLL 和 DLH 寄存器中，再将 DLAB 置为 0，以便 8250 进行正常操作。

6. 调制解调器控制寄存器（Modem Control Register，MCR）

调制解调器控制寄存器的主要作用：用来设置 8250 与数据通信设备（例如调制解调器）之间联络应答的输出信号。其格式如图 7-43 所示。

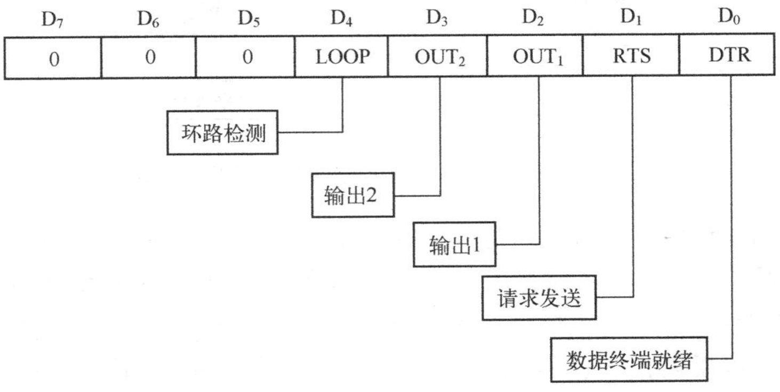

图 7-43　调制解调器控制寄存器（MCR）格式

1）D_0：此位控制着数据终端准备好信号$\overline{DTR}$的电平状态。当其为 0 时，则$\overline{DTR}$输出被强制为 1，当其为 1 时，则$\overline{DTR}$输出被强制为 0。

2）D_1：此位控制着数据终端准备好信号$\overline{RTS}$的电平状态。当其为 0 时，则$\overline{RTS}$输出被强制为 1，当其为 1 时，则$\overline{RTS}$输出被强制为 0。

3）D_2：此位控制着用户指定辅助输出$\overline{OUT_1}$。当其为 0 时，则$\overline{OUT_1}$输出被强制为 1，当其为 1 时，则$\overline{OUT_1}$输出被强制为 0。

4）D_3：此位控制着用户指定辅助输出$\overline{OUT_2}$。当其为 0 时，则$\overline{OUT_2}$输出被强制为 1，当其为 1 时，则$\overline{OUT_2}$输出被强制为 0。

5）D_4：此位为 UART 的诊断测试提供了一个本地环回特性，即当 D_4 设置为逻辑 1 时，进入自测试模式。此时，发生如下情况：发送器串行输出（S_{OUT}）设置为逻辑 1 状态；接收端串行输入（S_{IN}）与系统断开；发送移位寄存器的输出被“环回”到接收移位寄存器的输入；4 个 Modem 控制输入（$\overline{CTS}$、$\overline{DSR}$、$\overline{RI}$和$\overline{RLSD}$）与系统分离，并在芯片内部与调制解调器控制输出$\overline{RTS}$、$\overline{DTR}$、$\overline{OUT_1}$和$\overline{OUT_2}$相连。这样在自测试模式下，发送的数据立即在内部被接收，而不必外接通信线缆，从而可以快速检验 UART 的发送和接收数据路径。

在自测试模式下，接收器和发送器中断系统仍能正常工作。调制解调器状态中断也是可操作的，但是中断的来源现在是调制解调器控制寄存器的低 4 位，而不是调制解调器的状态输入信号。中断仍然由中断允许寄存器控制。

6）D_5~D_7：这 3 位固定为 0。

7. 调制解调器状态寄存器（Modem Status Register，MSR）

调制解调器状态寄存器反映了 4 个控制输入信号的当前状态及其变化，其格式如图 7-44 所示。

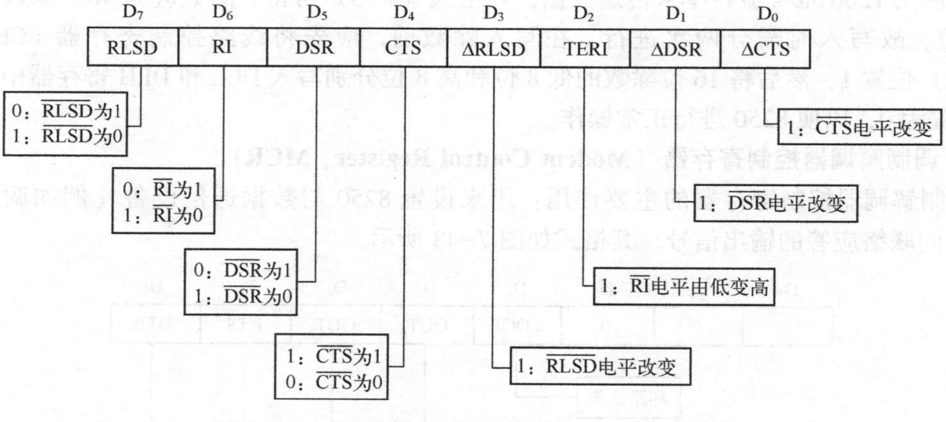

图 7-44　调制解调器状态寄存器（MSR）格式

该寄存器的高 4 位中某位为 1，说明对应的输入信号当前为有效的低电平（如 $D_5=0$，则$\overline{DSR}$为有效的低电平），反之则为高电平。该寄存器的低 4 位中某位为 1，说明从上次 CPU 读取该状态字后，相应输入信号已发生改变（如读得 $D_0=1$，则表明引脚$\overline{CTS}$的状态已从高电平变低电平或反之）。该寄存器的低 4 位中任一位被置 1，均会产生调制解调器状态中断，当 CPU 读取该寄存器或复位后，低 4 位被清 0。

8. 中断允许寄存器（Interrupt Enable Register，IER）

这个寄存器支持4种类型的UART中断。每个中断可以单独激活中断（INTR）输出信号。通过复位中断允许寄存器（IER）的0~3位，完全禁用中断系统是可能的。类似地，将该寄存器某些位设置为逻辑1，就可以启用选定的中断。禁用中断将阻止中断在中断标识寄存器（IIR）中被指示为激活状态，并阻止激活INTR输出信号。所有其他系统功能以正常方式运行，包括线路状态和Modem状态寄存器的设置。

图7-45显示了IER的内容。

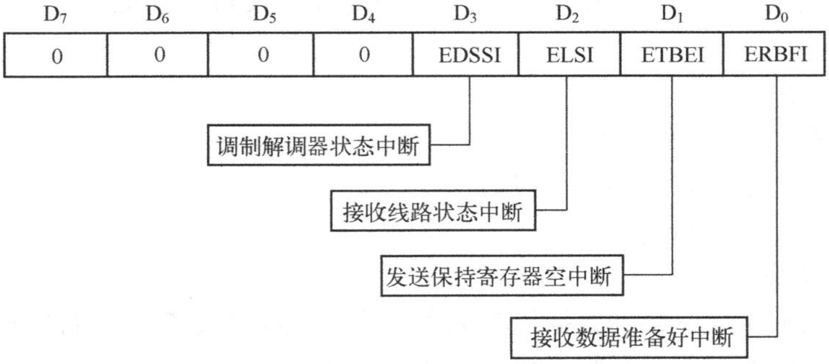

图7-45　中断允许寄存器（IER）格式

1）D_0：当该位为逻辑1时，允许接收数据准备好中断。

2）D_1：当该位为逻辑1时，允许发送保持寄存器空中断。

3）D_2：当该位为逻辑1时，允许接收线路状态中断。

4）D_3：当该位为逻辑1时，允许Modem状态中断。

5）D_4~D_7：这4位固定为0。

9. 中断标识寄存器（Interrupt Identification Register，IIR）

中断标识寄存器为只读寄存器，它主要用于识别是否有中断请求及保存该中断的中断类型。为了在数据字符传输期间提供最小的软件开销，UART将中断按优先级分为4个级别，并在中断标识寄存器中记录这些中断。按优先级排序的4级中断源为接收线路状态、接收数据准备好、发送保持寄存器空和调制解调器状态。当CPU访问IIR时，UART冻结所有中断，并将优先级最高的挂起中断指示给CPU。当CPU访问发生时，UART记录新的中断，但在访问完成之前不会更改其当前指示。

图7-46显示了IIR的内容。

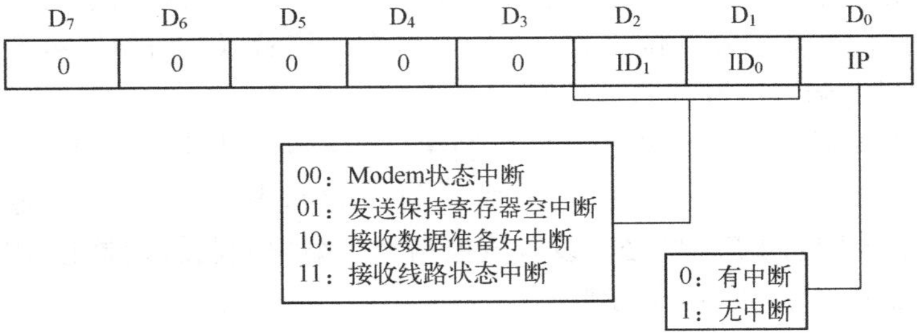

图7-46　中断标识寄存器（IIR）格式

1）D_0：该位可用于中断环境，以指示中断条件是否挂起。当位0是逻辑0时，中断是挂起的，IIR内容可以用作指向适当中断服务程序的指针。当位0是逻辑1时，没有中断挂起。

2）$D_1 \sim D_2$：这两位用来标识优先级最高的挂起的中断。

3）$D_3 \sim D_7$：这5位固定为0。

7.3.4 应用编程

1. 芯片初始化

作为一种可编程接口芯片，8250在使用之前需要对其进行初始化。初始化的步骤一般包括以下几步：

1）设置波特率。

2）设置数据格式（通信控制字）。

3）设置调制解调器（Modem）控制字。

4）设置中断允许控制字。

（1）设置波特率

设置波特率实质上就是根据数据传输速率，计算出对输入基准时钟的分频系数，并将该分频系数写入除数锁存器中，分频系数的计算方法见式（7-3）。表7-8列出了在输入基准时钟为1.8432 MHz的前提下，9种不同波特率所对应的波特率发生器的分频系数（除数）值。

表7-8 波特率与分频系数（除数）对照表

波特率/(bit/s)	分频系数（除数）	波特率/(bit/s)	分频系数（除数）
110	1047	9600	12
300	384	19200	6
1200	96	38400	3
2400	48	56000	2
4800	24		

需要注意的是，编程设置波特率时，需先将线路控制寄存器LCR的最高位（DLAB）置为1（如此才能访问除数锁存器），以将分频系数的低字节和高字节分别写入除数锁存器的低字节和高字节。

（2）设置数据格式（通信控制字）

编程线路控制寄存器即可实现对通信控制字的设置。该控制字用于指定串行异步通信的数据格式，即数据位个数、停止位个数，是否进行奇偶校验以及何种校验等。

（3）设置调制解调器（Modem）控制字

是否需要设置调制解调器（Modem）控制字，将根据微型计算机与外部通信设备的连接方式而定。如采用简单的连接方式，则无须设置该控制字；如需通过调制解调器（Modem）控制信号实现同步，则必须设置该控制字。编程调制解调器控制寄存器即可实现对调制解调器（Modem）控制字的设置。

（4）设置中断允许控制字

编程中断允许寄存器即可实现对中断允许控制字的设置。如果不采用中断方式进行数据通信，则将该控制字设置为 0。需要注意的是，设置中断允许寄存器前，必须将线路控制寄存器 D_7 位清 0。

2. 通信编程

CPU 对 8250 初始化以后，还需要进行发送和（或）接收数据的通信编程。串口通信编程有两种常用技术：查询方式通信、中断方式通信。

采用查询方式通信是指通过 CPU 循环连续读取串口状态，根据当前的状态来判定是否接收或发送一个字符。

查询方式通信接收数据的一般流程如下：

1）读取线路状态寄存器，通过测试其中的 D_1、D_2、D_3、D_4 位来判断线路状态是否有错。

2）若有错，则转去执行错误处理程序，否则进入 3)。

3）判断线路状态寄存器的 D_0 位（即 DR 位）是否为 1，以确定 8250 是否有接收到的数据（字符）未被 CPU 读取。

4）若 D_0 位为 1，CPU 转去执行接收数据程序段，然后返回 1)；否则直接返回 1)。

查询方式通信发送数据的一般流程如下：

1）判断线路状态寄存器的 D_5 位（即 THRE 位）是否为 0，以确定发送保持寄存器是否为空。

2）若空，则由 CPU 发送一个数据（字符），然后返回 1)；否则直接返回 1)。

当然，8250 工作时可能既要接收数据，又要发送数据，这时把上述发送和接收的流程略加修改后整合起来即可实现功能。

中断方式通信的情况下，CPU 不需要不断查询串口状态，而可执行其他任务；在中断允许的情况下，当 8250 收到一个字符或将一个字符送出之后，会向 CPU 发出中断请求；CPU 响应中断后，识别出 8250 的中断类型，并做相应处理。

对于实时性要求不高的场合，可以选用查询方式通信技术。对于实时性要求较高以及处理器负荷较重的情形，建议使用中断通信方式。

另外，除了直接操作寄存器，DOS 和 BIOS 以软中断的形式提供的功能调用也可以实现一定的串口功能。对于 DOS 功能调用，通过 INT 21H 的 03H 和 04H 号调用，可实现异步串行通信的接收和发送功能。对于 BIOS 功能调用，通过软中断 INT 14H 下的 4 组功能调用，也可以实现串口通信的相关功能。限于篇幅，这里就不再展开叙述。

7.3.5 应用举例

1. 8250 的初始化编程举例

例 7-10 假定一个串行异步通信系统需要 7 位数据位、1 位停止位，进行奇校验，波特率为 9600 bit/s，不允许中断输出、不进行自测试，数据的发送与接收利用查询方式实现，试完成相应的初始化编程。设 8250 内部寄存器组的地址为 0F0H~0F8H。则线路控制寄存器地址为 0F3H，波特率除数寄存器地址为 0F0H、0F1H，Modem 控制寄存器地址为 0F4H，中断允许寄存器地址为 0F1H（在线路控制寄存器的 DLAB 为 0 时）。

分析：① 题目要求数据传输的波特率为 9600 bit/s，由表 7-8 可查出此时的分频系数（除数）为 12，将该分频系数写入除数寄存器即完成了波特率的设置。

② 由题目可知，数据传输格式为7位数据位、1位停止位，进行奇校验，故根据图7-41所示线路控制字格式，写入线路控制寄存器的控制字应为00001010B（或0AH）。

③ 由题目可知，不允许中断输出，不进行自测试，故根据图7-43所示的Modem控制字格式，写入Modem控制寄存器的控制字为00000011B（或03H）。

④ 由题目可知，利用查询方式实现数据的发送与接收，故应禁止所有中断，对应的中断允许字为00H。

参考初始化程序段如下：

```
MOV AL,10000000B      ;使线路控制寄存器的最高位 DLAB=1,允许除数寄存器
MOV DX,0F3H
OUT DX,AL             ;置 9600 bit/s 波特率的除数
MOV AX,12
MOV DX,0F0H
OUT DX,AL             ;写入除数锁存器低位
INC DX
MOV AL,AH
OUT DX,AL             ;写入除数锁存器高位
MOV AL,00001010B      ;写线路控制寄存器:7 位数据位,1 位停止位,奇校验
MOV DX,0F3H
OUT DX,AL
MOV AL,03H            ;写 Modem 控制寄存器:不允许中断输出,不进行自测试
MOV DX,0F4H
OUT DX,AL
MOV AL,0              ;写中断允许寄存器:禁止所有中断
MOV DX,0F1H
OUT DX,AL
…
```

2. 利用查询方式发送串行数据编程举例

例7-11 假设欲将AH内容传送给8250并通过串行数据引脚（S_{OUT}）输出数据。程序可通过测试线路状态寄存器的THRE位来确定发送器是否准备接收数据。设线路状态寄存器地址为0F5H，数据端口地址为0F0H。

参考7.3.4节中查询方式通信发送数据的一般流程，能实现发送要求的参考程序段如下：

```
S1:MOV DX, 0F5H
   IN AL,DX           ;读取线路状态寄存器状态
   TEST AL,20H        ;测试 THRE 位
   JZ S1              ;发送器保持寄存器没有准备好,转 S1
   MOV AL,AH          ;发送器准备就绪,则取数
   MOV DX,0F0H        ;CPU 将数据通过数据端口送入 8250
   OUT DX,AL
   …
```

3. 利用查询方式接收数据编程举例

例 7-12 设 8250 内部寄存器组的地址为 0F0H~0F8H。试编程实现从 8250 读出接收到的信息，要求在接收数据时需对错误进行测试，若检测到一个错误，则返回“？”的 ASCII 码存于 AL 中；若未发现错误，则返回接收到的字符存于 AL 中。

参考 7.3.4 节中查询方式通信接收数据的一般流程，能满足题目要求的参考程序段如下：

```
RECV:   MOV DX,0F5H
        IN AL,DX              ;读取线路状态寄存器状态
        TEST AL,1EH           ;测试错误位
        JNZ ER                ;有错误,转移
        TEST AL,1             ;测试 DR 位
        JZ RECV               ;没有数据,继续测试
        MOV DX,0F0H
        IN AL,DX              ;读有效数据
        …
ER:     MOV AL,'? '           ;置错误标志
```

4. 8250 应用举例

例 7-13 编写一个双机串行通信的程序，将一台计算机从键盘输入的字符传送给另一台计算机并在屏幕上显示出来，当输入“Q”键时结束本次数据传送。程序中两台计算机均使用串行接口 1（即 COM1），传送格式为：7 位数据位，奇校验，1 位停止位，波特率为 9600 bit/s。

分析： COM1 的各端口地址可查表 7-7 获得。对 8250 的初始化可参考例 7-10。程序可采用查询式的接收和发送方式。

参考程序清单如下：

```
CODE SEGMENT
        ASSUME CS:CODE
;-------------------------------- 8250 初始化------------------------------
START:  MOV AL,10000000B      ;DLAB =1,允许除数寄存器
        MOV DX,3FBH
        OUT DX,AL
        MOV AX,12             ;置 9600 bit/s 波特率的除数
        MOV DX,3F8H
        OUT DX,AL             ;写入除数锁存器低位
        INC DX
        MOV AL,AH
        OUT DX,AL             ;写入除数锁存器高位
        MOV AL,00001010B      ;写 LCR:7 位数据位、奇校验、1 位停止位
        MOV DX,3FBH
        OUT DX,AL
        MOV AL,03H            ;设置 Modem 控制字,自测试时为 13H
```

```
        MOV DX,3FCH
        OUT DX,AL
        MOV AL,0                ;写中断允许寄存器,禁止所有中断
        MOV DX,3F9H
        OUT DX,AL
;------------------------- 查询方式接收及处理 -------------------------
LP:     MOV DX,3FDH
        IN AL,DX                ;读取线路状态寄存器状态
        TEST AL,1EH             ;测试错误位
        JNZ  ERROR              ;有错误,跳转错误处理
        TEST AL,1               ;测试 DR 位
        JZ LP2                  ;没有数据,跳转发送处理
        MOV DX,3F8H
        IN AL,DX                ;读有效数据
        AND AL,7FH              ;屏蔽无效位
LP1:    PUSH AX
        MOV DL,AL
        MOV AH,2
        INT 21H                 ;送屏幕显示
        POP AX
        CMP AL,0DH
        JZ EXIT
;------------------------- 查询方式发送及处理 -------------------------
LP2:    MOV DX,3FDH
        IN AL,DX                ;读取线路状态寄存器状态
        TEST AL,20H             ;测试 THRE 位
        JZ LP                   ;发送器保持寄存器没有准备好
        MOV AH,01H
        INT 16H                 ;查询是否有键按下
        JZ LP                   ;没有键按下,继续循环
        MOV AH,0
        INT 16H                 ;有键按下,读键值
        MOV DX,3F8H
        OUT DX,AL               ;发送键值到串口
        CMP AL,'Q'              ;输入"Q"键结束程序
        JZ EXIT
        JMP LP
EXIT:   MOV AH,4CH
        INT 21H
ERROR:MOV AL,'?'                ;错误处理
        JMP LP1
CODE ENDS
        END START
```

需要指出的是，本程序要调试成功，需要在硬件上将两台计算机的 RS-232C 串口均采用 2 引脚（RxD）与对方的 3 引脚（TxD）交叉互连，而 5 引脚（GND）与对方的 5 引脚（GND）直接相连的线缆连接起来；或者在单机上，无须外接电缆，直接采用自测试的方式（在本例中可将 Modem 控制字由 03H 改为 13H）也能得到验证。

拓展阅读 2

7.4 习题

一、单项选择题

1. 定时器/计数器 8254 内部三个计数器，其位数均为（　　）。

A. 4 位　　B. 8 位　　C. 16 位　　D. 32 位

2. 定时器/计数器 8254 的计数输入端是（　　）。

A. OUT　　B. CLK　　C. GATE　　D. 可以任意设定的

3. 通常在可编程 16 位定时器/计数器中，微处理器不能直接操作的单元是（　　）。

A. 控制寄存器　　B. 计数初值寄存器

C. 计数输出锁存器　　D. 计数执行单元

4. 从 8255 的端口 C 读出数据时，下列引脚信号中为 1 的信号有（　　）。

A. $\overline{CS}$　　B. $\overline{RD}$　　C. $\overline{WR}$　　D. A_0

5. 设 8255 端口地址范围为 80H~83H，若利用对端口 C 置位/复位的指令将 8255 的 C 口第 4 位置“1”，则该控制字应送往的端口地址为（　　）。

A. 80H　　B. 81H　　C. 82H　　D. 83H

6. 下列数据中，（　　）有可能为 8255A 的方式选择控制字。

A. 01H　　B. 65H　　C. 7FH　　D. 91H

7. RS-232C 接口标准采用 EIA 电平，逻辑“0”和逻辑“1”的电平范围分别为（　　）。

A. 0~5 V，-5~0 V　　B. 3~15 V，-3~-15 V

C. -3~-15 V，3~15 V　　D. -5~0 V，0~5 V

8. 8250 的内部寄存器中哪一个指定串行异步通信的字符格式，即数据位个数、停止位个数，是否进行奇偶校验以及何种校验？（　　）

A. 发送保持寄存器　　B. 线路控制寄存器

C. 波特率发生器　　D. 线路状态寄存器

9. 下列接口芯片中，可控制 DMA 传送方式的是（　　）。

A. 8259　　B. 8237　　C. 8255　　D. 8250

10. 每片 8237A 有（　　）个独立的 DMA 通道。

A. 2　　B. 4　　C. 6　　D. 8

11. 在 DMA 传送过程中，欲完成数据的传送功能，是由（　）。

A. CPU 直接控制外设与存储器　　B. 外设中控制部件直接控制

C. DMAC 的硬件直接控制　　D. DMAC 执行从存储器读出的指令

12. 在进入 DMA 传输过程之后，传送一个字节一般需要 4 个 S 状态，在（　）读数据，（　）写数据。

A. S_1　　B. S_2　　C. S_3　　D. S_4

二、填空题

13. 8254 是________芯片，内部有____个端口地址，其中的每个计数器可作为________进制和________进制计数器使用。

14. 8255 是________芯片，有________种工作方式。

15. 若 8255 的 A 口输入，B、C 口输出，工作在方式 0，则方式控制字为________。

16. 串行通信分为________和________两种。

17. 直接存储器存取 DMA 方式，是在________的条件下，利用硬件实现在________之间、________之间或________之间进行高速数据传送的一种数据传送方式。

三、简答题

18. 某微机系统，利用 8254 产生 15 ms 的定时时间，用以控制某外设状态变化的频率，设接入 8254 的时钟频率为 2 MHz，问：

（1）8254 至少需用几个计数器完成 15 ms 的定时任务？

（2）所选计数器的计数初值为多少？

（3）设 8254 的地址为 84H~87H，请编出相应的初始化程序。

19. 如何区分 8254 在系统中的作用是定时器还是计数器？

20. 试述定时器/计数器 8254 的工作方式 2 和工作方式 3 的主要异同点。

21. 说明当 8254 的外部时钟为 1 MHz 时，只用该 8254 如何产生宽度为 1 s 的负脉冲？

22. 简述 8255 工作方式 2 的特点。

23. 8255 有几种控制命令字？分别被称为什么控制字？初始化时必须写入的是哪个控制字？

24. 设 8255 的端口地址范围是 60H~63H，请详细说明如下程序段的作用。

```
MOV AL,82H
OUT 63H, AL
MOV AL, 01H
OUT 60H, AL
```

25. 请说出 8255 工作方式 0 与 1 的主要区别。它们分别用在什么情况下？

26. 8255 的复位信号 RESET 有效时，内部寄存器和各数据端口的状态是何种状态？

27. 某 80486 微机系统中，利用可编程并行接口 8255 来监视两个外设的工作状况，每个设备有 8 位状态信息输出（设输出信号与 TTL 电平兼容）。其中 1 号设备输出“1”表示正常，“0”表示有故障，要调用计算机内部的故障处理程序 STRUB 进行报警；2 号设备各位输出“0”表示正常，输出“1”则点亮一红色 LED 表示有故障，试设计该接口电路，并编写出满足题目要求的汇编语言程序段。

28. 简述串行异步通信和串行同步通信的差别。

29. 数据串行传送，采用ASCII码，取偶校验，2位停止位，波特率为50 bit/s。画出串行异步通信传送字符‘A’时的传送格式。

30. 8250的除数寄存器、8254的计数器以及8237A的通道寄存器都是16位的，但这3块芯片的数据线都是8位的。它们分别采用什么方法通过8位数据线操作16位寄存器？

31. 8259A的主要功能是什么？内部主要有哪些寄存器？分别完成什么功能？

32. 某微机系统中，采用一个8259A进行中断管理。设定8259A工作在全嵌套方式，发送EOI命令结束中断，采用边沿触发方式请求中断，IR0对应的中断向量号为90H。另外，8259A在系统中的I/O地址是0FFDCH（A0=0）和0FFDEH（A0=1）。请编写8259A的初始化程序段。

33. 下面一段程序读出的是8259A的哪个寄存器？

```
MOV AL, 0BH
OUT 20H, AL
NOP
IN AL, 20H
```

34. DMA控制器的地址线为什么是双向的？

35. 试说明在DMA方式下由内存向外设传输数据的过程。

36. 设计8237A的初始化程序，其中8237A的端口地址为0000H~000FH，设通道0工作在块传输模式，地址加1变化，自动预置功能；通道1工作于单字节读传输，地址减1变化，无自动预置功能；通道2、通道3和通道1工作于相同方式。然后对8237A设控制命令，使DACK为高电平有效，DREQ为低电平有效，用固定优先级方式，并启动8237A工作。

第8章　外设接口技术

【本章导学】

针对不同特点的外部设备如何进行接口电路的设计？如何对外部设备进行有效的管理？本章介绍几种常用的外部设备接口技术，包括LED显示器和液晶显示器接口技术、键盘接口技术、数/模和模/数接口技术。

8.1　显示器接口技术

显示器是一类常用的计算机外设，广泛应用于手机、照相机、计算机及智能仪器仪表等产品中。在工业控制中，显示器用于对工业现场的监视，包括控制系统参数、被控物理量等。常用的显示器包括LED显示器（Light Emitting Diode）和液晶显示器（Liquid Crystal Display，LCD）两种类型。LED显示器是一种利用发光二极管作为发光体的显示方式。发光二极管可以组成数码管、符号管、米字管、矩阵管、电平显示器管等，通过不同组合来显示文字、图形、图像、动画、行情、视频、录像信号等各种信息。LCD液晶显示器是一种采用液晶为材料的显示器，具有工作电压低、功耗小、寿命长、体积小及重量轻等优点。液晶是介于固态和液态间的有机化合物，加热后会变成透明液态，冷却后会变成结晶的混浊固态。而在电场作用下，液晶分子会发生排列上的变化，从而影响通过其的光线变化。在偏光片的作用下，光线表现为明暗的变化。因此，可以通过对电场的控制实现对光线的明暗变化的控制，从而显示出各种不同的图像。本节针对基本LED和LCD显示器进行介绍。

8.1.1　LED显示器

LED显示器按显示颜色分为单基色显示屏、双基色显示屏和全彩显示屏；按显示器件分类分为LED数码显示屏、LED点阵显示屏和LED视频显示屏。在此以简单易懂的单色八段LED显示器为例重点介绍八段LED数码显示器的工作原理及其使用方法。

1. 工作原理

常用的八段LED显示器由8个发光二极管组成，其中7段发光二极管排列成“日”字型，第8段位于右下角作为小数点，如图8-1所示。八段LED显示器能显示数字0~9及部分英文字母。LED显示器是一种电压低、寿命长、成本低的显示器材。

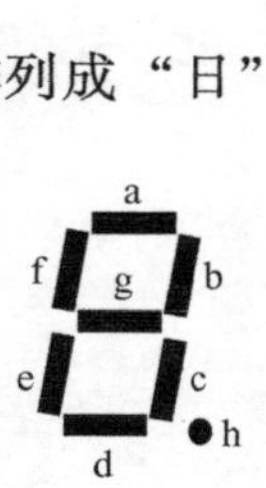

图8-1　数码显示器结构图

八段LED显示器有共阴极和共阳极两种形式。共阴极LED显示器是8个发光二极管的阴极全相连，如图8-2所示；共阳极LED显示器是8个发光二极管的阳极全相连，如图8-3所示。应用时一般需要在每段均加上限流电阻。如需让共阴极LED显示器显示数字“1”，可将共阴极端

cc 接低电平，b、c 两段送高电平，其余端送低电平，即给 h ~ a 段送出“0000110”，因此共阴极显示器“1”的字型码为 06H，共阳极显示器的字型码为其反码。

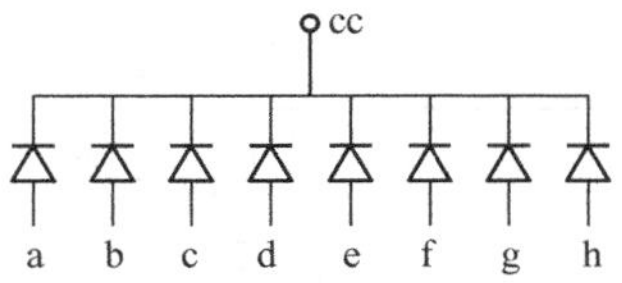

图 8-2　共阴极八段数码显示器内部结构

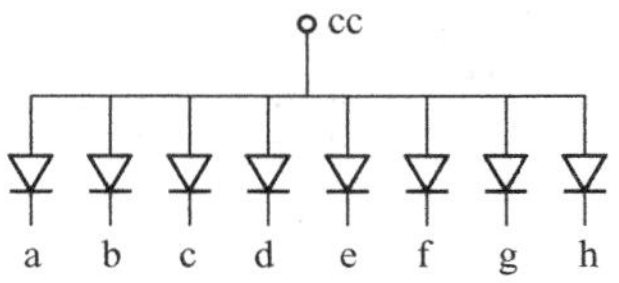

图 8-3　共阳极八段数码显示器内部结构

2. 接口电路

八段 LED 显示器常用接口方式有两种：静态显示和动态显示接口方式。静态显示接口电路如图 8-4 所示。每一个 LED 显示器用一个锁存器锁存字型码。在操作时，只需把要显示的字型码发送到对应的锁存器即可。这种接口方式的优点是 CPU 的开销小、显示稳定，缺点是使用的芯片较多，成本较高。

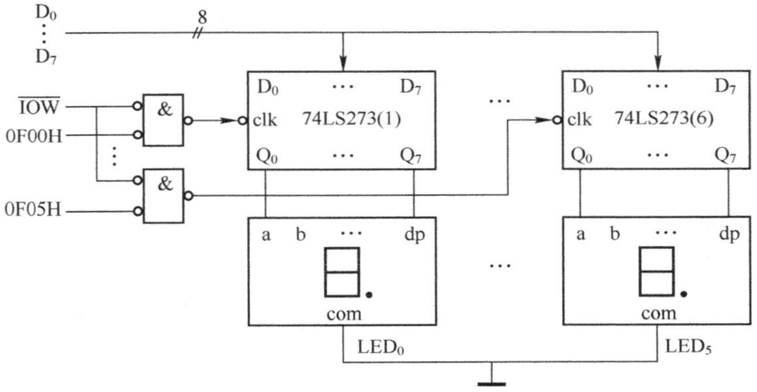

图 8-4　静态显示接口电路图

动态显示接口电路如图 8-5 所示。图中，由一个锁存器同时控制共阴极显示器 LED_0 ~ LED_5 的 8 个笔划段 a ~ dp，即段选。另一个锁存器控制 LED_0 ~ LED_5 的公共端 COM，即位选。LED_0 ~ LED_5 同时接收到 CPU 送出的字型码，但只有 COM 端为低电平的显示器才会显示数据。因此，利用人的视觉暂留现象及发光二极管的余晖效应，采用分时巡回显示的方法循环控制各个显示器的 COM 端，使各个显示器循环显示。在速度足够快的情况下，显示器就不会闪烁。动态显示的优点是节约硬件资源，但是由于需要让每位 LED 轮流显示，所以占用 CPU 的时间较长，且不如静态显示稳定。

3. 应用举例

（1）静态显示方式

例 8-1　在如图 8-4 所示的八段共阴极显示器 LED_0 ~ LED_5 上同时显示：123456。

分析： 图 8-4 为静态显示接口方式，LED_0 ~ LED_5 为八段共阴极显示器，共阴端已经接地。给对应段送高电平则点亮该段，1 ~ 6 对应的字型码分别为 06H、5BH、4FH、66H、6DH、7DH。另图中 6 片 74LS273 锁存器的端口地址为 0F00H ~ 0F05H，将 1 ~ 6 的字型码分别送到 74LS273（1）~74LS273（6）的端口地址，显示器 LED_0 ~ LED_5 上则会分别显示 1 ~ 6，由于锁存器有锁存功能，只需给每个锁存器各送一次字型码，该数值将会一直显示，直到送

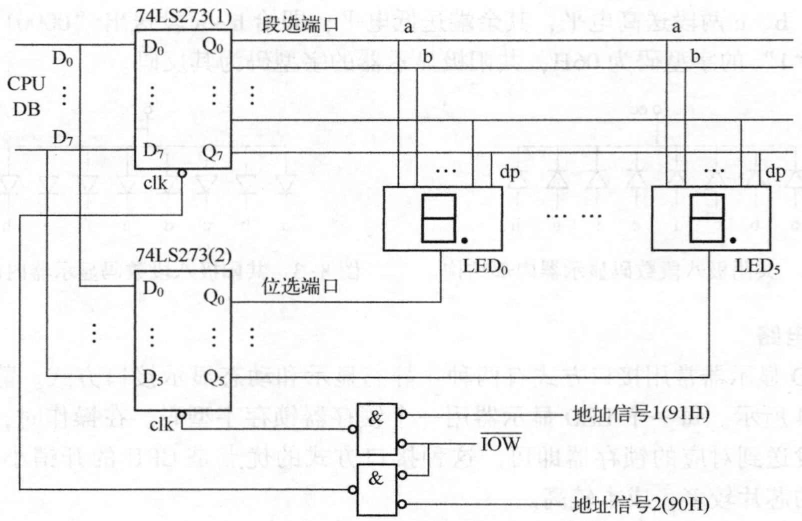

图 8-5　动态显示接口电路图

出新的数据为止。

程序如下：

```
DATA      SEGMENT
MESS      DB 06H, 5BH, 4FH, 66H, 6DH, 7DH        ; 定义字型码表
DATA      ENDS
CODE      SEGMENT
…
DISPLY:   MOV    CX,  6                          ;设置循环次数
          MOV    DX, 0F00H
          LEA    SI, MESS                        ;SI 指向字型码表首址
L1:       MOV    AL, [SI]
          OUT    DX, AL                          ;输出字型码
          INC    SI                              ;修改显缓区首址
          INC    DX
          LOOP   L1
          EXIT
…
```

（2）动态显示方式

例 8-2　在如图 8-5 所示的八段共阴极显示器 LED_0 ~ LED_5 上同时显示：123456。

分析：图 8-5 为动态显示接口方式，该硬件电路分别通过两片 74LS273 给八段 LED 显示器送出段选和位选信号。要点亮共阴极 LED 显示器，位选引脚应送低电平，所以给 74LS273（2）相应引脚送低电平即“0”，对应 LED 才可能点亮。因为 6 位 LED 的段选端均由 74LS273（1）控制，为动态显示，所以需要循环送出字型码，让每位 LED 轮流显示，每位显示之间的间隔时间足够短，看起来就是多位 LED 显示器同时显示不同的字符。

```
DATA     SEGMENT
MESS     DB  3FH, 06H, 5BH, 4FH, 66H, 6DH, 7DH, 07H, 7FH   ; 定义字型码表
DISP     DB  01H, 02H, 03H, 04H, 05H, 06H                  ; 定义显缓区
DATA     ENDS
CODE     SEGMENT
         …
DISPLY:  MOV     AH, 0FEH           ;预置位选信号
         LEA     SI,DISP
         LEA     BX, MESS           ;BX 指向字型码表首址
L1:      MOV     AL, [SI]
         XLAT
         OUT     90H, AL            ;输出字型码
         MOV     AL, AH
         OUT     91, AL             ;输出位选信号
         CALL    DELAY5ms           ;短延时
         SHL     AH, 1              ;修改位选信号
         CMP     AH, 0BFH
         JE      DISPLY
         INC     SI                 ;修改显缓区首址
         JMP     L1
         …
```

8.1.2 液晶显示器

1. 基本原理

LCD 显示器按显示方式可分为段式 LCD、点阵字符式 LCD 和点阵图形式 LCD 三类。段式 LCD 只能固定地显示简单的字符段，例如数字。点阵字符 LCD 可通过改变点阵，显示出各种文字信息。点阵图形式 LCD 不仅可以显示数字和文字，还能以点阵的形式画出图形。本节对 128×64 的点阵图形式 LCD 进行介绍。

点阵图形式 LCD 又可以分为自带汉字字库和不带汉字字库两种。在自带汉字字库的点阵图形式 LCD 中，字库是由 LCD 制造商在出厂前写入 LCD 显示模块内部的。因此，在显示时只需要向 LCD 显示模块写入汉字的字库编号即可显示指定的汉字。

不带汉字字库的点阵图形式 LCD，需要向 LCD 模块里写入汉字的点阵编码（即字模），才能显示字符。字模的获取过程被称为取模，目前，提取字模的软件较多（如 zimo3）。根据 LCD 显示模块的显示方式不同，可以按照多种方法进行取模。例如按方向可分为横向和纵向，横向取模又分为左高右低和左低右高两种，纵向取模又分为上高下低和上低下高两种。

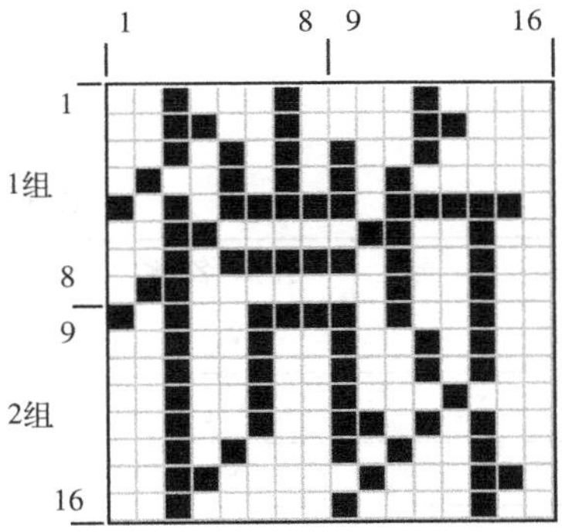

图 8-6　汉字“微”的点阵图形

现以汉字“微”为例，简介取模的基本方法。图 8-6

为 16×16 的汉字“微”的点阵图形，若按纵向、上低下高取模，其基本步骤如下：

1）将图 8-6 分为上下两组，分别称为1组和2组，1组由1~8行组成，2组由9~16行组成。

2）由于每组均有16列，故每组应有16个字节，按从左到右的顺序依次获取相应字节数据。

3）点阵图形中黑色部分为“1”，否则为“0”。

4）将所得数据按1组、2组顺序依次排列即得到“微”的字模，即

DB 010H,088H,0F7H,022H,05CH,050H,05FH,050H,05CH,020H,0F8H,017H,012H,0F0H,010H,000H,

DB 001H,000H,0FFH,040H,020H,01FH,001H,001H,0BFH,050H,021H,016H,008H,0F7H,040H,000H

2. 接口技术

（1）128×64 点阵的图形 LCD 显示模块内部结构及引脚功能

如图 8-7 所示，128×64 点阵图形 LCD 显示模块主要由行驱动器 IC_3、列驱动器 IC_1 和 IC_2，以及 128×64 点阵液晶显示器组成。集成电路 IC_1、IC_2、IC_3 的功能是驱动液晶模块。每块集成电路能够驱动64行液晶，三块集成共同构成128×64个液晶点。模块内部有显示缓冲区 DDRAM，其作用是存放要显示的字符或图形的点阵数据。模块的引脚和功能见表 8-1。

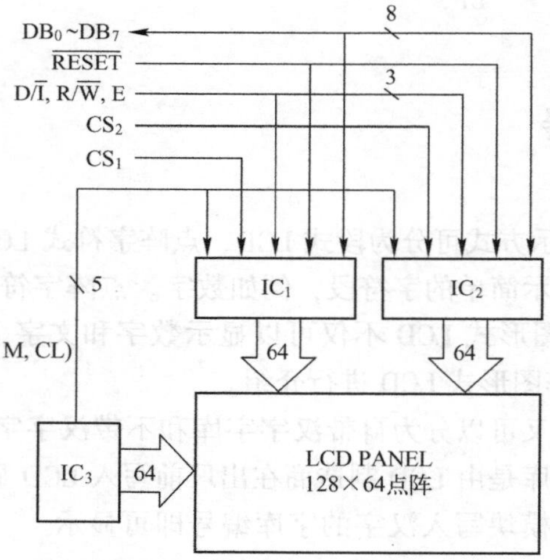

图 8-7　128×64 点阵图形液晶模块芯片结构框图

表 8-1　128×64 点阵液晶模块引脚和功能

引脚号	引脚名称	电平	引脚功能描述
1	V_{SS}	0	电源地
2	V_{DD}	+5.0 V	电源电压
3	V0	—	液晶显示器驱动电压
4	D/I(RS)	H/L	D/I=“H”，表示 DB_7~DB_0 为显示数据 D/I=“L”，表示 DB_7~DB_0 为显示指令数据

（续）

引 脚 号	引 脚 名 称	电 平	引脚功能描述
5	R/W	H/L	R/W＝“H”，E＝“H”数据被读到 DB_7～DB_0 R/W＝“L”，E＝“H→L”数据被写到 IR 或 DR
6	E	H/L	R/W＝“L”，E 信号下降沿锁存 DB_7～DB_0 R/W＝“H”，E＝“H”DDRAM 数据读到 DB_7～DB_0
7	DB_0	H/L	数据线
8	DB_1	H/L	数据线
9	DB_2	H/L	数据线
10	DB_3	H/L	数据线
11	DB_4	H/L	数据线
12	DB_5	H/L	数据线
13	DB_6	H/L	数据线
14	DB_7	H/L	数据线
15	CS_1	H/L	H：选择芯片（右半屏）信号
16	CS_2	H/L	H：选择芯片（左半屏）信号
17	RET	H/L	复位信号，低电平复位
18	V_{OUT}	-10 V	LCD 驱动负电压
19	LED+	—	LED 背光板电源
20	LED-	—	LED 背光板电源

（2）显示与控制命令

显示缓冲区的地址与内容的对应关系如图 8-8 所示，DDRAM 中每个字节的内容按纵向上低下高显示在 LCD 屏幕上。行地址 X 被称为页地址，Y 地址计数器具有自加一功能，每次读写数据后 Y 地址计数器会自动加 1，指向下一个 DDRAM 单元。

对于 LCD 的操作，可以通过其内部的一系列指令实现，见表 8-2。操作时，根据操作指令，对 DDRAM 内的相应地址写入待显示的数据后，打开显示开关即可。

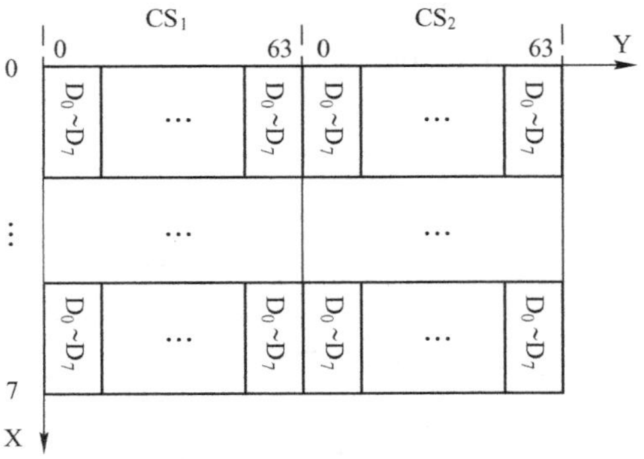

图 8-8　DDRAM 地址示意图

表 8-2　LCD 显示器常用指令码

指 令 名 称	控制信号		控制指令							
	R/W	D/I	DB_7	DB_6	DB_5	DB_4	DB_3	DB_2	DB_1	DB_0
显示开关	0	0	0	0	1	1	1	1	1	1/0
显示起始行设置	0	0	1	1	X	X	X	X	X	X
页设置	0	0	1	0	1	1	1	X	X	X

（续）

指令名称	控制信号		控制指令							
	R/W	D/I	DB_7	DB_6	DB_5	DB_4	DB_3	DB_2	DB_1	DB_0
列地址设置	0	0	0	1	X	X	X	X	X	X
读状态	1	0	BUSY	0	ON/OFF	RST	0	0	0	0
写数据	0	1	写数据							
读数据	1	1	读数据							

（3）工作时序

对 LCD 模块的操作包括读和写两种时序，分别如图 8-9、图 8-10 所示。设计者需要根据时序中各个信号的关系来进行接口电路设计。如果 CPU 的工作时钟很快，为了满足时序要求，可以适当增加延时指令。

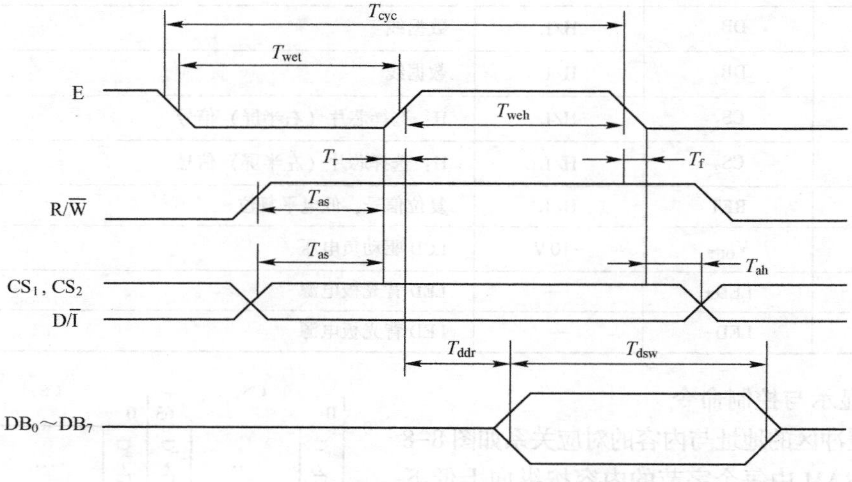

图 8-9　读时序

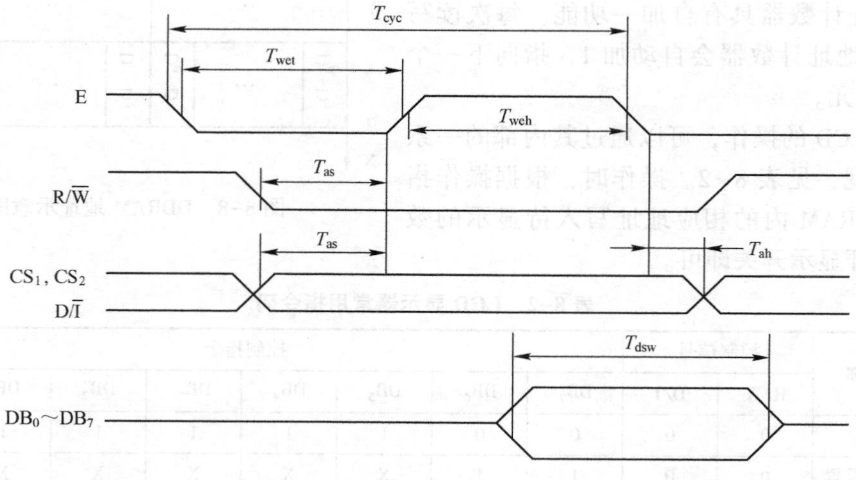

图 8-10　写时序

（4）内部寄存器

1）指令寄存器（IR）：用于存放操作模块的指令码。当 $D/\bar{I}=0$ 时，在 E 信号下降沿的作用下，指令码写入 IR。

2）数据寄存器（DR）：用于存放被操作的数据。当 $D/\bar{I}=1$ 时，在下降沿作用下，图形显示数据写入 DR，或在 E 信号高电平作用下由 DR 读到 $DB_7 \sim DB_0$ 数据总线。DR 和 DDRAM 之间的数据传输是模块内部自动执行的。

3）忙标志（BF）：表示内部工作情况，外部 CPU 可以通过 BF 来判断 LCD 模块是否准备接收指令或数据。BF=1 表示模块正在执行内部操作，处于忙状态，此时模块不接收外部指令和数据；BF=0 表示模块为准备状态，可接收外部指令和数据。

4）显示控制触发器（DFF）：用于控制屏幕显示开和关。DFF=1 为开显示，DDRAM 内部的内容就显示在屏幕上；DFF=0 为关显示。

5）XY 地址计数器：是一个 9 位计数器。高 3 位是 X 地址计数器，低 6 位为 Y 地址计数器，XY 地址计数器实际上是作为 DDRAM 的地址指针，X 地址计数器为 DDRAM 的页指针，Y 地址计数器为 DDRAM 的 Y 地址指针。

6）显示数据 RAM（DDRAM）：存储图形显示数据的存储空间。数据为 1 表示显示，数据为 0 表示不显示。

7）Z 地址计数器：是一个具有循环计数功能的 6 位计数器，用于显示行扫描同步。当完成一次行扫描，地址计数器自动加 1，指向下一行扫描数据。RST 复位后 Z 地址计数器为 0。

8.2 键盘接口技术

信息的输入对于计算机系统来说是必不可少的。从编码的方式上，键盘可以分为编码键盘和非编码键盘。编码键盘本身带有实现接口主要功能的硬件电路，能够自动检测按键、去抖动、防串键，并能够提供对应的键码给 CPU，如 PC 键盘。非编码键盘只提供按键开关的行列矩阵，键的识别、键码的确定需要通过软件来实现，在嵌入式系统中一般使用非编码键盘。

8.2.1 非编码键盘

非编码键盘又分为独立键盘和矩阵式（又称为行列式）键盘。

1. 独立键盘

独立按键如图 8-11 所示，当 S 键闭合时，A 点为低电平；当 S 键断开时，A 点为高电平。CPU 通过读取 D_i 引脚的状态便确定到当前 S 键的状态，即 $D_i=0$，S 键闭合，$D_i=1$，S 键断开。

在按键的闭合和断开的瞬间，触点会存在抖动现象，如图 8-12 所示，它们分别称为前沿抖动和后沿抖动，该抖动会影响按键状态识别的准确性，为此需进行消抖处理，其处理方式利用硬件方式或软件方式均可。若采用硬件方式则可通过滤波电容、RS 触发器等电路消抖；若采用软件方式可通过延时方式来实现，即在检测到按键按下，以及按键松开之后，各加上一个 15 ms 左右的延时以避开前沿和后沿抖动，避免误判。

2. 矩阵式键盘

当系统有多个按键，如果仍采用独立按键方式则会占用多个 I/O 引脚，为节约硬件资源，通常采用矩阵式或者行列式键盘。

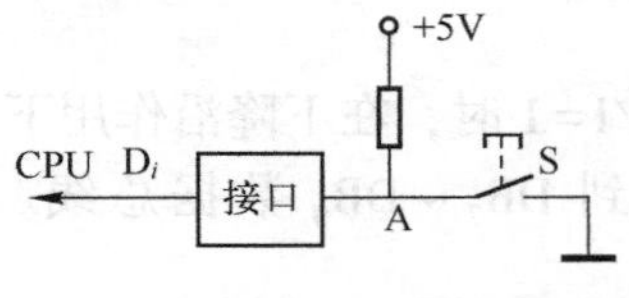

图 8-11　独立按键电路原理图

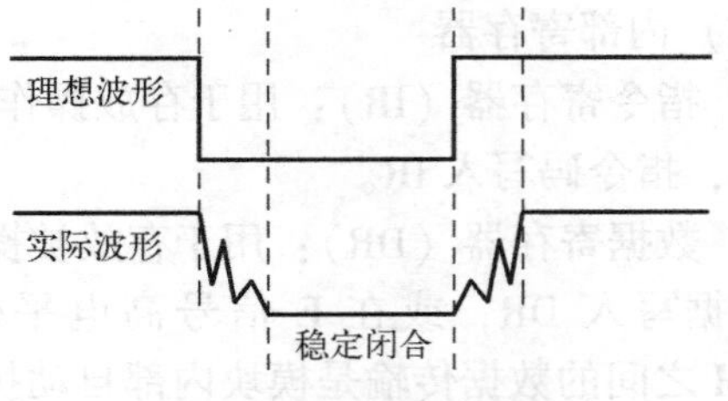

图 8-12　按键抖动现象

（1）工作原理

矩阵式（行列式）键盘在每根行线与列线的交叉处，两线不直接相通而是通过一个按键跨接接通。采用这种矩阵结构只需 M 根行输入和 N 根列输出线即可连接 $M×N$ 个按键。通过键盘扫描程序的列输出与行输入就可得到按键的状态，再通过键盘处理程序便可识别键值。图 8-13 为一个 4×4 的矩阵式键盘。

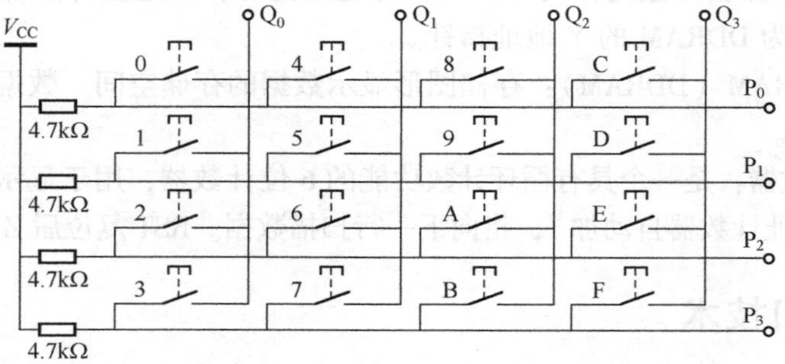

图 8-13　4×4 矩阵式键盘电路原理图

矩阵式键盘如何识别按键？由图 8-13 可见，该 4×4 键盘中的行信号线已通过上拉电阻接高电平，此时给该 4×4 键盘中的列信号送低电平，若无键按下，则 P_0~P_3引脚为高电平；若有键按下，该键两端的行列信号被短接，列信号线上的低电平将行信号线拉低，在 P_0~P_3引脚上则会出现低电平。

设图中给 Q_0~Q_3送低电平，若 4 键按下，则 P_0引脚为低电平，P_1~P_3引脚仍为高电平，这样即可识别出按键所在行。若要识别出按键所在列，则需进行逐列扫描，对每列依次送低电平，读回行信号，如某行为低电平，则送出低电平的列上有键按下。

注意，也可以反过来将 P_0~P_3称为列，Q_0~Q_3称为行，这种逐列或者逐行扫描识别按键的方法称为列扫描或行扫描法。此外，线反转法也是矩阵式键盘识别按键的一种常用方法，这里就不再详细介绍。

（2）接口电路

矩阵式（行列式）键盘可通过输入/输出接口芯片与系统总线相连，图 8-14 为 4×4 矩阵式键盘通过 8255 芯片与 IBM PC 总线的接口电路示意图。

（3）应用举例

例 8-3　设 8255 芯片与 CPU 相关总线已完成连接，8255 芯片的地址为 208H~20BH。4×4 键盘与 8255 芯片接口电路如图 8-15 所示，要求当键盘上有键按下时，在一位八段共阴极 LED 显示器上显示出对应的键号。

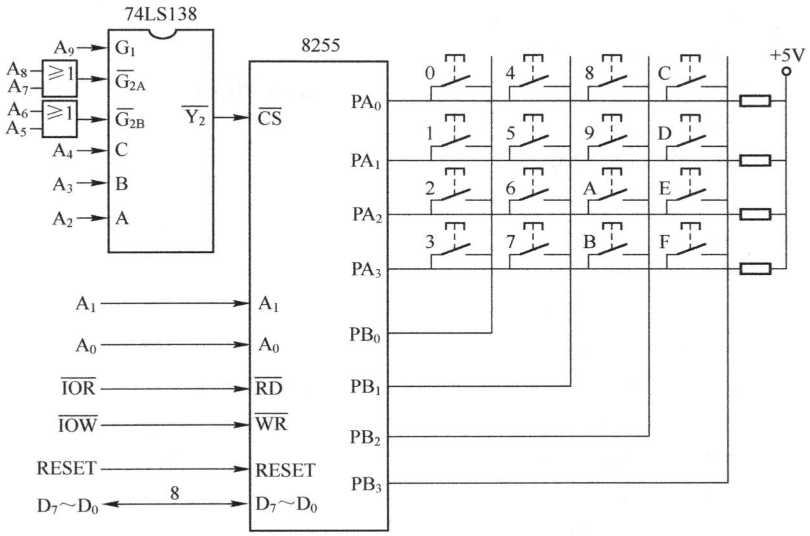

图 8-14　4×4 矩阵式键盘通过 8255 芯片与 IBM PC 总线的接口电路示意图

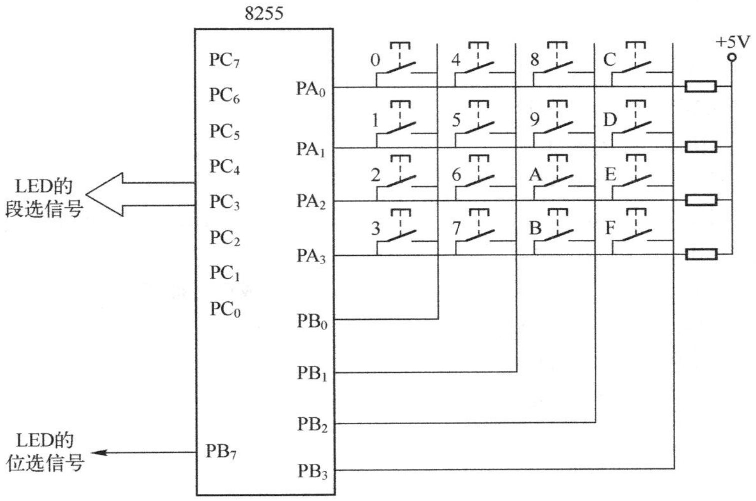

图 8-15　4×4 矩阵式键盘与 8255 芯片的接口电路示意图

程序流程图如图 8-16 所示。

参考程序清单如下：

```
DATA     SEGMENT
KEYTAB   DB   0EEH,0EDH,0EBH,0E7H,0DEH,0DDH,0DBH,0D7H,0BEH,0BDH,0BBH
         DB   0B7H,07EH,07DH,07BH,077H      ;定义键特征值表
DISPTAB  DB   3FH,06H,5BH,4FH,66H,6DH,7DH,07H,7FH,6FH,77H,7CH,39H
         DB   5EH,79H,71H                   ;定义字型码表
DATA     ENDS
CODE     SEGMENT
         ASSUME  CS:CODE, DS:DATA
```

```
START:  MOV   AL, 10010000B
        MOV   DX, 20BH
        OUT   DX, AL              ;8255 初始化
K0:     MOV   AL, 0H
        MOV   DX, 209H
        OUT   DX, AL
        DEC   DX
K1:     IN    AL, DX
        AND   AL, 0FH
        CMP   AL, 0FH
        JZ    K1                  ;判断有无键按下
        CALL  DELAY15ms           ;有键按下,延时去抖动
        MOV   AH, 0F7H
K2:     MOV   AL, AH
        MOV   DX, 209H
        OUT   DX, AL
        DEC   DX
        IN    AL, DX
        AND   AL, 0FH
        CMP   AL, 0FH
        JNZ   FIND1
        ROR   AH, 01H
        JMP   K2                  ;逐列扫描,找到按下的键
FIND1:  SHL   AH, 04
        OR    AL, AH              ;形成键特征值
        LEA   BX, KEYTAB
        MOV   CL, 00H
K3:     CMP   AL, [BX]
        JZ    FIND2
        INC   CL
        INC   BX
        JMP   K3                  ;形成键代号
FIND2:  MOV   AL, 0H
        MOV   DX, 209H
        OUT   DX, AL
        DEC   DX
K4:     IN    AL, DX
        AND   AL, 0FH
        CMP   AL, 0FH
        JNZ   K4
        CALL  DELAY15ms           ;判断键是否释放,并去抖动
        LEA   BX, DISPTAB
        MOV   AL, CL
```

```
XLAT                                ;查表得到键代号对应字型码
MOV     DX, 20AH
OUT     DX, AL
MOV     AL, 7FH
MOV     DX, 209H
OUT     DX, AL                      ;将键代号显示在 LED1 上
JMP     K0
```

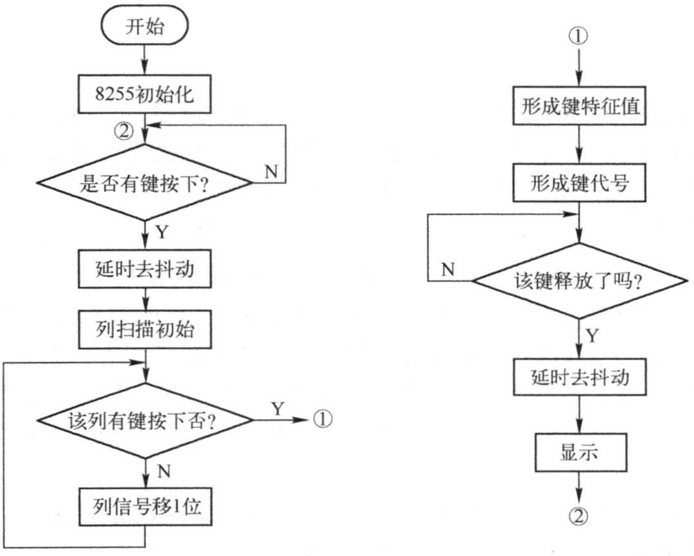

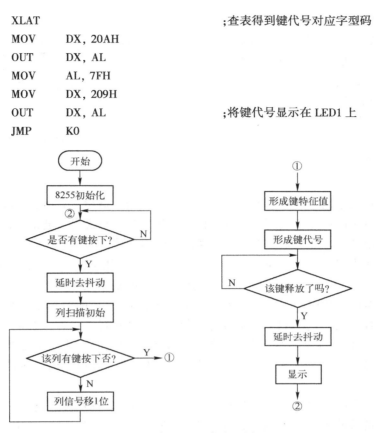

图 8-16　例 8-3 程序流程图

8.2.2　编码键盘

对于 PC，常用的信息输入方法是用户利用键盘将信息以字符的方式输入。目前，标准的 PC 键盘作为 PC 的常用输入外设，已经非常成熟。随着制造工业的进步，键盘价格不断下降。而且，随着键盘的功能不同，其外部结构、按键数量也不尽相同。有些制造厂商，在标准的 PC 键盘上增加一些特殊的功能按键，为信息的输入提供了更加便利的途径。目前，市面上的键盘主要包括 PS/2 和 USB 接口键盘。本节针对常用的标准 83~101 键盘及其 PS/2 接口进行介绍。

1981 年，IBM 推出了 IBM PC/XT 键盘及其接口标准。该标准定义了 83 键，采用 5 脚 DIN 连接器和简单的串行协议。1984 年，IBM 推出了 IBM AT 键盘接口标准。该标准定义了 84~101 键，采用 5 脚 DIN 连接器和双向串行通信协议。1987 年，IBM 推出了 PS/2 键盘接口标准，定义了 84~101 键。事实上，键盘主要由两大部分构成：由按键组成的矩形结构键盘阵列和由键盘处理器组成的键盘扫描电路。键盘扫描电路的作用是不断地扫描键盘矩阵，采用“行列扫描法”识别按键。键盘与主机采用 6 芯的 PS/2 接口进行连接通信。键盘上的处理器上电复位后，便开始扫描监视键盘电路，一旦有键被按下，经过键盘扫描电路，键盘处理器就可以获得键盘扫描码，并按照 PS/2 接口的串行通信协议将键入的信息传送给 PC。

1. PS/2 串行接口

键盘与计算机通过键盘插头相接，6 芯 PS/2 接口的外形图及各信号线的分布图如图 8-17 所示。

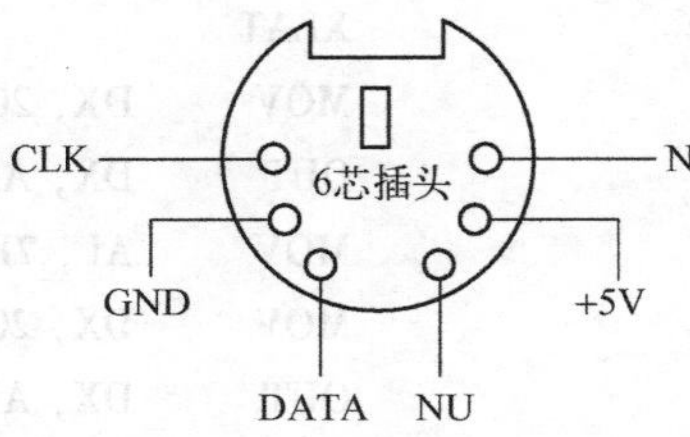

图 8-17　PS/2 接口图

图中各信号定义如下。

DATA：数据信号。

CLK：时钟信号。

NU：空。

+5 V：电源。

GND：地。

键盘与计算机采用双向通信方式，即键盘可以发送数据给计算机，计算机也可以发送命令给键盘。计算机的优先权最高，可以在任何时候发命令给键盘。通信协议采用标准串行异步通信协议。由 7.3.1 节可知，串行异步通信中数据的传送方式是：先由数据发送方发出一低电平信号，作为起始信号（位），接着在时钟信号的作用下，将待发送数据按由低到高的次序顺序送出，最后发送停止信号（位）。接收方则可根据发送方的信息进行数据的接收。在键盘与计算机的连接电路中，键盘的处理器根据 PS/2 接口的 DATA 和 CLK 的状态来判断是否发送和接收数据。当 DATA 和 CLK 同时为高电平期间，允许键盘向计算机发送数据。当 CLK 为低电平时，键盘则不能发送数据给计算机，只能将要发送的数据暂存于发送缓冲区，直到 CLK 变为高电平为止。当键盘检测到 DATA 变为低电平时，则准备接收计算机下发的命令。

键盘发送一个字节数据的时序如图 8-18 所示。键盘处理器首先输出一低电平给 DATA，通知计算机准备接收数据。然后，发出一时钟信号送达 PS/2 接口的 CLK。在该时钟作用下，依次发送数据。每当 CLK 出现下降沿时，经 DATA 送出的数据为有效数据。此时，计算机可在 CLK 的下降沿读取数据。发送数的时钟信号由键盘产生。

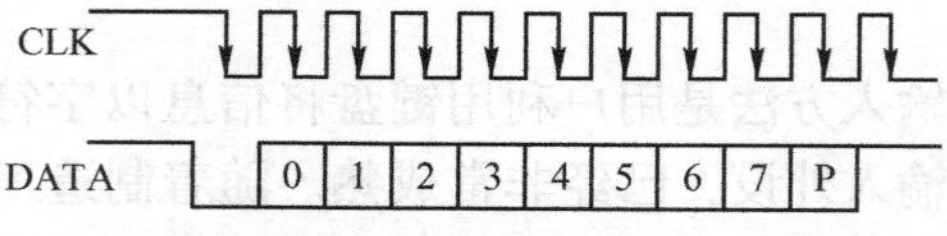

图 8-18　键盘发送一个字节数据的时序示意图

键盘接收一个字节数据的时序如图 8-19 所示。首先，计算机发出一低电平信息到 CLK，通知键盘不要发数据。然后，传送一低电平信息给 DATA，表明发送数据开始，同时释放 CLK，由键盘接管 CLK 并产生时钟信号。在时钟信号驱动下按顺序依次发送数据。键盘在 CLK 的下降沿读取数据。键盘接收完校验位后，如果在下一个时钟周期检测到 DATA 处于空闲态（高电平），则会对新数据进行处理。在此期间，键盘处理器将输出低电平给 DATA，直到数据处理完毕。如果收到校验位后，键盘检测到 DATA 没有处于空闲态，它将继续发送时钟信号直到 DATA 空闲。

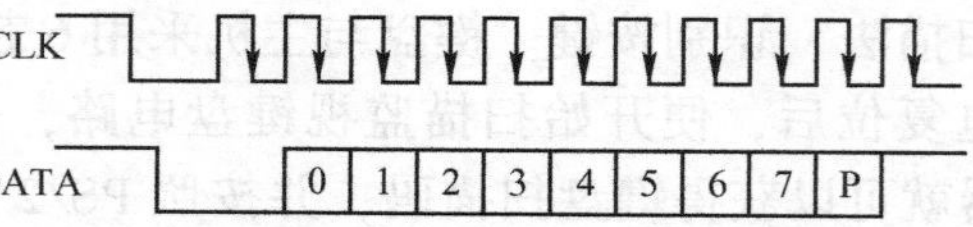

图 8-19　键盘接收一个字节数据的时序示意图

2. 工作原理

（1）键扫描原理

键盘内部的处理器是专用的键盘扫描和判别集成芯片。正常工作时，处理器不断地扫描键盘矩阵，监测每个键的状态变化。按键的扫描码由接通扫描码（简称通码）和断开扫描码（简称断码）两部分组成，分别表示键是“按下”状态和“松开”状态。当键按下时，发送通码；键松开时，发送断码。若一直按下某键，则以按键重复率连续发送该键的通码。断码是在通码前加一个断开标志 F0H 字节构成。

当有键按下时，键盘处理器获得扫描码后通过 PS/2 接口以串行数据形式将其发送给计算机。例如 A 键的通码是 1EH，断码是 F0H、1EH。A 键被按下时，1EH 被发送出去，如果按住不放，则以按键重复率连续发送 1EH，直到释放该键，才发出断码 F0H、1EH。表 8-3 给出了标准键盘上 83 个键对应的扫描码。注意，不同的键盘，按键对应的扫描码可能有所区别。

表 8-3　键盘扫描码表

键	扫描码	键	扫描码	键	扫描码	键	扫描码
Esc	01	U	16	\	2B	F6	40
1	02	I	17	Z	2C	F7	41
2	03	O	18	X	2D	F8	42
3	04	P	19	C	2E	F9	43
4	05	[	1A	V	2F	F10	44
5	06	]	1B	B	30	F11	57
6	07	Enter	1C	N	31	F12	58
7	08	Ctrl	1D	M	32	NumLock	45
8	09	A	1E	,	33	ScrollLock	46
9	0A	S	1F	.	34	Home	47
0	0B	D	20	/	35	↑	48
-	0C	F	21	Shift（右）	36	PgUp	49
=	0D	G	22	PrtSc	37	—	4A
Backspace	0E	H	23	Alt	38	←	4B
Tab	0F	J	24	Space	39	→	4D
Q	10	K	25	CapsLock	3A	End	4F
W	11	L	26	F1	3B	↓	50
E	12	;	27	F2	3C	PgDn	51
R	13	’	28	F3	3D	Ins	52
T	14	、	29	F4	3E	Del	53
Y	15	Shift（左）	2A	F5	3F		

（2）先进先出（FIFO）缓冲区工作原理

在键盘扫描电路中定义了一个“先进先出”（FIFO）的循环队列缓冲区。它有一个队列头指针，一个队列尾指针。如图 8-20 所示，Bp1（头指针）和 Bp2（尾指针）是这个缓冲区的两个地址指针。当队列为空时，头指针与尾指针相等，即 Bp1＝Bp2。当一个字符进入队列时，如图 8-21 所示，队列尾指针指向下一个单元；当一个字符出队列时，如图 8-22 所示，数据从队列头指针指示的单元取出，同时修改队列头指针，指向下一个单元；如图 8-23 所示，当数据不断进入队列，使尾指针指向队列末端时，尾指针循环重新绕回队列 0 地址。如果缓冲区已满时又按下了一个键，此时不处理这个键，只发出"嘀"的响声。

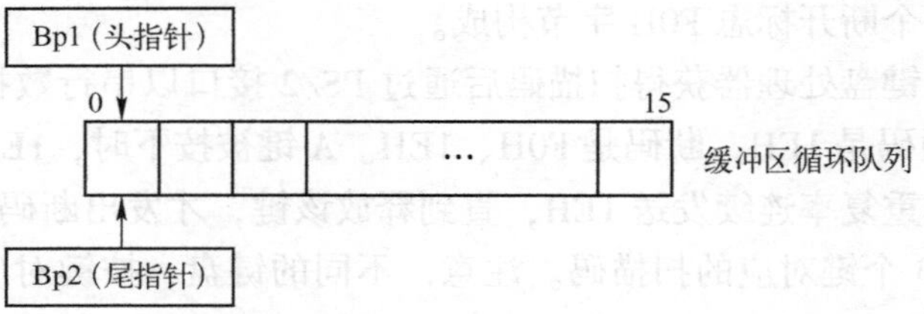

图 8-20　循环队列空 Bp1＝Bp2

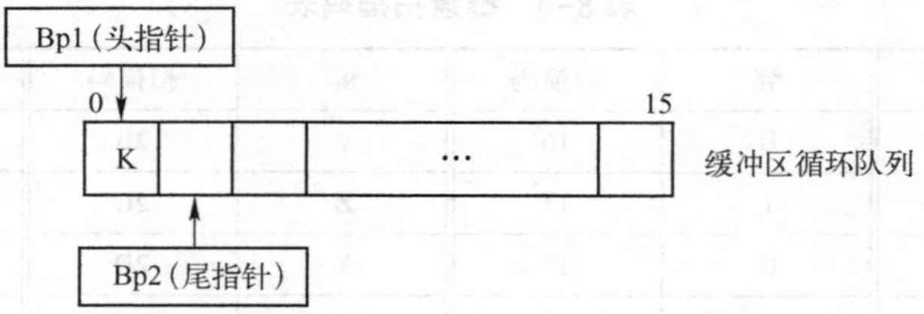

图 8-21　字符进入队列

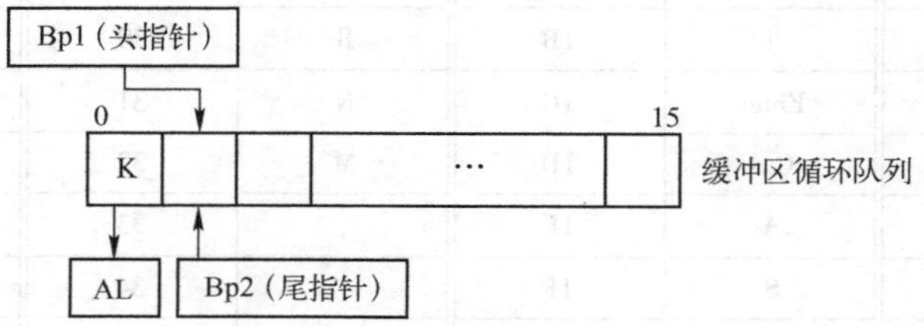

图 8-22　字符出队列

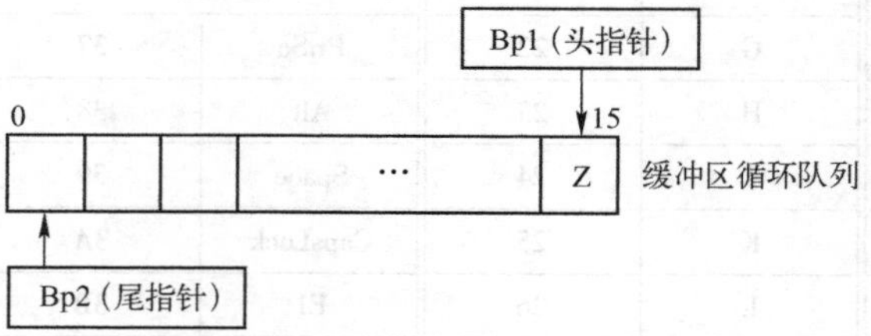

图 8-23　指针循环指向队列起始

为了方便程序员使用键盘，主板的制造商在 BIOS 内提供了 INT 16H 功能调用，DOS 系统也提供了相应功能调用（详见 4.2.4 节），程序员可直接调用这些功能获得键盘的有关信息。

3. 应用举例

例 8-4　设计一程序，要求按左边的 Shift 键时显示大写字母 A，按右边 Shift 键时显示大写字母 B，当按任意数字键时则程序运行结束。

能实现题目要求的程序清单如下：

```
DATA      SEGMENT
KEYIN     DB        'INPUT=','$'
KEEP_ES   DW        ?
KEEP_BX   DW        ?
FLG       DB        00H
NUM       DB        00H
DATA      ENDS
CODE      SEGMENT
ASSUME    CS: CODE,DS: DATA
START:    MOV       AX, DATA
          MOV       DS, AX
          MOV       AH, 09H              ;显示字符串
          LEA       DX, KEYIN
          INT       21H
          CLI
          MOV       AH, 35H              ;读取原中断向量
          MOV       AL, 09H
          INT       21H
          MOV       KEEP_ES, ES          ;保存原中断向量
          MOV       KEEP_BX, BX
          PUSH      DS
          MOV       DX, OFFSET KBINT     ;装入自编键盘中断程序的中断向量
          MOV       AX, SEG KBINT
          MOV       DS, AX
          MOV       AH, 25H
          MOV       AL, 09H
          INT       21H
          POP       DS
          IN        AL, 21H              ;允许键盘中断
          AND       AL, 0FCH
          OUT       21H, AL
          STI                            ;开中断
AGAIN1:   CMP       FLG, 1               ;检查键盘中断标志
          JNZ       AGAIN1               ;无,则继续检查
          MOV       FLG, 0               ;有,将键盘中断标志清零
          MOV       AL, NUM              ;将键盘的扫描码 → AL
          CMP       AL, 2AH              ;判断是左 Shift 键的扫描码吗?
          JZ        DISPA                ;是,转显示'A'
          CMP       AL, 36H              ;判断是右 Shift 键的扫描码吗?
          JZ        DISPB                ;是,转显示'B'
```

```
        CMP     AL, 02H             ;判断是数字键的扫描码吗?
        JB      NEXT2
        CMP     AL, 0BH
        JA      NEXT2
        JMP     EXIT                ;是数字键,转结束
DISPA:  MOV     DL, 'A'             ;显示'A'
        MOV     AH, 02H
        INT     21H
        JM      PNEXT2
DISPB:  MOV     DL, 'B'             ;显示'B'
        MOV     AH, 02H
        INT     21H
NEXT2:  JMP     AGAIN1
EXIT:   MOV     DX, KEEP_BX         ;恢复原来的中断向量
        MOV     AX, KEEP_ES
        MOV     DS, AX
        MOV     AH, 25H
        MOV     AL, 09H
        INT     21H
        MOV     AH, 4CH
        INT     21H
KBINT   PROC    FAR                 ;键盘中断服务程序
AGAIN:  PUSH    AX                  ;保护现场
        PUSH    BX
        MOV     FLG, 1              ;置中断标志
        IN      AL, 60H             ;从PA口读取扫描码
        PUSH    AX
        IN      AL, 61H
        OR      AL, 80H
        OUT     61H, AL
        AND     AL, 7FH
        OUT     61H, AL
        POP     AX
        MOV     NUM, AL             ;保存扫描码
NEXT1:  CLI                         ;关中断
        MOV     AL, 20H             ;发中断结束命令
        OUT     20H, AL
        POP     BX                  ;恢复现场
        POP     AX
        IRET                        ;中断返回
KBINT   ENDP
CODE    ENDS
        END     START
```

8.3 数/模、模/数接口技术

计算机运算得到的控制信号是数字量，而工业现场的执行器有些只能够接收随时间连续变化的模拟量，这时，就需要通过数/模转换器（Digital-to-Analog Conversion，DAC）将数字量转换为模拟量，并通过执行器对现场控制系统的被控量进行控制。除此之外，数字化控制系统和智能仪表需要对工业现场的物理量（如温度、压力、流量、位移、速度、光亮度等）进行采集，然后根据这些物理量对现场的参数进行显示或对系统进行控制。这些物理量通常是随时间连续变化的模拟量，需要通过传感器、变送器变换成标准的电压或电流信号，然后通过模/数转换器（Analog-to-Digital Conversion，ADC）将信号转换成微型计算机能识别和处理的数字量。因此，数/模、模/数及其接口技术是微型计算机控制系统设计中的重要环节之一。

8.3.1 数/模接口技术

1. 数/模转换原理

数/模（D/A）转换器是一种把二进制数字信号转换为模拟信号（电压或电流）的电路。根据内部结构不同，D/A 转换器可分为多种形式，下面主要介绍两种典型结构的 D/A 转换器：权电阻型 D/A 转换器和倒 T 型电阻 D/A 转换器。

（1）权电阻型 D/A 转换器

电路如图 8-24 所示，权电阻型 D/A 转换器内部包括 n 个权电阻、n 个单刀双掷模拟开关 S_i（$i=0,1,\cdots,n-1$）以及求和运算放大器。数字量是由二进制位构成的，每一个位都有一个确定的权。每一个开关对应一个权电阻。二进制位决定了开关倒向："1" 接运算放大器，"0" 接地。这样，在转换过程中，把每一位的开关状态按其权值转换为对应的模拟量，再把每一位对应的模拟量相加，便得到了相应的转换结果。在图 8-24 中，流经 n 个权电阻的电流输入运算放大器的反相端，其求和电流为

$$I=\sum_{i=0}^{n-1}\mathrm{D}_i\frac{V_{\mathrm{REF}}}{\frac{R}{2^i}}=\frac{V_{\mathrm{REF}}}{R}\sum_{i=0}^{n-1}\mathrm{D}_i2^i,\quad \mathrm{D}_i\in(0,1) \tag{8-1}$$

而此时，根据运算放大器的反相端"虚断"和"虚短"的特性，其输入、输出电流相等，所以输出电压为

$$V_{\mathrm{OUT}}=-IR_{\mathrm{f}} \tag{8-2}$$

因此，通过单刀双掷模拟开关的位置"1"（或"0"），就可以改变输出电压的大小。

（2）R-2R 网络型 D/A 转换器

R-2R 网络型 D/A 转换器主要由 4 部分组成：基准电压 V_{REF}、R-2R T 型电阻网络、电子开关 S_i（$i=0,1,\cdots,n-1$）和求和运算放大器。其电路结构如图 8-25 所示。

图中电子开关 $S_0\sim S_{n-1}$分别受输入数字量 $D_0\sim D_{n-1}$控制，$D_i=1$ 时，S_i切换到上端；$D_i=0$ 时，S_i切换到下端。根据运算放大器的反相端"虚断"和"虚短"的特性，开关的切换仅仅改变了电流的流向。当 $D_i=1$ 时，电流流向运算放大器的反相端。由此可以计算出，电阻网络向下的分支电阻均为 $2R$，则各节点的电压依次按 1/2 系数进行分配，相应各支路的电流也按 1/2 系数进行分配。当满量程输入一个 n 位二进制数时，流入运算放大器的电流为

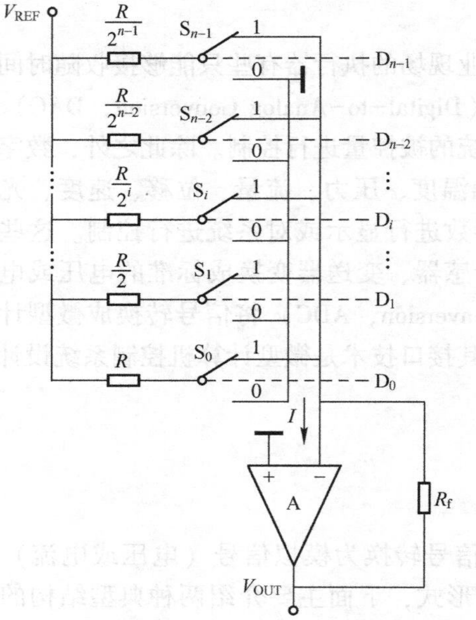

图 8-24 权电阻型 D/A 转换器

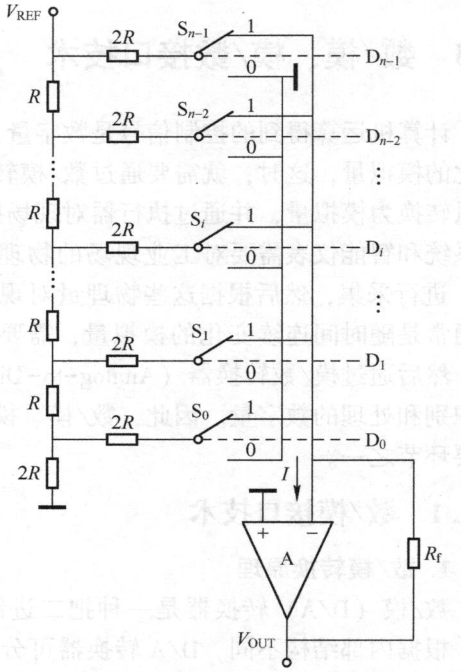

图 8-25 R-2R 网络型 D/A 转换器

$$I=\frac{V_{\mathrm{REF}}}{2R}\cdot \mathrm{D}_{n-1}+\cdots+\frac{V_{\mathrm{REF}}}{2^{(n-2)}R}\cdot \mathrm{D}_2+\frac{V_{\mathrm{REF}}}{2^{(n-1)}R}\cdot \mathrm{D}_1+\frac{V_{\mathrm{REF}}}{2^{n}R}\cdot \mathrm{D}_0$$

$$I=\frac{V_{\mathrm{REF}}}{2^{n}R}\left[2^{(n-1)}\cdot \mathrm{D}_{n-1}+\cdots+2^{2}\cdot \mathrm{D}_2+2^{1}\cdot \mathrm{D}_1+2^{0}\cdot \mathrm{D}_0\right] \tag{8-3}$$

当 $R_{\mathrm{f}}=R$ 时，相应的输出电压为

$$V_{\mathrm{OUT}}=-IR=-\frac{V_{\mathrm{REF}}}{2^{n}}(2^{n-1}+\cdots+2^{1}+2^{0}) \tag{8-4}$$

由于数字信号 D_i（$i=1,\cdots,n$）只有 1 或 0 的情形，故 D/A 转换器的输出电压 V_{OUT} 与输入二进制数 $\mathrm{D}_1\sim\mathrm{D}_n$ 或二进制数字量 D 的关系式为

$$V_{\mathrm{OUT}}=-\frac{V_{\mathrm{REF}}}{2^{n}}(2^{n-1}\cdot \mathrm{D}_n+\cdots+2^{1}\cdot \mathrm{D}_2+2^{0}\cdot \mathrm{D}_1)$$

$$=-V_{\mathrm{REF}}\frac{\mathrm{D}}{2^{n}} \tag{8-5}$$

因此，输出电压除了与输入的二进制数有关外，还与运算放大器的反馈电阻 R_{f}、基准电压 V_{REF} 有关。

2. D/A 转换器的主要技术指标

（1）分辨率

分辨率是最小输出电压（对应的输入数字量只有最低有效位为“1”）与最大输出电压（对应的输入数字量信号所有有效位都为“1”）之比，即 D/A 转换器所能分辨的最小量化信号的能力。分辨率 Δ 与数字量输入的位数 n 的关系为

$$\Delta=V_{\mathrm{REF}}/2^{n} \tag{8-6}$$

分辨率高低常用数字量的位数来表示。例如 8 位二进制 D/A 转换器，其分辨率为 8 位，或者 $\Delta = 1/2^8$。显然，位数越多，分辨率越高。例如一个 D/A 转换器能够转换 8 位二进制数，若转换后的电压满量程是 5.12 V，则它能分辨的最小电压为 20 mV；如果是 10 位分辨率的 D/A 转换器，对同样电压满量程，它能分辨的最小电压为 5 mV。

（2）精度

精度表示了 D/A 转换的精确程度，分为绝对精度和相对精度。绝对精度是指在数字输入端施加给定数字量时，在输出端实际测得的模拟输出值与理想输出值之差。相对精度是指满量程值校准以后，任意数字量的模拟输出与理论值之差相对于满量程输出的百分比。

（3）建立时间

建立时间是指输入数字信号的满量程变化（即全“0”变为全“1”）模拟输出稳定到最终值的±1/2LSB 时所需的时间。它反映了 D/A 转换器的快速性。

（4）线性误差

理想转换特性（量化特性）应该是线性的，但实际转换特性并非如此。在满量程输入范围内，偏离理想转换特性的最大误差定义为线性误差，有时又将它与满度值之比称为线性度。线性误差常用 LSB 的分数表示，如±1/2LSB 或±1LSB。

3. 常用 D/A 转换器及接口技术

目前，在常用的 D/A 转换器中，从数码位数上看，有 8 位、10 位、12 位和 16 位等；在输出形式上，有电流输出和电压输出；从内部结构上，又可分为带数据输入缓冲和不含数据输入缓冲两类。以下对常用的带数据输入缓冲的电流型输出 D/A 转换器 DAC0832 及接口电路进行介绍。

（1）DAC0832 内部结构及引脚功能

DAC0832 是 8 位双缓冲 D/A 转换器，其结构如图 8-26 所示，它的主要组成部分有：由 R-2R 电阻网络构成的 8 位 D/A 转换器、两个 8 位寄存器和相应的选通控制逻辑。片内带有数据锁存器，可与微型计算机直接接口。DAC0832 引脚功能见表 8-4。

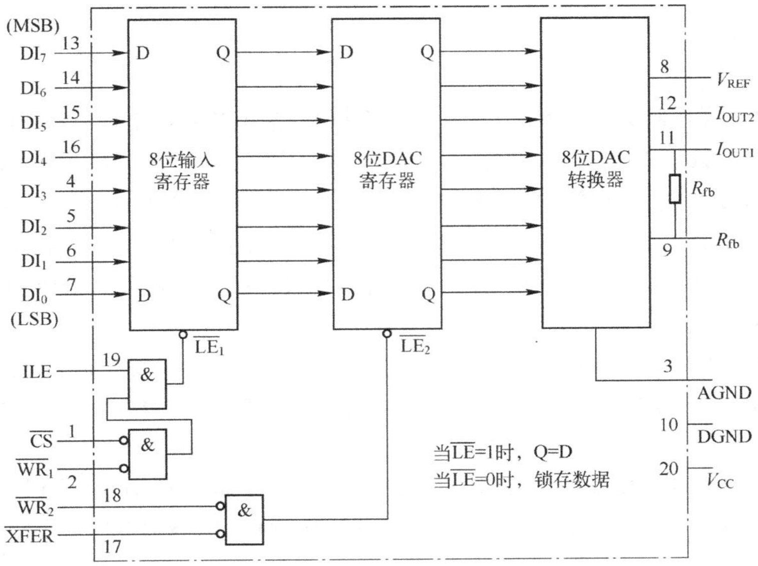

图 8-26　DAC0832 内部结构图

表 8-4 DAC0832 引脚功能

符　号	引 脚 线	功　能	符　号	引 脚 线	功　能
$DI_0 \sim DI_7$	7~4，16~13	数据输入线	ILE	19	数据允许，高电平有效
R_{fb}	9	反馈信号输入	$\overline{CS}$	1	输入寄存器选择，低电平有效
I_{OUT1}，I_{OUT2}	11，12	电流输出	$\overline{WR_1}$	2	输入寄存器写选通，低电平有效
V_{REF}	8	基准电源输入	$\overline{WR_2}$	18	DAC 寄存器写选通，低电平有效
V_{CC}	20	电源输入	$\overline{XFER}$	17	DAC 寄存器选择，低电平有效
AGND	3	模拟地	DGND	10	数字地

当 ILE 为高电平，$\overline{CS}$为低电平，$\overline{WR_1}$为低电平时，$\overline{LE_1}$为高电平，8 位输入寄存器的状态随数据输入状态变化；当 ILE 为低电平，或$\overline{CS}$或$\overline{WR_1}$任何一个为高电平时，$\overline{LE_1}$由高到低的下跳沿将数据线上的信息存入 8 位输入寄存器。

当$\overline{XFER}$为低电平，$\overline{WR_1}$为低电平时，$\overline{LE_2}$为高电平，DAC 寄存器的输入与 8 位输入寄存器的输出状态一致；当$\overline{XFER}$为高电平，或$\overline{WR_1}$为高电平时，$\overline{LE_2}$由高到低的下跳沿将 8 位输入寄存器的信息存入 DAC 寄存器，并立即进行 D/A 转换。数据送入 DAC 寄存器后 1μs（建立时间），I_{OUT1}和 I_{OUT2}稳定。

$DI_7 \sim DI_0$是 DAC0832 的数字信号输入端；I_{OUT1}和 I_{OUT2}是它的模拟电流输出端，DAC0832 的输出是电流信号。在许多系统中，通常需要 D/A 转换器输出电压信号，电流和电压信号之间的转换可由运算放大器实现。

DAC0832 转换器的主要技术指标如下：

- 电流建立时间：1 μs。
- 单电源：+5 ~ +15 V。
- V_{REF} 输入端电压：±25 V。
- 功率耗散：200 mW。
- 最大电源电压 V_{DD}：17 V。

（2）DAC0832 工作方式

DAC0832 有 3 种工作方式。

1）单缓冲方式：此方式适用于只有一路模拟量输出或多路模拟量非同步输出的情况。该方式控制 8 位输入寄存器和 DAC 寄存器同时接收数据，或者只有一个寄存器接收数据，而另一个寄存器接为直通方式。如图 8-27 所示，在单缓冲工作方式下，可使两个寄存器中任一个处于直通状态，另一个工作于受控锁存器状态。通常使 DAC 寄存器处于直通状态，即将$\overline{WR_2}$和$\overline{XFER}$都接数字地。在此情况下，把 ILE 接+5 V，$\overline{WR_1}$接系统的$\overline{IOW}$，$\overline{CS}$接地址译码输出。只要有数据写入，就立刻进行 D/A 转换。

2）双缓冲方式：此方式用于控制多个 DAC0832 同步输出模拟量的情况。其方法是先分别使各个 DAC0832 的 8 位输入寄存器接收数据，再控制这些 DAC0832 同时把数据传送到 DAC 寄存器，以实现多个 D/A 转换同步输出。如图 8-28 所示，DAC0832 工作在双缓冲方式时，将 ILE 接高电平，$\overline{WR_1}$、$\overline{WR_2}$均接到 CPU 的$\overline{IOW}$，而$\overline{CS}$和$\overline{XFER}$分别接两个端口的地址译码信号。在这种情况下，$\overline{CS}$作为输入寄存器的选通信号，$\overline{XFER}$作为 DAC 转换寄存器的选通信号。

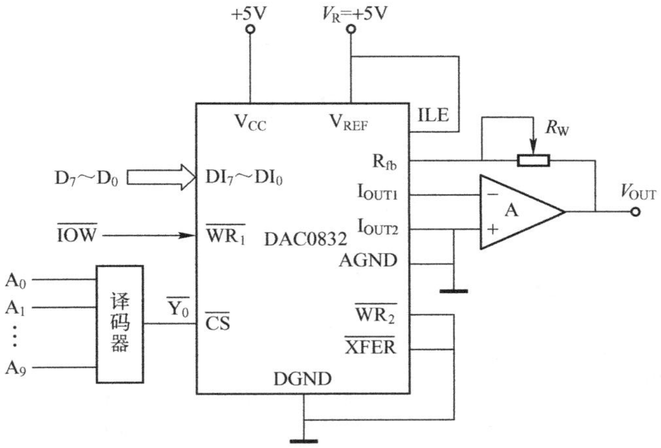

图 8-27　DAC0832 单缓冲工作方式的连接电路

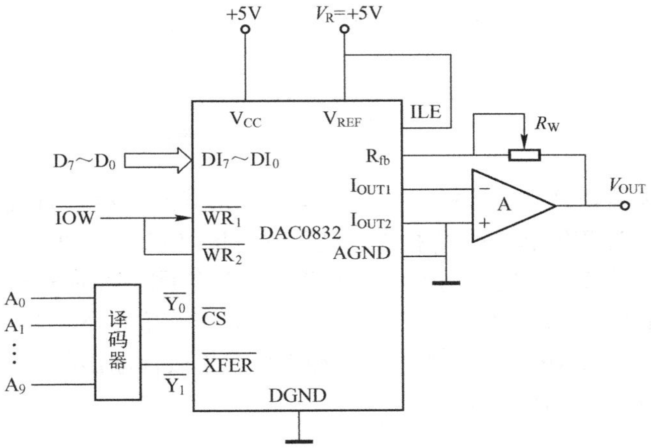

图 8-28　DAC0832 双缓冲工作方式的连接电路

3）直通方式：此方式用于连续反馈控制线路中。在直通方式下，数据不通过缓冲器，即引脚$\overline{WR_1}$、$\overline{WR_2}$、$\overline{XFER}$、$\overline{CS}$均接地，ILE 接高电平。

（3）输出极性

在实际应用中，通常在 DAC0832 的输出端外加运算放大器将电流输出转换为电压输出。在芯片内部已有反馈电阻 R_{fb}。图 8-29 和图 8-30 分别给出了 DAC0832 的单极性、双极性输出电路。

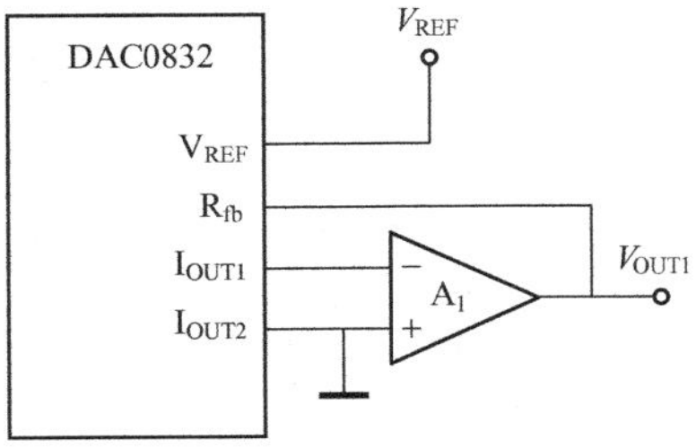

图 8-29　DAC0832 的单极性输出

图 8-29 中 V_{OUT1}为单极性输出，且有

$$V_{OUT1}=-V_{REF}\frac{D}{2^8} \tag{8-7}$$

式中，D 为输入数字量；V_{REF}为 DAC0832 的基准电压。

图 8-30 中 V_{OUT2}为双极性输出，且有

$$V_{OUT2}=-\left(\frac{R_3}{R_1}V_{REF}+\frac{R_3}{R_2}V_{OUT1}\right)$$

$$=V_{REF}\left(\frac{D}{2^7}-1\right)$$

$$=V_{REF}\frac{D-2^7}{2^7} \tag{8-8}$$

式中，D 为 $0\sim2^8-1$；V_{OUT2}为$-V_{REF}\sim V_{REF}\frac{2^7-1}{2^7}$。

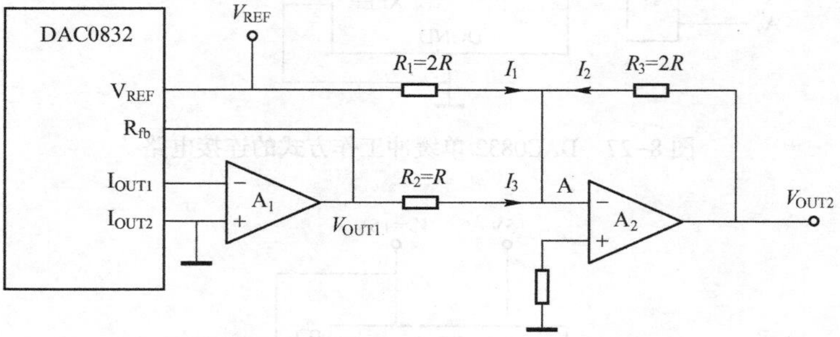

图 8-30　DAC0832 的双极性输出

通常，D/A 转换器与微型计算机连接时，其接口形式有 3 种：直接与 CPU 相连；利用外加三态缓冲器或数据寄存器与 CPU 相连；利用并行接口芯片与 CPU 相连。目前，D/A 转换器的种类繁多，型号各异，速度与精度差别很大。选用哪一种形式取决于 D/A 转换器内部功能。下面举例 DAC0832 的使用，分别运用 DAC0832 产生 0~5 V 和−5 V~5 V 的方波。

由图 8-31 所示，DAC0832 采用的是单缓冲工作、单极性输出的接线方式，输入寄存器的地址为 0098H，DELAY 为延时子程序。

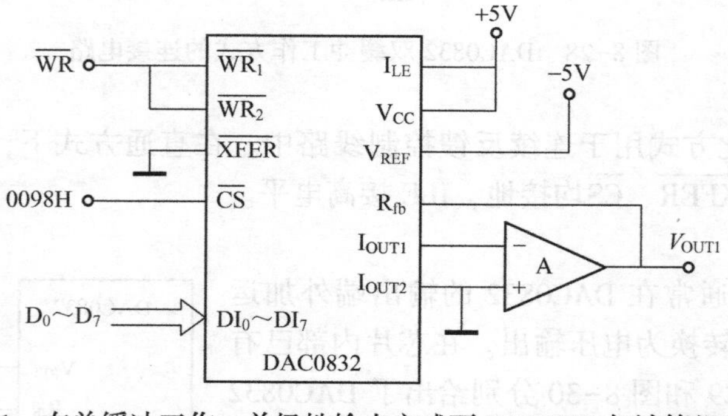

图 8-31　在单缓冲工作、单极性输出方式下 DAC0832 与计算机连接图

```
      MOV   AL, 0FFH    ;置输出电平为5V,将待转换数据送入输入寄存器,DAC 寄存器直通
LP:   MOV   DX, 98H
      OUT   DX, AL
      CALL  DELAY       ;形成方波顶宽
      NOT   AL          ;置输出电平为0V, 形成方波底宽
      JMP   LP
```

图 8-32 中，DAC0832 采用的是双缓冲工作、双极性输出的接线方式，输入寄存器的地址为 0098H，DAC 寄存器的地址为 0099H，DELAY 为延时子程序。

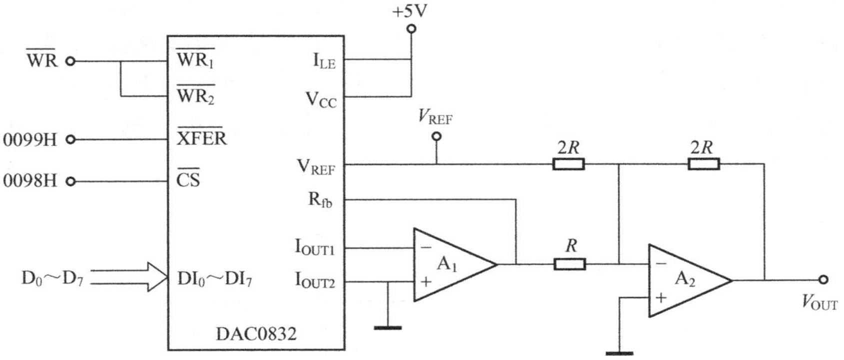

图 8-32 在双缓冲工作、双极性输出方式下 DAC0832 与计算机连接图

```
    MOV    AL, 0FFH    ;置输出电平为 5 V,将待转换数据送入输入寄存器
LP: MOV    DX, 98H
    OUT    DX, AL
    MOV    DX, 99H     ;将待转换数据送入 DAC 寄存器
    OUT    DX, AL
    CALL   DELAY       ;形成方波顶宽
    NOT    AL          ;置输出电平为-5 V,形成方波底宽
    JMP    LP
```

8.3.2 模/数接口技术

1. 模/数转换原理

模/数（A/D）转换器是将模拟量转换为数字量的器件，其种类繁多，常见的 A/D 转换器主要有逐次逼近式、双斜积分式、并行式等。逐次逼近式 A/D 转换器的转换时间与转换精度比较适中，转换时间一般在 μs 级，适用于一般场合。双斜积分式 A/D 转换器速度较慢，抗干扰性能强，转换精度高；其核心部件是积分器，转换时间一般在 ms 级或更长，适用于精度较高的智能仪表。并行式转换速度较快，抗干扰性能较差，可用于转换速度较快的仪器。

近年来，还出现了 $\sum-\Delta$ 型和流水线型 ADC。市面上各种类型的 ADC 各有其优缺点，能满足不同的具体应用要求。有的 A/D 转换芯片还集成了多路开关、基准电压源、时钟电路、译码器等功能，使用起来十分方便。目前，使用简单、低功耗、高速、高分辨率成为 ADC 的发展方向。

（1）逐次逼近型 A/D 转换原理

逐次逼近型 A/D 转换的工作原理如图 8-33 所示，内部包括比较器、D/A 转换器、逐次逼近寄存器 SAR、逻辑控制和输出缓冲器等部分。其工作原理为：当接收到外部的“启动转换”信号时，SAR 和输出缓冲器清零，D/A 转换器的输出为零。首先，逻辑控制电路设置 SAR 中的最高位为“1”，其余位为“0”，该预置数据被送往 D/A 转换器，并对其进行转换，转换结果输出到电压 U_o。U_o与待转换输入模拟电压 U_i 在比较器中进行比较，若 $U_i>U_o$，说明 SAR 中预置的数据“1”有效，保留该位的数字；若 $U_i \leqslant U_o$，则预置的数据“1”无效，应清零该位。按此的方法，由高到低依次完成后续各位的预置、比较和判断，直至最终确定 SAR 的所有有效位。此时 SAR 寄存器中的每一位均已判断过一次，A/D 转换结束。这时，便发出转换结束信号 EOC。SAR 寄存器中的数字值便是 A/D 转换的结果。当接收到外部的 OE 信号后，SAR 寄存器中的数字被送入输出缓冲器，即将 A/D 转换的结果送到 $D_0 \sim D_{N-1}$。这种转换方式将输入电压与基准电压进行比较，根据二分搜索的思想，由比较结果逐位确定所输出的数码是 1 还是 0，其顺序由高位到低位。

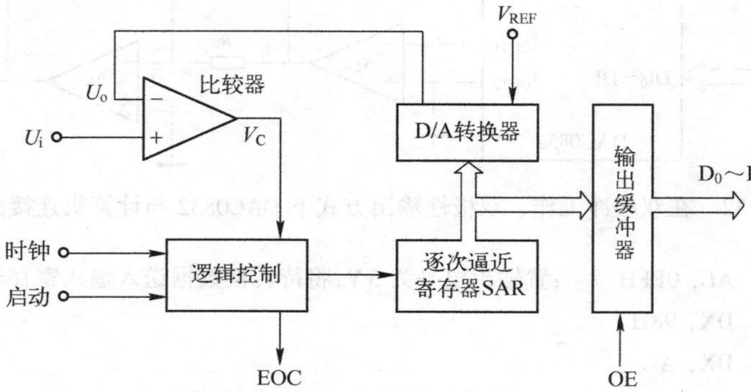

图 8-33　逐次逼近型 A/D 工作原理示意图

（2）双斜积分型 A/D 转换原理

双斜积分型 A/D 转换器的内部结构及波形如图 8-34a、b 所示，其转换过程可分为 3 个阶段。

1）停止阶段。逻辑控制电路控制 S_4闭合，清零计数器，积分器输出为零。

2）采样阶段。如图 8-34b 所示，在 t_1时刻，逻辑控制电路控制 S_4断开，S_1闭合，积分器开始对输入电压 U_i积分，同时控制计数器开始计数。在经过固定时间 T_1后（即 t_2时刻），逻辑控制电路控制 S_1断开。此时，计数器计满 N_1个脉冲并保存，采样阶段结束。

3）比较阶段。逻辑控制电路清零计数器，判断电压 U_i极性，并让与其相反的基准电压（$+U_R$或$-U_R$）接入积分器，即闭合 S_2（或 S_3），电容 C 开始放电。当积分器输出电压达到零电平时刻，即图 8-34b 中的 t_3时刻，比较器翻转，逻辑控制电路控制计数器停止计数，发出“转换结束”信号，此时计数器的值 N_2反映了输入电压 U_i在固定积分时间内的平均值。假设计数器的基准时钟为 T_0，那么 N_1T_0和 N_2T_0分别记录了模拟输入电压 U_i向电容充电的固定时间和参考电压 U_R放电所需要的时间。这两个时间值之比等于模拟输入电压与参考电压的比值。

设第一次积分的时间为 T_1，积分电容电压为

$$U_C = -\frac{1}{RC}\int_0^{T_1} U_i \mathrm{d}t = -\frac{\overline{U}_i T_1}{RC} \tag{8-9}$$

其中，$\overline{U}_i$ 为 U_i在积分时间 T_1内的平均值。设第二次积分所需时间为 T_2，积分结束时，则有

$$U_{OUT} = U_C + \left(-\frac{1}{RC}\int_0^{T_1} U_{REF} \mathrm{d}t\right) = 0 \tag{8-10}$$

综合式（8-9）和式（8-10）得到

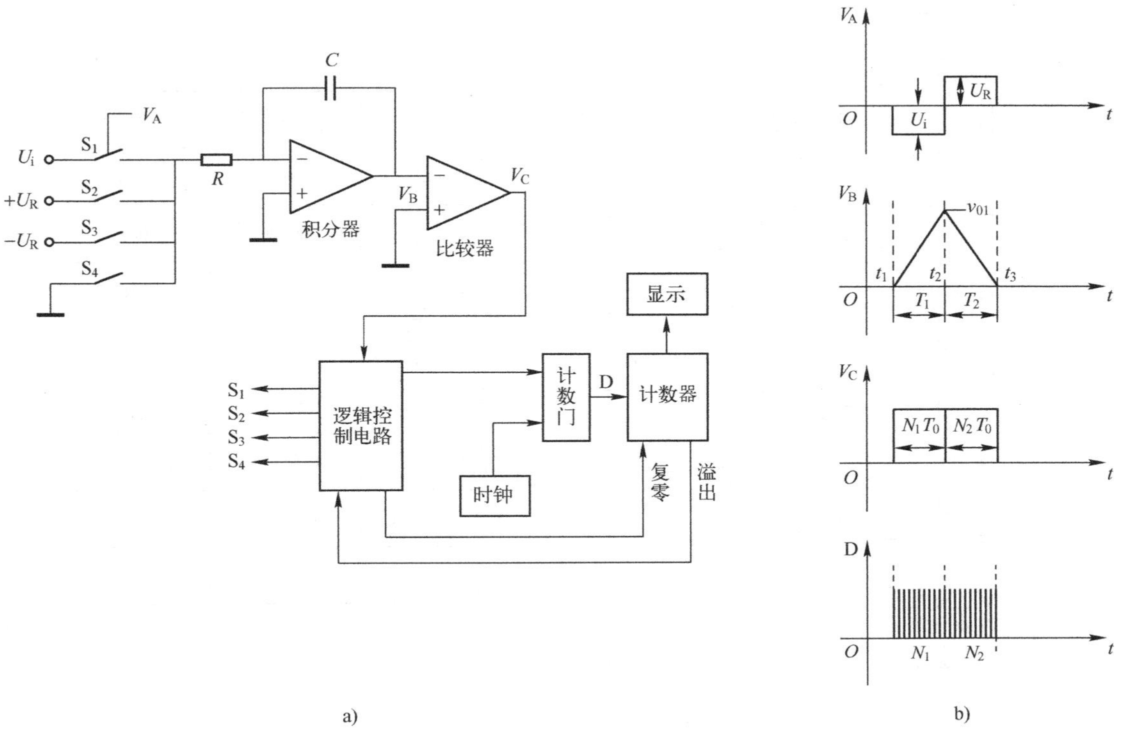

图 8-34　双斜积分型 A/D 转换器示意图

a）工作原理　b）工作波形

$$\frac{U_i}{U_{REF}}=-\frac{T_1}{T_0},\quad T_1=-\frac{U_i}{U_{REF}}T_0 \tag{8-11}$$

因此，在参考电压 U_{REF} 和第一次积分时间 T_0 固定的情况下，反向积分时间 T_2 正比于输入电压 U_i。

（3）并行比较型 A/D 转换器

三位并行比较型 A/D 转换器结构图及 A/D 取值对照表，如图 8-35 所示。A/D 转换器结构图中包括了电阻网络、比较器和译码锁存电路。

并行比较型 A/D 转换器的工作原理为：A/D 转换器采用 $(2^3-1)=7$ 个比较器，每个比较器输入级获得基准电压的分压值，分别为 $\frac{1}{14}U_R$，$\frac{3}{14}U_R$，…，$\frac{13}{14}U_R$。输入电压 U_i 同时送入到 7 个比较器的输入端与 7 个基准电压同时进行比较。译码和锁存电路对 7 个比较器的输出状态进行译码、锁存，输出三位二进制数码，实现 A/D 转换。

2. A/D 转换的主要技术指标

A/D 转换器的性能指标较多，根据不同的应用领域，其性能指标的侧重点不同。以下对 A/D 转换器的常用性能指标进行介绍。

（1）分辨率

分辨率是反映 A/D 转换器对输入量微小变化响应的分辨能力。一般采用数字量的位数 n 来表示分辨率，如 8 位、10 位、16 位等。数字量的最低有效位（LSB）对应的模拟量大

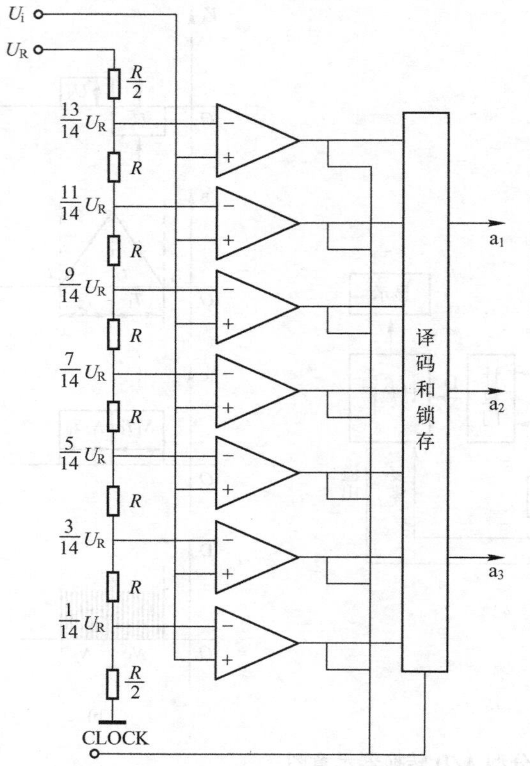

a)

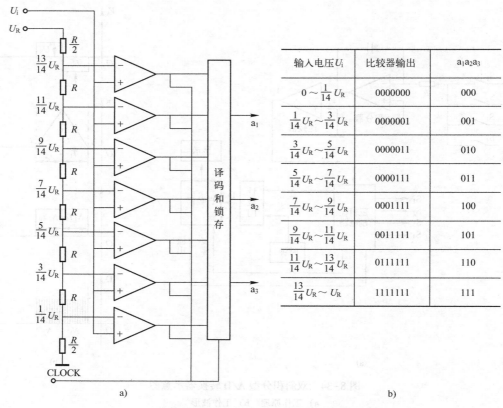

输入电压 U_i	比较器输出	$a_1a_2a_3$
$0\sim\frac{1}{14}U_R$	0000000	000
$\frac{1}{14}U_R\sim\frac{3}{14}U_R$	0000001	001
$\frac{3}{14}U_R\sim\frac{5}{14}U_R$	0000011	010
$\frac{5}{14}U_R\sim\frac{7}{14}U_R$	0000111	011
$\frac{7}{14}U_R\sim\frac{9}{14}U_R$	0001111	100
$\frac{9}{14}U_R\sim\frac{11}{14}U_R$	0011111	101
$\frac{11}{14}U_R\sim\frac{13}{14}U_R$	0111111	110
$\frac{13}{14}U_R\sim U_R$	1111111	111

b)

图 8-35　三位并行比较型 A/D 转换器示意图

a）结构图　b）A/D 取值对照表

小为满量程输入的 $1/2^n$，即能对满量程的 $1/2^n$ 增量做出反应。例如 $n=10$，满量程输入为 5.12 V，则 LSB 对应的模拟电压为 $5.12\ \text{V}/2^{10}=5\ \text{mV}$。

（2）量程

量程是指能够转换的模拟输入电压范围，分单极性和双极性两种。

（3）精度

精度是指 A/D 转换器的实际输出与理论值的接近程度。数字量表示了在一定范围内的模拟电压对应一个数值，它们之间并不是一一对应关系。因此，精度反映了 A/D 转换器实际输出接近理想输出的精确程度。精度包括绝对精度和相对精度两种。绝对精度是指实际的模拟输入电压值与理论上应输入的模拟电压值之差，常用数字量的最低有效当量（LSB）的倍数表示，例如 A/D 转换器的绝对精度为±1/2 LSB。相对精度是指满量程内，任意数字量所对应的模拟输入量的实际值与理论值之差，常用模拟电压满量程的百分比表示。例如A/D 转换器的相对精度为 0.4%。

（4）转换时间

转换时间是指 A/D 转换器完成一次模拟量到数字量转换所需要的最长时间。

（5）线性误差

A/D 转换器的理想转换特性应该是线性的，但实际转换特性曲线存在着非线性。在满量程输入范围内，偏移理想转换特性的最大误差定义为线性误差。线性误差通常用数字量的最低有效当量（LSB）的倍数表示，如±1/2LSB 或±1 LSB。

通常，在相同情况下，A/D 转换器的分辨率越高，其转换速度就越低。因此，分辨率与转换速度两者总是相互制约的。在选择 A/D 转换器时，需要根据应用需要，综合考虑其各方面性能指标。

3. 常用 A/D 转换器及接口技术

目前，A/D 转换器集成化程度高，具有功能强、体积小、功耗低、连接方便等优点。以下对常用的 A/D 转换器 ADC0809 及接口电路进行介绍。

ADC0809 是一种带有 8 通道多路开关的 8 位逐次逼近式 A/D 转换器，线性误差为±1/2LSB，转换时间为 100 μs 左右。其内部结构如图 8-36 所示。

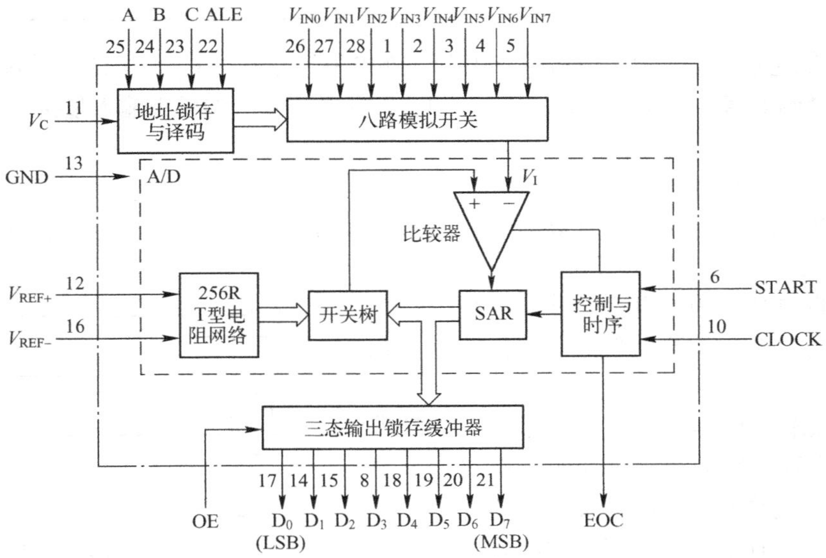

图 8-36 ADC0809 内部结构

ADC0809 内部包括一个 8 通道模拟开关、一个地址锁存与译码电路、一个 8 位 A/D 转换器以及三态输出锁存缓冲器。外部信号通过 C、B、A 三个通道选择端的控制，可以对多路模拟量进行选择性输入，为 A/D 转换器提供输入信号。三态输出锁存缓冲器用于锁存 A/D 转换后的数字量。当数据输出允许信号 OE 为高电平时，A/D 转换后的数字量由三态输出锁存缓冲器送到数据输出端 $D_0 \sim D_7$。

ADC0809 只能对单极性模拟量进行转换，其模拟量输入的电压范围是 0~5 V。如果需要对双极性模拟量进行转换或模拟量信号较小，则需要在 A/D 转换器前级增加信号调理电路，将其变换到 0~5 V 范围内。输入的模拟量在转换过程中应该保持不变。如果模拟量变化较快，需在输入前增加采样保持电路。

（1）8 通道模拟开关及通道选择逻辑

该部分的功能是实现 8 选 1 操作，通道选择信号 C、B、A 与所有通道之间的关系见表 8-5。

表 8-5　通道与通道选择信号的对应关系

C	B	A	选择的通道
0	0	0	IN0
0	0	1	IN1
0	1	0	IN2
0	1	1	IN3
1	0	0	IN4
1	0	1	IN5
1	1	0	IN6
1	1	1	IN7

在地址锁存允许信号 ALE 有效（上升沿）的作用下，C、B、A 上的通道选择信号送入地址锁存与译码电路。对应通道 i（IN_i，$i=0$、1、…、7）上的模拟输入量接入 A/D 转换器输入端。

（2）8 位 A/D 转换器

当 START 信号有一个由低到高的电平变化时，8 位 A/D 转换器开始对输入端的信号进行转换，经过 100 μs 转换结束。此时，EOC 信号由低电平变为高电平。外部电路可以通过查询方式或中断方式获得 A/D 转换结束信号。

（3）三态输出锁存缓冲器

三态输出锁存缓冲器用于存放转换结果 D。当输出允许信号 OE 为低电平时，数据输出线 $D_7\sim D_0$ 为高阻状态；OE 为高电平时，A/D 转换后的数字量从 $D_7\sim D_0$ 输出。

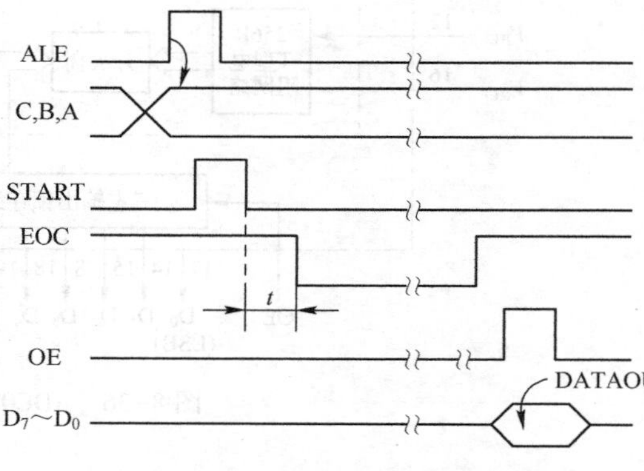

图 8-37　ADC0809 的转换时序示意图

ADC0809 的转换时序如图 8-37 所示。

ADC0809 的量化单位 $q=[V_{REF(+)}-V_{REF(-)}]/2^8$。如果基准电压 $V_{REF(+)}=2.56\ V$，$V_{REF(-)}=0\ V$，此时 $q=10\ mV$，转换结果 $D=V_{IN}(mV)/q(mV)$，如 $V_{IN}=1\ V$，则 D=100。下面举例说明 ADC0809 的使用。

设 ADC0809 与 CPU 的连接如图 8-38 所示，要求用查询方式从 IN_4 通道输入信号，采样 512 点，采样数据存入 ADBUF 缓冲区。

如图 8-38 所示，8255 端口地址为 218H~21BH。

```
        MOV   DX, 21BH        ;8255 初始化
        MOV   AL, 91H
        OUT   DX, AL
        LEA   SI, ADBUF
        MOV   CX, 512
LP:     MOV   DX, 219H        ;启动 A/D
```

```
        MOV     AL, 04H
        OUT     DX, AL
        MOV     AL, 0CH
        OUT     DX, AL
        MOV     AL, 04H
        OUT     DX, AL
        MOV     DX, 21AH            ;判断转换是否结束
LP0:    IN      AL, DX
        TEST    AL, 01
        JNZ     LP0
LP1:    IN      AL, DX
        TEST    AL, 01H
        JZ      LP1                 ;转换未结束等待
        MOV     DX, 219H
        MOV     AL, 14H
        OUT     DX, AL
        MOV     DX, 218H
        IN      AL, DX              ;读结果
        MOV     [SI], AL            ;存结果
        INC     SI
        LOOP    LP
        HLT
```

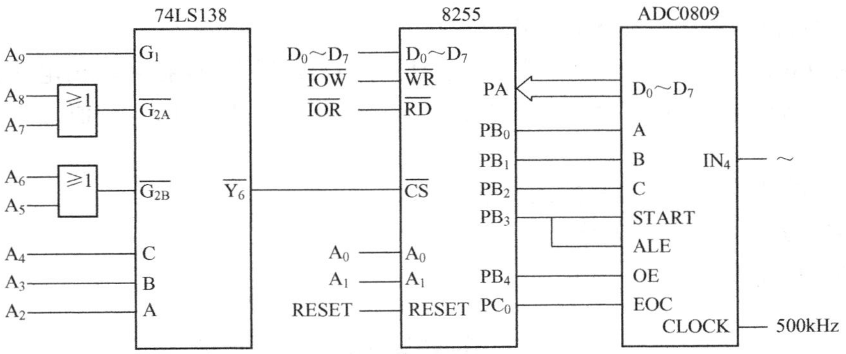

图 8-38　ADC0809 与 CPU 连接图

8.4　习题

1. 设计 128×64 液晶显示器与计算机的接口电路。

2. 简述共阴极和共阳极 LED 的区别。

3. 设计 6 位共阴极八段 LED 显示器与计算机的动态和静态显示接口电路。

4. 如图 8-39 所示，某 8255 芯片的 A 口作为 8 个共阴极 LED 显示器 LED_0～LED_7 共同的段选口，B 口各位分别接对应的位选引脚。已知数字 0～9 的段代码依次放在内存的一张段代码表中，该段代码表表首单元对应 SEGPT 变量。请设计一程序，使这 8 个 LED 显示器

$LED_0 \sim LED_7$ 分别循环显示 0~7，每个 LED 显示器每次只显示 1 s（有 1 s 延时子程序“DELAY1S”可调用）。

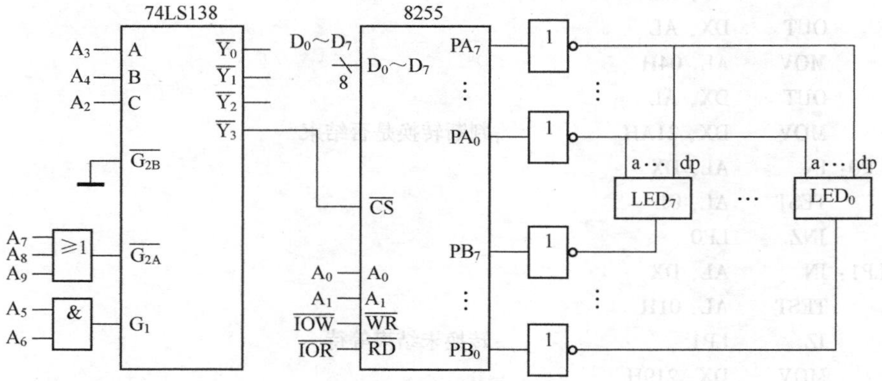

图 8-39　第 4 题接口电路图

5. 设被测温度变化范围为 0~1200℃，如果要求误差不超过 0.4℃，应至少选用多少位的 A/D 转换器。

6. 采用 AD0809 与 8 位微型计算机，设计二路双极性同步采集电路，模拟量输入范围为 -10~10 V。请完成以下任务：

（1）画出与 8 位微型计算机的接口电路；

（2）画出 AD0809 外围电路；

（3）写出程序流程图，简述其工作过程。

7. 采用 DAC0832 与 8 位微型计算机，设计二路双极性同步模拟量输出电路，要求一路输出频率为 10 Hz、幅值为 -5~5 V 的方波，另一路输出频率为 20 Hz、幅值为 0~5 V 的锯齿波。试：

（1）画出与 8 位微型计算机的接口电路；

（2）画出 DAC0832 外围电路；

（3）画出程序流程图。

拓展阅读 3

参 考 文 献

[1] SHANLEY T, ANDERSON D. PCI 系统结构 [M]. 刘晖，冀然然，夏意军，译. 北京：电子工业出版社，2000.

[2] BUDRUK R, ANDERSON D, SHANLEY T. PCI Express 系统体系结构标准教材 [M]. 田玉敏，王崧，张波，译. 北京：电子工业出版社，2005.

[3] BREY B B. Intel 微处理器 [M]. 金慧华，艾明晶，尚利宏，等译. 北京：机械工业出版社，2010.

[4] BREY B B. Intel 系列微处理器体系结构、编程与接口：原书第 6 版 [M]. 北京：机械工业出版社，2005.

[5] MAZIDI M A, MAZIDI J G. 80x86 IBM PC 及兼容计算机（卷Ⅰ和卷Ⅱ）：汇编语言、设计与接口技术 [M]. 张波，李洪发，林波，等译. 4 版. 北京：清华大学出版社，2004.

[6] 沈美明，温冬婵. IBM-PC 汇编语言程序设计 [M]. 2 版. 北京：清华大学出版社，2001.

[7] 戴梅萼，史嘉权. 微型计算机技术及应用 [M]. 4 版. 北京：清华大学出版社，2008.

[8] 谢维成，牛勇. 微机原理与接口技术 [M]. 武汉：华中科技大学出版社，2009.

[9] 冯博琴，吴宁，陈文革，等. 微型计算机硬件技术基础 [M]. 北京：高等教育出版社，2010.

[10] 杨文璐，谢宏. 微机原理与接口技术 [M]. 上海：上海交通大学出版社，2015.

[11] 王晓军，徐志宏. 微机原理与接口技术 [M]. 2 版. 北京：北京邮电大学出版社，2016.

[12] 马维华. 微机原理与接口技术 [M]. 3 版. 北京：科学出版社，2016.

[13] 黄勤，李楠，胡青，等. 单片机原理及应用：嵌入式技术基础 [M]. 2 版. 北京：清华大学出版社，2018.

[14] 周荷琴，冯焕清. 微型计算机原理及接口技术 [M]. 6 版. 合肥：中国科学技术大学出版社，2019.

[15] 赵洪志，岳明凯，梁振刚. 微机原理与接口技术 [M]. 北京：北京理工大学出版社，2017.

[16] 马春艳，秦文萍，王颖. 微机原理与接口技术：基于 32 位机 [M]. 3 版. 北京：电子工业出版社，2018.

[17] 王克义. 微机原理 [M]. 2 版. 北京：清华大学出版社，2020.